“北方半干旱集雨补灌旱作区节水农业综合技术体系集成与示范”是国家“十五”节水农业重大专项（863 计划）课题，示范区位于内蒙古准格尔旗，建设规模 1 万亩，由内蒙古水利科学研究院等单位完成。该课题在集雨补灌旱作节水农业技术集成模式、灌溉制度、集雨新材料新技术新工艺、旱作农业配套技术等方面有创新，取得专利、专著、技术标准和论文等一批知识产权成果，2007 年获内蒙古自治区科技进步一等奖。

屋顶水泥砂浆集雨面施工

庭院现浇混凝土集雨面施工

蓄水 80m$^3$ 混凝土水窖施工（专利技术）

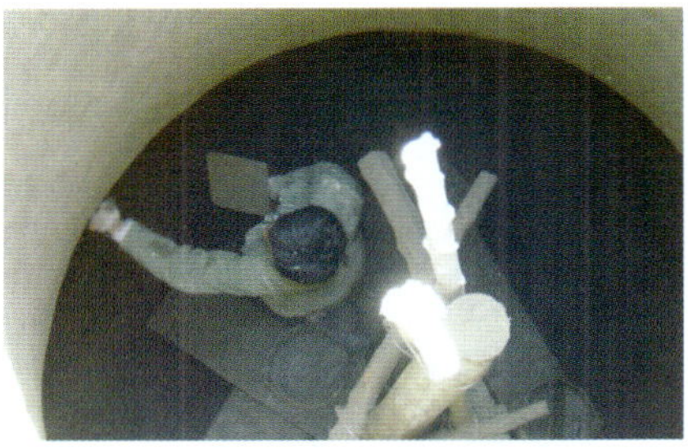

蓄水 40m$^3$ 水泥砂浆防渗旱井施工（专利技术）

原土夯实＋有机硅集雨平台建设

土壤固化剂田间集雨平台（专利技术）

院内新建两眼水窖，一眼蓄集屋顶雨水用于人饮用，另一眼蓄集庭院雨水用于牲畜饮水、庭院菜地和果树灌溉

安装净水器改善水质

塑料小拱棚蔬菜种植，解决了农民吃菜难的问题

沼气池、猪圈、厕所与温室四位一体农村能源工程建设

塑料大棚香瓜膜下滴灌

日光温室蔬菜集雨节水灌溉

利用旱井蓄水进行
玉米膜下滴灌

太阳能提水灌溉

手压泵提水灌溉

集雨工程膜下滴灌管铺设

利用水窖蓄水进行
香瓜覆膜坐水种

渐成式等高田建设大幅度提高了天然降雨的利用率

牧草全移动式微喷灌溉

谷子沟植垄盖微集雨技术

舍饲棚圈建设恢复和改善了生态环境的质量

退耕坡地水保鱼鳞坑建设与紫花苜蓿种植

# 北方半干旱黄土丘陵区
# 集雨补灌旱作节水农业技术

程满金　郑大玮　马兰忠　等著

黄河水利出版社
·郑州·

## 内 容 提 要

本书主要针对北方半干旱缺水地区的自然条件与特征，以集雨补灌旱作节水农业综合技术集成与示范为主题，系统地论述和介绍了雨水资源利用在半干旱区旱作农业中的地位和作用、半干旱黄土丘陵区雨水收集潜力评价、雨水高效收集与存贮技术、集雨补灌技术与补灌制度、集雨补灌旱作农业综合配套技术、北方半干旱黄土丘陵区集雨补灌旱作节水农业技术集成模式、集雨补灌节水农业效益的评价等，具有较强的实用性和可操作性。可供从事旱作节水农业技术研究和雨水集蓄利用工程建设的专业技术人员及有关地区的旱作农业技术推广人员参考，亦可供大专院校相关专业的师生参考。

**图书在版编目(CIP)数据**

北方半干旱黄土丘陵区集雨补灌旱作节水农业技术/程满金等著.—郑州：黄河水利出版社，2009.3
ISBN 978-7-80734-575-6

Ⅰ.北… Ⅱ.程… Ⅲ.黄土区-丘陵地-旱作农业-节约用水-研究-中国 Ⅳ.S275

中国版本图书馆 CIP 数据核字(2009)第 019397 号

策划组稿：马广州　电话：13849108008　E-mail：magz@yahoo.cn

出 版 社：黄河水利出版社
地址：河南省郑州市顺河路黄委会综合楼 14 层　邮政编码：450003
发行单位：黄河水利出版社
发行部电话：0371-66026940、66020550、66028024、66022620(传真)
E-mail：hhslcbs@126.com
承印单位：河南省瑞光印务股份有限公司
开本：787 mm×1 092 mm　1/16
印张：19.5　插页：4
字数：450 千字　印数：1—1 100
版次：2009 年 3 月第 1 版　印次：2009 年 3 月第 1 次印刷

定价：48.00 元

# 序

本书是以程满金教授为首的国家"863"农业节水重大专项集雨补灌内蒙古准格尔旗示范区项目组,历时4年完成的在旱作农业区发展集水农业的一本专著。旱作农业区是我国主要的低产地区,也是贫困人口最为集中的地区。特别是我国西北和华北的半干旱山区,地面、地下水严重匮乏,农业生产靠天吃饭,水平低下,结构单一。这里水土流失严重,土壤侵蚀居全国之首。过度的开垦又使土地进一步退化,形成"越穷越垦,越垦越穷"的恶性循环。尤为严重的是许多农村没有安全饮用水的保证,人的基本生存需求得不到满足。我国近20年来兴起的雨水集蓄利用为旱作农业区的生存和发展找到了一条有效途径。传统旱作农业措施的基本原理是把天然降水最大程度地转化为土壤水并提高土壤水的利用效率。雨水集蓄利用则是采取人工措施收集和贮存雨水,并加以高效利用。与传统旱农措施相比,它对雨水的富集和调控能力大大增强,使雨水资源的利用率和效益提高到一个新的高度。因而在传统旱农技术基础上发展起来的雨水集蓄利用,是旱作农业区雨水资源开发利用的新阶段,也是对雨水资源利用上的创新思维。雨水集蓄利用近20年的发展实践证明,它能够较大幅度地增加作物单产,提高土地的生产力;能为调整农业结构提供水分条件,发展地方特色农业,增加农民收入。利用集蓄的雨水在作物生长关键期进行有限度的补充灌溉,其水分生产率大大高于一般的常规灌溉水平,而且使包括天然降雨在内的整体水分利用率得到提高。目前,雨水集蓄利用已经成为许多省区农村可持续综合发展的一项战略性措施。可以预见,雨水集蓄利用的进一步发展,将促使我国的旱作农业发生突破性的进展。

雨水集蓄利用工程在我国的发展也促进了这一领域学科研究的进展。20世纪80年代末期以来,我国的有关省区科技人员,在总结传统技术的基础上,取得了雨水集蓄利用的一批重要研究成果。在雨水集蓄利用学科界定、雨水集蓄系统的设计方法、新材料的开发研制、集雨节灌的原理和方法以及作物对有限供水的响应等问题上都取得了重要进展。在大量研究示范成果的基础上,雨水集蓄利用工程方面许多著作相继问世。我国2001年颁布的《雨水集蓄利用工程技术规范》是世界各国最早的一部由国家水主管部门正式颁布的本领域的技术法规,它的产生把雨水集蓄利用作为一项工程技术加以规范化。上述这些研究成果和学术著作对推动雨水集蓄利用向高效、规范、创新的方向发展起到了积极的推动作用。

本书是我国雨水集蓄利用学科的又一部力作,其最大特点是应用系统工程的方法,从雨水集蓄、集水农艺和社会经济与管理等方面对雨水集蓄利用的技术集成、开发模式和技术经济问题进行了深入的分析研究。书中提出了适合黄土高原集雨补灌旱作农业区的集雨高效种植型、集雨生态畜牧型和庭院集雨经济型3种发展模式,分别对这些模式的技术集成、技术经济指标作了深入探讨和阐述。本书在现场试验的基础上,提出了示范区主要农作物的适宜灌溉制度和灌溉方法,总结了农作物集雨补灌模式,对半干旱山丘区发展集雨低定额补灌的实践有重要的指导意义。书中还对雨水集蓄工程的新材料、新结构，特别是固化土的技术经济性能及施工方法做了详尽的介绍。作者还采用“3S”技术对示范区的可集雨水资源进行了计算，是一项重要的前瞻性和开创性的研究。此外，书中对在雨水集蓄条件下的综合旱作农牧技术也作了论述。本书是在4年示范研究所得大量实际资料的基础上写成的，源自实际，又进行了理论提高和创新，因而具有很强的实用性和科学性。相信这部专著的出版必将对我国雨水集蓄利用工程技术和旱作农业的发展起到十分重要的指导作用。衷心感谢这一专家群体的辛勤劳动和无私奉献精神，使我国从事雨水集蓄利用和旱作农业发展研究的同行们得以分享他们的精湛知识宝库。

国际雨水集流系统协会原副主席 朱强

2008年12月29日

# 前 言

随着世界范围内的干旱加剧及水资源的日益紧缺,开发利用雨水资源已成为缺水国家和地区解决用水危机、发展生产的新途径,因此受到普遍重视。特别是从联合国在20世纪80年代发起"国际供水与卫生十年"以来,雨水利用这一项古老的技术迅速在世界各国复兴和发展,成为许多国家解决水资源不足,特别是解决农村人口生活用水困难的一个重要途径。

我国在雨水利用的生产实践方面历史悠久,20世纪80年代以来,雨水集蓄利用在现代科技的支撑下得到进一步发展,在西北、华北、西南有关省区的缺水山丘区以及沿海岛屿兴建了大量的雨水集蓄利用工程,在解决生活用水的同时,将雨水集蓄利用扩大到旱作农业补灌上,积累了许多好的经验,对促进干旱缺水区农业增产起到了十分显著的作用。实践证明:雨水集蓄利用是半干旱山丘缺水地区解决群众饮水困难、帮助农民摆脱贫困和发展生产的有效途径,是发展山丘区水利、推动旱作农业上新台阶的好形式,是缺水山丘区实施可持续发展的一项战略性措施。

为了充分发挥科学技术第一生产力的作用,依靠科技进步加快我国节水农业的发展,建成一批具有显示度的现代节水农业技术集成示范区,促进农业节水技术水平的提升,实现节水农业产业的跨越式发展,国家启动实施了"十五"节水农业重大科技专项"现代节水农业技术体系及新产品研究与开发","北方半干旱集雨补灌旱作区节水农业综合技术体系集成与示范"是专项中的技术集成与示范类课题。示范区位于黄土高原北部的内蒙古自治区准格尔旗境内,建设规模1万亩,2005年10月通过了国家科技部组织的验收,2005年12月通过了内蒙古科技厅组织的鉴定,成果总体上达到国际先进水平,并获得内蒙古自治区科技进步一等奖。本书是该项研究的系统总结,可作为从事旱作节水农业研究和雨水集蓄利用工程建设的参考。

本书第一章由郑大玮、程满金、张建新编写;第二章由张建新、郑大玮、潘学标编写;第三章由冯浩、李少斌、高建恩编写;第四章由马兰忠、李兴、李彬、程争鸣、冯婷编写;第五章由妥德宝、段玉、潘学标、林启美、王砚田、龙步菊等编写;第六章由陈正新、王丽娟编写;第七章由马治国、马兰忠、郑大玮编写;第八章由郑大玮、程满金、张建新编写;第九章由程满金、郛来广、马兰忠、杜广兵编写;第十章由程争鸣、马兰忠编写。全书由程满金、郑大玮、马兰忠统稿。由于编者水平所限,加之试验研究的时间较短,对有些问题的认识仍需不断深入,书中难免有错误与不当之处,敬请广大读者批评指正。

参加本项目研究的人员还有孙惠民、奇·达楞太、闫树国、郭少宏、宋跃兴、傅贵锁、李贵桐、赵小蓉、苏艳华、张磊、李巧珍、唐小娟、郛福师、韩占全、袁虎、刘双全等。朱强等专家对本项目研究始终给予关注和指导。另外,本研究在执行过程中得到国家科技部、内蒙古科技厅、内蒙古水利厅、内蒙古水利科学研究院、内蒙古农牧科学院、中国农业大学、西北农林科技大学、准格尔旗人民政府及准格尔旗水利局等单位的支持,在此一并表示衷心感谢!

编 者

2008 年 12 月

# 目　录

# 第一章　雨水资源利用在半干旱区旱作农业中的地位和作用

## 第一节　北方半干旱区旱作农业现状及存在的问题

### 一、旱作农业的重要意义

#### (一)旱作农业的范畴与分布

旱作农业(Dryland Farming)是指半干旱地区或半湿润易旱地区依靠天然降水从事作物生产的农业,是雨养农业的一种,不同于干旱或极端干旱地区完全依靠灌溉的农业,也不同于降水充足的湿润地区的非灌溉雨养农业及具有排灌条件的水田农业。

1977 年联合国教科文组织综合世界各地 1 600 个气象站的资料,按湿润指数 $K$,即当地年降水量与潜在蒸散量之比,把全球陆地的干旱地区划分为极端干旱地带、干旱地带、半干旱地带和半湿润地带。

(1)极端干旱地带。$K<0.03$,相当于真正的沙漠,全年甚至数年无雨。除有灌溉的绿洲外都不能从事农牧业生产,仅沙漠边缘有一些以骆驼为主的放牧业。

(2)干旱地带。$0.03<K<0.20$,地面有多刺肉质植物和稀疏的一年生植被,一般不能进行旱作农业,但可从事游牧业。

(3)半干旱地带。$0.20<K<0.50$,包括草原和热带灌木林地,并有不连续的草层和多年生草本植物,可定居饲养牲畜和从事旱作农业生产。

(4)半湿润地带。$0.50<K<0.75$,植被稠密,包括热带稀树草原、常绿高灌木和黑钙土草原。由于人类活动,土壤易受风沙和水的侵蚀。

旱作农业主要分布在半干旱和半湿润地区,更干旱的地区已不能从事旱作生产,完全依赖灌溉。更湿润的地区,即使完全雨养也不属于旱作农业的范畴。世界上旱作农业的主要区域有中国北方、印度中西部、非洲大部、东欧、北美大部、南美中南部及澳大利亚东南部。世界灌溉农田只占耕地面积的16%,雨养农田除热带和亚热带湿润地区外大部分为旱作农田,由于灌溉农业、水田农业和湿润地区雨养农业的产量相对稳定,旱作农业的收成好坏往往决定了全球的农业年景。因此,世界各国对于旱作农业生产都十分重视。北美大平原的中西部为半干旱气候,是美国和加拿大的粮食主产区,也是世界最大的商品粮生产基地。经过半个多世纪的努力,美国已形成以保护性耕作为核心的旱作农业技术体系,大幅度提高了产量水平、稳产程度和劳动生产率。

为了弥补半干旱和半湿润易旱地区降水的不足,世界许多国家在旱作农业地区推广了利用有限水资源的少量水补充灌溉,使得旱作农业与灌溉农业的界限变得模糊起来。

为区分两类农业，我们仍将主要依靠天然降水，只在农作物生育的关键时期如播种、出苗及需水临界期进行极少量补水的农业，称为旱作农业。灌溉水量偏少，但仍在每公顷数百立方米以上的，则属节水灌溉农业。

**（二）中国的旱作农业区域**

我国北方旱区，包括干旱区、半干旱区和半湿润易旱区，涉及16个省、市和自治区，总人口4.3亿人，耕地面积505 706万 $hm^2$，占全国耕地面积的51%，其中无灌溉条件的旱地面积3 800万 $hm^2$。根据中国农业年鉴的统计资料，全国粮食总产量的46%、棉花产量的61%、大豆产量的72%、油料产量的46%均产自北方旱作农业地区。北方旱作农业地区还拥有许多名特稀优产品，1995年6个省、市和自治区的农产品出口创汇46.3亿美元，占全国农产品出口额的35.6%。从现有生产水平看，绝大多数旱作农田属中低产水平，还有很大的增产潜力。北方旱作农业地区还集中了全国的大多数贫困县，生态环境的退化也很严重。搞好旱作农业生产，对于北方旱作农业地区的脱贫致富与生态治理，对于确保我国的粮食安全、建设现代农业和社会主义新农村，都具有十分重要的意义。

半干旱地区是北方旱作农业地区的主体，自东北向西南斜跨13个省和自治区，大致包括东北西部、冀北、晋北、陕北、甘肃中西部、内蒙古部分地区、河北平原中部、青海部分地区及新疆伊犁盆地等，约占全国国土面积的1/5，其中耕地、林地和牧地分别约占本区土地面积的15%、10%和42%。年降水量平均为250～500 mm。年平均气温从0 ℃以下到8～10 ℃，≥0 ℃的积温1 500～5 000 ℃·d，无霜期100～200 d。干旱、风沙、低温、霜冻、冰雹等灾害频繁发生，低平地还有夏涝的危胁。

半干旱地区在我国旱作农业中占有重要地位，具有悠久的旱地耕作栽培历史。主要作物是春小麦、玉米、高粱、谷子、大麦、莜麦、马铃薯、花生、向日葵、甜菜及豆类等。多为一年一熟，产量低而不稳，半干旱地区的耕地面积约2 000万 $hm^2$，灌溉农田只占20%，主要分布在河流沿岸，单位面积产量仅为全国平均值的1/2，其中典型半干旱地区，如黄土高塬丘陵沟壑区，灌溉面积不足10%，单产仅为全国平均值的1/3。

半干旱地区农业生产的主要问题如下：

（1）水土流失和干旱缺水是农业生产的主要障碍。东北西部、长城沿线至宁夏、甘肃沙漠边缘及内蒙古东部，风蚀和土壤沙化严重，主要发生在冬春季。水蚀主要发生在夏季，最为严重的是在半干旱黄土高原，即甘肃中东部、宁夏南部、晋陕蒙接壤地区、山西大部和河南西部。干旱以春季最为频繁，有些年份春夏连旱常造成农作物大面积绝收。部分土石山区和黄土高塬丘陵沟壑区人畜饮水困难。加上多数地区土壤贫瘠，除少数低平原和灌区外，半干旱地区的旱作农业单产普遍较低，肥料、燃料和饲料矛盾突出，生态平衡严重失调。

（2）农业生态、经济结构失衡。大多数地区垦殖过度，种植业比重过大，土壤肥力逐年递减，产量低而不稳。植被破坏加重了土地风蚀和水蚀。牧区的草场普遍超载，退化严重。由于饲草饲料储备不足，抗灾能力差。

（3）农业的产业化水平较低，耕种粗放，农田物质和能量投入少，广种薄收，只能维持低水平的物质循环。农村经济结构单一，农民收入和科技文化素质明显低于全国平均水平。

山仑、康绍忠等指出："我国半干旱地区农业的可持续发展战略应该以实现资源的高效利用、提高作物生产力为目标，在协调、优化和永续利用农业资源和改善生态环境的基础上，重点实施以水土资源高效利用和基因资源的潜力开发为中心的旱地农业科学技术体系，服务于半干旱地区社会经济、食物、资源、环境的可持续发展。旱地农业与补充灌溉相结合的供水制度为同时实现节水与增产提供了一条新的途径。"

## 二、中国北方旱作农业的现状与增产潜力

我国北方旱作农业地区由于水资源短缺和土壤相对贫瘠，目前的生产水平和水分利用效率（Water Use Efficient, WUE）都较低，尚有较大的增产潜力（见表1-1）。按照理论值，还有一倍以上的增产潜力；按照目前试验田的高产水平，也有46%～73%的增产潜力。

**表1-1　北方旱作农业地区的生产水平与水分利用效率**

| 类型区 | 理论值 | | 试验值 | | 现实值 | |
|---|---|---|---|---|---|---|
| | 单产（kg/hm²） | WUE（kg/（mm·hm²）） | 单产（kg/hm²） | WUE（kg/（mm·hm²）） | 单产（kg/hm²） | WUE（kg/（mm·hm²）） |
| 半干旱偏旱区 | 2 917.5 | 11.76 | 1 894.5 | 7.64 | 1 293.0 | 5.21 |
| 半干旱区 | 3 831.0 | 13.53 | 2 602.5 | 9.20 | 1 633.5 | 5.78 |
| 半湿润偏旱区 | 10 032.0 | 27.12 | 8 362.5 | 22.61 | 4 825.5 | 13.05 |
| 平均 | 5 593.5 | 17.57 | 4 287.0 | 14.82 | 2 584.5 | 8.01 |

北方旱作农业的增产潜力在自然条件下表现在三个方面：

第一，人均土地资源相对丰富。北方旱作农业地区人均耕地0.119 $hm^2$，人均草地0.426 $hm^2$，人均果园面积0.01 $hm^2$，分别为全国平均水平的134%、156%、153%，而且集中了占全国85%以上的后备可开垦土地资源。

第二，光热资源较为丰富。年太阳总辐射$46\times10^8$～$63\times10^8$ J/$m^2$，其中光合有效辐射$22\times10^8$～$28\times10^8$ J/$m^2$，比我国南方湿润地区要高出30%～50%。全年10 ℃以上活动积温1 600～4 800 ℃·d，比我国南方湿润地区的5 000～8 000 ℃·d明显偏少，一般只能种植一季作物。但北方旱作农业地区的光热水资源匹配较好，作物生长盛期的气候生产潜力要高于世界同纬度其他地区。如能采取补水播种、地膜覆盖或育苗移栽等措施以克服春季干旱低温的不利条件，增产潜力是很大的。

第三，单位面积的地表径流和地下水等常规水资源虽明显少于湿润地区，但由于土地辽阔，多数旱作区的人均雨水资源比较丰富，如内蒙古的准格尔旗年降水量不足400 mm，但人均降水资源量却超过了10 000 $m^3$，是我国现有人均水资源量2 200 $m^3$的4倍多或全国人均降水资源量的2倍多。如能通过集雨工程，将其中一部分降水资源用于旱作农业关键期的补充灌溉，增产效果将相当可观。

从"七五"开始，国家重点攻关项目"旱地农业增产技术"先后建立8个试验区，经过4个五年计划的试验研究，总结出具有中国特色和区域特点的旱作农业配套技术体系，包括

以改土兴水为重点的农田基本建设、覆盖技术、抗旱品种选育、粮草肥轮作技术、化学抗旱、农田耕作保墒和就地集雨等，推广各类实用技术成果400多项。1985～1995年期间作物水分利用效率提高了7个百分点，粮食总产增幅比全国平均增幅提高15.7个百分点，并带动了整个北方旱作农业地区的技术进步和农村经济发展。

## 三、中国旱作农业存在的问题与发展方向

与世界旱作农业的先进国家相比，我国旱作农业生产还处于较低水平，作物的降水利用效率比美国和澳大利亚分别低25%和17%，劳动生产率更是相差几十倍乃至上百倍。主要存在以下问题。

### （一）农业生态环境脆弱，自然灾害严重

北方旱作农业地区是我国水土流失和风蚀荒漠化最严重的地区。其中黄土高原的水土流失面积达45万$km^2$，每年通过三门峡下泄泥沙总量达16亿t，带走养分折合化肥纯量3 800万t，接近全国一年的化肥总产量。黄土高原中北部水蚀最严重的准格尔旗等地年侵蚀模数超过1万$t/km^2$。农牧交错带的中西部则是我国风蚀荒漠化最严重的地区，最大年侵蚀模数也接近1万$t/km^2$，成为影响内地大气环境质量的重要沙尘源区。这一地区的干旱、霜冻、山洪、大风、冰雹等气象灾害也十分严重。如2005～2007年连续3年的严重干旱使阴山北麓旱作农业区的粮食减产50%～70%。

### （二）农村经济基础薄弱，农业生产经营粗放

北方旱作农业地区集中了全国大多数贫困县，农村产业构成低级，乡镇企业数量很少，农业内部种植业产值比例高达2/3，单产低而不稳。单位面积物质投入约为全国平均的1/2，产投比很低，农田水分利用率只有40%～45%，肥料利用率也只有30%～35%。

### （三）旱作科技水平有待提高

虽然近20多年北方旱作农业的科技进步比较显著，在国家农业生产布局中的地位有所上升，但总体技术水平较低，仍处于传统农业向现代农业转变的过程中，农业的产业化与集约化水平都较低。近年来，随着北方气候的干暖化，干旱尤其是初夏干旱对农业生产的威胁更加严重，单纯依靠以耕作保墒为中心的旱作农业技术已不能适应气候变化和进一步提高产量的要求。

对此，梅旭荣在总结国家攻关北方旱作农业研究多年成果的基础上提出现代旱作节水农业的发展战略要点是：

(1)旱地有限降水资源高效利用技术；

(2)旱地农田土壤水库增容技术；

(3)旱地集雨与节水灌溉技术；

(4)旱地作物化学抗旱节水技术；

(5)旱地用养结合型施肥培肥和保护性耕作工程；

(6)旱地作物抗逆高产、高效、优质、集约栽培工程；

(7)旱地农田水分养分平衡及其调控技术工程。

旱地作物产量取决于可利用水分量与水分利用效率的乘积，即：

$$\text{旱地作物产量}\ P = \text{可利用水分}\ W \times \text{水分利用效率}\ K$$

上述要点中，利用非耕地集雨，对旱地作物进行关键期的补充灌溉具有特别重要的意义。在年降水量远低于作物需求量的情况下，采取各种提高水分利用效率的措施，其效果总要受到有效水分数量不足的限制。通过集雨工程把非耕地的部分降水量转用到旱地，并与提高水分利用效率的措施相结合，无疑将具有更大的增产潜力。为此，山仑院士和康绍忠等提出："旱地农业与补充灌溉相结合将作为今后半干旱地区农业供水技术的主要选择。由于水资源进一步紧缺，半干旱地区发展大规模常规灌溉已不可能，现有灌溉方式也受到挑战；但随着人口增长和人民生活水平的提高，该地区旱地农业生产也出现了对补充灌溉的要求。随着科学技术的进步，采取旱地农业与补充灌溉相结合的供水制度——有限灌溉制度，将使节水与增产同时实现成为可能。"

## 第二节　国内外旱作农业雨水资源利用概况

### 一、雨水收集利用的历史

雨水收集利用在世界范围内已有几千年的历史，正如国际雨水集流系统协会第二任主席 Adhityan Appan 教授在第九届国际雨水集流系统会议上所讲：雨水收集利用技术与大山一样老。无论是降水稀少的以色列 Negev 沙漠地区，还是年降水量在 4 000 mm 以上的西太平洋岛屿上，几千年来当地的居民一直是依靠集蓄利用雨水顽强地生存和繁衍下来。

根据墨西哥的一份报告，公元前 6 000 多年前的阿兹台克（Aztec）玛雅文化时期，人们就把雨水用于农业生产和生活所需，在安第斯山区建有大量梯田和渠系。公元前 2 000 多年的中东地区，典型的中产家庭都拥有雨水收集系统。

我国早在公元前 3 000 多年的周朝在农业生产中就已利用中耕来增加农田的降雨入渗，秦汉时期一些地区筑涝池、塘坝拦蓄雨水用于灌溉。我国在东汉就已出现梯田的雏形，南宋范成大在《骖鸾录》中最早使用了"梯田"的名称。干旱地区修筑水窖也已有几百年的历史。

近几十年来，特别是 20 世纪 70 年代以来，随着世界人口的不断增加和大范围干旱的频繁发生，人类对水的需求量的增大和水资源紧缺的矛盾日益突出，使得世界上许多国家的人民和政府对雨水收集利用这项古老的技术越来越重视。

### 二、国际雨水收集利用研究概况

世界最早的雨水收集利用科学试验是澳大利亚 A. S. Kenyon 所做的雨水集蓄利用系统，他用面积为 2 415.4 $m^2$ 的白铁皮收集雨水并把它输送贮存到 409.1 $m^3$ 的带盖蓄水池中，并分析了 1878 ~ 1928 年的降水记录，平均年降水量为 304.8 mm。研究表明：即使在降水量最少的年份，该系统也能为 6 个人、10 匹马、2 头牛和 150 只羊提供足够的用水。20 世纪 50 年代，随着第二次世界大战结束和世界经济的复苏，雨水利用技术重新受到人们的重视，特别是进入 20 世纪 80 年代，随着国际雨水集流系统会议的召开和国际雨水集流系统协会的成立，掀起了雨水收集利用理论和技术研究的热潮，内容涉及集水面处理、集水系统设计、集水模式和收集雨水的高效利用等。到2007年,共召开13届雨水集流系统会议。主要研究进展可归纳为以下几个方面。

**(一)集水农业可行性研究**

从1956年至1968年,Evenari、Shanan和Tadmor等一批科学家(包括植物学家、考古学家、生态学家、水文学家和水利工程专家)为了揭开古代Negev地区繁荣的农业文明之谜,在以色列进行了长达10多年的研究,摸清了古代Negev人如何在年降水不足100 mm的地区,通过收集利用雨水建立起闻名世界的古代文明。首先是采用了下列3项雨水收集利用技术:①小流域径流开发,集水面积为100 $hm^2$以下,径流系数为15%~20%;②大流域径流开发,集水面积为100~10 000 $hm^2$,径流系数为3%~6%;③坎儿井。其次,集水区和耕作区面积之比为17:1~30:1(平均20:1)时效果较好。他们按照古代Negev人的技术,重建了两个集水径流农场。在Shivtah农场种植了葡萄树、杏树、桃树、李子树、橄榄树、石榴树和无花果树,用收集的雨水浇灌,一年过后小苗从40~50 cm长到200~250 cm高;在Avdat农场种植大麦,取得每英亩500 kg的产量。

**(二)集水面处理研究**

Oweis等(1999)将集水面处理方法总结为下列6个方面:

(1)清除集水坡面上的植被,移走能截留和阻碍雨水流动的石块及其他物质,以使集水坡面在下降雨滴的不断敲击作用下形成紧实连续的表面硬壳。

(2)通过对集水坡面进行平整压实处理,能减小土壤的渗透性,提高集水效率,注意要在适宜的土壤湿度条件下进行土壤压实处理。

(3)应用化学物质(主要是钠盐)疏散土壤胶体,使其充塞土壤孔隙,降低土壤渗水能力。

(4)应用化学物质(主要是石蜡和沥青)充塞土壤孔隙,使土壤表面形成致密层,增大径流率。

(5)在集水坡面上平铺混凝土板、木板或金属片等刚性材料,这种方法成本高,但使用寿命长(可用20年以上)。

(6)在集水坡面上覆盖塑料膜、橡胶布和用沥青处理过的玻璃纤维等软性材料,这种方法的成本也比较高。

各种方法的处理效果和使用寿命见表1-2。

**表1-2 不同集雨方法的处理效果和使用寿命**

| 项目 | 地表清理 | 平整土地 | 钠盐 | 石蜡 | 混凝土 | 薄膜 | 沥青 | 人造橡胶 |
|---|---|---|---|---|---|---|---|---|
| 径流系数(%) | 20~30 | 25~35 | 40~70 | 60~90 | 60~80 | 70~80 | 85~95 | 90~100 |
| 使用寿命(年) | 5~10 | 5~10 | 3~5 | 5~8 | 20 | 10~20 | 15 | 15 |

**(三)集水系统分类研究**

Boers和Ben-Asher(1982)将此前世界各地的集水系统分为两类:

(1)微型集水区集水系统(Micro-Catchment Water Harvesting,MCWH)。它是指收集面积为0.5~1 000 $m^2$的集水区(Contributing Area,CA)上的地表径流,经过不大于100 m的距离,存入邻近的入渗区(Infiltration Basin,IB)的根系土壤。CA和IB是MCWH的两

个基本元素，其面积之比是 MCWH 设计的关键参数，也是各国研究的重点，但得出的数值相差很大，为 1～25，这主要是由于各地气候、土壤条件和作物需水量不同所致。MCWH 的优点是径流系数高、投资少、易建造；缺点是单位面积产量低、工程占地较多、作物种植区较小。

（2）径流农场集水系统（Runoff Farming Water Harvesting，RFWH）。它是指收集集水区（CA）上的地表径流，通过沟渠引入地面储水设备（Surface Reservoir，SR）蓄存或导入作物根区直接利用。其设计关键是 CA 与 SR 相对大小的确定。没有 SR 的 RFWH 称径流农场。RFWH 的优点是可使有限的水在时空合理分配，常用于家畜饮用或关键期农田灌溉；缺点是建设 SR 和从 SR 到农田的输水系统需较大投资。

Prinz 等（2000）将集水系统进一步细分为 4 种类型：

（1）屋顶集水系统（Rooftop Water Harvesting）。在屋顶和庭院安装管道、输水设备和蓄水设备，收集屋顶上的雨水供家庭饮水、卫生、养畜等使用。

（2）小型集水系统（Microcatchment Water Harvesting）。与 MCWH 相似，集水区面积在 1 000 $m^2$ 以下，种植区面积在 100 $m^2$ 以下，两者之比为 1∶1～10∶1；种植区仅种一棵树或部分灌木或一年生作物；主要由手工建成，不设溢流口。

（3）中型集水系统（Macrocatchment Water Harvesting）。集水区经过处理或不处理，坡度为 5%～50%，面积为 $1\times10^3\sim2\times10^6$ $m^2$；种植区为梯田或坡度小于 10% 的缓坡；集水区与种植区面积之比为 10∶1～100∶1；由手工或机械建成，设溢流口。

（4）大型集水系统（洪水集流系统）（Floodwater Harvesting）。这种集水系统需建设复杂的渠坝体系，收集雨季季节性河流形成的洪水；集水区面积 $2\times10^6\sim5\times10^7$ $m^2$，集水区面积与种植区面积之比为 100∶1～10 000∶1；收集的雨水蓄存于水库、池塘和农田土壤，主要用做补充作物所需土壤水分、回补地下水和减小洪水灾害损失；主要由机械建成，设溢流口。

**（四）集水系统模式研究**

1982 年以前专门针对雨水收集利用的模型研究很少，相关研究集中在模拟降水径流关系的水文模型和模拟雨水入渗、径流等物理过程的土壤物理模型两类（Boers 和 Ben-Asher，1982）。比较著名的降水—径流关系模型有径流系数模型、等时线模型、单位过程线模型、SCS 模型、Orstom 模型等（赵松岭，1996）。1982 年以后，随着国际雨水收集利用研究热潮的形成，集水系统模型研究逐渐增多。Boers 等（1986）基于探寻不同气候、土壤条件下小型集水系统工程建设中如何确定集水区与种植区面积最佳比值的考虑，应用一维瞬时有限差分土壤水分平衡模型（SWATRE）建立了一个描述缺乏长期气象水文资料地区降水—径流关系的线性回归模型，并应用 Negev 集水径流农场的试验资料，对此模型进行了检验校正。Critchley 和 Siegert（1991）考虑了生长季作物需水量、预期降水量、集水区径流系数及种植区内水分蒸发、渗漏和非均匀分布等因素，提出一个简单的集水系统模型，旨在确定合适的集水区与种植区面积比。近年来，集水系统模型逐步向全面、准确和实用的方向发展，大多详细考虑了土壤水分平衡方程的各分项（降水、径流、渗漏、作物蒸散和土壤水分变化），具有模拟集水区径流量和种植区土壤水分含量的功能（Sanchez-Cohen，I. 等，1997；Rockström，1999；Panigrahi，B. 等，2001）。Young 等（2002）提出了基于动态过程的 Parched-Thirst 模型，在模拟降水径流过程、土壤水分运动的同时，还加入了对高粱、水稻、玉米、谷子等作物生长的模拟，可预测集水条件下的作物产量。在新技术应用方面，Abdinam(1998)和 Melesse 等(2002)应用陆地资源卫星图片和 GIS 系统结合 SCS 模型分别对伊朗 Gharachai 河流域和美国佛罗里达 Kissimmee 河流域的径流量进行了模拟评价。

### (五)收集雨水高效利用研究

1. 利用雨水解决生活用水和城市用水

目前，世界上许多国家都在利用收集雨水解决生活用水和城市用水。德国从 20 世纪 80 年代初开始发展城市集水系统并逐渐走向产业化，到 1999 年全国已有 100 多家从事集水系统设计安装的公司，不少家庭、学校、工厂、洗车房都安装了集水系统。以屋顶集水系统为例，德国家庭住宅大多是 2、3 层的小楼，占地 100 ~ 200 $m^2$，屋顶坡度在 45°左右，屋檐设有雨漏管，每管下接一个过滤器，也可将多个雨漏管连接到大过滤器，滤出的杂质冲入污水管道，过滤后的雨水排入蓄水池，水满后再进入的水经溢流管进入污水管道；蓄水池中的水经自动加压系统供冲厕、洗衣、灌溉使用。收集利用屋顶雨水既可减少饮用水使用量，又可减少排水量，对于一个拥有 100 $m^2$ 屋顶的 4 口之家，每年的屋顶雨水径流约 80 $m^3$，如不收集利用，加上每年 146 $m^3$ 饮用水，总排水量为 226 $m^3$；如将所产径流的 70 $m^3$ 灌溉花园、冲厕所、洗衣服等，每年可减少排污量 70 $m^3$，减少饮用水使用量 70 $m^3$。德国中小城市饮用水费为 4 马克/$m^3$，排污费 12 马克/$m^3$，每年可节省饮用水费 280 马克，排污费 840 马克，共节省 1 120 马克。安装一套屋顶雨水收集利用系统约需 1 万马克，其成本可在 10 年内收回，系统使用寿命 25 年以上，还是划算的(Herrmann 和 Schmida，1999；张书函等，2002)。日本、印度利用城市路面及一些建筑物表面集蓄的雨水通过一定的渗透过滤装置，回灌补充地下水，取得了很好的效果(Tadashi 等，1998；Shroff 等，1998)。

2. 利用雨水解决农业用水

世界各地收集雨水主要用于农业生产，已涌现出很多高效收集利用雨水的技术。约旦北部土壤主要为黏土，降雨入渗慢而浅，在高温强辐射下水分很快蒸发殆尽，对作物的有效性很低，科学家们发明了“沙沟(Sand Ditches)集雨法”，在作物或橄榄树行间隔一段距离挖一个 5 m 长、1 m 宽、80 cm 深的沟，填入入渗能力很强的沙子和砾石，直至填平或略低于四周，可有效集蓄雨水。对比观测，沙沟区水分入渗深度和土壤含水量分别为 100 cm 和 28%，对照区仅 68 cm 和 19%；沙沟区域土壤蓄水量达降水量的 73%，而对照区只有 45%(Abu-Zreig 等，2000)。Fox 和 Rockström(2003)在北 Burkina Faso 完成了一个集雨补灌与施肥相结合的抗旱试验，集雨设施为能收集 1. 8 $hm^2$ 集水面雨水径流，容积为 150 $m^3$ 的人工池塘，试验作物为高粱，设集雨补灌、施肥、集雨补灌 + 施肥 3 个处理，以农民传统耕作方式不补灌不施肥为对照，试验共进行 3 年(1998 ~ 2000 年)，年降水量为 418 ~ 667 mm。试验结果：集雨补灌处理 3 年平均单产 712 kg/$hm^2$，施肥处理 965 kg/$hm^2$，集雨补灌 + 施肥处理 1 403 kg/$hm^2$，对照 455 kg/$hm^2$，集雨补灌 + 施肥处理的单产是对照的 3 倍多。该试验表明集雨补灌与施肥两项措施具有耦合作用。

### (六)国际雨水集流系统会议和国际雨水集流系统协会

1977 ~ 1978 年美国夏威夷 Honolulu 岛大旱期间，夏威夷大学水资源研究中心教授

Yu-Si Fok 被一则报道所吸引，该报道称居住在 Tantalus-Round Top 的居民通过跳印第安舞祈祷降雨来充满他们的蓄水罐（Water Cistern）。这则报道促使 Yu-Si Fok 教授启动了一个雨水集流系统的研究项目。他的一篇论文很快引起了澳大利亚 New England 大学 S. J. Perrens 博士的注意，Perrens 博士于 1980 年 1 月 22 日给 Yu-Si Fok 教授写信称他对屋顶雨水集流系统感兴趣多年，想索要 Yu-Si Fok 教授发表的其他文章，并随信寄来了自己撰写的两篇论文作为交换（Fok，1991）。Yu-Si Fok 教授 1980 年 1 月 31 日在回信中提议不久的将来召开一次关于雨水集流系统的国际会议。他的提议得到了 Perrens 博士和夏威夷大学水资源研究中心 L. Stephen Lau 博士的热烈响应，经过他们的不懈努力，第一届国际雨水集流系统会议（International Rainwater Cistern System Conference，IRCSC）于 1981 年在美国夏威夷 Honolulu 岛顺利召开。在这届会议上，代表们提议成立“国际雨水集流系统协会”（International Rainwater Catchment System Association，IRCSA）。1984 年 6 月 25 ~ 27 日在维尔京岛召开的第二届 IRCSC 上成立了由 Yu-Si Fok 等 6 人组成的委员会，负责促进未来雨水集流事业的发展，收集雨水集流方面的情报并向有关组织和公众进行宣传。第四届 IRCSC 初步决定成立 IRCSA，任命 Yu-Si Fok 教授为第一任协会主席（Fok，1991）。第五届 IRCSC 在中国台湾举行，正式成立了 IRCSA，还讨论通过了协会的章程及规章制度，提出 IRCSA 的 5 个目标：①通过世界性的规划、组织、管理、科研和教育，促进雨水集流系统技术的进一步发展；②为科技工作者、工程技术人员、教育工作者、管理人员及其他直接或间接地与雨水集流系统有关系的人员提供一个国际讲坛，使该领域的工作、情报和经验得以共享；③起草、修改和分发关于雨水集流系统应用方面的国际指南；④支持开展雨水集流系统研究的国际协作，包括与其他组织的合作；⑤支持雨水集流系统会议的持久举办。到 2007 年已先后召开了 13 届会议，大多数会议中国都有代表参加，其中第七届会议是 1995 年 6 月 21 ~ 25 日在北京召开的。

## 三、国内雨水收集利用研究进展

虽然我国利用雨水的历史很悠久（赵松岭，1996），但雨水收集利用的系统研究开展较晚。20 世纪 60 年代，我国科学家在黄土高原进行水土保持研究时曾涉及鱼鳞坑和水平沟雨水集流技术；20 世纪 70 年代在吕梁山采用了集雨梯田发展雨养农业；20 世纪 80 年代以来，随着干旱加剧和水资源紧缺问题的突出，各级政府日益重视雨水收集利用。甘肃省率先实施集雨补灌工程，随后陕西、宁夏、内蒙古、山西等省（区）也相继开展，在我国半干旱区建立了初具规模的庭院经济集水农业模式，除供人畜饮用外，还结合点灌和微灌措施发展果园、蔬菜、花卉和小规模的大田作物生产（李小雁，2002）。与此同时，我国科技工作者就雨水收集利用进行了大量研究，发表了许多学术论文和研究报告，有些已在国外刊物发表（Li 和 Gong，2002；He 等，2003；Yuan 等，2003；Zhang 等，2004）。自 1995 年在我国北京举行了第七届 IRCSC 后，从 1996 年到 2000 年，我国共召开过 3 次全国性的雨水利用学术会议。2001 年，我国颁布了关于雨水利用的国家级行业标准《雨水集蓄利用工程技术规范》（SL267—2001）。

### （一）雨水收集蓄存技术的研究

（1）就地拦蓄入渗技术。该技术通过修筑水平梯田、隔坡梯田、反坡梯田、鱼鳞坑、丰产沟、水平沟等水保工程，改变原有地形特征，拦蓄径流；采用带状间作、等高种植、沟植垄盖、蓄水聚肥耕作等技术，使降雨就地入渗（马耀光等，2003）。与国外 Microcatchment Water Harvesting 技术有些类似。

（2）雨水集流技术。目前主要采用屋顶、庭院、硬化路面、自然荒坡、塑料大棚的棚面等进行集雨，集水面材料有混凝土、砖瓦面、塑料棚膜、混合土夯实、黄土夯实和沥青等。吴普特等（2002）对 HEC 土壤固化剂、AAM 混凝土、沥青玻璃丝油毡、沙兰特油毡等几种新材料进行了试验，发现 HEC 土壤固化剂和沥青玻璃丝油毡的集水效果较好。

（3）雨水贮存净化技术。雨水贮存技术是指修筑水窖、塘坝、小水库等工程设施，把集水面所拦蓄的雨水贮存起来以备利用。小水库、塘坝、涝池等由于蒸发下渗等，贮水效率低，使用较少。目前，我国半干旱地区收集雨水主要贮存在混凝土薄壳水窖及传统的红胶泥旱井中，一般分布在庭院旁或接近路面的田块，容积一般为 15 ~ 50 $m^3$。雨水在流入水窖或旱井前要先经沉沙池和过滤池物理净化以去除部分杂质和泥沙，进入水窖或旱井后还要经过“沤水”和化学净化使其更清洁，常用化学药剂有明矾、漂白粉和石灰等（吴普特等，2002）。

**（二）雨水收集利用模型研究**

（1）径流量计算模型。近年来，我国科技工作者在集水区径流量计算方面做了有益的探索：梁天刚等（1998）运用地理信息系统将甘肃省环县划分为若干 250 m × 250 m 栅格，假设某一集水区的集水量为各栅格径流量的总和，则用径流系数法可计算每个栅格的径流量；然后结合数字高程模型（DEM）研究环县地表水流方向、集流能力、子集水区的划分及水系网络空间分布等水文特征，模拟该县在降雨量分别为 10、20、30、40、50 mm 和 60 mm 时，各自然集水盆地可产生的径流量。该研究为计算某地可集水量提供了一个很好的思路，但由于栅格太粗，实用性不强。白清俊等（1999）从流域坡面产流机制出发，依据 Horton 入渗曲线建立一个适用于不同流域的综合产流模型。该模型以降雨强度和土壤蓄水量为控制条件，兼顾超渗产流和蓄满产流，适用于下垫面条件较为均一的流域或单元区域在不同条件下的产流计算。徐雨清等（2000）在梁天刚等（1998）研究的基础上，以黄土高原半干旱地区的 6 个自然集水区为研究对象，利用遥感和地理信息系统获得研究区地形、植被、流域特征等参数，通过统计分析得出该区域多年平均年径流量与降雨量、地形、植被等因素的关系模型。徐秋宁等（2002）应用 SCS 降水—径流模型，对陕北、渭北多个典型小型集水区的降雨径流量进行了分析计算。结果表明：SCS 降水—径流模型考虑了径流与土壤特性和土地利用情况的关系，可用于小流域、沟道等小型集水区可集水量的计算。上述研究结果对于半干旱区集水农业工程的规划与决策具有一定的指导意义。

（2）雨水集流系统优化模型。雨水收集利用是一项非常复杂的系统工程，涉及雨水收集、贮存和利用 3 个方面。要使雨水集流系统高效运行，应运用系统工程的理论进行规划设计。张新燕等（2000，2002）以陕西省礼泉县北部丘陵区为例，针对大田作物（小麦、玉米）雨水集蓄灌溉利用问题，应用动态规划等系统分析方法，以纯收益最大为目标函数，从技术、经济两方面对雨水集蓄灌溉利用系统进行分析研究，建立了系统优化模型。它包括降水序列分析模型、集水量分析计算模型、蓄水窖窖优化设计模型、灌溉水量优化分配模型等 4 个基础物理模型和经济模型，并根据水量平衡原理，利用调蓄计算方法，在集水量和用水量一定的基础上进行蓄水工程优化设计，确定蓄水设施的有效容积及其复蓄次数、单位设施容积及数量的优化组合方案。该研究为干旱半干旱地区进行雨水集蓄灌溉利用的规划设计提供了有益的参考。

**(三)农业集雨补灌效应研究**

这方面的研究较多，涉及干旱半干旱地区种植的许多作物，包括集雨补灌对作物生长发育的影响和对最终产量的促进作用。

(1)集雨补灌增产效应。尹光华等(2001)对春小麦进行集雨补灌试验，结果表明：苗期少量补灌可使出苗率提高10.3%～17.3%；在植株生长的需水关键期补灌可使叶面积增大，叶绿素含量提高13.8%～18.7%，小穗数增加2.0%～14.7%，穗粒数增加12.8%～34.0%，籽粒干物质积累量增加25.3%～63.2%，经济产量和生物学产量都明显提高。柴强等(2002)认为补充灌溉可加速不同作物生长后期干物质向穗部的转移。国家"九五"重点科技攻关项目"节水农业技术研究与示范"的"人工汇集雨水利用技术研究"专题1997～1999年在甘肃省定西县安家沟流域进行了春小麦、玉米的集雨补灌技术示范推广，3年结果如下：1997年春小麦增产40.2%，玉米增产53.8%；1998年春小麦增产60.8%，玉米增产33.5%；1999年春小麦增产49.6%，玉米增产36.7%(吴普特等，2002)。

(2)集雨补灌最佳时期。小麦(冬小麦、春小麦)最佳补灌时期为拔节期(王勇等，1997；张源沛等，2002)；玉米的最佳补灌时期为大喇叭口期(尹光华等，2000；刘一，2003)。但考虑到集雨储水的有限性，少量水分应优先保证抗旱播种保苗，其次是关键生育期的有限供给(刘一，2003)。

(3)集雨补灌对经济作物和果树生长发育的促进作用。王亚军等(2003)在甘肃省皋兰县进行了砂田西瓜集雨补灌效应研究，结果表明：不同补灌量处理的西瓜产量差异达显著水平，随灌水量的增加，产量、单瓜重和采收瓜数相应增加；补灌量对西瓜含糖量也有影响，补灌量低于45 mm，各处理之间含糖量的差异不大，补灌量为67.5 mm时，西瓜含糖量降低4.4%；适量补灌可提高西瓜水分利用率，以滴灌67.5 mm处理的水分利用率最高，比不补灌处理提高17%，但随灌水量的增加，灌水效率降低，单方水产值下降。由于补灌对西瓜的产量、含糖量和水分利用率都有影响，只有适时适量补灌，才能既提高产量和水分利用率，又不降低品质。研究结果表明：砂田集雨补灌栽培西瓜是集雨利用的一种较经济高效的方式，但最佳补灌量应控制在45 mm左右为宜。李有华等(2000)采用集流设施集蓄汛期超渗产流对苹果树进行集水节灌试验，结果表明：集水节灌对苹果树叶绿素含量、根条数、新梢总长、百果重、总产量的增加均有明显的促进作用。

## 第三节　北方半干旱黄土丘陵区雨水资源农业利用现状

### 一、黄土高原的自然条件与农业生产

**(一)黄土高原的自然条件**

1. 地理范围

黄土高原西起日月山，东至太行山，南靠秦岭，北抵阴山，涉及青海、甘肃、宁夏、内蒙

古、陕西、山西、河南等7省(区)的317个县(旗),总面积64.2万$km^2$,其中水土流失面积45.4万$km^2$(水蚀33.7万$km^2$、风蚀11.7万$km^2$),多年平均输入黄河泥沙达16亿t,是世界上水土流失最严重、生态环境最脆弱的地区。

2. 地形地貌

地势西北高、东南低。以六盘山和吕梁山为界可划分为西、中、东3个部分,西部海拔2 000~3 000 m,中部海拔1 000~2 000 m,东部海拔500~1 000 m,仅个别山岭超过1 000 m。

山区、丘陵、高塬占黄土高原的2/3以上,西北部为风沙、干旱草原和高地草原区;银川平原、河套平原、汾渭平原地形相对平缓,但面积较小。

3. 土壤

黄土高原是世界上黄土分布最集中、覆盖厚度最大的区域。黄土平均厚度50~100 m,最大超过250 m。主要为风成黄土(粉粒占50%),结构疏松,富含碳酸盐,孔隙度大,透水性强,遇水易崩解,抗冲抗蚀性弱。主要土壤类型有褐土、黑垆土、栗钙土、棕钙土、灰钙土、灰漠土、黄绵土、风沙土等。极低养分地区面积占21.1%,低养分地区面积占19.4%,中等养分地区面积占26.7%。

4. 气候与水文

黄土高原属大陆性季风气候,冬春寒冷干燥多风沙,夏秋炎热多暴雨。年平均气温6~14 ℃。从东南向西北,气候依次为暖温带半湿润气候、半干旱气候和干旱气候。植被依次出现森林草原、草原和风沙草原。全区多年平均降水量466 mm,从东南向西北递减,东南部600~700 mm,中部300~400 mm,西北部100~200 mm。降水量的季节变化和年际变化都很大,汛期(6~9月)降水量占年降水量的70%左右,且以暴雨形式为主;丰枯年可相差3~4倍。受局部地形条件影响由强对流形成的暴雨范围小、历时短、强度大,常造成严重的山洪与水土流失,尤其是黄河的河口镇至花园口区间暴雨洪水频繁、洪峰高、含沙量大、历时短、陡涨陡落。黄河三门峡站多年平均输沙量约16亿t,多年平均含沙量35 $kg/m^3$,实测最大含沙量911 $kg/m^3$(1997年),均为大江大河之最。汛期(6~9月)输沙量占全年的90%,尤其是7、8月两个月的输沙量占到全年的71%。

黄土高原的面积占全国的6.7%,年径流量只占全国的1%~2%。河川径流主要集中在兰州以西的黄河上游,占流域面积2/3的中下游径流量只占到总径流量的44.4%。汛期(6~9月)径流量占全年的60%~70%,最大年径流量是最小年的3~4倍。

5. 土地资源

黄土高原地区总面积64.2万$km^2$,其中坡度小于3°的平地仅占29.6%,川平地主要分布于宁蒙河套平原、汾渭平原;3°~7°的平坡地占6.8%;7°~15°的缓坡地占16.2%;15°~25°的斜坡地占21.4%;>25°的陡坡地占26.0%。

黄土高原地区约有耕地1 300万$hm^2$,坡耕地占62%,保水保肥能力差,每公顷产量仅375~750 kg,遇干旱就会严重减产,甚至颗粒无收。

土地资源分布不平衡,人均土地面积存在较大差异。土石山区、风沙区、干旱草原区、高地草原区和林区人口稀少,土地面积31.7万$km^2$,人均1.6~10.0 $hm^2$;黄土丘陵沟壑区人口居中，土地面积 21.7 万 $km^2$，人均 0.5～1.7 $hm^2$；黄土高塬沟壑区人口较密，土地面积 3.3 万 $km^2$，人均 0.6 $hm^2$；平原和阶地区人口稠密，土地面积 7.3 万 $km^2$，人均 0.1～0.3 $hm^2$。

6. 矿产资源丰富

黄土高原地区已探明矿产有 100 多种，其中稀土、石膏、煤、铝土、钼等储量占全国的 1/3 以上，石油和芒硝储量占全国的 20%～30%。晋陕蒙接壤地区的神府、东胜、准格尔、河东四大煤田，储量占全国煤炭总储量的 50% 以上，陕甘宁蒙接壤地区的石油、天然气储量也相当丰富，是我国重要的能源重化工基地。

**（二）黄土高原地区的社会经济**

黄土高原地区是中华文明的发源地，也是我国西部大开发的重点地区，但由于水土流失严重，生态环境恶劣，自然灾害频繁，绝大多数地区经济落后，群众生活贫困。

1. 垦荒史

黄土高原原是山清水秀、森林和草原茂密的地区。自秦汉以来经历了 3 次滥伐滥垦高潮，第一次是秦汉时期的大规模“屯垦”和“移民实边”开垦，使晋北、陕北的森林遭到大规模破坏。第二次是明朝的大规模“屯垦”，使黄土高原北部的生态环境遭到空前浩劫。第三次是清代推行奖励垦荒制度，自陕北、晋北而扩展北移至内蒙古南部，使黄土高原北部和鄂尔多斯高原数百万亩的草原被开垦为农田，大面积土地沙化，水土流失加剧。近代黄土高原的垦荒一直没有停止，直到 20 世纪 80 年代才开始在黄土高原西部控制陡坡开垦和种树种草，90 年代后期开始在整个黄土高原逐步实行适度退耕还林还草和大规模的生态环境建设，生态恶化的势头开始得到遏制。

2. 人口分布和土地利用

黄土高原地区 2000 年总人口 8 742 万人，其中农业人口 6 908 万人，农业劳力 3 191 万人。人口分布不均，东部相对稠密、西部相对稀少，平原阶地密度最大，塬区和丘陵次之，山区、风沙区密度最小。

耕地 1 300 万 $hm^2$，占总土地面积的 20%；林地 1 200 万 $hm^2$，占 18%；草地 1 400 万 $hm^2$，占 22%。农耕地中坡耕地 800 万 $hm^2$，占 62%，基本农田占 38%。

3. 工业

工业企业集中于西安、太原、兰州等大中城市，多数地区工业基础薄弱。本区是我国最重要的能源生产基地，石油产量约占全国的 1/4，原煤产量占全国的 1/2 以上。黄土高原地区大多属于资源型工业，除西安附近外，高新技术产业还相当落后，人均工业产值和经济效益均远低于全国平均水平。

4. 农业

黄土高原的绝大多数地区以农业经济为主，农业产值中种植业占 58.7%，林、牧、副业仅占 41.3%。广大丘陵山区水土流失严重，生态环境脆弱，80% 以上的耕地经常遭受不同程度的干旱威胁，农业产量低而不稳，仅宁蒙河套平原和汾渭平原农业相对发达。黄土高原地区是我国贫困人口的主要集中地区，贫困县约占全国贫困县的 1/5，其中宁夏南部、甘肃中部和陕西北部的丘陵沟壑区经常要从外地调粮。有相当部分地区还缺少燃料、饲料、肥料，并存在人畜饮水困难问题。

## 二、黄土高原的丘陵区雨水资源农业利用现状

### (一)黄土高原的雨水资源

68.8%的黄土高原地区属干旱和半干旱地区,人均地表水资源585 $m^3$,是全国人均水平的22%;每公顷耕地用水2 565 $m^3$,仅占全国平均水平的9.8%。区域年用水量约300亿 $m^3$,其中85%用于农业,但有效灌溉面积仅386.7万 $hm^2$,且集中于黄河沿岸的冲积平原,占面积80%以上的丘陵山区和残塬,地表水资源和地下水资源均十分缺乏且难以利用。黄土高原地区的潜在蒸散量为700~1 000 mm,比年降水量高出一二倍,干旱缺水成为影响农业生产、区域社会经济发展和生存条件的最大制约因素。

黄土高原地区的降水从西北向东南呈带状递增分布,半干旱偏旱区年降水量为250~350 mm,半干旱区降水量为350~400 mm,半湿润区降水量为400~600 mm。年降水变率为15%~40%,多雨年与少雨年可相差2~6倍。春季降水量一般只占全年的12%~25%,十年九旱,对春播威胁很大;夏季降水量占全年的40%~60%,但流失严重;秋季降水量占全年的20%~35%,通常能够补充土壤水分;冬季降水量只占全年的1%~3%。

黄土高原地区的降水总量虽然不小,但丘陵沟壑区的降水资源时空分布极不均匀,夏季降雨量虽较大,但大多以暴雨形式出现,不但迅速流失,而且还造成严重的土壤侵蚀。农田的降水利用率只有40%左右,作物水分利用效率只有2.0~3.0 kg/(mm·$hm^2$),部分旱地的粮食每公顷产量只有750~1 500 kg,遇中等干旱即大幅度减产,遇严重干旱就基本绝收。

黄土高原的丘陵沟壑区地形起伏不平虽然加剧了水土流失和干旱程度,给交通和耕种带来不便,但同时也给雨水资源的开发利用提供了某些有利条件:

(1)人均土地面积大。黄土高原的中部丘陵和残塬人均土地在1 $hm^2$ 以上,宁南山区达1.4 $hm^2$,黄土高原北部更多达2 $hm^2$ 以上,而垦殖系数只有10%~30%,因此有足够的非耕地土地资源来建造雨水集流场。

(2)坡地有利于汇集雨水。全区有55%的土地坡度在7°以上,只要选用适合的集雨面材料,即可利用山坡建成集雨面。

(3)地形高差有利于利用集蓄雨水进行自流灌溉,减少动力消耗。

与地势平坦和全年降水分布均匀的平原相比,黄土高原丘陵沟壑区兴建集雨工程可获得更高的集雨效率。

根据吴普特、黄占斌等的研究,黄土高原地区按平均年降水量与国土面积计算,年降水资源总量达2 757亿 $m^3$,是该地区地表水资源与地下水资源总量的9.2倍。从表1-3可以看出,黄土丘陵沟壑区的垦殖系数为10%~30%,平均20%左右。如能利用占国土面积近80%的非耕地,集蓄其中1/4的雨水用于耕地,就等于将耕地上的年降水量翻一番,达到半湿润地区乃至湿润地区的年降水量水平,能够完全满足作物对水分的需求。吴普特等的研究还指出,对于一个经过综合治理的小流域,生态需水量占总需水量的3/4,农业需水占总需水量的近1/4,人畜需水量仅占总需水量的1%。

表1-3　黄土高原的主要地貌类型

| 侵蚀类型区 | 面积（$km^2$） | 占总面积百分数（%） | 沟壑密度（$km/km^2$） | 切割深度（m） | 地面组成物质 | 植被覆盖率（%） | 人口密度（人/$km^2$） | 垦殖系数（%） | 年侵蚀模数（$t/km^2$） |
|---|---|---|---|---|---|---|---|---|---|
| 黄土丘陵沟壑区 | 211 829 | 33.00 | 2.0～7.0 | 50～200 | 黄土 | 10～35 | 77 | 10～30 | 3 000～15 000 |
| 黄土高塬沟壑区 | 35 573 | 5.54 | 1.0～3.0 | 100～200 | 黄土 | 20～30 | 180 | 14～50 | 2 000～5 000 |
| 土石山区 | 132 780 | 20.68 | 2.0～4.0 | 100 | 土石 | 20～40 | 29～80 | 1～20 | 1 000～5 000 |
| 其他类型 | 261 747 | 40.78 | | | | | | | |

注：其他类型包括黄土阶地、冲积平原、风沙区、干旱草原、高地草原、林区等。

### （二）黄土丘陵区雨水资源农业利用现状

我国从20世纪50年代就开始突破窖水只作为饮用水的观念，用以点灌玉米和蔬菜。80年代后期随着山区干旱缺水形势的日益严峻，在庭院经济和作物需水关键期利用集雨进行补灌得到迅速推广。

近30年我国雨水资源农业利用经历了3个发展阶段。其中，20世纪80年代前中期为试验研究阶段，通过相关技术试验研究论证了雨水集蓄工程的可行性和可持续性，提出了理论和方法，编写出《干旱半干旱地区雨水集蓄利用》、《集水农业的理论与实践》、《半干旱丘陵山区集雨节水灌溉工程试验》等论文和著作，为集雨农业的开展初步奠定了理论和技术基础。1988年以后到90年代中期为试点示范阶段，通过试点示范使雨水集蓄利用从单项技术发展为农业综合集成技术和高效综合利用，从理论和技术两方面组织攻关研究并走向实用，找出了一条干旱山区农业和社会经济发展的新路子。甘肃省率先在中东部干旱地区开展雨水利用试验示范研究并大力推广集雨补灌研究成果，1995年开始实施“121雨水集流工程”，即每户建100 $m^3$ 左右的雨水集流场，打2眼水窖，发展1亩[1]左右的庭院经济。1997年制定和颁布了《甘肃省雨水集蓄利用工程技术标准》。同一时期，宁夏在南部山区实施了“窑窖农业”；陕西实施了“甘露工程”，山西实施了“旱井集雨微灌工程”；内蒙古在清水河县与准格尔旗实施“112集雨节水灌溉工程”的试验示范，即每户建1眼水窖或旱井，采用坐水种和滴灌技术，发展2亩抗旱保收田。其他各省（区）也相继开展了雨水集流利用工程。1997年以后进入推广应用阶段，联合组织雨水集蓄利用的多个试点，带动了西北、西南、华北地区集雨农业的迅速发展，各级政府和群众的认识进一步提高，工程建设从零散转变为集中连片，“人均半亩到一亩基本农田，一园一窖”成为广大群众的奋斗目标。据不完全统计，到1999年底全国13个省（区）共修建各类水窖、水池等小微型蓄水工程464万个，总蓄水容量13.5亿 $m^3$，发展灌溉面积151多万 $hm^2$，其中节水灌溉43万 $hm^2$，解决2 380万人、1 730万头大牲畜饮水困难和近1 740万人的温饱问题。在上述工程中，黄土高原地区的工程和蓄水数量都占有绝对优势。

2000年以后，各地又修建了数百万眼水窖，预计可新增集雨灌溉面积400万～666.7万 $hm^2$。2003年3月11日水利部正式审查通过了《黄土高原地区水土保持淤地坝规划》，将在未来10～20年内修建一大批拦蓄雨洪的淤地坝，使黄土高原地区的集雨农业形

[1] 1亩=1/15公顷。

成大规模开发的态势。

**(三)雨水集蓄利用的效果**

以陕甘宁黄土高塬沟壑区为例,该地区有93个县市,3 800万人,其中国家级贫困县85个,贫困人口708万人。

该地区年降水量550~750 mm,60%的降水量集中在7~9月,雨水降落地面被迅速吸收后在干燥空气中蒸发,很难形成径流,几乎没有可利用的地表水源。地下水也十分贫乏。人均水资源200~400 $m^3$,是全国人均最低的地区。1949~1996年共发生38次较严重的干旱。直到20世纪90年代中期粮食每公顷产量还只有750~2 250 kg,不到全国平均每公顷产量的1/2。到1996年底,不少县的农民收入只有700~800元,还有不少农民在500元以下,是全国最贫困的地区之一。

水利科技人员经过分析计算,人均0.2~0.47 $hm^2$ 耕地,如全部集蓄降水,人均可拥有水资源量为450~2 310 $m^3$。他们在90年代初提出雨水集蓄利用的设想,经过多年试点示范和推广,到1998年底3省(区)共投入资金13亿元,打水窖133万眼,容积5 700万 $m^3$,发展节水灌溉面积4.333万 $hm^2$,解决了83万人和68万头大牲畜的饮水困难。补灌粮田每公顷产量稳定在6 000 kg左右,1眼50 $m^3$ 水窖通过节水灌溉和科学用水可使2亩旱地稳产,稳定解决一家3口的吃饭问题,使3省区的55万人解决了温饱问题。发展庭院经济,在房前屋后种菜能实现自给有余,目前70%以上的农户都有菜地和果园,从一年四季吃土豆变成一年四季啥都有,身体素质逐步提高。雨水利用还为发展优质果菜、增加农民收入创造了条件,同时还带动了农村精神文明建设和生态环境建设。

## 三、黄土高原集雨农业存在的问题与对策

**(一)黄土高原雨水集蓄利用中存在的问题**

黄土高原雨水集蓄利用虽然取得了显著进展,但仍存在不少问题。

(1)对雨水集蓄利用的重要性认识不足。不少地方热衷于修建人工调水和拦蓄等大型水利工程和打机井,认为雨水集蓄是小打小闹,成不了大气候,没有把雨水集蓄看成是黄土高原地区解决干旱缺水的重要途径。

(2)雨水集蓄利用地区发展不平衡。以黄土高原中西部发展规模较大,其他地区相对滞后。庭院水窖比较普及,农田就地集雨利用的普及程度还不高。干旱缺水地区集中了我国的大多数贫困县,地方财力和群众自筹能力都十分有限。

(3)雨水集蓄利用缺乏统一的规划与标准,技术指导与管理服务不够。许多地方在修建集雨工程时有很大的盲目性,对于本地区的集雨潜力及应建设的工程数量和规模心中无数,既导致了雨水资源的不充分利用和流失,也导致了局部地段集蓄工程过密,利用率很低,造成材料与投资的浪费。

(4)雨水集蓄利用综合性系统研究不够。过去开展的雨水集蓄利用研究多为单项,虽然取得了一些成果,但尚未形成包括雨水集蓄、存贮、补灌、节水抗旱栽培农艺和农业经济结构优化在内的、比较完整的理论和技术体系。

**(二)进一步推进雨水集蓄利用的对策**

(1)因地制宜,科学规划。要根据不同地区的气候、地形、水文、土壤与农业生产条

件，应用现代信息技术和系统工程原理，科学评估区域集雨潜力和可动员的社会经济资源，制订可行的雨水集蓄工程规划。

(2)多渠道广泛筹资，加大投资力度。开展雨水集蓄农业利用的大多是贫困地区，一方面国家要实行财政转移支付，另一方面本地区也要多渠道动员社会力量广泛集资。由于黄土高原的雨水集蓄和综合治理具有显著的生态效益，在适当的时机，国家还可实行下游受益地区给予生态补偿的政策。

(3)严格管理，加快标准化、规范化进程，确保工程质量与效益。组织科技力量，逐项编制雨水集蓄利用工程的标准与规范，并不断修定完善。实行雨水集蓄利用工程的监理制，严格管理，确保工程质量与效益的持久发挥。

(4)加强技术指导与服务。培训一大批雨水集蓄利用的工程技术人员与集水型生态农业技术推广人员，深入黄土高原各地农村开展技术服务。逐步建立集雨面材料、存贮设施、补灌设备制造、组装配套、施工维修的产业化经营与技术服务的经济实体。

(5)构筑集水生态型农业技术体系。雨水集蓄利用大大提高了黄土高原地区农业的抗旱能力和生存保障水平，随着粮食自给能力的提高，要不失时机调整种植结构与产业结构，实现由传统的“粮食—经济作物”为主的二元结构向“粮食—饲料—经济作物”相结合、农牧业相互促进的新型的三元结构转变。作物与品种选育目标也要由以抗旱稳产为主向兼顾稳产、高产、优质、高效转变。在集雨补灌的条件下，作物栽培技术要与传统的单纯旱作技术有所区别，把现代旱作农业技术与节水农业技术结合起来，构筑集水生态型农业技术体系。

(6)组织雨水集蓄利用重大技术难题的攻关。雨水集蓄利用研究虽已取得不少进展，但还有不少问题有待解决。如性能价格比优越的集雨面材料、便携式可移动的先进节水灌溉器具、农田就地集雨的高效适用材料等的研制、筛选与方法研究，复杂地形的雨水集蓄利用潜力评估方法，区域雨水集蓄利用系统工程的基本理论与技术体系。鉴于雨水集蓄利用的重要意义和复杂性，国家仍应列入“863”等重大项目计划，并予以重点支持。

(7)加强雨水高效利用技术的示范推广。由于集水型生态农业具有明显的经济效益、生态效益、社会效益，为进一步加强集水型生态农业建设，需要在更大范围内进行推广并加大示范区建设的力度。

## 四、雨水集蓄工程与集水型生态农业的发展前景

### (一)集水型生态农业是黄土高原地区农业可持续发展的必由之路

干旱缺水是黄土高原地区农林牧业生产和社会经济发展的主要限制因素，也是生态治理最关键的要素。

黄土高原农业生产中作物所需要的光、热、水、土等要素，只有在良好的耦合与匹配下才能形成较高的生产力。上述要素中，光、热、土一般不构成生产上的障碍，水是其中的关键。在旱作农业地区一定的光热前提下，水肥的耦合与制约作用更为突出。20 世纪 80 年代中期，赵松岭等就开始了集水型生态农业的研究，实验表明：在土壤水分含量到达全年最低值之前，每公顷补充 450 ~ 900 $m^3$ 水就可解决作物关键时期的需水，产量就可大幅

度增加。雨水蓄集利用实现了不连续、不稳定的降水在时空上的再配置,使其成为具有持续供水能力的稳定系统,增强了农业生态系统抵御干旱威胁的能力。近20年来,集水农业的迅速发展被称为“黄土高原农业上的一项革命性措施”,是使农业免于颗粒无收的关键和救急措施。

经过几年的理论探讨和试点推广,依据黄土高原半干旱地区生态环境建设和农业可持续发展的实践需要,“集水型生态农业”的学术思想逐渐形成和完善。

集水型生态农业是以建设良性循环的农业生态经济系统为中心,利用人工集水面或天然集水面形成径流,将径流贮存在一定的贮水设施(如水窖)中,以供必要时进行有限补灌,并与农作种植管理措施相结合,同时兼顾经济、生态和社会三个效益的一种农业可持续发展模式。集水型生态农业为黄土高原地区农业发展和生态环境恢复提供了新思路,改变了农村原来单一的种植结构,使农民优化土地利用结构和退耕还林还草成为可能。

黄土高原半干旱区,降雨量少且分布不均匀,降雨期与作物生长需水关键期错位,作物产量长期低而不稳。从时空上调节雨水分配,使水分供给与作物需水期相吻合,这就是集水型生态农业的出发点。

集水型生态农业的技术体系由三部分组成:集水工程子系统、农艺工程子系统和社会经济与管理子系统,三者互相衔接,组成完整的雨水集蓄利用系统。充分高效、经济合理利用雨水是保证整个雨水集蓄利用技术体系取得最大效益的关键环节。在此基础上建立植被恢复体系,通过人工植被和自然植被的有机结合,以及调动农民的积极性,使其成为生态建设的主体,最终建立良好的农村生态环境,实现农业的可持续发展,这是集水型生态农业的另一个主要目标。实践表明:集水型生态农业不仅可以使农民脱贫致富,而且实现了生态环境和产业结构的同步改善。

### (二)雨水资源应纳入水资源概念的范畴

刘昌明指出,中国有61 900亿$m^3$的年降水资源,其中约27 100亿$m^3$转化为河川径流即地表水资源,还有8 300亿$m^3$由降雨和河川径流形成的地下水补给,即地下水资源,扣除由河川径流转化为地下水的部分,由降水直接补给地下水的数量为1 300亿$m^3$,加上河川径流27 100亿$m^3$,即全国水资源总量的统计数据28 400亿$m^3$。这个数据是不完整的水资源总量概念。在农业生产实践和城市雨水利用中,已经把雨水纳入可利用水资源之列。应当强调指出,雨水资源总量才是水资源总量,地表水与地下水都是由雨水转化而来的。

### (三)雨水集蓄利用的广阔前景

在农业生产中,降水是最直接可利用的水资源。农田就地集雨的含义就是尽量减少降水的径流和渗漏损失,把雨水贮存在土壤中,提高农田对雨水的利用率。在土地资源比较丰富的地区,还可以人为设置一定比例的集雨区和种植区,把集雨区的雨水输往种植区,以弥补降水量的不足。作物种植面积虽然减少,但在干旱缺水地区,种植区单产的提高往往可以大大超过集雨区不种植作物的损失,甚至有可能使原来根本不可能种植作物的干旱地区实现高效益的生产。利用集雨工程收集的雨水,虽然成本较高和输送距离较远,但却是人们可以按照需要调度和配置的水资源,数量虽然少于农田就地集雨,但可用于关键时期,如作物播种期和需水临界期,庭院经济或高附加值的经济作物,从而获得更高的经济效益。水利部农村水利司在所编写出版的技术培训教材中指出:“我国是一个农业大国,广大的农村,上亿个农户,房前屋后庭院面积达340多万 $hm^2$。由于雨水集蓄工程一般规模小,分布较散,不会造成不利的环境影响,且有利于生态保护。因此,凡有效降雨在250 mm以上的地区,都可以开发雨水资源,除解决生活用水外,实施节水灌溉,秋水春用,变被动抗旱为主动抗旱,这是我国21世纪水资源可持续利用的一个有效途径,其开发利用前景十分广阔。”全国节水农业发展规划要求从2001年到2015年的15年内发展旱作集雨农业面积0.08亿 $hm^2$,其中集雨蓄水窖(池)节灌栽培面积186.67万 $hm^2$;旱地农田降水利用率由目前的45%左右提高到55%,水分利用效率从目前的约6.75 kg/(mm·$hm^2$)提高到7.5~9.0 kg/(mm·$hm^2$)。

## 第四节　黄土高原北部丘陵沟壑区的雨水资源化与农业利用

### 一、黄土高原北部的自然条件和雨水资源概况

#### (一)地理范围和自然条件

黄土高原北部包括宁夏的银川平原与中东部,陕西的榆林地区,山西的北部、西北部,以及内蒙古的河套平原、土默川平原与鄂尔多斯高原,大致位于黄土高原的37°~38°N以北地区。年平均气温6~8 ℃,年降水量200~500 mm,大部分地区为中温带半干旱大陆性季风气候,但西部边缘已处于干旱气候范围之内。

与黄土高原的主体部分有所不同,黄土高原北部地貌类型多样。沿黄河的银川平原、河套平原和土默川平原地势平坦,得黄河灌溉之利,人均耕地也较多,是黄土高原的富庶地区。毛乌素沙地与库布齐沙漠分别位于鄂尔多斯高原的中西部和北部边缘,鄂尔多斯高原的东北部、山西的西北部、北部鄂尔多斯高原的中西部还保持着黄土高原的丘陵沟壑地貌,但黄土层要比黄土高原的中西部薄得多。

由于纬度与海拔较高,气温偏低,降水偏少,黄土高原北部的天然植被为灌木与干草原,林地只在某些山脉的阴坡有稀疏的分布。

与黄土高原的中南部相比,黄土高原北部的风蚀沙化十分严重,表层土质的粗化明显。虽然年降水量比黄土高原中南部偏少100~300 mm,但雨量更加集中,夏季由强对流引发的暴雨具有历时短、范围小、强度大的特点,常造成严重的山洪与水土流失。如1977年7、8月间在晋陕蒙接壤地区出现历史罕见的大暴雨,笼罩面积达2.5万 $km^2$,陕北的安塞(7月5日,225 mm)、子洲(7月27日,210 mm)等地都出现了特大暴雨,内蒙古乌审旗木多才当(8月1日)竟发生了10 h雨量高达1 400 mm的全国最高记录。加上植被稀疏和土壤结构差、颗粒粗,水土流失的强度更甚于黄土高原的中南部。如流经内蒙古伊金霍洛旗和陕西神木县的窟野河1959年的实测洪峰流量曾达14 000 $m^3/s$,最大含沙量达1 700 $kg/m^3$。

黄土高原北部是我国最重要的能源生产基地,位于晋陕蒙接壤地区的神府、东胜、准格尔、河东四大煤田,其储量占全国煤炭总储量的50%以上;陕甘宁蒙接壤地区的石油、天然气储量也相当丰富,是我国重要的能源重化工基地。铀矿储量也相当可观。近年来,

能源开发带动了区域经济的高速发展，但城乡差别进一步扩大，旱作农业低产不稳的态势远未得到根本改观。

### (二)水资源条件和雨水资源开发潜力

黄土高原北部地处黄河中游，是引黄灌溉的主要受益地区，使银川平原、河套平原和土默川平原成为半干旱地区为数不多的商品粮生产基地。但由于整个黄河流域的水资源长期处于超量开采状态，致使黄河在20世纪80~90年代连年发生断流，而且断流的里程和持续时间逐年延长，大有演变成内陆河的趋势。为此，国家采取了按全流域统筹配置与合理分配水资源的措施，确保每年有不少于30%的径流入海作为生态用水以维持水沙平衡与水盐平衡。目前，黄土高原北部引黄灌溉水量已有较大幅度削减，今后发展灌溉只能依靠节水和集雨。至于黄土丘陵沟壑区，由于地势较高，无法利用黄河及其支流的地表径流，唯一可利用的水资源就是天然降水。

以北纬38°为界的黄土高原北部地区的总面积约20万$km^2$，多年平均降水量为320 mm，可得出雨水资源总量为640亿$m^3$。虽然除黄河外，本地区的中小河流大多为季节性河流，多数地区的地下水资源也并不丰富，但由于地广人稀，垦殖系数也较低，无论是人均或亩均雨水资源量都要明显高出全国平均水平。以内蒙古准格尔旗为例，该旗面积7 692 $km^2$，人口26万人，现有耕地5.83万$hm^2$，多年平均降水量397 mm，据此可推算出雨水资源总量为30.54亿$m^3$，人均11 746 $m^3$，每公顷为52 384 $m^3$。而全国人均雨水资源以13.3亿人口计为4 654 $m^3$，以1.2亿$hm^2$耕地计，每公顷为51 582 $m^3$。准格尔旗的人均雨水资源要比全国人均高出1.52倍，每公顷雨水资源比全国平均水平也要略高。由于干旱缺水是当地农业生产和社会经济发展的最大障碍，如何最大限度地减少本地区雨水资源的流失和蒸发损失，提高雨水资源开发利用的水平，是黄土高原北部丘陵沟壑区旱作农业可持续发展的关键。

## 二、黄土高原北部础砂岩地区的生态治理与农牧业可持续发展

### (一)础砂岩及其分布

础砂岩泛指大面积出露于黄土高原北部鄂尔多斯高原、以红色为主的中生代沉积岩，其上有第三纪红土、第四纪黄土和风积沙片状覆盖并相间分布。分布区域约1.2万$km^2$，分布在内蒙古鄂尔多斯市的东胜区、准格尔旗、伊金霍洛旗、达拉特旗等地，邻近的陕西省府谷、神木和山西省的河曲、保德等县也有零星的分布，以皇甫川流域最为集中。础砂岩是一种碎屑沉积岩，以砂岩、粉砂岩和泥岩为主。随着气候变迁，在干热环境下沉积的红色岩层与温湿环境下沉积的白色岩层交错相间，此外，地表还覆盖一些黄土和风沙土。与典型的黄土高原地区相比，土层更薄，结构更差，土壤颗粒更粗，也更为贫瘠。

### (二)础砂岩地区的水土流失与农业生产

础砂岩地区是黄土高原水土流失最严重的地区，包括水蚀、重力侵蚀和风蚀3种形式。根据金争平等的研究，础砂岩地区各流域多年平均输入黄河的泥沙达2.1亿t，占黄河流域土壤流失总量的1/8以上，尤其是准格尔旗的土壤流失高达1.8亿t，是全国县级土壤流失量之最。

础砂岩地区的气候属暖温带北缘半干旱气候，年平均气温6~9 ℃，10 ℃以上积温

2 500～3 400 ℃·d,年降水量280～400 mm,年平均蒸发量2 200～2 600 mm,全年8级以上大风日数20～30 d。由于海拔和地形的影响,气温、降水和蒸发均由西北向东南递增。地貌以丘陵为主,沙地散布,地形小气候特征明显,阳坡的干旱尤为严重。原始植被为以本氏针茅为主的干草原,间有少量灌木,阴坡零星分布少量油松、侧柏等耐旱乔木。

砒砂岩地区的人口密度较低,为10～30人/$km^2$,土地垦殖系数为8%～16%,林木覆盖率为10%～15%,且多为柠条、沙棘、沙柳等灌木,草地占70%以上,且草被稀疏。

砒砂岩地区由于坡陡沟深,耕地主要分布在坡、梁和峁、塬,如准格尔旗的坡耕地占到耕地面积的86.1%。干旱缺水,土壤贫瘠,加上耕作粗放,使得作物单产一直处于较低水平。20世纪90年代准格尔旗粮食平均单产仅1 650 kg/$hm^2$,丰水年与干旱年单产可相差3.5倍。到2002年,全旗仍有7.2万人未解决温饱问题,9.6万人和10.26万头牲畜饮水困难。

## 三、黄土高原北部丘陵沟壑区的集雨补灌工程

黄土高原北部的自然条件和社会经济发展状况表明:雨水集蓄利用是这一地区突破干旱缺水的瓶颈,争取旱作农业可持续发展的关键措施。为此,从20世纪90年代开始,各地相继开展了一系列集雨补灌工程,取得了显著成效,其中规模比较大的是内蒙古自治区的"112集雨节水灌溉工程"。

内蒙古中西部丘陵山区面积约37万$km^2$,人口962万人。该地区50个贫困旗(县)的220万贫困人口,80%集中在山丘区。人均水浇地0.02 $hm^2$,仅为全自治区平均的1/6。特别是位于黄土高原北部的鄂尔多斯市东北部和呼和浩特市南部各旗(县),丘陵起伏,沟壑纵横,水土流失严重。可利用水资源极度匮乏,人均常规水资源只有内蒙古全区的1/2,春旱十分严重。年降水量虽达到400 mm左右,但70%～80%集中在7～9月,且主要以暴雨形式出现,降水的时空分布与作物的需水严重错位。绝大部分农田为坡耕地,80%以上不能灌溉,农业生产是靠天吃饭的粗放经营,产量低而不稳。农民人均年纯收入仅400～500元,到90年代初,该地区还有250万农牧民尚未脱贫。

为改变黄土高原北部丘陵沟壑区农业生产的落后面貌,内蒙古自治区水利厅于1995年在准格尔旗和清水河县启动和实施了"112集雨节水灌溉工程",即每户修建1眼蓄水30～40 $m^3$的旱井或水窖,采用坐水种或滴灌技术,发展2亩抗旱保收田。

经过1997年和1998年的建设与示范,已在两个旗(县)的8个乡、342个村、1 452户打旱井或建水窖1 584眼,同时还新建了塘坝、蓄水池、筒井、机井及提水井等多种微型水源工程,推广了坐水种、滴灌、渗灌、微喷灌等节水灌溉方式,发展大田作物、蔬菜、果园的节水灌溉面积386 $hm^2$,取得了显著的经济与生态效益。玉米密度增加1.2万株/$hm^2$,增产25%～75%,节水60%～70%。虽然一次性投资较高,但由于增产增收显著,仅2.5年就可收回全部投资,而且还具有解决人畜饮水困难的社会效益和减轻水土流失的生态效益。"112集雨节水灌溉工程"的实施还带动了周边地区的集雨工程,许多农村自筹资金与地方政府财政补贴相结合,自发打旱井,挖水窖,购置节水灌溉设备,使黄土丘陵区的面貌发生了初步变化。

在此基础上,2002年国家在"十五"863重大专项"现代节水农业技术体系及新产品

研究与开发”中设立了15个示范区，其中之一是“北方半干旱集雨补灌旱作区(内蒙古准格尔旗)节水农业综合技术体系集成与示范”。经过4年的研究与示范，运用“3S”技术对区域雨水资源的收集潜力进行了测算评估，在集雨面新材料研制、旱作农田雨水就地集蓄利用、集雨补灌条件下的灌溉制度与技术、集雨节水旱作农业栽培配套技术等方面取得了一系列技术成果，构建了集雨补灌旱作节水农业的综合技术集成模式，制定了区域雨水综合利用的定额标准，取得了丰硕成果和显著的经济效益及生态效益。

## 参考文献


[1] I Arnon. Agriculture in dry lands-Principles and Practice[M]. Amsterdam, London, New York, Tokoy: Elsevier, 1992: 1-36.

[2] 梅旭荣. 现代旱作节水农业发展的战略研究[M]//梅旭荣，严昌荣，牛西午. 北方旱作区节水高效型农牧业综合发展研究. 北京：中国农业科学技术出版社，2005：1-12.

[3] 康绍忠，邓西平，山仑. 我国半干旱地区农业用水现状及发展方向[J]. 水利学报，2002(9)：27-31.

[4] 毛留喜，程序. 农牧交错带系统生产力的概念及其对生态重建的意义[J]. 应用生态学报，2003，13(12)：1503-1506.

[5] Evenari M, Shanan L, Tadmor N, et al. Ancient agriculture in the Negev[J]. Science, 1961, 133(3457): 979-996.

[6] 赵松岭. 集水农业引论[M]. 西安：陕西科学技术出版社，1996.

[7] Lavee H, Poesen J, Year A. Evidence of high efficiency water-harvesting by ancient farmers in the Negev Desert, Israel[J]. Journal of Arid Environments, 1997, 35: 341-348.

[8] Wesemael B V, et al. Collection and storage of runoff from hill slopes in a semi-arid environment: geomorphic and hydrologic aspects of the aljibe system in Almeria Province, Spain[J]. Journal of Arid Environments, 1998, 40: 1-14.

[9] Scott C A, Silva-Ochoa P. Collective action for water harvesting irrigation in the Lerma-Chapala Basin, Mexico[J]. Water Policy, 2001, 3: 555-572.

[10] 吴普特，黄占斌，高建恩，等. 人工汇集雨水利用技术研究[M]. 郑州：黄河水利出版社，2002：1-3.

[11] Myers L E. Recent advances in water harvesting[J]. Journal of Soil Water Conservation, 1967, 22: 95-97.

[12] 张建新，郑大玮. 国内外集雨农业研究进展与展望[J]. 干旱地区农业研究，2005，23(2)：223-229.

[13] Evenari M, Shanan L, Tadmor N H. "Runoff Farming" in the Desert. Ⅰ Experimental Layout[J]. Agronomy Journal, 1968, 60: 29-32.

[14] Myers L E, et al. Sprayed asphalt pavements for water harvesting[J]. Journal of the Irrigation and Drainage Division, 1967, 3: 79-97.

[15] Fink D H. Water repellency and infiltration resistance of organic-film-coated soils[J]. Soil Science Society of America Proc., 1970, 34: 189-194.

[16] Kemper W D, Noonan L. Runoff as affected by salt treatments and soil texture[J]. Soil Science Society of America Proc., 1970, 34: 126-130.

[17] Hillel D, Berliner P. Waterproofing surface-zone soil aggregates for water conservation[J]. Soil Science, 1974, 118(2): 131-135.

[18] Fink D H, Division S-6-Soil and water management and conservation-Laboratory testing of water-repellent soil treatments for water harvesting[J]. Soil Science Society of America Journal, 1976, 40: 562-566.

[19] Fink D H, Frasier G W. Evaluating weathering characteristics of water-harvesting catchments from rainfall-runoff Analysis[J]. Soil Science Society of America Journal, 1977, 41: 618-622.

[20] Mehdizadeh P, Kowsar A, Vaziri E, et al. Water harvesting for afforestation: efficiency and life span of asphalt cover[J]. Soil Science Society of America Journal, 1978, 42: 644-649.

[21] Boers Th M, Ben-Asher J. A review of rainwater harvesting[J]. Agricultural Water Management, 1982, 5: 145-158.

[22] Boers Th M, De Graaf M, Feddes R A, et al. A linear regression model combined with a soil water balance model to design micro-catchments for water harvesting in arid zones[J]. Agricultural Water Management, 1986, 11: 187-206.

[23] Sanchez-Cohen I, Lopes V L, Slack D C, et al. Water balance model for small-scale water harvesting systems[J]. Journal of Irrigation and Drainage Engineering, 1997, 123(2): 123-128.

[24] Rockström J. On-farm green water esetimates as a tool for increased food production in water scarce regions[J]. Phys. Chem. Earth (B), 1999, 24(4):375-383.

[25] Panigrahi B, Panda S N, Mull R. Simulation of water harvesting potential in rain-fed ricelands using water balance model[J]. Agricultural Systems, 2001, 69:165-182.

[26] Young M D B, Gowing J W, Wyseure G C L, et al. Parched-Thirst: development and validation of a process-based model of rainwater harvesting[J]. Agricultural Water Management, 2002, 55:121-140.

[27] Abdinam A. Estimation of run-off volume for rainwater utilization planning, using GIS-& Remote sensing technics[C]. Xuzhou: Proceeding of International Symposium-&2nd Chinese National Conference on Rainwater Utilization, 1998: 374-383.

[28] Melesse A M, Shih S F. Spatially distributed storm runoff depth estimation using Landsat images and GIS[J]. Computers and Electronics in Agriculture, 2002, 37:173-183.

[29] Herrmann T, Schmida U. Rainwater utilization in Germany: efficiency, dimensioning, hydraulic and environmental aspects[J]. Urban Water, 1999, 1:307-316.

[30] 张书函,丁跃元,陈建刚. 德国的雨水收集利用与调控技术[J]. 北京水利, 2002(3):39-41.

[31] Tadashi T, Teruo L. Rainwater utilization systems for groundwater recharge used in an urban area in Japan[C]. Xuzhou: Proceeding of International Symposium & 2nd Chinese National Conference on Rainwater Utilization, 1998:200-204.

[32] Shroff V N, Sihoriwala T A, Katiyar R K. Micro-minor methods of groundwater recharge[C]. Xuzhou: Proceeding of International Symposium & 2nd Chinese National Conference on Rainwater Utilization, 1998:329-332.

[33] Abu-Zreig M, Attom M, Hamasha N. Rainfall harvesting using sand ditches in Jordan[J]. Agricultural Water Management, 2000, 46:183-192.

[34] Fox P, Rockström J. Supplemental irrigation for dry-spell mitigation of rain-fed agriculture in the Sahel[J]. Agricultural Water Management, 2003, 61:29-50.

[35] Fok Y S. Progress of international conference on rain water cistern systems[C]. Taiwan: Proc. of the $5^{th}$ International Rainwater Cistern Systems Conference, 1991.

[36] 李小雁,龚家栋. 半干旱区雨水集流研究进展及其现状[J]. 中国沙漠, 2002, 22(1):88-93.

[37] Li X Y, Gong J D. Effects of different ridge: furrow ratios and supplemental irrigation on crop production in ridge and furrow rainfall harvesting systems with mulches[J]. Agricultural Water Management 2002, 54:243-254.

[38] He X B, et al. Down-scale analysis for water scarcity in response to soil-water conservation on Loess Plateau of China Agriculture[J]. Ecosystems and Environment, 2003, 94:355-361.

[39] Yuan T, Li F M, Liu P H. Economic analysis of rainwater harvesting and irrigation methods, with an example from China[J]. Agricultural Water Management, 2003, 60:217-226.

[40] Zhang Y Q, et al. Effect of soil water deficit on evapotranspiration, crop yield, and water use efficiency in the North China Plain[J]. Agricultural Water Management 2004, 64:107-122.

[41] 马耀光,张保军,罗志成. 旱地农业节水技术[M]. 北京:化学工业出版社, 2003.

[42] 梁天刚. 基于GIS栅格系统的集水农业地表产流模拟分析[J]. 水利学报, 1998(7):26-29.

[43] 白清俊,刘亚相. 流域坡面综合产流数学模型的研究[J]. 土壤侵蚀与水土保持学报, 1999, 5(3): 54-58.

[44] 徐雨清,王兮之,梁天刚,等. 遥感和地理信息系统在半干旱地区降雨–径流关系模拟中的应用[J]. 遥感技术与应用, 2000, 15(1):28-31.

[45] 徐秋宁,马孝义,娄宗科,等. 小型集水区降雨径流计算模型研究[J]. 水土保持研究, 2002, 9(1):139-142.

[46] 张新燕,蔡焕杰,林性粹,等. 降雨聚集条件下系统优化模拟模型的设计[J]. 干旱地区农业研究, 2000, 18(2): 91-96.

[47] 张新燕,蔡焕杰,王健,等. 降雨聚集条件下蓄水工程优化设计研究[J]. 干旱地区农业研究, 2002, 20(4): 84-86.

[48] 尹光华,蔺海明,等. 旱地春小麦集雨补灌增产机制初探[J]. 干旱地区农业研究, 2001, 19(2):55-60.

[49] 柴强,黄高宝. 集雨补灌对冬小麦套玉米复合群体生长特性研究[J]. 干旱地区农业研究,2002,20(4):76-79.
[50] 王勇,崔明九,樊廷录,等. 旱原地膜冬小麦集雨节水灌溉研究[J]. 干旱地区农业研究,1997,15(3):57-63.
[51] 张源沛,张益明. 集雨节灌旱地春小麦最佳补灌时期的研究[J]. 灌溉排水,2002,21(2):44-46.
[52] 尹光华,刘作新,蔺海明,等. 旱农区不同种植模式作物最佳补灌时期和适宜补灌量研究[J]. 干旱地区农业研究,2000,18(1):85-90.
[53] 刘一. 旱地地膜玉米有限供水效应研究[J]. 水土保持研究,2003,10(1):101-103.
[54] 王亚军,谢忠奎,孙志山,等. 甘肃砂田西瓜覆膜补灌效应研究[J]. 中国沙漠,2003(3):300-305.
[55] 李有华,范瑞瑜,周玉珍,等. 晋西山地果园集流节水保墒栽培技术研究[J]. 水土保持学报,2000,14(5):7-13.
[56] 王斌瑞,王百田,张政娥. 黄土高原径流林业[C]//中国雨水利用研究文集. 徐州:中国矿业大学出版社,1989:119-122.
[57] 山仑,康绍忠,吴普特. 中国节水农业[M]. 北京:中国农业出版社,2004:451-452.
[58] 水利部农村水利司农水处. 雨水集蓄利用技术与实践[M]. 北京:中国水利水电出版社,2001.
[59] 水利部农村水利司,中国灌溉排水技术开发培训中心. 雨水集蓄工程技术[M]. 北京:中国水利水电出版社,1999:3-5.
[60] 刘昌明,牟海省. 我国水资源可持续开发中的雨水利用[C]//中国雨水利用文集. 徐州:中国矿业大学出版社,1998:1-7.
[61] 郑大玮,张建新,程满金,等. 砒砂岩地区集雨补灌示范区建设与可持续发展[J]. 四川水利,2004(z1):10-12.
[62] 金争平. 砒砂岩区水土保持与农牧业发展研究[M]. 郑州:黄河水利出版社,2003:1-16.
[63] 孙惠民,程满金. 集九天甘露,解大地干渴——我区干旱丘陵集雨节水灌溉示范工程探出新路[N]. 内蒙古日报,2004-10-12(7).
[64] 程满金,程争鸣. 内蒙古自治区"112 集雨节水灌溉工程"的试验与推广[C]//中国雨水利用文集. 徐州:中国矿业大学出版社,1998:96-100.

# 第二章　半干旱黄土丘陵区雨水收集潜力评价

## 第一节　影响雨水收集潜力的因素

### 一、小流域雨水资源化潜力问题的提出

近20年来,雨水资源开发利用在黄土高原地区迅猛发展,取得了显著效益。但其发展普遍存在一定的盲目性,对区域可收集雨水资源潜力的计算评估研究不够,对局部地区径流汇集能力的研究更少。一些地区的雨水收集利用工程没有经过科学规划设计盲目建设,经常出现部分地段的水窖和旱井等蓄水设施分布过密导致无水可蓄或蓄水不多,而另外有些地方集雨的潜力很大,却缺乏足够的拦蓄设施,现有的集雨设施很快蓄满溢流,造成浪费的情况。为此,一些学者进行了区域雨水收集潜力测算评估方法的研究,但大多栅格较粗,缺乏实用价值。

冯浩等以小流域为研究单元,提出不同层次的雨水资源化概念,并讨论了不同雨水利用方式下的收集潜力计算方法。

**(一)小流域雨水资源化潜力的概念**

小流域是黄土高原主要的地貌单元,是指一个完整的集水单元,范围从数平方千米到几百平方千米不等。小流域雨水资源化是指赋予雨水资源一定的空间属性,把雨水收集并贮存在特定的空间范围内,成为可调控利用的水资源。超出这样的可调控空间范围,则被认为是无效的雨水,没有实现资源化。

对于小流域的雨水资源化潜力,可分为3个层次:

(1)理论潜力。大气降水是陆地各种形态水资源总的补给来源,小流域雨水资源的理论潜力应为该小流域内的降水总量,计算方法是:

$$R_i = PA \times 10^3 \tag{2-1}$$

式中:$R_i$ 为小流域雨水资源的理论潜力,$m^3$;$P$ 为小流域年降水量,mm;$A$ 为小流域面积,$km^2$。

由于天然降水总会有相当大部分通过蒸发、径流和渗漏等方式损失,不能留在小流域内,这一理论潜力是不可能达到的,但可以无限逼近。

(2)可实现潜力。它是指在一定自然和技术经济条件下,通过已有的利用方式和技术,雨水资源可以开发利用的最大值。降雨经过下垫面的再分配,分别转化为河川径流、地下水和土壤水3种形式。对于黄土高原丘陵沟壑区,地表径流和地下水都很难被利用,只有土壤水是农作物可利用的水分。计算公式如下:

$$R_a = \lambda_R PA \times 10^3 \tag{2-2}$$

式中：$\lambda_R$ 为降雨调控系数，与降水的自然特性、区域土壤、植被状况及经济技术水平有关；$\lambda_R P$ 为可以调控的雨水资源量，包括土壤直接蓄纳的雨水和通过人工设施集蓄的雨水；$R_a$ 反映了在当前区域自然条件和现有先进技术水平下可能实现的雨水利用最大潜力。

(3)现实潜力。它是指小流域在目前方式和实际技术水平下已实现的实际雨水资源利用量。计算方法与可实现潜力相似，只是 $\lambda_R$ 代表目前实际技术水平下的调控能力。

### (二)雨水资源化的不同方式

冯浩还归纳出黄土高原地区雨水资源化的3种方式：

(1)改变微地形的雨水就地利用方式。如平整土地，将坡耕地改造为水平梯田，在坡地上修筑鱼鳞坑、水平沟等，减少雨水的流失，起到就地集雨的作用。

(2)改变微地形的雨水叠加利用方式。在改变微地形的同时，人为设置一定面积的集雨区，将蓄集的雨水就近汇集到作物种植区或种植带。如隔坡梯田由保持一定坡度的集雨区与水平的作物种植区相间构成，以集雨区的雨水汇集补充作物种植区的土壤水分，作物的净种植面积虽然减少了，但单产的提高要远超过面积的损失，而且还减轻了水土流失。隔坡梯田适合人少地多的半干旱偏旱山丘区。陕西等地推广的沟植垄盖也属雨水叠加利用方式，即在大垄上覆盖地膜，沟里种植作物。雨水降落到垄上的地膜立即渗入沟内，地膜还显著减少了土壤水分的蒸发。这种方式作物种植面积的损失不大，增产效果更为显著，但对土地平整和起沟垄及盖膜的质量要求较高，也需要较多的劳动力。

(3)改变微地形的雨水异地利用方式。通过人工修建的集流场，在雨季将雨水汇集到蓄水设施内，在作物生长发育的关键期输送到田间。这种方式需要修建一系列的小型水利工程，成本较高，但一旦建成可以长期利用，所集蓄雨水资源的利用效率比前两种方式要高得多。

### (三)不同雨水利用方式潜力计算方法的讨论

式(2-1)中的雨水利用理论潜力计算，只需查阅本地区多年降水量资料即可计算得出。对于雨水就地利用方式，计算可实现潜力的难点在于系数 $\lambda_R$ 的确定，这涉及到许多因素，既有自然因素，也有技术因素。

至于雨水叠加利用方式，还需要分别确定集雨区和种植区的调控系数。

$$R_a = \lambda_{RA2}(\lambda_{RA1}A_1 + A_2)P \times 10^3 \tag{2-3}$$

式中：$A_1$ 和 $A_2$ 分别为集雨区和种植区的面积；$\lambda_{RA1}$ 为 $A_1$ 区即集雨区的调控系数；$\lambda_{RA2}$ 为 $A_2$ 区即种植区的调控系数，调控系数需通过田间或野外试验来确定其数值。

对于异地利用方式，还需要测定集流场的面积 $A_J$ 及其调控系数 $\lambda_{RJ}$(或称集流效率)。

$$R_a = \lambda_{RJ} PA_J \times 10^3 \tag{2-4}$$

## 二、影响雨水收集潜力的因素

### (一)区域降水特征

区域年降水总量越大，可供收集的雨水资源也越多，但通常降水丰沛的地区并不需要集雨，而降水量明显偏少的地区迫切需要利用雨水资源。能否收集到雨水，主要取决于降水的特征。由于降水的初期,雨水主要是被下垫面所吸收,只有达到一定降雨强度的阵性降水所产生的地面径流才是可收集的水量。但也不是降雨强度越大越好,发生特大暴雨时的产流量过大,大部分雨水在输送到蓄水设备前就已经流失了。因此,以中等以上强度的阵性降水的集雨效率最高。

黄土高原北部的年降水量为 300 ~ 500 mm,如果均匀分布在全年,则每天的降水量只有 1 ~ 2 mm,基本上是无法收集的。但由于黄土高原北部的降水主要集中在夏季和初秋,7 ~ 9 月降水量占到全年的 70% ~ 80%,而且大部分降水量集中在为数不多的几次大雨和暴雨中,这就给雨水收集利用创造了较好的条件。

**(二)影响就地集雨效率的因素**

农田就地集雨的效率与地形、土壤、植被等下垫面状况有关。由于黄土高原的土壤一般不存在深层渗漏损失,农田就地集雨效率 $\lambda_d$ 等于土壤渗入量 $W$ 与降水量 $P$ 之比。

$$\lambda_d = W/P \tag{2-5}$$

降雨时由于空气湿度大,雨水的直接蒸发量可以忽略,所以提高农田就地集雨效率的关键是尽量减少雨水的径流损失。

(1)地形。由于坡面物体沿坡面的重力分力与坡度的正弦成正比,坡度越大,雨水转化为沿坡面方向径流的比例就越大。对于农田本身,坡度越小,地面越平,雨后产流越小,雨水越能充分渗入土壤。因此,应尽量将坡耕地改造成水平梯田,加上田埂的阻隔,可以大大减少雨水的流失,提高雨水的有效利用率。

但在叠加利用的情况下,对于集水区,则要求尽可能多的产流补充到种植区的土壤中。因此,隔坡梯田的集雨区必须保持一定的坡度以利产流(见图 2-1)。但坡度过大也不好,一方面是对雨水的有效截获面积会缩小;另一方面雨水重力沿坡面的分力过大,容易对集雨区自身和相邻种植区边缘的土壤产生冲刷。

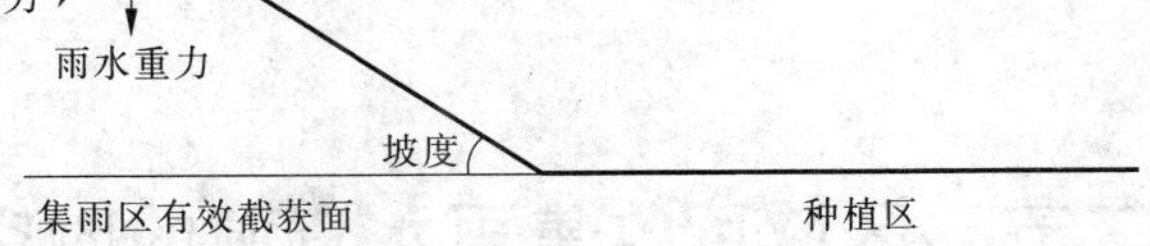


**图 2-1　隔坡梯田集雨区与种植区的配置**

(2)土壤。就地集雨情况下,土壤表面越粗糙,土粒越大,空隙越多,越有利于雨水下渗。黄土高原的农民都有作物收获后深翻以充分蓄纳伏秋雨水的习惯。黄土的立式结构也有利于雨水的渗蓄。玉米等作物在雨季前中耕也有增加土壤蓄水能力的作用。相反,黏性土壤和紧实表土不利于雨水下渗。但深翻会加剧表层土壤水分的蒸发,在作物苗期根系尚浅时不宜翻耕。土壤越干燥,吸收水分越多,产流量越小。土壤含水量接近饱和时水分下渗速度很慢,绝大部分雨水将形成径流。

(3)植被。植被可以截获相当部分的降水量,许多作物的叶面能够直接吸收雨水。但叶面拦截的雨水在天晴后会很快蒸发,不像渗入土壤中的水分那样能被作物持久利用。地面杂草所截获的雨水则不能被作物所利用,应尽量除去。但地面草被覆盖又有减小对土壤冲刷的作用,因此对于隔坡梯田的集雨区和具有一定坡度的山区果园,地面还应保留一定数量的草被。

**(三)影响人工集雨面产流效率的因素**

人工集雨面与农田就地集雨的情况相反,要求尽量多产流,少渗入。人工集雨面集流效率 $\lambda_J$ 等于产流量 $R$ 与降水量 $P$ 之比,提高集流效率的关键是减少雨水在集雨面上的入渗损失,对于强度较小的降雨,还要尽量减少在集雨面上的蒸发损失。

$$\lambda_J = R/P \tag{2-6}$$

为提高人工集雨面的集流效率,要求集雨面材料具有不透水性,表面光滑、致密,并要求集雨面具有一定的坡度。在生产实际中还要求集雨面材料的成本尽可能低,使用寿命长,集流场有足够的面积。

山仑院士提出的评价集流效率 $\alpha$ 的计算公式如下:

$$\alpha = \sum P_j\alpha_j / \sum P_j \qquad \alpha_j = I - c/(PaIb) \tag{2-7}$$

式中:$\alpha_j$ 为第 $j$ 次降雨量 $P_j$ 的集流效率;$P$ 为降水量,mm;$I$ 为降雨强度,mm/min;$a$、$b$、$c$ 为自然地理参数。

再根据集水面积、需水量和供水保证系数等,可以推算所需集水面积的大小。

$$A = 1\,000\ Q/(uH) \tag{2-8}$$

$$A_i = 1\,000\ Q/(u\alpha P_i\cos\beta) \tag{2-9}$$

式中:$A$ 为集水面积,$m^2$;$Q$ 为根据需水总量确定的集雨量,$m^3$;$u$ 为供水保证系数,通常取0.9;$H$ 为平均径流深,mm;$A_i$ 为有效集水面积,$m^2$;$P_i$ 为平均年降水量,mm;$\alpha$ 为集流效率;$\beta$ 为坡度。

上述方法虽然能够粗略估算区域雨水收集潜力,但无法准确计算复杂地形下特定区域的可收集雨水资源潜力。为此,我们运用遥感、地理信息系统、全球定位系统等"3S"现代信息技术,结合现场勘察,对准格尔旗集雨补灌旱作示范区雨水收集潜力进行了计算和评价。

## 第二节　区域可收集雨水资源的时空分布

### 一、区域自然、经济和社会概况

**(一)地理位置和地形地貌**

研究区域位于内蒙古准格尔旗的干旱缺水丘陵区,也是黄土高原北部水土流失最严重的砒砂岩地区,范围介于东经 110°41′15″~110°52′00″和北纬 39°30′00″~39°35′00″(见图 2-2)。区域面积 117.87 km²,境内地形起伏,坡陡沟深,沟谷面积占30%左右,沟网密度达 3~5 km/km²,海拔高度由沟底的 1 012.0 m 升高到山顶的1 332.5 m(见图 2-3)。

图 2-2　研究区域所处的地理位置

图 2-3　研究区域的地形地貌

**（二）土壤和植被**

研究区域土壤以砒砂岩为母质的栗钙土为主，还有较大面积的黄绵土和少量黑垆土。

植被群落以旱生杂类草为主，乔木很少，且都是稀疏分布的小老树，不能成材。一年生植物和矮小灌木占很大比例，坡地占草地资源的85%，坡度一般在10°以上。表土厚20 cm 左右，植被盖度在35%以下，单位面积产草675 kg/hm$^2$。

**（三）热量和光照条件**

研究区域属半干旱大陆性季风气候，冬季漫长寒冷，夏季温热短促，春秋气温日温差大。多年平均气温7.2 ℃，最冷月（1月）平均 -12.9 ℃，最热月（7月）平均24.8 ℃。≥10 ℃积温平均3 500 ℃·d，持续150～170 d。无霜期平均145 d。

光照资源充足，年日照时数3 117.3 h，作物生育期（4～9月）为1 710.8 h，太阳辐射总量598 kJ/(cm$^2$·a)。

主要气象灾害有干旱、暴雨、大风、霜冻、冰雹等。

### (四)地表水资源和地下水资源

河源短,比降大,水流急,土壤疏松,植被覆盖率低,每逢暴雨坡面冲刷引起强烈水土流失,土壤侵蚀模数高达10 000 t/($km^2$·a)。地表径流的年际与季节变化都很大,主要集中于夏季。由于缺乏拦蓄和调节工程,农牧林业用水的利用率很低。本区地下水资源量不多,多为碳酸岩及碎屑岩空隙潜水,开发利用非常困难。沟谷虽然水分条件较好,但十分险陡不适合人类居住,丘陵区的绝大多数居民点分布在塬面和缓坡,基本没有地表水和地下水源可供利用,农牧林业生产和人畜饮水主要靠集蓄雨水,2002年原有旱井水窖2 860处,平均每个旱井水窖的容量约为40 $m^3$。

### (五)社会经济和农牧业生产状况

示范区涉及沙圪堵镇和西营子镇的8个行政村,1 656户,6 082人。2002年耕地面积3 608.0 $hm^2$,粮食总产1 650 t,人均271.3 kg,年人均纯收入1 478元。从2003年开始,响应国家号召大力退耕还草,到2004年耕地面积降为2 039.0 $hm^2$,新建人工草场3 303.3 $hm^2$。

粮食作物有糜子、玉米、马铃薯、谷子、豆类,经济作物有向日葵、西瓜及少量秋菜,饲草料作物有苜蓿、黑豆等,林果有苹果、梨、海红果、红枣、杏、沙棘、杨树、柳树、榆树、沙柳等。

## 二、区域雨水资源的时间分布

### (一)降水量的年际变化和年内分配

利用附近准格尔旗气象站1959~2001年共43年的气象资料,对降水状况进行分析,多年平均降水量为390.9 mm,最多年(1961年)635.5 mm,最少年(1965年)仅142.5 mm,变异系数28.9%(见图2-4)。1970年以来年降水量在250~550 mm波动。年降水量在500 mm以上的保证率为19%,接近5年一遇,如在生长季内分布适当,则能充分满足一季作物的生长需要;年降水量在400 mm以上的保证率为44%,可基本上满足短季耐旱作物的生长需要;降水量在300 mm以下的频率为21%,也接近5年一遇,不能满足作物生长对水分的需求,而降水量在250 mm以下的极端干旱的频率较低。

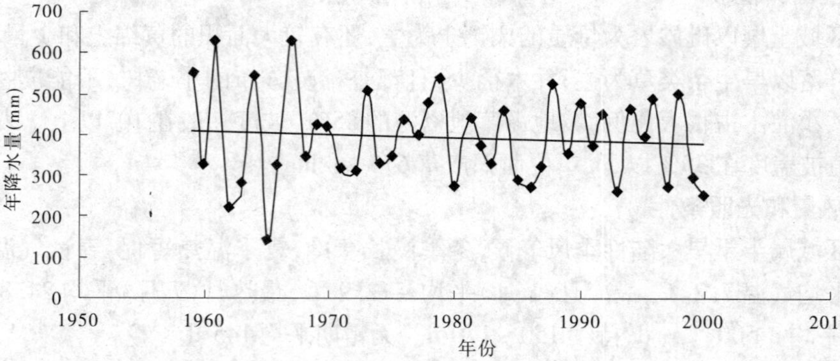


图2-4　区域降水量的历年变化

分析年降水量的年际变化,得出该区域保证率为75%条件下的年降水量为304.4

mm(少雨年型);保证率为50%条件下的年降水量为374.0 mm(正常年型);保证率为25%条件下的年降水量为480.9 mm(多雨年型)(见图2-5)。在多雨年条件下(4年一遇),如降雨在生长季内分布适当,则能充分满足一季作物的生长需要;在正常年条件下,降雨也可基本上满足短季耐旱作物的生长需要;但在少雨年型,降水量基本在300 mm以下,不能满足作物生长对水分的需求。由于该区域地下水埋深较深,除沿河河滩外基本上没有取天然水灌溉的条件,因而区域多以旱作为主,除低温可能影响风险作物的成熟外,年际间降水量的差异很大程度上影响着作物的产量。

### (二)降水量的年内分配

降水量以夏季(6~8月)比例最高,约占63%;秋季(9~11月)次之,约占20%;春季(3~5月)约占15%;冬季(12~翌年2月)最少,约占2%(见图2-6)。各季的降水量变异系数比年降水量的变异系数都大,分别为春季62.5%、夏季35.2%、秋季53.2%、冬季61.6%,给农业生产带来了很大的风险,尤其是春季降水量年际间的变化很大,对作物出苗和产量具有显著的影响。由于准格尔旗有1/3的年份年降水量为300~400 mm,作物生长所需水分是部分亏缺的。同时,由于4~5月作物播种期和出苗期降水量少,存在生长障碍。如能在前一年进行集雨,而在翌年春天进行补充灌溉,将有利于全苗和增产。

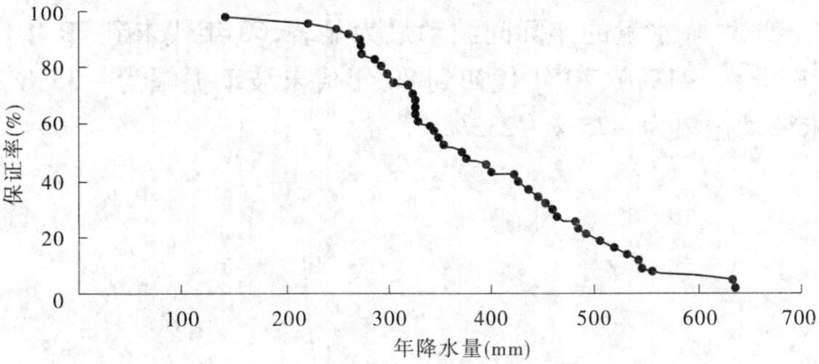


图2-5　区域年降水量的保证率

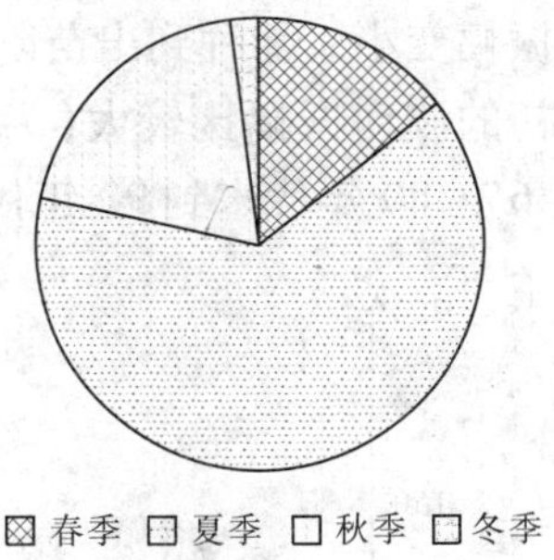


图2-6　不同季节降水量比例

### (三)降水量在年内各月的分配

从图2-7可以看出,受季风气候影响,全年降水量主要集中在5~10月,占年降水量的89.4%,其中6~9月降水量占全年的77.0%,仅7、8月两个月就占全年降水量的53.0%。月降水量的变异系数也很大(见表2-1),特别是4月和5月高达75%以上。不同季节降水量占全年的比例分别为:夏季64.0%、秋季19.7%、春季14.4%、冬季1.8%,变

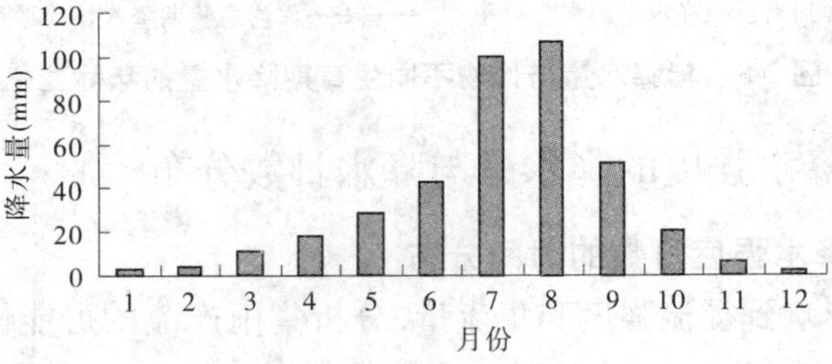


图2-7　降水量的逐月分布

异系数分别是35.2%、53.2%、62.5%和61.6%，给农业生产带来很大的风险，尤其是春季降水量年际间的变化很大，对于作物出苗和产量具有显著的影响。

表2-1 区域月降水量变化情况

| 项目 | 4月 | 5月 | 6月 | 7月 | 8月 | 9月 |
|---|---|---|---|---|---|---|
| 平均值(mm) | 17.7 | 28.3 | 42.9 | 100.1 | 107.0 | 51.1 |
| 最大值(mm) | 74.1 | 91.9 | 121.0 | 286.0 | 247.4 | 123.0 |
| 最小值(mm) | 0.2 | 1.5 | 6.3 | 31.5 | 22.4 | 4.7 |
| 变异系数(%) | 100.3 | 77.8 | 57.8 | 51.9 | 56.4 | 62.5 |

### (四)作物不同生育期降水量的年际变化

年降水量与作物不同生育期降水量的年际变化很大(见图2-8)，特别是播种到出苗期的变化最大，灌浆期次之。年降水量和生长季总降水量的年际变化要小于某个生育期降水量的年际变化。年降水量与生长季降水量距平百分率的年际变化趋势十分相似，在20世纪60年代初到70年代初波动振幅很大，70年代初到90年代末波动的振幅较小。灌浆期降水量的年际波动略大，但总的变化趋势都是前一阶段变化比较大，后一阶段波动振幅变小。播种到出苗阶段该地区降水量的年际间波动最为显著，60年代末到70年代初的波动振幅比较大(为-94%~141%)，70年代初到80年代末波动振幅为-33%~46%，80年代末到90年代末波动振幅为-75%~233%。

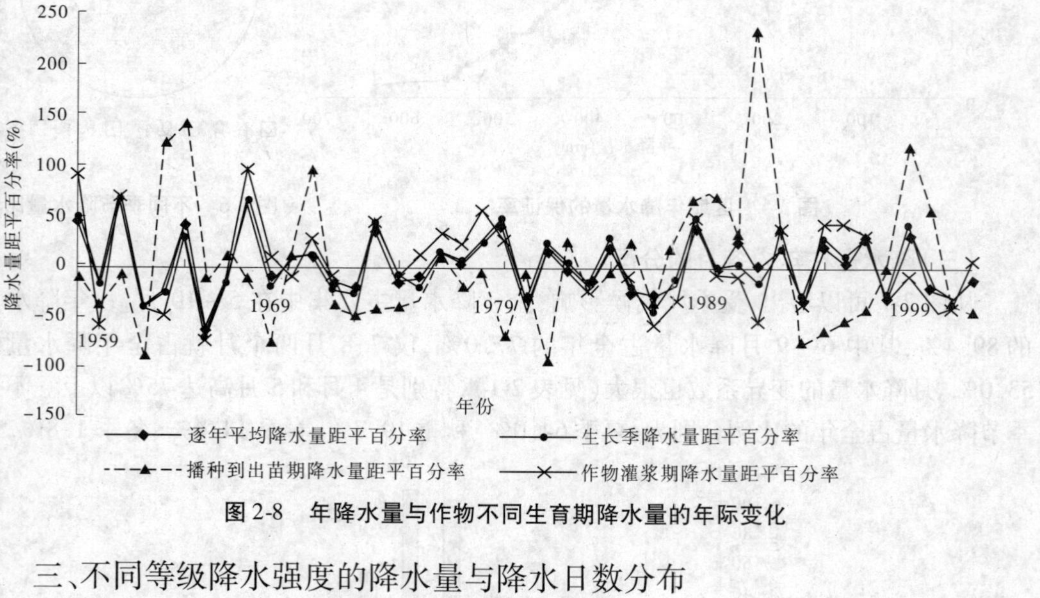


图2-8 年降水量与作物不同生育期降水量的年际变化

## 三、不同等级降水强度的降水量与降水日数分布

### (一)不同等级降水强度日数的时间分布

降水强度直接影响到径流强度和集流量，分析集雨产流的可能性与雨水收集潜力离不开对降雨强度的分析。

准格尔旗平均年降水日数为73 d，最多年降水日数为105 d，最少年降水日数为48 d。

年降水日数的变异系数为 15.9%，相对而言较为稳定。但随着降水强度等级的增加，变异性加大。日降水量 5 mm 以下基本上无径流，对于人工集雨面可认为是无效降水。降水量越大，集雨越容易。日降水量 5 mm 以上的雨日年均 21.6 d，占总雨日的 29.6%，降水量占 81.6%；10 mm 即中雨以上的雨日平均为 11.1 d，占总雨日的 15.2%，降水量占 62.6%；而 25 mm 即大雨年均仅 3.0 d，占总雨日的 4.1%，降水量却占到 30.7%；暴雨更少，只有 0.6 d，最多的年份只有 2 d（见表 2-2）。

表 2-2　不同强度等级降水日数的年值

| 年降水日数和年降水量 | 平均 | 极大值 | 极小值 | 变异系数（%） |
|---|---|---|---|---|
| 年降水日数（d） | 73.0 | 105.0 | 48.0 | 15.9 |
| 年日降水 >5 mm 日数（d） | 21.6 | 35.0 | 9.0 | 29.7 |
| 年日降水 >10 mm 日数（d） | 11.1 | 20.0 | 3.0 | 36.9 |
| 年日降水 >25 mm 日数（d） | 3.0 | 8.0 | 0.0 | 63.0 |
| 年日降水 >50 mm 日数（d） | 0.6 | 2.0 | 0.0 | 107.7 |
| 年降水量（mm） | 390.9 | 635.5 | 142.5 | 28.9 |
| 年日降水 >5 mm 降水量（mm） | 319.1 | 571.1 | 87.8 | 35.3 |
| 年日降水 >10 mm 降水量（mm） | 244.6 | 471.8 | 45.2 | 42.4 |
| 年日降水 >25 mm 降水量（mm） | 120.0（126.0） | 292.2 | 0.0 | 61.1 |
| 年日降水 >50 mm 降水量（mm） | 40.7（77.7） | 120.3 | 0.0 | 105.6 |

**注**：括号内的数值表示只统计有相应强度降水的年份的平均值。

如按准格尔全旗计算，多年平均日降水 5 mm，即小雨以上的降水总量为 24 亿 $m^3$，10 mm 即中雨以上的降水总量为 18 亿 $m^3$，25 mm 即大雨以上只有 9 亿 $m^3$，50 mm 即暴雨以上过程的降水总量只有 3 亿 $m^3$。因此，必须充分利用每一次大雨和暴雨工程拦蓄雨水，错过有利时机，有的年份也许就根本集不到雨水。

从平均降水日数年内各月的分布看，100% 的暴雨、95% 以上的大雨和 80% 以上的中雨出现在 6～9 月（见表 2-3）。一般降水达到 5 mm 以上集雨才有意义，小于 5 mm 的降水即使有径流集雨量也不大。因此，6～9 月是集雨的最佳时期。

表 2-3　不同强度等级降水日数在年内各月的分布

| 月份 | 月均雨日（d） | 月均 >5 mm 日数（d） | 月均 >10 mm 日数（d） | 月均 >25 mm 日数（d） | 月均 >50 mm 日数（d） |
|---|---|---|---|---|---|
| 1 | 1.90 | 0.02 | 0.00 | 0.00 | 0.00 |
| 2 | 2.76 | 0.05 | 0.02 | 0.00 | 0.00 |
| 3 | 4.12 | 0.76 | 0.19 | 0.00 | 0.00 |
| 4 | 4.81 | 1.19 | 0.48 | 0.00 | 0.00 |
| 5 | 6.24 | 1.88 | 0.79 | 0.12 | 0.00 |
| 6 | 9.05 | 2.60 | 1.33 | 0.21 | 0.05 |

续表 2-3

| 月份 | 月均雨日(d) | 月均 > 5 mm 日数(d) | 月均 > 10 mm 日数(d) | 月均 > 25 mm 日数(d) | 月均 > 50 mm 日数(d) |
|---|---|---|---|---|---|
| 7 | 12.83 | 5.05 | 2.95 | 1.12 | 0.24 |
| 8 | 12.24 | 5.21 | 3.12 | 1.19 | 0.29 |
| 9 | 9.17 | 2.98 | 1.60 | 0.29 | 0.07 |
| 10 | 5.52 | 1.48 | 0.52 | 0.02 | 0.00 |
| 11 | 2.86 | 0.31 | 0.05 | 0.00 | 0.00 |
| 12 | 1.48 | 0.02 | 0.00 | 0.00 | 0.00 |
| 合计 | 73.0 | 21.6 | 11.1 | 3.0 | 0.6 |

注:表中合计日数保留一位有效数字。

### (二)不同等级降水强度的降水量与降水日数的保证率分析

不同等级降水量的年际间差异也很大,与降水总量的年际波动基本一致,特别是小雨和中雨。大雨和暴雨的降水量与年降水量的波动多数年份是一致的,但也有个别年不同,特别是无大雨或暴雨的年份(见图 2-9)。各级降水强度年降水总量与年降水量的相关程度有所不同(见图 2-10),但都表现出极显著正相关,其中 5 mm 和 10 mm 以上的年降水总量与年降水量的关系最为密切,但大雨和暴雨以上年降水总量与年降水量的相关性明显降低,各级降水强度年降水总量与年降水量具有以下的线性关系。

$$P_5 = 0.9857P - 67.357 \quad (r^2 = 0.9847) \tag{2-10}$$

$$P_{10} = 0.8742P - 98.182 \quad (r^2 = 0.9101) \tag{2-11}$$

$$P_{25} = 0.5499P - 95.663 \quad (r^2 = 0.7216) \tag{2-12}$$

$$P_{50} = 0.2178P - 44.686 \quad (r^2 = 0.3294) \tag{2-13}$$

式中:$P_5$、$P_{10}$、$P_{25}$、$P_{50}$ 分别为 5 mm、10 mm、25 mm、50 mm 以上的年降水总量;$P$ 为年降水量;$r$ 为相关系数。

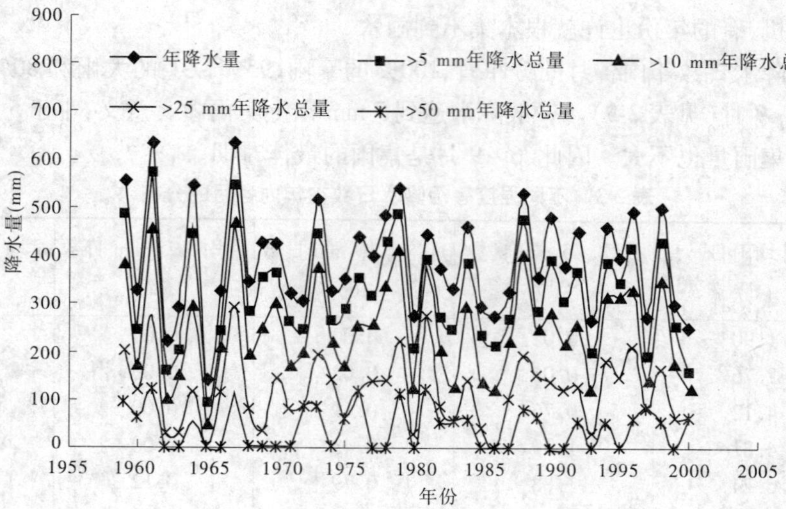


图 2-9 不同等级降水量的年际变化

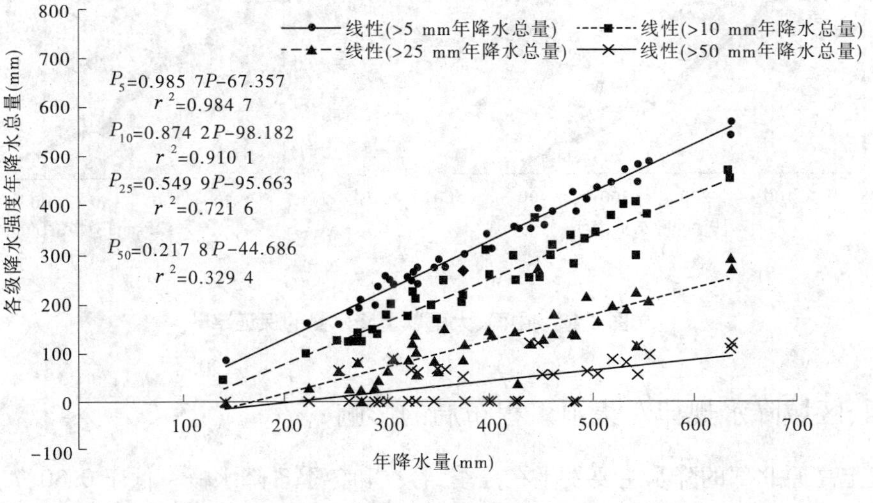


图 2-10　年降水量与各级降水强度年降水总量的关系

过程降水量越大,可收集的雨水越多。该区域小于 5 mm 的降水日数占总降水日数的 70% 以上,5 mm 降水对于一个 1 000 $m^2$ 的集雨场,总水量只有 5 $m^3$,即使无入渗,可收集的水量也不多。因此,小雨对于集雨来说几乎无效。大雨和暴雨是集雨的最佳机会,下中雨也不可放弃。该区域平均每年都有几个大雨日,一年出现 5 次大雨的保证率为 16% ,4 次以上大雨的保证率为 40% ,30% 的年份只有 1 次或以下,其中只有一半年份会出现暴雨。但一年中中雨(10 mm)以上降水次数还比较多,85% 的年份有 7 次以上,50% 的年份有 10 次以上,30% 的年份达到 14 次,最多年可达 20 次,最少年只有 3 次。85% 的年份有 14 次以上的 5 mm 以上的降水(见图 2-11、图 2-12)。

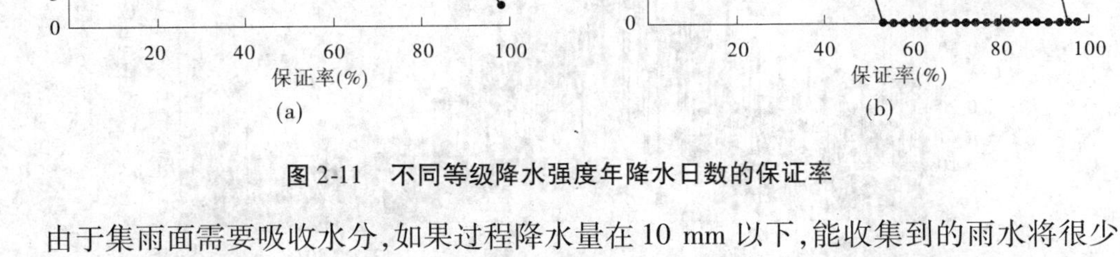


图 2-11　不同等级降水强度年降水日数的保证率

由于集雨面需要吸收水分,如果过程降水量在 10 mm 以下,能收集到的雨水将很少。假设一次降水 10 mm,一个集雨场的集雨面积为 100 $m^2$,即使集雨效率为 100% ,每次也只能集雨 1 $m^3$。因此,由于此地强降水的次数少,如果集雨面积太小,将有相当多的年份不能集满水,这是在布局水窖时应当注意的。

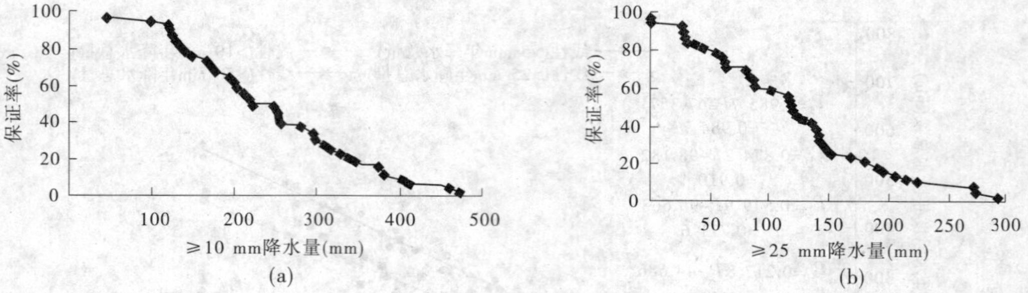


图 2-12　中雨、大雨以上降水量的保证率

## 四、区域降水规律对集雨工程布局的影响

黄土高原北部的降水主要发生在夏季，春季和冬季日降水概率低于 0.30，7 月和 8 月的降水概率可在 0.50 以上。平均日降水量最大的时刻出现在 7 月底至 8 月初(见图 2-13)，因此这时是集雨的最佳时机。

降水年型可根据降水量简单划分为平均年(年降水量为 350 ~ 445 mm)、干旱少雨年(<350 mm)和多雨年(>445 mm)，在当地有气象观测资料的 42 年中分别占 7 年、16 年和 19 年，平均雨量年型占的比例较小。从表 2-4 可以看出，当年为干旱少雨年型或平均年型时，下一年出现多雨的概率最高，而隔年出现少雨的概率也很高；当年为多雨年型时，次年少雨的概率最高，多雨的概率最低，隔年则有一半的可能出现多雨；连续少雨和连续多雨的概率都较低，特别是较少出现连续两年多雨的情况，这是在设计集雨工程时需要注意的。

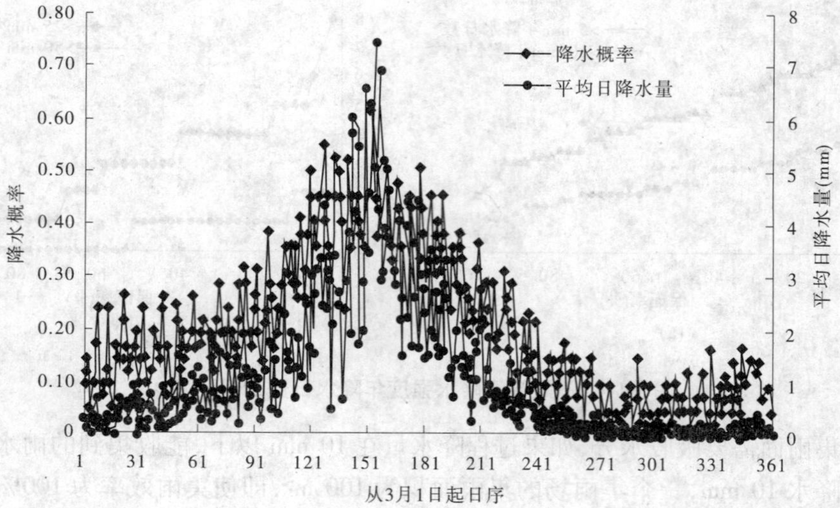


图 2-13　平均日降水量与降水概率的时间分布

表 2-4　全年降水量转移概率

| 次年 | 概率 | 当年状况 | | |
|---|---|---|---|---|
| | | 干旱少雨年（<350 mm） | 平均年（350～445 mm） | 多雨年（>445 mm） |
| 次一年 | 少雨概率 | 0.389 | 0.286 | 0.625 |
| | 正常概率 | 0.056 | 0.143 | 0.313 |
| | 多雨概率 | 0.556 | 0.571 | 0.063 |
| 次二年 | 少雨概率 | 0.412 | 0.571 | 0.438 |
| | 正常概率 | 0.294 | 0.143 | 0.063 |
| | 多雨概率 | 0.294 | 0.286 | 0.500 |

示范区的水窖，一种是以屋顶和庭院为集雨面，主要解决人畜饮用和庭院经济灌溉用水；另一种是以路面为集雨面，用于作物补充灌溉。前者集流效率约为 0.7，每 100 $m^2$ 集雨屋面与院面 60% 的年份可收集到 14 $m^3$ 水，可根据集雨面积确定所建庭院型贮水窖的大小。对于路面集雨，日降水量 10 mm 以上的集雨效率可达到 0.5 左右。如果水窖容积为 30 $m^3$，80% 的年份集满水需要面积 450 $m^2$ 的集雨面，即 3 m 宽的路面需要间隔 150 m 才能修一个水窖。如果期望 60% 的年份能集满水，则需要 300 $m^2$ 的路面，即宽 3 m 的路面 100 m 长。如果遭遇中雨以上降雨的总量在 400 mm 以上的丰水年，只需要 50 m 长的路面即可集满水窖。因此，如果沿路建造的水窖密度过大，将造成材料与工程投资的浪费，大多数年份各个水窖都蓄不满。但如沿路建造的水窖密度太稀，则将造成雨水资源的流失和浪费。

## 第三节　基于“3S”技术的可收集雨水资源潜力的计算与分析

鉴于前述雨水收集潜力估算方法的缺陷，在吸收近年来国内同类研究进展的基础上，综合应用“3S”技术进行示范区可收集雨水资源潜力的计算与分析，取得了比较满意的结果。

### 一、区域可收集雨水资源潜力和局部地区径流汇集能力的概念

#### （一）区域可收集雨水资源的潜力

将区域进行栅格化处理（$m$ 行 $n$ 列），先求出每个栅格的年径流量（年降水量 × 年径流系数），然后累加所有栅格的年径流量，即为该区域的可收集雨水资源的潜力。可用下式表示：

$$P = A\sum_{i=1}^{m}\sum_{j=k_1}^{k_2}\lambda_{ij}R_{ij} \tag{2-14}$$

式中：$A$ 为栅格面积；$\lambda_{ij}$ 为栅格径流系数，随下垫面不同而变化；$R_{ij}$ 为每个栅格降水量；$k_1$、$k_2$ 为 1～$n$ 中间的数，主要是由于区域多为不规则形状，$k_1 < k_2$。

本节中,由于整个区域面积较小,区域内年降水量的空间变化不大,故统一采用附近气象站的年降水量多年平均值 $R$,所以式(2-14)变为:

$$P = AR\sum_{i=1}^{m}\sum_{j=k_1}^{k_2}\lambda_{ij} \tag{2-15}$$

**(二)局部地区径流汇集能力**

局部地区径流汇集能力是指一年内流经区域某一栅格的单位面积径流量。

## 二、资料、方法与技术路线

**(一)所用资料**

应用2001年7月11日和2004年6月1日的陆地资源卫星TM影像图,轨道号为126/33;当地1:10 000地形图;当地1959~2001年降水量资料;不同下垫面径流系数资料。

**(二)技术路线图**

区域可收集雨水资源潜力和局部地区径流汇集能力技术路线见图2-14。

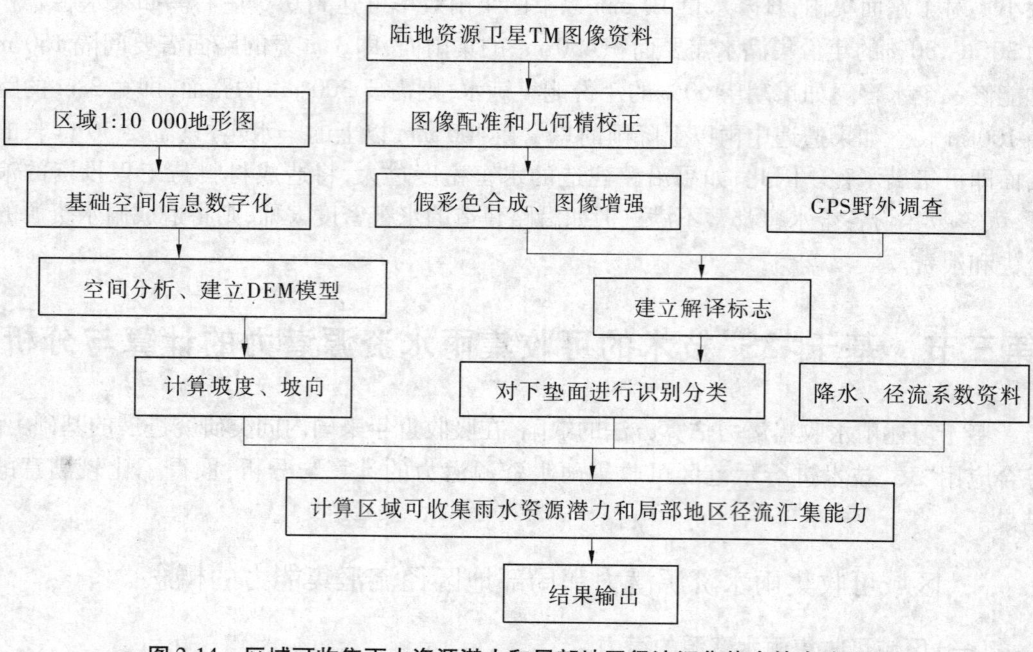


**图2-14 区域可收集雨水资源潜力和局部地区径流汇集能力技术路线图**

**(三)所用方法**

(1)"3S"技术。"3S"技术是地理信息系统(GIS)技术、遥感(RS)技术和全球定位系统(GPS)技术的合称。所谓地理信息系统是指一种处理地理信息的功能强大的计算机软件,它能协助人类将描述客观世界的各种数据按其空间位置输入计算机,实现存贮、更新、检索、测量计算、分析制图及动态显示等;遥感是指利用卫星、飞机或其他飞行器作运载工具,用传感器收集目标物电磁波信息,运用物理手段、数学方法和地学规律来揭示目标物性质、形状、分布和动态变化的现代探测技术;全球定位系统是美国开发研制的现代定位技术，它由空间星座、地面控制站和用户系统组成，可协助人类在全球任何地方、任何时候实时获取位置、速度和时间方面的数据。本节应用了 Citystar 地理信息系统软件。

（2）Visual Basic 语言。应用 Visual Basic 语言编程，计算可收集雨水资源潜力和局部地区径流汇集能力。

## 三、资料处理、计算与分析结果

地理信息与遥感资料处理包括以下几个方面的内容。

（1）基础空间信息的输入。工作底图采用区域 1:10 000 地形图，采集间距为 2.5 m 的等高线、居民点、道路、行政边界等信息，并将其数字化。

（2）陆地资源卫星 TM 遥感图像的处理。卫星遥感图像处理的目的是使图像变成便于理解和使用的形式，或提取某些图像特征信息供进一步分析使用，主要包括如下处理过程：①遥感图像的配准和几何精校正；②波段的选择和 RGB 合成；③图像增强（从图像信息中增强或者突出某些特定信息、削弱或者消除某些不需要信息的技术过程）。图 2-15 是经过处理后的区域 TM 卫星遥感图。

图 2-15　经过处理后的区域 TM 卫星遥感图（2001 年 7 月 11 日，轨道号：126/33）

（3）野外调查。为了提高卫星图像的解译精度，采用 GPS 全球定位系统进行野外实地调查必不可少。野外调查需要考察记录区域典型下垫面（包括林地、草坡、农田、居民点、道路、裸岩和已修建集雨工程）的具体地理位置。

（4）建立解译标志。将野外调查资料与遥感图像进行叠加，分析区域的影像特征，如颜色、纹理等，确定各类下垫面的解译标志，它是对遥感图像进行解译的依据。

（5）用遥感图像对下垫面进行识别分类。应用 Citystar 软件，结合已建立的解译标志，可以比较准确地识别各类地物并将其进行系统分类。2001 年本区域各种类型下垫面的面积见表 2-5，土地利用分类状况见图 2-16。

表 2-5　2001 年区域各类下垫面面积

| 项目 | 农田 | 林地 | 草坡 | 道路 | 居民点 | 裸岩或河道 | 区域总面积 |
|---|---|---|---|---|---|---|---|
| 面积（$km^2$） | 36.08 | 1.08 | 53.06 | 3.20 | 0.49 | 23.96 | 117.87 |
| 占总面积百分数（%） | 30.6 | 0.9 | 45.0 | 2.7 | 0.4 | 20.4 | 100 |

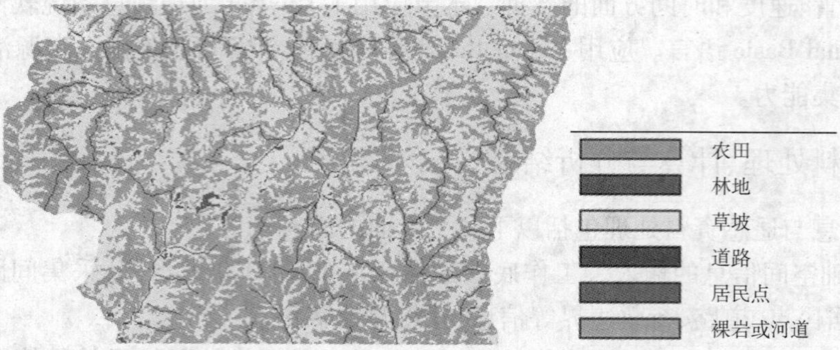


图 2-16　2001 年区域土地利用分类状况

(6)空间分析计算将矢量化的等高线数据进行栅格化转换,可建立区域的数字高程模型 DEM(见图 2-17)。从数字高程模型中可知,本区域最高海拔高度为 1 332.5 m,最低海拔高度为 1 012.0 m,区域内沟壑纵横,切割现象非常严重。

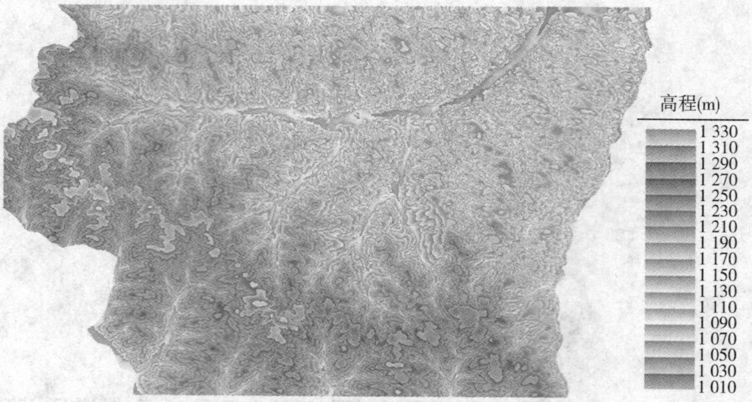


图 2-17　区域高程分布图

应用 Citystar 软件还可计算出整个区域各个栅格的坡度、坡向,图 2-18 和图 2-19 分别给出了本区域坡度和坡向的空间分布图。表 2-6 和表 2-7 还分别给出了该区域不同坡度范围地表占区域总面积的百分数以及不同坡度范围耕地面积占耕地总面积的百分数。

表 2-6　区域不同坡度范围地表占区域总面积的百分数

| 坡度范围(°) | 0 ~ 10 | 10 ~ 20 | 20 ~ 30 | 30 ~ 40 | 40 ~ 50 | 50 ~ 80.167 |
|---|---|---|---|---|---|---|
| 占区域总面积的百分数(%) | 26.5 | 39.9 | 19.7 | 9.6 | 3.5 | 0.8 |

表 2-7　区域不同坡度范围耕地面积占耕地总面积的百分数

| 坡度范围(°) | 0 ~ 5 | 5 ~ 10 | 10 ~ 15 | 15 ~ 20 | 20 ~ 25 | >25 |
|---|---|---|---|---|---|---|
| 耕地面积($km^2$) | 4.46 | 9.16 | 9.12 | 6.78 | 4.03 | 2.53 |
| 占耕地总面积的百分数(%) | 12.4 | 25.4 | 25.3 | 18.8 | 11.2 | 6.9 |

从 2003 年开始,为了响应国家退耕还林还草的号召,该区域将所有 15°以上的坡耕

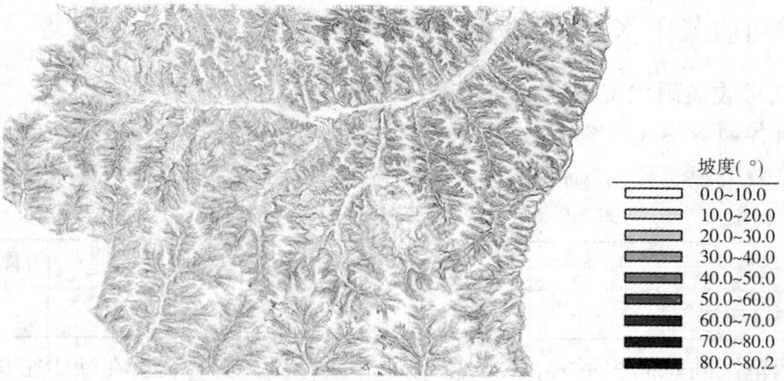


图 2-18　区域坡度空间分布图

图 2-19　区域坡向空间分布图

地和部分 10°~15°的坡耕地退耕种草,使农田面积大幅度减少,草坡面积相应大幅度增加。鉴于此,我们又对 2004 年 6 月 1 日该区域的 TM 卫星影像图进行了解译分析,图2-20是根据新的卫星影像图和解译标志做出的该区域 2004 年土地利用分类图,表 2-8 给出了 2004 年区域各类下垫面的面积。

图 2-20　2004 年区域土地利用分类

表 2-8　2004 年区域各类下垫面的面积

| 项目 | 农田 | 林地 | 草坡 | 道路 | 居民点 | 裸岩或河道 | 区域总面积 |
|---|---|---|---|---|---|---|---|
| 面积($km^2$) | 20.39 | 1.08 | 68.75 | 3.20 | 0.49 | 23.96 | 117.87 |
| 占总面积的百分数(%) | 17.3 | 0.9 | 58.3 | 2.7 | 0.4 | 20.4 | 100 |

## 四、区域可收集雨水资源潜力和局部地区径流汇集能力的计算

### (一)区域可收集雨水资源潜力的计算

据前人对各种下垫面径流系数的观测结果和本文所依托的2003年、2004年两年不同集雨面集流效果观测数据,确定前述6种类型下垫面的年径流系数(见表2-9)。

表2-9　示范区不同下垫面的年径流系数

| 下垫面类型 | 居民点 | 道路 | 农田 | 草坡 | 林地 | 裸岩或河道 |
|---|---|---|---|---|---|---|
| 年径流系数(%) | 70 | 60 | 10 | 15 | 12 | 75 |

考虑到示范区的总面积不大,且当地气象站离示范区也不太远,在缺少密集分布雨量观测资料的情况下,采用当地气象站的多年平均降水量值为基础。根据前文对本地降水量的保证率分析,该区域75%保证率的降水量为304.4 mm(少雨年),50%保证率下的降水量为374.0 mm(平常年),25%保证率下的降水量为480.9 mm(多雨年)。

对每一个网格分别计算3种年型的年径流量$R$(mm):

$$R = \lambda P \qquad (2\text{-}16)$$

式中:$\lambda$为年平均径流系数;$P$为年降水量,mm。

将区域内所有网格的年径流量累加在一起,即是本区域3种年型下的可收集雨水资源潜力(见表2-10)。

表2-10　区域3种年型下不同下垫面的可收集雨水资源潜力　　(单位:$m^3$)

| 年型 | 项目 | 下垫面类型 | | | | | | |
|---|---|---|---|---|---|---|---|---|
| | | 农田 | 林地 | 草坡 | 道路 | 居民点 | 裸岩或河道 | 整个区域 |
| 多雨年 | 雨水总量 | 9 805 551.0 | 519 372.0 | 33 061 875.0 | 1 538 880.0 | 235 641.0 | 11 522 364.0 | 56 683 683.0 |
| | 可收集潜力 | 980 555.1 | 62 324.6 | 4 959 281.3 | 923 327.7 | 164 948.7 | 8 641 773.0 | 15 732 210.7 |
| 平常年 | 雨水总量 | 7 625 860.0 | 403 920.0 | 25 712 500.0 | 1 196 800.0 | 183 260.0 | 8 961 040.0 | 44 083 380.0 |
| | 可收集潜力 | 762 586.3 | 48 470.4 | 3 856 874.6 | 718 080.5 | 128 281.5 | 6 720 780.1 | 12 235 073.4 |
| 少雨年 | 雨水总量 | 6 206 716.0 | 328 752.0 | 20 927 500.0 | 974 080.0 | 149 156.0 | 7 293 424.0 | 35 879 628.0 |
| | 可收集潜力 | 620 671.3 | 39 450.1 | 3 139 124.8 | 584 448.2 | 104 409.2 | 5 470 068.4 | 9 958 172.0 |

### (二)局部地区径流汇集能力的计算

首先需要解释几个专有名词:

D8方法:如前所述,将该区域划分为一系列栅格,每个栅格的径流有8个可能的流向(见图2-21)。本节采用D8方法确定径流流向,该方法是一种描述径流在DEM上的单流向方法,将中心栅格的高程与周围相邻的8个栅格的高程进行比较,计算其坡降,中心栅格的径流将流向坡降最大的那个栅格。

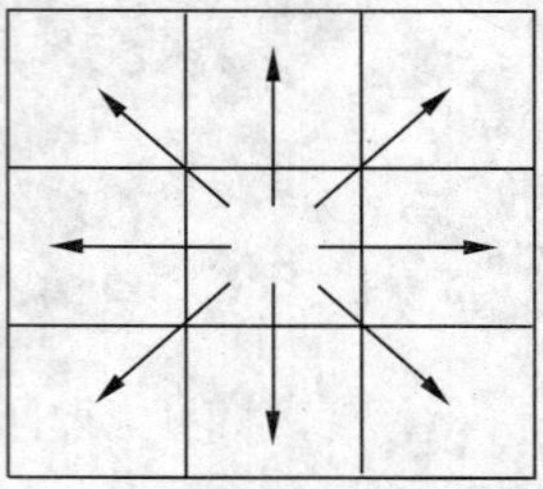
图2-21　栅格径流的可能流向

径流开始点:如果某栅格周围相邻的8个栅格都无径流流入该栅格,则该栅格称为径流开始点。

沉降点:如果某栅格周围相邻的8个栅格的径流都流入该栅格,则该栅格称为沉降点。

计算步骤：

(1)首先应用 D8 方法确定各栅格的径流流向，然后若干条通向沉降点或区域边界的径流路径就会形成(见图 2-22)。

(2)查找沉降点，以人机交互的方式对伪沉降点进行人工引流。

(3)从径流开始点按照最速坡降原则确定径流方向，依次向下计算下游各栅格的流经径流量，直到沉降点或区域边界点。

(4)每一个下游栅格得到的径流量加上其本身的年降水量，再乘以其年径流系数，即是该点增值后的年径流量。

(5)重复第 3、4 步，直到区域内无径流开始点。

(6)分别计算每一个栅格得到的径流量，即是该栅格的径流汇集能力。

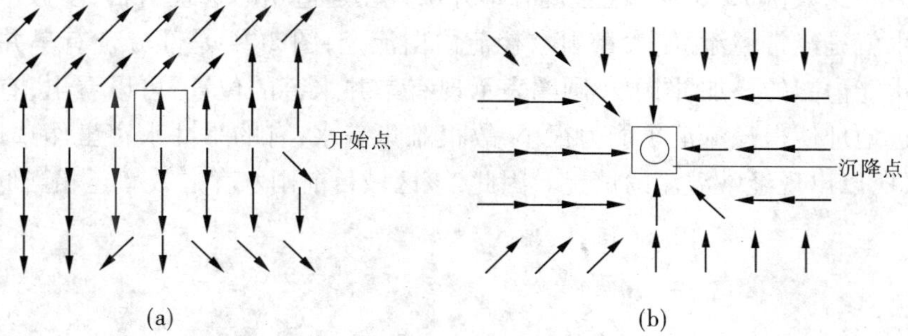


**图 2-22　径流路径(局部)**

图 2-23 给出了正常年型下区域内局部地区径流汇集能力的分布状况，可以看出，径流最大处在主要河道下游出口处或与大支流汇集处，集蓄雨水需修建大型工程，投资量大，难度也较大。居民点和道路旁的径流深度也较大，这里工程实施较容易，投资量不大，应是雨水集蓄工程的主要部位。坡地径流深因坡度与地表特征而异，但集雨工程在地形复杂崎岖的坡面上难以实施，而农田、草地和林地等农用土地应就地集蓄，尽量防止径流损失。

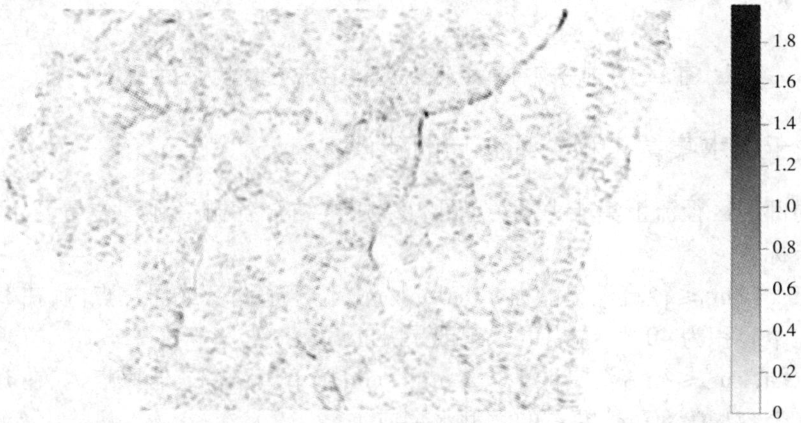


**图 2-23　正常年型下区域内局部地区径流汇集能力($m^3/m^2$)分布状况**

## (三)区域不同下垫面可收集雨水资源的统计结果

从表 2-10 可以看出，该区域在保证率为 75% 的少雨年可收集雨水资源潜力为 995.8

万 $m^3$,50%保证率的平常年为 1 223.5 万 $m^3$,25%保证率的多雨年为 1 573.2 万 $m^3$。但较易实施工程集雨的道路和居民点合起来的可收集雨水资源潜力在少雨、平常和多雨 3 种年型下分别只有 68.9 万、84.6 万 $m^3$ 和 108.8 万 $m^3$,户均分别为 416.1、510.9 $m^3$ 和 657.0 $m^3$,除满足人畜饮水和基本生活需要外,尚余一部分可用于庭院及附近农田补灌,贮水较多年份还可用于小面积高效经济作物的关键期补灌,但大面积农田仍应以田间就地集雨为主。如要建设较大面积的节水灌溉基本农田,需较多投资,利用其他下垫面,且修建大量高效集雨面工程。

从表 2-10 还可以看出,道路与居民点的雨水量相加,在平常年份也有 138 万 $m^3$ 的雨水总量,其可收集雨水资源潜力为 84.6 万 $m^3$。而目前的 2 860 处旱井水窖,即使每年都能集满水,集雨量也只有 11.44 万 $m^3$,还不及道路与居民点雨水总量的 1/12,与可收集雨水资源潜力相比只占 13.5%。况且现有旱井水窖在建造当时选址盲目,多数旱井水窖不是集不满水就是经常溢流,使大量雨水径流白白流走,图 2-24 是部分现有旱井水窖位置与径流汇集能力图的叠加,图中小圆圈表示现有旱井水窖的位置,可以看出,有的旱井水窖由于所选地址使得径流汇集能力很小,故很难集满水;有的旱井水窖虽然选址正确,但容积偏小,所以出现经常溢流的情况。因此,该区域目前雨水存贮效率还相当低。

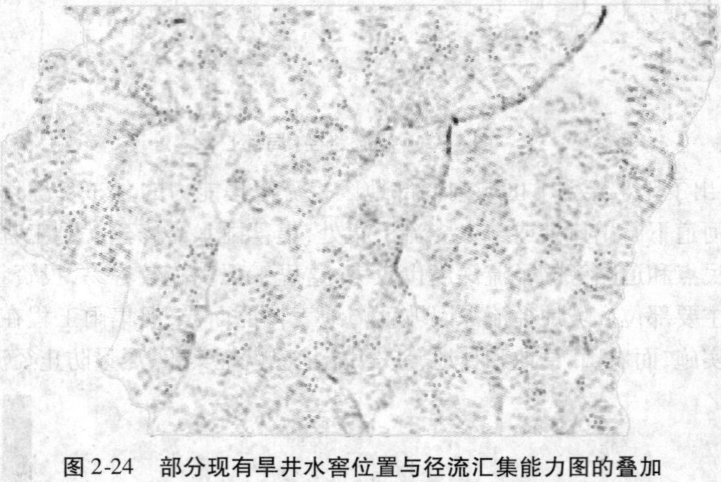

**图 2-24　部分现有旱井水窖位置与径流汇集能力图的叠加**

## 五、关于雨水集蓄工程合理布局的建议

根据局部地区径流汇集能力图(见图 2-24),再结合各栅格地理位置及下垫面情况,采用下列指标:

(1)0.3 $m^3/m^2$ ≤径流汇集能力 < 0.6 $m^3/m^2$,位于道路旁或居民点内,在 100 $m^2$ 范围内宜修建一个容积为 40 $m^3$ 左右的水窖或旱井;

(2)0.6 $m^3/m^2$ ≤径流汇集能力 < 1.3 $m^3/m^2$,位于道路旁或居民点内,在 100 $m^2$ 范围内宜修建一个容积为 80 $m^3$ 左右的大型水窖或水窑;

(3)径流汇集能力≥1.3 $m^3/m^2$,且不在道路旁或居民点内,宜修建塘坝;

(4)其余地区不宜修建集雨工程。

可比较方便地做出区域雨水存贮工程合理布局规划图(见图 2-25),用于指导雨水收

集利用工程的设计与建设。

图 2-25　示范区集雨工程合理布局规划图

按照图 2-25 所指定的位置适当增建部分旱井和水窖,使本区域的雨水存贮能力达到道路和居民点可收集雨水资源潜力的 40%,即在多雨年、平常年和少雨年分别达到 27.6 万、33.8 万、43.5 万 $m^3$,户均分别为 166.4、203.4、262.8 $m^3$。

## 参考文献


[1] 吴普特,黄占斌,高建恩,等.人工汇集雨水利用技术研究[M].郑州:黄河水利出版社,2002:10-21.

[2] 高前兆,李小雁,俎瑞平.干旱区供水集水保水技术[M].北京:化学工业出版社,2005:196-197.

[3] 梁天刚,张胜雷,戴若兰,等. 基于 GIS 栅格系统的集水农业地表产流模拟分析[J].水利学报,1998(7): 26-29.

[4] 白清俊,刘亚相. 流域坡面综合产流数学模型的研究[J].土壤侵蚀与水土保持学报,1999, 5(3): 54-58.

[5] 徐雨清,王兮之,梁天刚,等. 遥感和地理信息系统在半干旱地区降雨－径流关系模拟中的应用[J].遥感技术与应用,2000,15(1):28-31.

[6] 徐秋宁,马孝义,娄宗科,等.小型集水区降雨径流计算模型研究[J].水土保持研究,2002,9(1):139-142.

[7] 张建新,郑大玮,武永利.基于 3S 技术的可收集雨水资源潜力的计算与分析[J].农业工程学报,2006,22(10): 40-44.

[8] 刘廷宏,张志道,王丽,等. 雨水径流截集试验与集水量计算模式的分析研究[J].山西水利科技,1998(4):16-19.

[9] 梁天刚,沈正虎,戴若兰,等. 集水区径流资源空间变化的模拟与分析[J].兰州大学学报(自然科学版),1999,35(4):83-89.

[10] 李小雁,龚家栋. 人工集水面降雨径流观测实验研究[J].水土保持学报, 2001,15(1):1-4.

[11] 高惠珍,王晓宇,安学军. 山西省可利用雨水资源量化分析[J].山西水土保持科技,2001(4):17-18.

[12] 袁正科,田育新,李锡泉,等. 缓坡梯土幼林林下植被覆盖与水土流失[J].中南林学院学报, 2002,22(2):21-24.

[13] 唐小明. 黄土高原旱作农区径流场修建与集水效率研究[J].水土保持研究, 2003, 10(1):137-140.

[14] Jain M K, Kothyari U C, Raju K G R. A GIS based distributed rainfall-runoff model[J]. Journal of Hydrology,2004, 299:107-135.

[15] Smith M B, Brilly M. Automated grid element ordering for GIS-based overland flow modeling [J]. Photogrammetric Engineering and Remote Sensing,1992,58 (5):579-585.

# 第三章　雨水高效收集与存贮技术

## 第一节　高效集雨面材料的研制、筛选及技术参数研究

### 一、集流面材料的初选

选择适宜的集流面材料是雨水集蓄工程建设的关键环节。以高效、低成本为目标,在广泛吸收和应用前人已研究使用的集流面材料的基础上,通过实地调研、室内试验研究,初步筛选出混凝土、塑料膜料、玻璃丝布、水泥土、原土夯实、自然坡面、土壤固化剂、有机硅高分子材料、低等生物、土壤固化剂与有机硅高分子材料复合等 10 种集流面候选材料,然后在室外建设了 10 种集流面材料共计 16 个试验小区,每个小区的面积为 50 $m^2$。通过几年天然降雨的试验观测,研究确定了各种材料集流面的集流效率、抗冻指标、经济指标等参数及其相应的施工工艺和技术,筛选出经济技术指标优越,且适合本地条件的集流面材料和施工工艺技术,提出适合当地条件的系列化、标准化集流面工程形式及应用、管理等模式,为示范区大面积推广应用提供了技术依据。

### 二、土壤固化剂及其分类

在自然土壤表面上进行雨水收集作业,由于雨水在土壤中的渗漏较多,集雨的效率不高。通常都需要进行固化处理,才能形成高效的集雨面。为此,我们首先介绍一下土壤固化剂的由来和分类。

**(一)土壤固化剂的由来**

1824 年,英国人阿斯普定(J. Aspdin)发明了水泥。1915 年美国一位铺路承包商将水泥拌和到土中,经过碾压作为路基,这可能是世界上首次应用水泥土的实例。在 20 世纪 30 年代,美国铺筑道路和机场跑道已使用水泥土约 1.91 亿 $m^3$。40 年代,水泥土试验标准由美国材料试验协会(ASTM)以 D－18 编定在土壤工程中,为正确推广应用水泥土提供了科学依据。50 年代初,美国曾经在邦奈(Bonny)水库的土坝上用水泥土做护坡材料试验。10 年后取样检验,认为水泥土完全满足要求。到了 20 世纪 70 年代中期,美国已有 55 座水库大坝采用了水泥土护坡。苏联在 70 年代也在国内介绍了美国大坝水泥土护坡的经验。水泥土在印度的应用也很广泛,不仅用于筑路、防渗、护坡,还用于修建民房。非洲一些国家也大量使用水泥土作为路面基层和底基层。水泥土在我国的应用较晚,到 70 年代初期才开始研究和试用。曾在长江荆江大堤上进行过水泥土护坡试验,在红领巾水库灌区用做渠道防渗试验,在南方埋设水泥土管做排灌试验。70 年代后期国内一些科研单位深入研究了水泥土的基本物理力学性能,并比较广泛地应用到田间排水、输水暗管、渠道防渗、农用桥涵、土坝护坡、地基处理以及民房建筑等地下、地上建筑物。80 年代

以来，不仅水利部门对水泥土的研究试用更为普遍和重视，而且建筑部门也开始应用水泥土处理软土地基，取得了理想的效果。现在，水泥土已广泛地应用到水利、道路、地基等工程领域。

水泥、石灰对土壤的改良取得了较好效果，满足了工程建设的部分需要。但是人们在长期的土壤固化工程实践中，逐渐认识到这些固化材料存在明显的不足，满足不了工程的实际需要。如干缩和温缩系数较大，容易产生裂缝；强度形成较缓慢；容易产生冲刷等。进入20世纪70年代，美国、日本、韩国、德国、加拿大、南非等国家对土壤改良技术进行了深层次开发，技术水平获得长足进步，改良土材料由单一的石灰、水泥、粉煤灰等升级到土壤固化新材料——土壤固化剂。这是一种性能优异的复合材料，具有石灰、水泥所不具有的特点，克服了石灰、水泥固化土的缺点，作用对象是各类土质，实现了人们“土变石头”的梦想。产品投入市场后很快被广泛应用于各类工程，目前已在大中型水利工程、高速铁路、高速公路、机场等大量使用，效益明显，被美国的《工程新闻》杂志称为20世纪的伟大发明创造之一，日本称之为21世纪的新材料。

我国在20世纪80年代开始引进这项技术，迄今已有多家科研院所和大专院校对土壤固化剂进行研究，如北京中土奥特赛特科技发展有限公司、武汉大学、浙江大学、安徽建筑工业学院、大连麦克文化学有限公司、北京路桥研究所技术有限公司、化工部晨光化工研究院等，取得了一批试验研究成果，有的还在铁路、公路和水利工程中做了试验。

**(二)土壤固化剂的分类**

土壤固化剂种类繁多，一般可按照其形态和成分的不同进行分类。

1. 按照形态分类

(1)液粉土壤固化剂：一般由无机盐配制成溶液，辅以石灰、水泥等材料，是能改善土壤技术性能的液粉或粉状材料。道路中使用的该类固化剂要求溶液中固体含量不大于3%，不得有沉淀或絮状物。

(2)粉状土壤固化剂：为粉状无机盐、石灰、水泥等不同材料混合而成的混合材料。我国自行研制开发的粉状固化剂中掺加活性材料以有效地提高土的性能，该类固化剂的细度应控制在0.074 mm标准筛，上筛余量不超过15%。

2. 按照主要成分分类

(1)无机类土壤固化剂：一般为粉末状，多采用工业废料，如粉煤灰、各类矿渣、煤矸石或水泥、沸石、石灰生料磨细，添加各种不同的激发素配制，这些激发素主要包括各种硫酸盐类、各种酸类和其他无机盐，也包含少量的表面活性剂，按照一定的加工工艺制作而成。工程实践表明：采用无机材料固化土的性能比较稳定，通过固化剂与土中的水发生水化反应，可以生成水化物结晶，充填于土壤的孔隙中，使土体颗粒胶结密实；水化生成物还可与黏土颗粒产生硬凝作用，并与空气中的二氧化碳反应，使固化土具有一定的水硬性和气硬性。正常条件下，固化土的性能可保持30～50年基本不变，在地下工程中受土压力或水压力的影响，其抗压强度还有缓慢增加的趋势。由于添加了一些工业废料和较易取得的建筑材料，因而施工简便，不仅可以降低工程造价，还具有环保和节能的功效。

(2)有机类土壤固化剂：多为液体状，目前有磺化油、改性水玻璃类和环氧树脂类等，一般通过离子交换原理作用于土壤。由于土中大部分水受土粒表面张力的影响而滞留于土壤中,使土体难以压实,易膨胀收缩和受冻融影响。离子交换类的土壤固化剂通过减弱土壤所含盐类中金属元素的正电位,以破坏土颗粒与水之间的吸附作用。根据双电层理论,还可以使一部分带有正电荷的吸附水变为自由水排出土体,使土体易于压实。同时,产生的高强度网络结构和疏水作用可达到固化土壤的目的。此类土壤固化剂在使用时要严格控制土壤的含水量,有些有机类土壤固化剂在使用时还要和水泥配合使用才能有效果。有机类固化剂的使用寿命约为 30 年,但是随使用环境的不同变化较大,仍有待实践检验。

(3)生物酶类固化剂:是有机质发酵而成的多酶基产品。通过酶的催化作用,促进土颗粒间的凝聚力。多数生物酶固化剂为棕色浓缩液,有轻微发酵味,无毒,不燃烧。由于含酶固化剂都具有生物降解的特点,因此其固化的土经过水浸泡后,强度降低。尽管此类固化土的设计寿命为 8 年左右,但其长期强度和稳定性仍有待实践检验。

**(三)几种典型的土壤固化剂介绍**

1. Aught - set 高性能土壤固化剂

Aught - set 系列固化剂是日本一卜株式会社 UKC 公司历经 30 多年开发出的最新产品。北京中土奥特赛特科技发展有限公司 1994 年从日本引进土壤固化剂的基础理论,在中国开发了土壤固化剂配方。奥特赛特高性能土壤固化剂(水泥基)是一种由多种无机和有机材料配置而成的水硬性胶结土粒,填充孔隙将松散土体转为致密的胶凝材料,可较大幅度地改善和提高土壤的强度、耐久性等性能,且能有效地固化土壤、砂砾石、淤泥等各种土质。因其具有因地制宜、就地取料、施工方便、成本低廉等特点,现已被广泛用于市政、环保、交通、水利等各项基础工程,是目前国内外性能颇为优良且应用广泛的新型土壤固化材料。

Aught - set 土壤固化剂是一个系列产品,对应于不同的土壤,有不同品种的固化剂与之相适应。一般情况下,Aught - set 固化剂包含 S、P1、P2、T1、T2、P3 等 6 种组分,其作用分述如下:

(1)S:胶结土壤颗粒,在固化体中构成网状结构,形成早期强度。

(2)P1:表面活性作用和缓凝作用,使得 P1 成分更易进入土壤颗粒内部,使离子交换反应进行得迅速、彻底,同时调整固化剂的延迟时间。

(3)P2:与黏土矿物发生化学反应,弥补网状结构强度的不足,形成后期强度,从而最终提高固结体强度。

(4)T1:当固结的土体长期受水浸泡时,T1 与水可以构成一种平衡物质,从而保护了水对固结土体的侵蚀,使固结体长期在水中不泥化,强度稳定不变。

(5)T2:必要的时候,起激发早强的作用。

(6)P3:与其他组分反应形成的生成物,体积明显增加,并析出胶凝类物质,填充了固结土体内部的孔隙,并使固结体体积发生一定程度的膨胀,产生内应力,从而提高了固结土体的抗渗、抗缩、抗冻、耐疲劳性能。

Aught - set 固化剂固化土壤的作用有别于石灰、水泥、粉煤灰等,最重要的技术突破是激发素。这种添加于固化剂中的低含量物质能够激活黏土中的矿物成分,使黏土中的矿物也成为一种反应物质,发挥出黏土的潜在活性,使固化效果较传统产品大幅度提高。

土体经过 Aught - set 固化剂处理后，在成型压力作用下颗粒紧密接触，在土壤颗粒附近固化剂水化生成水化碳酸钙、沸石、方钠石及硅酸等，在黏土颗粒表面形成凝结硬化壳。固化剂的激活组分以不同方式渗入颗粒内部，与黏土矿物发生物理化学作用，形成水铝酸盐、含水硅酸盐等胶凝物质，使黏土颗粒表面产生不可逆凝结硬化，固化后的黏土具有水稳性和强度稳定性。同时，极性水分子和 $OH^-$ 进入黏土颗粒内部空穴，使土体分散，表面积增加。这些被分散的黏土颗粒表面一般带有负电荷，其 $\xi$ 电位增大。固化剂的某种成分可代换土体中凝聚能力低的离子，降低 $\xi$ 电位，促使黏土颗粒凝聚，同时电解质浓度增加，胶粒双电层减薄，也有利于颗粒凝聚。固化剂的主要水化产物以及其与黏土矿物反应的生成物，能牢固地胶结分散的土壤颗粒，增强和加固这种靠矿物与胶结物界面上化学力实现的层状硅酸盐建立空间网状结构，使之成为一个具有较高强度的整体。

2. NCS 土壤固化剂

NCS（New Type of Composite Stabilizer for Cohesive Soil）是交通部公路科学研究所主持的国家“七五”重点科技攻关研究成果。NCS 在江苏、山东、黑龙江、辽宁、四川、安徽等省的推广使用过程中，先后与 10 多个国家的固化材料进行比较，吸收了各种固化材料的优点。目前正在逐步形成系列化产品，并可根据不同细粒土壤的特性配制 NCS 基本系列产品，其中 NCS - 1 适用于塑性指数为 12 ~ 20 的黏性土；NCS - 2 适用于塑性指数为 15 ~ 25 的黏性土和含有机质土的黑龙江黑土；NCS - 3 适用于塑性指数为 10 ~ 17 的黏性土、盐渍土和黄土；NCS - 4 适用于塑性指数为 18 ~ 35 的黏土、过湿土、红黏土、膨胀土、有机质土以及湿软地基的处理。

NCS 是一种新型复合黏土固化材料的简称，由石灰、水泥与合成的“SCA”添加剂改性而成。NCS 加入土中除具有石灰对膨胀土的改性作用外，还使土粒和 NCS 两者发生一系列物理、化学及物理化学变化。土中 NCS 与水接触释出较多的 $Ca^{2+}$、$Al^{3+}$ 高价阳离子与黏粒的负电荷中和，使扩散层减薄，土粒之间靠近，彼此聚集成土团，形成团粒化和砂质化结构，增强了土的可压实性。同时土粒在 NCS 水化反应中生成新的水化硅酸钙和水化铝酸钙，新增长的针状矿物加强了土体早期和后期强度以及水稳定性。NCS 固化材料与湿黏土混合后即发生一系列水化反应，形成富含结晶水的硫铝酸钙，可使自由水以结晶水形式固定下来，使土中含水量迅速大量降低。该生成物是针状结晶体，使得土的固相体积增量在 120% 以上，并有效地填充土团粒间空隙，使加固土变得致密起来。同时，在显微镜下可以发现黏土颗粒被 C—S—H 凝胶所包围，并相互连成一片，加强了黏土颗粒之间的连结，增加了加固土结构的强度。

3. 派酶大力浆 PERMAZME

派酶大力浆 PERMAZME - 11X 是由美国国际酶制品有限公司（International Enzmes, Inc）的约瀚·巴迪斯尼先生（John Bttistoni）在 20 世纪 50 年代首创的一种生物酶土壤固化剂。经过 40 多年的发展，用派酶大力浆筑路已是成熟的筑路技术，在美国、加拿大、墨西哥、澳大利亚、苏联、以色列、泰国、马来西亚、斯里兰卡、新加坡等地已造了几万千米的道路。在我国浙江省新昌县的茶壶皎至五四公路五四大桥段、陈家坞至下朱部公路方口段和小将镇至上海村公路，采用该种固化剂修筑了试验路段共 5.2 km，经过一至两年的雨季检验和实际运行，整体状况良好，经受住了恶劣气候环境的考验，该项目的使用效果得到了肯定。

派酶大力浆的成品为棕色、无菌的液态复合生物酶浓浆，它具有催化土壤固结反应、改变土壤结构的作用，是一种高效的生物土壤稳定材料。派酶大力浆能使地面组成的颗粒更加紧密地黏结，从而降低其膨胀系数，增强其密度、抗渗、防水、防冻性能，极大地提高了地面的耐用性能。

4. HEC 高强高耐水土体固结剂

由武汉大学研制，河南海威建材厂生产的高强高耐水土体固结剂 HEC（High Strength and Water Stability Earth Consolidator），是基于多种组分产生的复合超叠加效应，在常温下能够直接胶结土体中的土壤颗粒，并与土体颗粒中的铝硅酸盐矿物发生反应生成胶凝物质，从而使土体产生高强度和高水稳定性的一种土体硬化剂。HEC 为粉末状材料，可固结一般土体、特殊土体及工业废渣等，使之产生较高的强度、水稳定性和耐久性；同时，还可代替水泥配制混凝土，可用碎石屑替代天然砂，骨料含泥量可由 2% 放宽至 8%，对混凝土强度及耐久性无不良影响。

HEC 在常温下可直接胶结被固结材料颗粒，同时其中的活性组分渗入被固结材料基本单元的相界面上，激发被固结材料中铝硅酸盐活性，利用多组分复合产生超叠加效应，使之形成多晶聚集体。HEC 的水化产物将被固结材料的基本单元黏结成为牢固的整体，能实现从内部到表面的整体固结作用，从而在宏观上产生较高的强度和水稳定性。HEC 活性组分深入被固结材料颗粒内部的基本单元，发生水化反应生成水化硅酸钙、水化铝酸钙以及硅酸和铝胶等产物。与此同时，具有潜在活性的载体也受到激发，反应生成水化铝酸盐、含水硅酸盐等胶凝物质，且所有产物均为不溶于水的稳定相。因此，HEC 固结体具有良好的水稳定性和较高的强度。HEC 中活性物质的离子与材料中凝聚能力低的离子发生离子交换而降低动电电位 $\xi$，增强凝聚力，颗粒发生聚集，电解质浓度增加，胶体颗粒双电层减薄，从而使颗粒凝聚。

HEC 可广泛应用于渠道防渗，曾在四川省的长葫灌区、都江堰龙泉山灌区、仁寿县等地进行渠道防渗技术试点，均取得良好效果。HEC 在三峡工程中还固化了大量风化砂、碎石屑等弃渣。

5. 路邦公路凝固剂（Roadbond EN1）

路邦公路凝固剂（Roadbond EN1）是美国 CSS 技术公司的路邦产品，一种用于现代路面基层和底基层的新型化学筑路材料，它可以与不同类型的土壤结合，发生化学反应，形成高强度致密结构的物质。美国 CSS 技术公司生产的路邦公路凝固剂在美国已有十多年的使用历史，早在 1990 年就获得美国专利。

路邦公路凝固剂的作用机理是：①具有极强的氧化力和溶解力。能将土壤颗粒溶解，使其重新结晶，结成新的化学键，经碾压形成高密度坚硬的整体板块，能阻止水的浸透，从根本上解决了道路因水产生的病害。②具有极强的自然分散能力。可使矿物质在土壤中重新分布、排列，形成密度、引力均匀的结构。可形成更大的三维轴向强度，更高的承载力，更长的使用时间。③大大减少土壤中的空隙，同时将土壤中毛细孔内多余的水分释放出来，从而避免了温差冻融作用带来的胀缩和裂缝。该产品在美国、加拿大、墨西哥、澳大利亚、印度及非洲等国家广泛使用，在我国部分发达省市也有成功的应用实例。在吉林省白城、松原、延边地区修筑示范路已获成功，取得了一定的经济效益和社会效益。

6. 路基实 Roadpacker ®/Roadbond ®

路基实是澳洲国际离子土壤稳固剂实业有限公司（International Ionic Soil Stabilizer Industry (Australia) Ltd，简称 IISS 公司）的主要产品。路基实实质上是一种催化剂，可以减少土壤中除化合水外其他水分子的二极力矩，如吸附水、表面张力水、毛细管水，这样将导致水分子的裂解，产生氢离子（$H^+$）和氢氧根离子（$OH^-$）。这种过程将持续下去并伴随着产生不同的带电（正电及负电）离子。土壤中黏土矿物表面离子通常都是负离子，因此它们将吸引正离子，如氢离子及钠、钙、钾、镁离子等。负电荷的水合氢离子及氢氧根离子总是会与正电荷的金属离子如颗粒表面的 $H^+$ 离子结合。随着水中来自路基实正电荷的减少，足够多的负电荷聚集起来，对吸附水层中的正电荷金属离子产生足够大的引力，从而打破了静电势垒。这种反应开始时，金属离子向自由水中运移并随着水而排出或蒸发。吸附水层减少，土粒失去其膨胀特性的根源而使整个土壤层变成松散的结构，容易被压实。这个过程是不可逆的。在水分子的裂解过程中排出的氢离子可以与自由态的氢氧根离子再复合而形成水，也可以复合成氢气（$H_2$）。释放出来的水可以渗透出去或者被羊脚压路机挤出，随后被蒸发掉。这样，通过改变淤泥或黏土颗粒的动电电位，土体将达到理想的压缩状况。

自 20 世纪 60 年代以来，路基实在世界范围特别是西方一些发达国家得到了广泛推广和应用，如美国、澳大利亚、加拿大、墨西哥、南非等。在我国也逐步开始应用，如广州流溪河整治第二期工程沙坝 A 段（长 2 km）采用了 ISS 固化剂来修筑堤顶路面。

7. HAS 高强耐水土壤固化剂

HAS 高强耐水土壤固化剂是由武汉大学研制开发的，以工业废渣为主要原材料（85% 以上），经多组分复合效应，采用一定的工艺路线发明的一种高强耐水土壤固化剂新型材料。中国工程院吴中伟院士称其是“一项在工业废渣利用和环保方面的创新”。该固化剂在常温下不仅能有效固化砂石和泥土（含泥碎石屑、砂质土、粉土、黏土、淤泥、城市垃圾、粉煤灰、膨胀土、工业尾矿等）作为建筑材料，而且与传统水泥固化剂相比，在同等条件下同龄期固化体的强度可提高 100%，渗透性降低 2 个数量级；抗冻性可达 300～1 000次冻融循环，而普通水泥混凝土不超过 300 次。抗化学腐蚀性强，固化体不怕酸、碱、海水的腐蚀，在这些条件下使用强度还会提高。该产品可以广泛应用于道路工程中的路基、护坡、一般路面，水利工程中的堤防加固和防渗，渠道防渗、衬砌、边坡支护和堤顶路面，建筑工程中的基础处理、地下连续防渗墙，电厂灰场治理中的固化粉煤灰筑坝、灰坝湿坡处理、灰场灰水防渗、防止灰场粉煤灰二次飞扬等，固化灰渣还可生产各种硅酸盐制品，如彩色地板砖、承重砖、空心砌块、路沿砖等。

8. WH 系列土壤固化剂

WH 系列土壤固化剂是中国水利水电科学研究院岩土所研制开发的新型材料，能固化绝大多数土壤。固化后的土壤具有良好的抗压、抗渗、抗冻等性能，长期经水浸泡或雨水冲刷，不发生软化、泥化现象。WH 系列土壤固化剂对环境不造成破坏，对生物体无害。WH 系列土壤固化剂可以应用在渠道防渗处理，固化土预制块生产，堤防、岸坡加固，路基加固及路面硬化，软土地基处理等。

9. 其他

如美国威林顿国际有限公司生产的路特固材料、德国生产的土壤固化剂及尘土控制剂 PaveCrylSuppress ®、日本九州(DIGITAL LINK)株式会社生产的 EFSHA 水泥硬化剂、CW 高效快速筑路剂、HS 软土固化剂、RDS－8 11X(固化酶)等。

## 三、新型 HEC 与当地土壤配比参数的研究

### (一)HEC 土壤固化剂和土壤的物理性质

HEC 固化剂是一种能提高土壤强度和抗渗能力的固化剂,为水硬性粉末状胶结材料。HEC 土与灰土及水泥土等相比,除了具有较高的强度外,其抵抗渗透水流破坏的能力明显较高。HEC 的特点是高强、耐水、适应性强,可应用于各种骨料或填充料,如黄土、膨胀土、黏土、淤泥、砂、粉煤灰、含硫碎屑、风化砂、工业废渣等。HEC 既可做土壤固化剂,又可和水泥一样以砂、石碎屑为骨料,按一定比例加水振捣成型,其固结特性与水泥砂浆和混凝土近似,只是强度和抗冻性能较高。

HEC 在我国公路建设上已经开始使用,三峡和小浪底工程都有用 HEC 修建的路面,用 HEC 固化粉煤灰为电厂修筑灰坝也已经成功。由于它在施工技术要求中对骨料或其他掺和料的选择性不严,对拌和用水的水质也基本没有要求,就地拌和后又有较大的强度和抗渗能力,因此在集雨工程上用于集流场地表处理还是值得推广的。一种固化剂从研制成功到其在各类工程中得到推广应用,其间要经过大量的室内外试验和各种工艺方面的探索,HEC 在水利工程中应用也是如此。HEC 作为集流场地表处理防渗材料应用于工程建设之前,也是经过了大量的资料查询、施工工艺的检索、室内外试验和探索,分析研究了对各类土壤的使用方法。

HEC 在常温条件下直接胶结其他材料主体,对工程材料和工程环境没有严格要求。以工业废渣为主要原料,与核心原料及其他组分复合磨细混匀而成,是一种无熟料胶结材料。HEC 作为土壤固化剂,加入土中自身水化后会复合产生超叠加效应,使土壤颗粒表面紧密接触,激发土粒中硅铝酸盐矿物的潜在活性,使土粒表面形成牢固的多晶黏粒聚集体,从而提高了土体的强度。由于较强烈的固化作用,致使固化后的土体抗渗强度相应得到了提高。

首先,将采集的土样(内蒙古准格尔旗)在室内用比重计法进行颗粒的大小分析(见图 3-1),测定土壤质地(见表 3-1);其次,用界限含水量试验来测定土样的液限、塑限

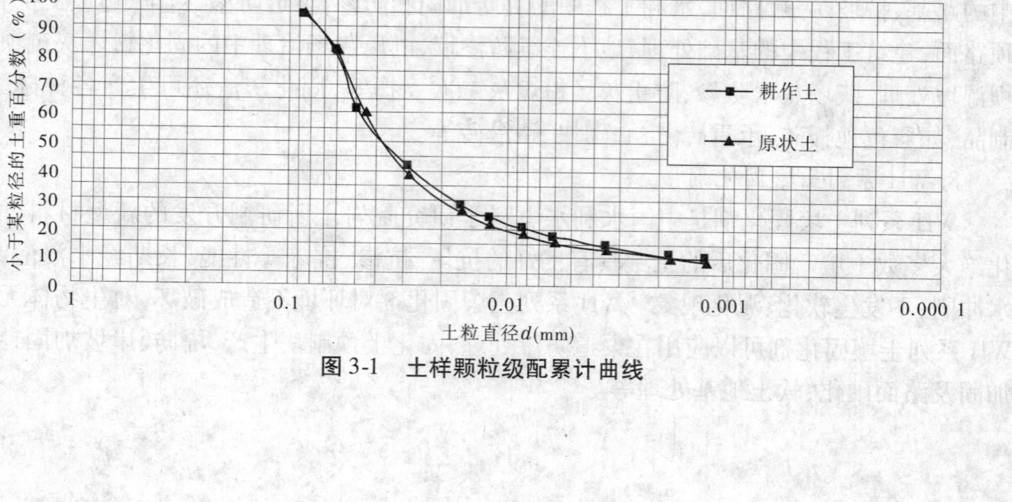


**图 3-1　土样颗粒级配累计曲线**

(见表3-2);再次,以土工实验的击实试验测定土样的干密度与含水量的关系,从而确定最大干密度及相应的最优含水量;最后做有机硅处理集雨面渗透试验,测定其渗透性能。

表3-1　内蒙古准格尔旗土样物理性质测定结果

| 土样类别 | 比重 $G_s$ | 颗粒组成(%) | | | | | 限制粒径(mm) | | 土壤质地 |
|---|---|---|---|---|---|---|---|---|---|
| | | >2 mm | 2 ~ 0.075 mm | 0.075 ~ 0.005 mm | <0.005 mm | <0.002 mm | $d_{60}$ | $d_{30}$ | |
| 耕作土 | 2.68 | 0 | 10 | 73.5 | 16.5 | 12 | 0.047 | 0.018 | 粉质砂黏土 |
| 原状土 | 2.69 | 0 | 10 | 75 | 15.0 | 11.8 | 0.044 | 0.020 | |

细粒土因含水量不同分别处于流动状态、可塑状态、半固体状态和固体状态。液限是细粒土呈可塑状态的上限含水量,塑限是细粒土呈可塑状态的下限含水量,缩限是细粒土从半固体状态继续蒸发水分过渡到固体状态时体积不再收缩的含水量。这些指标可以反映土壤的压缩性、膨胀性等,为夯实坡面施工提供依据。

表3-2　内蒙古准格尔旗土样液限、塑限试验结果

| 土样类别 | 有效粒径 $d_{10}$(mm) | 不均匀系数 $C_u$ | 曲率系数 $C_c$ | 液限 $W_L$ (%) | 塑限 $W_P$ (%) | 塑性指数 $I_P$ | 按塑性图 |
|---|---|---|---|---|---|---|---|
| 耕作土 | 0.001 6 | 29.38 | 4.31 | 28.4 | 17.2 | 11.2 | 低液限黏土(CL) |
| 原状土 | 0.001 6 | 27.50 | 5.68 | 27.8 | 16.2 | 11.6 | 低液限黏土(CL) |

对土壤颗粒测定分析得知,该土样天然干密度平均为1.45 g/cm$^3$,天然含水量平均为17.8% ,塑限平均为17.2%,砂粒(>0.075 mm)含量平均为10%,粉粒(0.075~0.005 mm)含量平均为73.5%,黏粒(<0.005 mm)含量平均为16.5%,不均匀系数平均为29.38。按三角坐标图定性,质地为粉质砂黏土,其中粉粒含量在70%以上,属冻胀性土类,最大冻土深度一般在1.7 m,且天然含水量大于塑限含水量,存在冻害。这种土壤的粒间孔隙大,降水和灌溉水容易渗入,内部排水快。从测定的液限、塑限和塑性指数可知,该土样属低液限黏土,下限含水量在17%左右。

**(二)集流效率的影响因素**

集流场设计需要确定的参数较多,最关键的是集流效率。集流效率是一个综合指标,影响因素十分复杂,主要包括材料特性、气象及地形地貌特征。就固化土材料本身而言,需要确定的参数主要有配合比、最优含水率、控制含水率、最大干密度、控制干密度、渗透系数、抗压强度等。气象因素主要与降雨量、降雨历时、雨强有关,其他如风速、蒸发量、风向等,由于对集流效率的影响较小,可忽略不计。另外,集流场的坡度等表面地貌对集流效率也有影响。根据其他地方的试验结果和参考资料,对固化土高效集流效率材料而言均可忽略不计。

**(三)固化土试样的标准击实试验**

首先通过标准击实试验(击实功能592.2 kg/m$^3$)确定当地黄土和不同掺配比例(固

化剂与黄土的重量比)固化土的最大干密度和最优含水率。击实试验应在固化剂与土样充分拌和后 30 min 内完成,试验结果见表 3-3 及图 3-2。

表 3-3　击实试验结果

| 项目 | 掺配比例 | | | | | |
|---|---|---|---|---|---|---|
| | 1:6 | 1:8 | 1:10 | 1:12 | 1:14 | 素土 |
| 最优含水率(%) | 14.5 | 14.2 | 15.6 | 15.8 | 14.9 | 14.5 |
| 最大干密度($g/cm^3$) | 1.761 | 1.756 | 1.753 | 1.741 | 1.713 | 1.712 |
| 控制干密度($g/cm^3$) | 1.585 | 1.580 | 1.579 | 1.575 | 1.546 | 1.541 |

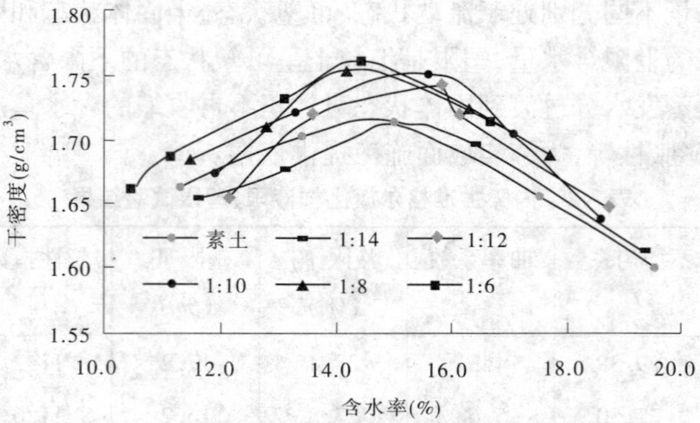


图 3-2　土样的击实曲线

由击实试验结果可以看出,在确定的掺配比例范围内,不同固化剂掺配比例对最优含水率的影响不明显,各组试样的最优含水率在 14.2% ~15.8%,但最大干密度随固化剂含量的增大而逐渐增大。当固化剂与土的掺配比例大于 1:14 时,固化土的最大干密度比土样的最大干密度有明显增长,但并非无限增长,而是随掺配比例逐步增大趋于一个定值,增幅为 0.029 ~0.049 $g/cm^3$。当固化剂与土的掺配比例为 1:10 时,其最大干密度为 1.753 $g/cm^3$,比素土的最大干密度 1.712 $g/cm^3$ 提高了 0.041 $g/cm^3$,这是一个很显著的变化。

**(四)试样渗透试验**

(1)试样制备。根据试样的标准击实试验结果,结合工地的实际情况,取 0.90 的压实系数得到渗透试验的试样控制密度。将固化土充分拌和后,采用压样法一次成型,把试样装于环刀中,然后用真空饱和法将试样充分饱和。

(2)渗透试验安排。渗透试验采用南 55 型渗透仪,用变水头方法测试其渗透系数。对于固化土则测定了 3 d 和 7 d 的渗透系数,以观测经过充分固化反应后试样渗透系数的变化,养护条件为自然养护。

(3)试验结果及分析。渗透试验结果(见表 3-4)表明:当地黄土压实后的渗透系数为 $4.14\times10^{-5}$ cm/s,属中等透水层,不适于用做雨水汇集材料。经掺入适当比例的固化剂处理后,其 3 d 渗透系数有所降低,但仍为 $n\times10^{-5}$ cm/s,效果并不显著。其 7 d 渗透系数降低到 $n\times10^{-6}$ cm/s,降低了一个数量级,抗渗性能明显改善,成为相对不透水层。说明经 HEC 固化剂处理后的当地黄土，工程性质得到了改善，可用做雨水汇集材料。当固化剂与土的掺配比大于 1:10 时，渗透系数降低速率明显减弱。

表 3-4　渗透试验结果

| 掺配比例 | 渗透系数 1(cm/s) | 渗透系数 2(cm/s) | 控制干密度($g/cm^3$) |
|---|---|---|---|
| 1:6 | $2.63\times10^{-5}$ | $1.34\times10^{-6}$ | 1.585 |
| 1:8 | $2.23\times10^{-5}$ | $1.96\times10^{-6}$ | 1.580 |
| 1:10 | $2.82\times10^{-5}$ | $2.10\times10^{-6}$ | 1.579 |
| 1:12 | $2.87\times10^{-5}$ | $3.61\times10^{-6}$ | 1.575 |
| 1:14 | $3.57\times10^{-5}$ | $3.21\times10^{-6}$ | 1.546 |
| 素土 | $4.14\times10^{-5}$ | $4.14\times10^{-5}$ | 1.541 |

注：渗透系数 1 为 3 d 的试验结果，渗透系数 2 为 7 d 的试验结果。

## （五）抗压强度试验

试验采用无侧限抗压试验，试验结果见表 3-5。

表 3-5　固化土抗压强度试验结果

| 掺配比例 | 击实最优含水量(%) | 击实最大干密度($g/cm^3$) | 含水量(%) | 干密度($g/cm^3$) | 14 d 抗压强度(MPa) | 28 d 抗压强度(MPa) |
|---|---|---|---|---|---|---|
| 1:4 | 16.2 | 1.76 | 18.5 | 1.672 | 3.6 | 5.50 |
| 1:6 | 14.6 | 1.99 | 18.3 | 1.70 | 2.54 | 3.53 |
| 1:8 | 14.2 | 1.98 | 19 | 1.691 | 1.83 | 2.07 |
| 1:10 | 15.6 | 1.78 | 20 | 1.691 | 1.17 | 1.58 |
| 1:12 | 15.3 | 1.77 | 20 | 1.680 | 1.05 | 1.42 |
| 素土 | 14.5 | 1.71 | 17 | 1.56 | | 0.5 |

可以看出，掺配比例在 1:8和 1:10 时的固化土抗压强度已能满足工程需要，可确定工程实用的固化剂与土的掺配比。

## （六）抗冻性强度试验

抗冻性强度试验采用固化剂、水泥土两种材料进行对比，试样配比均采用 1:10，龄期均为 28 d。先对试样泡水饱和后进行 24 次冻融循环，冻融温度采用 -15 ℃，融化温度为 24 ℃。在进行冻融循环 8 次时水泥土试样发生疏松崩解，循环 21 次时固化剂试样发生崩解。可以看出固化剂的抗冻性能明显优于水泥土的抗冻性能。

## （七）土料设计厚度的确定

由于集流场的主要用途是收集雨水，防渗效果是第一考虑因素，在满足一般结构强度的前提下，厚度小可减少投资。场地受到的荷载主要有人畜踩踏、农用车及温度荷载，另外还有一定的防渗抗冻要求。根据试验结果和理论计算，固化土厚度在 5 ~ 8 cm 可以满足要求,一般取6 cm为宜。

## 四、新型高分子有机硅集流技术

### (一)有机硅材料主要性能介绍

几千年来,人类一直在利用取之不尽、用之不竭的天然硅酸盐和二氧化硅为生产和生活服务。直到1863年,法国化学家弗里德尔(C. Friedel)及克拉夫茨(J. M. crafts)从$SiCl_4$与$ZnEt_2$出发,在160 ℃以下的封管中反应,制得了第一个含Si—C键的有机硅化合物$SiEt_4$,这才标志着有机硅化学的开始。从此,有机硅化学的发展应用在军工、电子、航空、航天、建筑、文物保护等各个领域。

我国的有机硅技术开发始于1952年,现在从事有机硅基础及应用研究的主要单位有中国科学院化学研究所、山东大学、南京大学、武汉大学及南开大学等,大型生产厂家有10多个公司。特别是改革开放以来,广东、江苏、浙江等省涌现出上百个以生产聚合产品或制品为主的有机硅生产厂,而且有些厂的生产规模已达千吨级。有机硅高分子聚合物主要应用于军工、电子、电器、建筑、文物保护等行业,并正在转向为国民经济各部门全面服务。可以看出,有机硅树脂在我国发展很快,不但品种多样,而且具有成熟的市场。之所以能在各个行业、领域广泛应用,与其特异的憎水、防腐、耐候、抗压、抗冻等性能是分不开的,同时又是无毒、无味、不挥发、不易燃的水溶性液体,应用方便且对环境无污染。

有机硅树脂由于特异的憎水性能,主要应用在建筑防水剂、渠道衬砌、粮仓处理、水利工程中混凝土面的处理、屋面工程防水处理、集雨旱井窖面处理、矿物界面改性、文物保护和织染业等各个行业和领域。

胡竹魂的研究表明,溶剂性和水乳液两种有机硅浸渗涂料经试验测定,在混凝土和砂浆层中可渗透0.5~7 mm的深度,24 h防水效果可提高3~12倍,经32 d浓盐水浸泡后抗氯离子能力可提高1倍左右,能经受10~60 ℃的干湿交替作用和100 ℃高温烘烤,可用于水工和港工建筑物钢筋混凝土防盐害侵蚀。

据黑龙江矿业学院吴明杰介绍,JJ91硅质密实剂是用有机硅与无机活性硅经聚合反应制成的粉状材料,掺入水泥砂浆和混凝土中具有微膨胀性、密实性和憎水性。

王登高等人的一系列文章表明,有机硅防水剂可作为混凝土的增强剂、防渗剂、抗冻剂、减水剂、缓凝剂和养护剂。有机硅作为混凝土外加剂应用于集雨旱井工程,具有提高防渗、抗压、抗裂和防坍塌等多种功能,还具有提高钢筋抗锈蚀能力。喷涂或浸渍水泥砂浆试件,同样具有提高其抗渗、抗压、抗折、抗冻胀、抗钢筋锈蚀等作用;喷涂或浸渍木材,具有防水、防潮、防火、防腐、防风化、提高强度等十几种性能。

本次研究采用三种有机硅材料。

(1)有机硅1(WD-N002):武汉大学有机硅公司研制开发的一种新型材料,主成分是甲基硅酸钠,小分子水溶性物质。外观呈无色至淡黄色液体,pH值为12~14。目前,这种有机硅憎水剂已广泛应用于砂土、砖石、水泥、混凝土等建筑物的防水保护。有机硅憎水剂表面涂层具有优良的憎水透气性能。

(2)有机硅2(HY-B):吉林市宏源化工厂生产。主成分是甲基硅酸钠,为水溶性物质,外观呈无色至淡黄色液体,pH值为12~14。主要应用在建筑防水剂、渠道衬砌、粮仓处理、水利工程中混凝土面的处理、集雨旱井和水窖面的处理、矿物界面改性等。

(3)有机硅3(WD－W02和WD－10混合液):将两种有机硅溶液以一定比例进行冷混合得到的一种溶剂型聚甲基三甲氧基硅烷树脂,无色液体,pH值为7。该类有机硅材料产品具有优良的渗透加固性能,能够渗透到砂土固化层内部,通过化学键作用形成以硅氧键为骨架的网状纤维结构,从而将沙土固化层加固,使水分不易透过固化层。常用于调制石粉、细砂、土,做有机硅砂浆,用于相应的石质、土、陶质文物裂缝的封堵黏合加固处理。

**(二)土壤渗透试验**

内蒙古准格尔旗的土壤属于粉质砂黏土,土壤颗粒间孔隙大,渗透性大,而且可塑性低,属于冻胀性土类,必须经过处理才可以作为集雨面来收集雨水。首先通过夯实土表,改变土壤的结构,增大土壤干密度;然后在夯实土表喷施有机硅,降低土表的渗透性能,增强抗冻胀性,最终达到提高收集径流量的目的。

将土配成最优含水率14.5%左右,分3次装入渗透试验筒中,用击实棒击实,干密度控制在1.7 $g/cm^3$,并使土体表面光滑平整。将有机硅2溶液与水按体积配成不同浓度(1:2、1:4、1:6、1:8、1:10),分别均匀喷施于土体表面,自然养护3 d后,抽气饱和,然后做渗透试验,结果如图3-3所示。

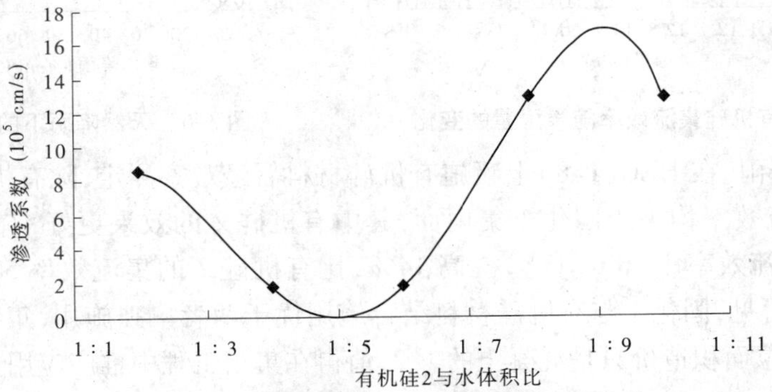


**图3-3　喷涂有机硅2溶液的渗透系数曲线**

由图3-3可以看出,渗透系数随浓度呈马鞍形变化,在大浓度和小浓度时渗透系数大,硅水配合比为1:6～1:4时渗透系数较小,只有对照渗透系数$4.14\times10^{-5}$的1/3。所以,按硅水配合比1:5喷涂于本地夯实土壤作为集雨面,可以最有效地减少雨水入渗,最大限度地提高集流效率。

图3-4也可以直观说明以上结论。2003年4月15日在土壤固化土试块上喷施有机硅,自然放置一年后,于2004年5月20日进行滴水试验。试块从左到右依次是:固化土(1:20)(对照)、有机硅1、有机硅2、固化土(1:10)。试验结果表明:有机硅2作为示范区土壤集流面处理材料更具优势。

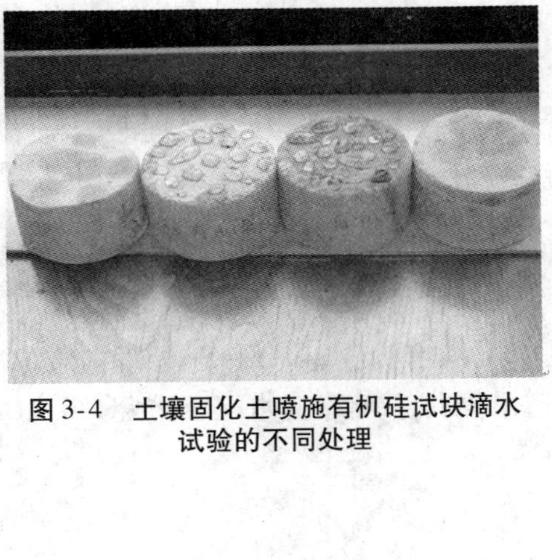

**图3-4　土壤固化土喷施有机硅试块滴水试验的不同处理**

**(三)不同集雨面的产流特征**

自然黄土坡面和夯实集雨面的降雨产流方

式是超渗产流，主要受降雨强度、降雨量和前期含水量的影响。从图3-5和图3-6可以看出，黄土夯实集雨面的产流过程受降雨量影响较大，在降雨量20 mm之内集流效率很低，甚至不产流；降雨量超过20 mm之后，集流效率随降雨量的增大而提高。有机硅集雨面的产流特征和集流效率同样随降雨量增大而提高，但3种有机硅材料集流效率的变化不同。总的趋势是一致的，在降雨量低于20 mm时3种有机硅材料的集流效率普遍偏低且不稳定；降雨量大于20 mm之后集流效率增加很快，降雨量超过30 mm之后集流效率普遍提高并稳定在70%左右，受降雨量的影响变小。总体上3种有机硅材料的集流效率都远高于对照。半年期平均集流效率比对照分别提高15%、27%和15%，其中有机硅2的平均集流效率达到50.25%，优于有机硅1和有机硅3。

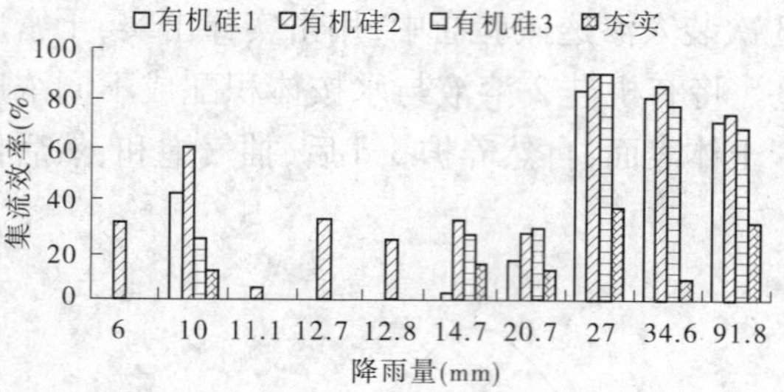


图3-5 有机硅集流效率随降雨量的变化

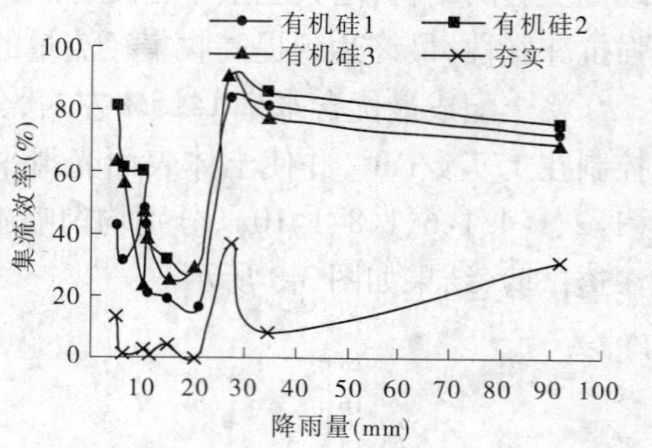


图3-6 天然降雨下的有机硅集流效率

选择7场降雨，在HEC(1:8)上喷施有机硅材料后经观察测定，除有机硅1外，集雨面喷施后的集流效率均高于固化土集雨面，其中有机硅2的效果更好，有机硅2+HEC(1:8)的平均集流效率比HEC(1:8)提高14%，比有机硅2的集流效率50.25%提高了9%。由图3-7可见，固化土与有机硅材料结合施用优于两者单独施用，集流效率几乎接近混凝土，而单位面积造价只是混凝土的1/2，值得在集雨工程中推广应用。

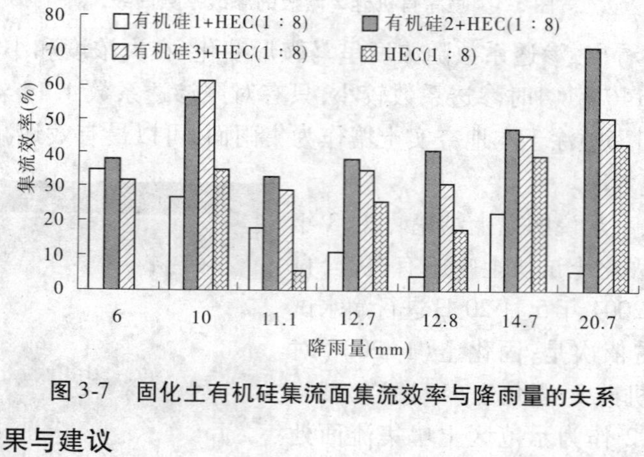


图3-7 固化土有机硅集流面集流效率与降雨量的关系

## (四)研究结果与建议

(1)有机硅2(HY－B)处理内蒙古准格尔旗的砂性土壤后，在高浓度和低浓度时渗透系数大，只有在硅水配合比为1:6～1:4时渗透系数相对较小，为对照渗透系数的1/3。

(2)天然降雨条件下,3 种有机硅处理夯实土比不处理分别提高 15%、27% 和 15%。其中有机硅 2 的平均集流效率达到 50.25%,比夯实集雨面高出 1 倍多。在固化土上喷施有机硅提高了集流效率,有机硅 2 + HEC(1∶8)比 HEC(1∶8)提高了 14%;比有机硅 2 + HEC(1∶10)提高了 5.3%;比有机硅 2 提高了 9%。

(3)有机硅集雨面施工工艺简单,集流效率高,投入相对较低,而且与固化土结合后更加优越。建议在经济落后、砂石骨料等缺乏的干旱地区应用有机硅和固化土结合的集雨面发展微型集雨,以代替昂贵的混凝土集雨面,解决干旱季节人畜用水和作物生长缺水的问题。在荒山坡地利用有机硅集雨面收集雨水也可促进林木生长和改善草场用水。

## 五、集流面材料的集流效率研究

### (一)试验布设

根据室内试验结果,在内蒙古准格尔旗布设试验场,共设 16 个试验小区(见表 3-6、表3-7)。每个场地坡度 5.8°,长 10.05 m,宽 5 m,水平投影面积 50 $m^2$。采用方形混凝土量水池进行观测,试验目的是进行长期观测,得出不同天然降雨情况下不同集雨面材料的集流效率。

### (二)试验场施工控制参数及工程造价

施工控制参数及工程造价见表 3-6 和表 3-7。

表 3-6 集雨材料试验场施工控制参数及工程造价汇总(2003 年)

| 序号 | 面积($m^2$) | 材料类型 | 材料规格或配比 | 厚度(cm) | 每平方米造价分析(元/$m^2$) | | | 施工方法 |
|---|---|---|---|---|---|---|---|---|
| | | | | | 材料费 1 | 材料费 2 | 合计 | |
| 1 | 50 | 混凝土 | C15 | 4 | 6.8 | 4.8 | 11.6 | 人工拌和、施工 |
| 2 | 50 | HEC | 1∶8 容重 1.56 | 10 | 5.26 | 3.0 | 8.26 | 人力夯实 |
| 3 | 50 | HEC | 1∶10 容重 1.58 | 10 | 4.34 | 3.0 | 7.34 | 人力夯实 |
| 4 | 50 | 有机硅 1 | 容重 1.57 | 10 | 0.9 | 2.0 | 2.9 | 人力夯实 + 喷雾器喷洒 |
| 5 | 50 | 有机硅 2 | 容重 1.57 | 10 | 1.6 | 2.0 | 3.6 | 人力夯实 + 喷雾器喷洒 |
| 6 | 50 | 有机硅 3 | 容重 1.57 | 10 | 2.8 | 2.0 | 4.8 | 人力夯实 + 喷雾器喷洒 |
| 7 | 50 | 玻璃丝布 | 1∶10 容重 1.57 | 10 | 7.0 | 3.0 | 10.0 | 人工铺设 |
| 8 | 50 | 原土夯实 | | | 0 | 2.0 | 2.0 | 人工夯实 |
| 9 | 50 | HEC + 有机硅 1 | 1∶8 容重 1.56 | 10 | 6.16 | 3.2 | 9.36 | 人力夯实 + 喷雾器喷洒 |
| 10 | 50 | HEC + 有机硅 2 | 1∶8 容重 1.56 | 10 | 6.86 | 3.2 | 10.06 | 人力夯实 + 喷雾器喷洒 |
| 11 | 50 | HEC + 有机硅 3 | 1∶8 容重 1.56 | 10 | 8.06 | 3.2 | 11.26 | 人力夯实 + 喷雾器喷洒 |
| 12 | 50 | HEC + 有机硅 1 | 1∶10 容重 1.58 | 10 | 5.24 | 3.2 | 8.44 | 人力夯实 + 喷雾器喷洒 |
| 13 | 50 | HEC + 有机硅 2 | 1∶10 容重 1.58 | 10 | 5.94 | 3.2 | 9.14 | 人力夯实 + 喷雾器喷洒 |
| 14 | 50 | HEC + 有机硅 3 | 1∶10 容重 1.58 | 10 | 7.14 | 3.2 | 10.34 | 人力夯实 + 喷雾器喷洒 |
| 15 | 50 | 塑膜 | 棚膜 | 0.008 | 1.1 | 0.2 | 1.3 | 人工铺设 |
| 16 | 50 | 原状荒坡 | | | 0 | 0.2 | 0.2 | |
| ① | | 乡间土路 | 容重 1.57 | 20 | 0 | 1.6 | 1.6 | 车压 |
| ② | | 水泥土 | 1∶10 容重 1.55 | 10 | 7.0 | 2.0 | 9.0 | 人力夯实 |
| ③ | | 水泥砂浆 + 塑膜 | 1∶4.4M10 + 0.08 mm 膜 | 1.5 | 4.3 | 3.0 | 7.3 | 人工抹面 |

注:表中容重单位为 g/$cm^3$。

表 3-7　集雨材料试验场施工控制参数及工程造价汇总(2004 年)

| 序号 | 面积 ($m^2$) | 材料类型 | 材料规格或配比 | 厚度 (cm) | 每平方米造价分析(元/$m^2$) | | | 施工方法 |
|---|---|---|---|---|---|---|---|---|
| | | | | | 材料费 1 | 材料费 2 | 合计 | |
| 1 | 50 | 混凝土 | C15 | 4 | 6.8 | 4.8 | 11.6 | 人工拌和、施工 |
| 2 | 50 | HEC | 1:8 容重 1.56 | 10 | 5.26 | 3.0 | 8.26 | 人力夯实 |
| 3 | 50 | HEC | 1:10 容重 1.58 | 10 | 4.34 | 3.0 | 7.34 | 人力夯实 |
| 4 | 50 | 有机硅 1 | 容重 1.57 | 10 | 0.9 | 2.0 | 2.9 | 人力夯实 + 喷雾器喷洒 |
| 5 | 50 | 有机硅 2 | 容重 1.57 | 10 | 1.6 | 2.0 | 3.6 | 人力夯实 + 喷雾器喷洒 |
| 6 | 50 | 有机硅 3 | 容重 1.57 | 10 | 2.8 | 2.0 | 4.8 | 人力夯实 + 喷雾器喷洒 |
| 7 | 50 | 水泥土 | 普通 | 0.012 | 1.0 | 0.2 | 1.2 | 人工铺设 |
| 8 | 50 | 地衣 | 容重 1.57 | 15 | 0 | 2.0 | 2.0 | 人力喷洒、养护 |
| 9 | 50 | HEC + 有机硅 1 | 1:8 容重 1.56 | 10 | 6.16 | 3.2 | 9.36 | 人力夯实 + 喷雾器喷洒 |
| 10 | 50 | HEC + 有机硅 2 | 1:8 容重 1.56 | 10 | 6.86 | 3.2 | 10.06 | 人力夯实 + 喷雾器喷洒 |
| 11 | 50 | HEC + 有机硅 3 | 1:8 容重 1.56 | 10 | 8.06 | 3.2 | 11.26 | 人力夯实 + 喷雾器喷洒 |
| 12 | 50 | HEC + 有机硅 1 | 1:10 容重 1.58 | 10 | 5.24 | 3.2 | 8.44 | 人力夯实 + 喷雾器喷洒 |
| 13 | 50 | HEC + 有机硅 2 | 1:10 容重 1.58 | 10 | 5.94 | 3.2 | 9.14 | 人力夯实 + 喷雾器喷洒 |
| 14 | 50 | HEC + 有机硅 3 | 1:10 容重 1.58 | 10 | 7.14 | 3.2 | 10.34 | 人力夯实 + 喷雾器喷洒 |
| 15 | 50 | 塑膜 | 棚膜 | 0.008 | 1.1 | 0.2 | 1.3 | 人工铺设 |
| 16 | 50 | 原状荒坡 | | | 0 | 0.1 | 0.1 | |
| ① | | 乡间土路 | 容重 1.57 | 20 | 0 | 1.6 | 1.6 | 车压 |
| ② | | 水泥土 | 1:10 容重 1.55 | 10 | 2.8 | 2.0 | 4.8 | 人力夯实 |
| ③ | | 水泥砂浆 + 塑膜 | 1:4.4M10 + 0.08 mm 膜 | 1.5 | 4.3 | 3.0 | 7.3 | 人工抹面 |

注:表中容重单位为 $g/cm^3$。

## (三)试验场天然降雨观测结果

### 1. 天然降雨情况分析

由图 3-8、图 3-9 可以看出,从降雨总量上分析具有下列特征:7 月、8 月、9 月 3 个月的降雨占全年降雨总量的百分数,2003 年为 85%、2004 年为 87%、2005 年却为 60%;从次

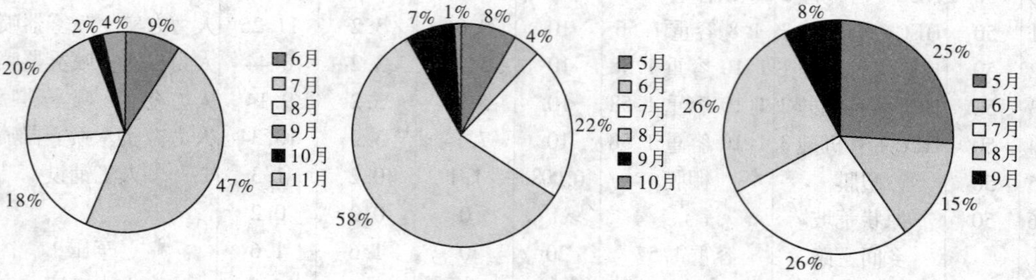


(a)2003年　(b)2004年　(c)2005年

图 3-8　2003 年、2004 年和 2005 年不同月份降雨量分布特征

降雨强度上分析,2003 年次降雨强度在 10 mm 以下的占 15%,10 ~ 20 mm 的占 29%,20 ~ 30 mm的占 15%,大于 30 mm 的占 41%;2004 年次降雨强度在 10 mm 以下的占 14%,10 ~ 20 mm的占 24%,20 ~ 30 mm 的占 19%,大于 30 mm 的占 43%;2005 年次降雨强度在 10 mm 以下的占 15%,10 ~ 20 mm 的占 19%,20 ~ 30 mm 的占 25%,大于 30 mm 的占 41%。说明示范区的降雨具有很明显的暴雨多、降雨时间集中的特征,这也为雨水集蓄利用带来了极大的便利。

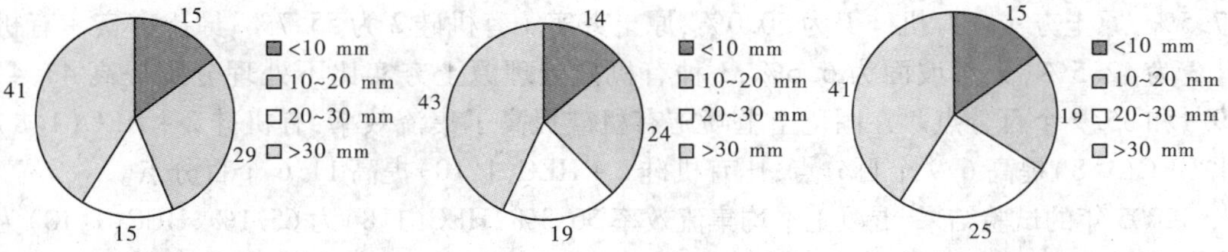


(a)2003年　　(b)2004年　　(c)2005年

**图 3-9　2003 年、2004 年和 2005 年不同次降雨强度降雨量分布**

2. 不同集流材料集流效率分析

3 年中各试验小区的观测结果分析如表 3-8 所示。

**表 3-8　2003 ~ 2005 年试验小区降雨量与集流效率观测结果**

| 序号 | 观测年加权平均集流效率(%) | | | 说明 |
|---|---|---|---|---|
| | 2003 年降雨量 315.83 mm | 2004 年降雨量 480.1 mm | 2005 年降雨量 358.1 mm | |
| 1 | 68.2 | 71.3 | 56.3 | 1. 由于 2003 年"非典"影响,试验场建成时已到 6 月份,已错过不少降雨,加之两次大冰雹袭击,试验场有损毁,试验结果受到影响<br>2. 16# 场地 2004 年要比 2003 年草长势旺盛、茂密<br>3. 2004 年 7# 场地改为水泥土处理<br>4. 8# 场地 2004 年 6 月 16 日改为地衣生物集流场<br>5. 降雨观测时间段:<br>2003 年:06-22 ~ 11-11<br>2004 年:05-15 ~ 10-20<br>2005 年:04-08 ~ 09-29 |
| 2 | 54.1 | 73.6 | 65.1 | |
| 3 | 53.6 | 60.0 | 49.6 | |
| 4 | 46.5 | 50.0 | 42.8 | |
| 5 | 56.9 | 55.7 | 52.2 | |
| 6 | 47.5 | 42.5 | 43.8 | |
| 7 | 40.8 | 69.5 | 63.8 | |
| 8 | 36.5 | 43.7 | 27.9 | |
| 9 | 50.5 | 66.5 | 53.4 | |
| 10 | 61.2 | 80.5 | 61.2 | |
| 11 | 65.3 | 77.3 | 54.3 | |
| 12 | 60.5 | 65.6 | 46.3 | |
| 13 | 52.0 | 68.9 | 45.0 | |
| 14 | 50.5 | 62.5 | 41.8 | |
| 15 | 61.8 | 77.5 | 63.3 | |
| 16 | 31.7 | 6.6 | 1.9 | |

从表 3-8 可以看出,试验小区的不同集雨材料在 2003 年雨季(6 ~ 8 月)的平均集流效率分别为:混凝土 68.2%、HEC(1:8)54.1%、HEC(1:10)53.6%、原土夯实 36.5%、玻

璃丝布 40.8%、塑膜 61.8%、天然土面 31.7%。有机硅 1 + HEC(1:10)比 HEC(1:10)平均集流效率提高 6.9 个百分点,3 种有机硅处理原土夯实比不处理分别提高 14.8、25.2 和 15.8 个百分点。其中,有机硅 2 的平均集流效率达到 56.9%,是夯实集水面的 1.56 倍。在固化土上喷施有机硅提高了集流效率,有机硅 2 + HEC(1:8)比 HEC(1:8)平均集流效率提高 7.1 个百分点,比有机硅 2 + HEC(1:10)平均集流效率提高 9.2 个百分点。

2004 年的试验结果得出相同的趋势:混凝土平均集流效率为 71.3%,HEC(1:8)为 73.6%,HEC(1:10)为 60.0%,生物集流面(地衣)为 43.7%,水泥土为 69.5%,塑膜为 77.5%,原土夯实 + 有机硅 1 为 50.0%,原土夯实 + 有机硅 2 为 55.7%,原土夯实 + 有机硅 3 为 42.5%,天然坡面为 6.6%,3 种有机硅处理原土夯实比不处理分别提高 43.4、49.1和 35.9 个百分点。在固化土上喷施有机硅提高了集流效率,有机硅 2 + HEC(1:8)比 HEC(1:8)提高 6.9 个百分点;比有机硅 2 + HEC(1:10)提高 11.6 个百分点。

2005 年的试验结果:混凝土平均集流效率 56.3%,HEC(1:8)为 65.1%,HEC(1:10)为 49.6%,生物集流面为 27.9%,水泥土为 63.8%,塑膜为 63.3%,原土夯实 + 有机硅 1 为 42.8%,原土夯实 + 有机硅 2 为 52.2%,原土夯实 + 有机硅 3 为 43.8%,天然坡面仅 1.9%。3 种有机硅处理原土夯实由于 2004 年在一次大暴雨后冲刷损毁比较严重,2005 年进行了重新处理,因此试验结果数值较高。生物集流面的集流效率仅为 27.9%,较 2004 年有较大下降,说明这种生物不太适应当地气候。固化土 HEC(1:8)表现最为稳定,不但集流效率高,而且完好无损。水泥土尽管集流效率也较高,但表面已出现冻胀损坏。塑膜尽管每年撤换,但均出现不同程度的损坏(当地刮风天数较多)。从 3 年试验可以看出,最适应当地的集流面材料应该是固化土 HEC(1:8),其次为有机硅高分子防水材料、塑膜和混凝土。

**(四)性能比较**

根据上述试验结果,把不同集雨面材料的各种性能综合比较。

由表 3-9 结果可以看出,固化土集流面的集流效率与混凝土面相当,但造价仅为其一半,作为汇集雨水的新材料有着巨大优势。

**表 3-9 各种集流面材料的性能比较**

| 编号 | 场地材料类型及配比 | 集流效率 | 造价(元/$m^2$) | 寿命 | 抗冻及抗破坏能力 |
|---|---|---|---|---|---|
| 1 | 混凝土 C15 | 高 | 14.6 | 10 年以上 | 很强 |
| 2 | 固化土 1:8 | 高 | 8.26 | 10 年以上 | 很强 |
| 3 | 固化土 1:10 | 较高 | 7.34 | 10 年以上 | 很强 |
| 4 | 原土夯实 + 防水剂 | 次高 | 3.6 | 1 年 | 差 |
| 5 | 固化土(1:8) + 防水剂 | 高 | 10.06 | 10 年以上 | 很强 |
| 6 | 固化土(1:10) + 防水剂 | 高 | 9.14 | 10 年以上 | 很强 |
| 7 | 原土夯实 | 低 | 2.0 | 1 年 | 差 |
| 8 | 塑膜 | 高 | 1.3 | 1 年 | 很差 |
| 9 | 天然坡面 | 最低 | 0.2 | 长期 | |
| 10 | 生物材料(地衣) | 较低 | 2.0 | 1 年 | 差 |
| 11 | 水泥土 | 高 | 9.0 | 10 年以上 | 较强 |

3年试验证明，可以建造集流面的11种材料，综合集流效率、造价、寿命、施工难易程度等因素考虑，特别是针对示范区冬季严寒、最低温度在-28 ℃、多风干旱、山大沟深、交通不便的条件，可行的材料依次是：固化剂、有机硅、混凝土、水泥土、地衣、塑膜等。其中原土夯实+防水剂集流面的集流效率随降雨次数增加不断降低，一年内就完全失效，如何延长其寿命还有待进一步研究解决。

**（五）全年设计可集水量及集流场单位投资分析计算**

1. 全年设计可集水量

全年设计可集水量可用下列公式计算：

$$W_p = E_i \cdot R_p / 1\,000 \tag{3-1}$$

式中：$W_p$ 为保证率等于 $p$ 的某材料集流场单位面积年可集水量，$m^3/m^2$；$E_i$ 为某材料集流场年加权平均集流效率（%）；$R_p$ 为保证率等于 $p$ 的年降雨量，mm。

$R_p$ 可由下式计算：

$$R_p = K \cdot K_p \cdot P_0 \tag{3-2}$$

式中：$K$ 为年降雨量与降水量的比值，当地一般为0.93～0.98；$K_p$ 为 $P$—Ⅲ曲线的模比系数，由偏态系数 $C_s$、降水变差系数 $C_v$（一般取 $2C_s$）决定；$P_0$ 为多年平均降水量，mm，当地为397 mm。

上述参数可通过当地气象资料查算得到。

2. 集流场单位投资分析

根据内蒙古准格尔旗示范区的气象资料，取 $K=0.98$，$P_0=397$ mm，设计集流场年可集水量为40 $m^3$，对不同材料场地的单位投资分析计算结果见表3-10。

表3-10　不同材料场地的单位投资分析计算结果

| 保证率（%） | 降雨量（mm） | 固化土 1:8 | | 固化土 1:10 | | 固化土（1:8）+防水剂 | | 固化土（1:10）+防水剂 | | 混凝土C15 | |
|---|---|---|---|---|---|---|---|---|---|---|---|
| | | 可集水量（$m^3/m^2$） | 投资（元/40 $m^3$） | 可集水量（$m^3/m^2$） | 投资（元/40 $m^3$） | 可集水量（$m^3/m^2$） | 投资（元/40 $m^3$） | 可集水量（$m^3/m^2$） | 投资（元/40 $m^3$） | 可集水量（$m^3/m^2$） | 投资（元/40 $m^3$） |
| 50 | 385 | 0.298 3 | 871 | 0.246 0 | 943 | 0.330 3 | 1 029 | 0.284 1 | 1 098 | 0.293 8 | 1 742 |
| 75 | 311 | 0.241 0 | 1 079 | 0.198 7 | 1 167 | 0.266 8 | 1 271 | 0.229 5 | 1 359 | 0.237 3 | 2 157 |
| 95 | 224 | 0.173 6 | 1 497 | 0.143 1 | 1 621 | 0.192 2 | 1 769 | 0.165 3 | 1 887 | 0.170 9 | 2 996 |

由上述结果可以看出，单位可集水量的集流场投资最优的是固化土1∶8材料，以下依次增加，以混凝土C15的投资为最高。

## 第二节　集流面工程设计及施工方法

### 一、屋顶和庭院集流面工程

屋顶和庭院硬化处理是解决干旱山区农民基本生活和生产条件的有效措施。当地传统的屋顶和庭院都是土质面，集雨效果差，收集的雨水也不卫生。通过硬化处理后既提高了饮用水的卫生标准，使混水变成清水，又减轻了劳动强度，提高了生活质量，改善了农村人居环境和文化卫生条件，促进了农村精神文明建设。

**（一）设计目标**

当地农民屋顶多为大穰泥和煤矸石等，经暴雨冲刷，屋顶防渗层损毁严重，汇集的雨水浑浊且集流效率低下，房屋也渗漏严重。当地群众又比较贫困，无力筹资。为解决这些问题，设计目标确定如下：

（1）屋顶处理材料的防渗效果好，集流效率高。

（2）造价必须低廉。

（3）施工技术比较容易掌握，施工方法简单。

关于设计方法，我们对房顶塑膜加水泥砂浆抹面和混凝土集雨面分别介绍如下。前者适合屋顶防渗集雨，后者适合庭院地面集雨。

**（二）房顶塑膜加水泥砂浆抹面设计**

1. 材料质量标准

（1）水泥。应选择符合国家现行标准的产品，不应使用存贮不当或出厂超过 3 个月的水泥。

（2）砂石料。砂石料中的含泥量不大于 4%。应按品种、规格堆放，不得混杂。严禁混入影响混凝土性能的杂质。

（3）水。拌和混凝土用的水，矿化度不得大于 2 g/L。

2. 规格

塑膜采用厚度大于 0.08 mm 的 PVC 塑料膜料。砂浆厚度 1.5 cm，强度 M10，配合比为 1∶4.44，材料用量如表 3-11 所示。

**表 3-11　每立方米水泥砂浆材料用量**

| 水泥砂浆强度 | 水泥强度等级 | 重量配合比（水泥∶砂） | 水灰比 | 每立方米砂浆材料用量（kg） | | |
|---|---|---|---|---|---|---|
| | | | | 水泥 | 砂 | 水 |
| M10 | P. O32.5 | 1∶4.44 | 0.77 | 357 | 1 586 | 275 |

3. 施工工艺流程及方法

（1）施工工艺流程：采取塑膜加水泥砂浆抹面的施工工艺流程见图 3-10。

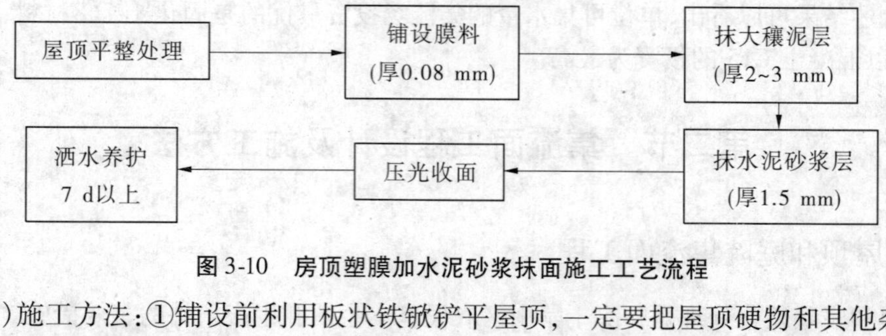


**图 3-10　房顶塑膜加水泥砂浆抹面施工工艺流程**

（2）施工方法：①铺设前利用板状铁锹铲平屋顶，一定要把屋顶硬物和其他杂质清扫干净，以防扎破塑料膜料。②人工铺设厚度 0.08 mm 以上的塑料膜料，在烟筒和屋顶边界区要切割整齐，铺设时要求自然平整，严防人工拉得过紧，破坏塑料膜料。③抹大穰泥防水层。草泥是用黏土加适当麦草节（或草秣）加水翻拌均匀，堆放一天熟化后抹顶（底层），并及时收面，要求穰泥表面基本压实，且使四周稍高中间低，厚度在 2 ~ 3 cm。④水泥砂浆抹面。水泥砂浆强度应符合设计要求并随拌随用，砂浆拌和要均匀，留置一般不宜超过 45 min，抹面后压至泛出浆液后抹光收面。⑤养护。施工完后用地膜覆盖或洒水养护，养护时间 7 d 以上。

4. 工程投资

以 100 $m^2$ 抹面砂浆厚度 1.5 cm 为例分析投资，包括材料费和人工费，每平方米为 7.3 元，投资分析见表 3-12。

表 3-12　每 100 $m^2$ 屋顶集雨面的投资分析

| 名称 | 规格 | 单位 | 数量 | 单价（元） | 总价（元） |
|---|---|---|---|---|---|
| 普通硅酸盐水泥 | P. O32.5 | kg | 535.5 | 0.28 | 149.94 |
| 砂子 | 中砂 | $m^3$ | 1.06 | 40 | 42.4 |
| 塑料布 | 0.01 mm | $m^2$ | 100 | 1.3 | 130.0 |
| 技工 | | 工日 | 1 | 60 | 60.0 |
| 普工 | | 工日 | 3 | 25 | 75.0 |
| 技工（抹穰泥） | | 工日 | 2 | 60 | 120.0 |
| 普工（抹穰泥） | | 工日 | 6 | 25 | 150.0 |
| 合计 | | | | | 727.34 |

5. 集流效果

集流效率可达 70%，平常年份 100 $m^2$ 屋面每年可收集雨水 28 $m^3$。

**（三）混凝土集雨面设计**

1. 材料质量标准

材料要求同屋顶设计。

2. 材料规格

根据设计庭院采用现浇混凝土，强度为 C15，厚度为 4 cm，其配合比为水泥∶砂∶石子 = 1∶2.63∶4.49，材料用量见表 3-13。

表 3-13　每立方米混凝土材料用量

| 水泥强度等级 | 砂子种类 | 石子粒径（mm） | 每立方米混凝土材料用量（kg） | | | |
|---|---|---|---|---|---|---|
| | | | 水 | 水泥 | 砂 | 石子 |
| P. O32.5 | 中砂 | 0 ~ 20 | 180 | 273 | 719 | 1 225 |

3. 施工工艺流程及方法

（1）现浇混凝土庭院集流面施工工艺流程见图 3-11。

（2）施工方法。①庭院基础处理：利用板状铁锨人工铲平，再利用石碾压实三遍。②安装模板：在地面上用模板隔成 1.5 m × 1.5 m ~ 2 m × 2 m 的方格。模板可用厚 4 cm 木条或铁模，板面要光滑，在板条的直角接头处用榫头和螺栓连接，方框安放就位后可用

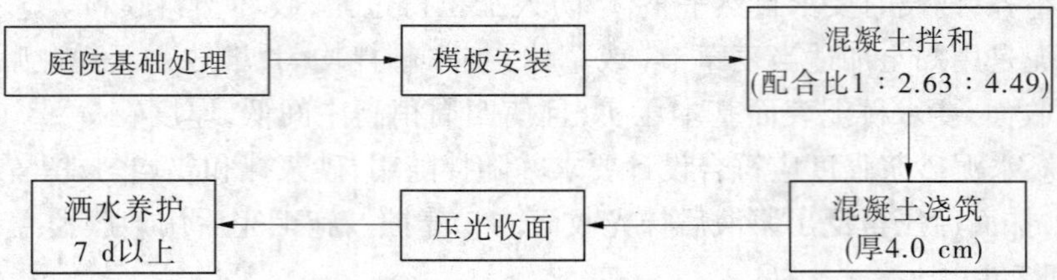


图3-11 现浇混凝土庭院集流面施工工艺流程

钢钎或木桩按一定间距钉入土中固定,以防浇筑混凝土时发生变形。模板在浇筑混凝土前应洒水或浸泡水中使其表面完全湿润。③混凝土拌和:拌和时应在地面铺一块1.5 m×2 m的铁皮或用砖砌一个平台并用砂浆灌缝。严格按照配合比进行配料,先把配好的水泥和砂石在铁皮上拌和三遍,再按照配合比要求徐徐加水,边加边拌和,加完水后再湿拌三遍。④混凝土浇筑:应迅速用铁锨把料倒入模板内并摊平,然后用泥抹用力按压插捣,使混凝土密实,表面泛浆。同时在模板周边用瓦刀用力插捣,防止蜂窝麻面出现。混凝土浇筑振捣完成后表面要抹平收光。收面工作应在混凝土捣固后,表面出现泛浆时和混凝土初凝后各进行一次。⑤养护:混凝土终凝(约在浇筑后8~10 h),在表面洒水后即覆盖一层地膜。以后及时补充水分以保持混凝土表面潮湿,养护时间应不小于7 d。

4. 集雨效果

集流效率可达75%以上,平常年份100 $m^2$ 屋面每年可收集雨水30 $m^3$。

## 二、塬面、庭院和路面的新型HEC高效集流面建造技术

土壤固化剂固化集流面是一项新技术,为便于今后推广,经多次实地试验总结出该项技术的施工工艺如下。

### (一)集流场面积的计算

集流场面积可按以下公式计算:

$$S = 1\,000Vk/(\eta P) \quad (3\text{-}3)$$

式中:$S$为集流场面积,$m^2$;$V$为所需水量,$m^3$;$\eta$为集水效率(%);$P$为年平均降水量,mm,当地取397 mm;$k$为复蓄系数,如当年蓄水第二年才用可选大值1,人畜饮用可选小值0.6~0.75。

### (二)固化剂配比

(1)材料规格。水泥:P.O32.5(普硅425);石膏粉:细度大于80目。

(2)固化剂配比(重量比)。核心元素∶石膏粉∶水泥=1∶4.19∶129.2。1袋水泥(50 kg)需配核心元素0.386 kg,石膏粉1.622 kg。

(3)实际固化剂和土的配合比。固化剂∶土=1∶8;固化土层厚度为6 cm。单位面积固化剂使用量:1 $m^2$ 固化土层需固化剂11.55 kg(其中水泥11.11 kg,核心元素0.086 kg,石膏粉0.36 kg)。单位面积土使用量为92.4 kg(虚土约为0.084 $m^3$)。

### (三)集流场地地基的初平及夯实

将选择好的集流场地地基进行初平,使其不能有较大的起伏,并修整好场地向水窖方向的顺流坡度。

**(四)土壤与固化剂的拌和**

土壤与固化剂的拌和有两种办法:机械拌和与人工拌和。机械拌和采用农用旋耕机进行;人工拌和采用耙、耱或锄交替。

(1)拌和方法一。将土壤与固化剂按重量比10:1进行机械拌和或人工拌和,保证拌和均匀且没有大的土块和柴草。拌和过程中加水调整,使拌和料的含水率达到16%~18%,用手能捏成团,松开手后土团不散开。将拌和均匀后的拌和料均匀铺撒到集流场地表面,厚度为8~10 cm,并将表面整平。该方法拌和均匀但工作量较大。

(2)拌和方法二。将选择好的集流场表面用犁或人工翻松,深度控制在8~10 cm,然后将松开的土体打碎,使其不能有大于直径1 cm的土块,并捡净土中柴草、石子等杂物。将土壤固化剂按10:1(一般为50 kg/6 $m^2$)均匀撒入集流场表面。用耙、耱或锄交替拌和,一般3遍即可拌匀。在此过程中,如拌和土体达不到16%~18%的土壤最优含水率,需在每次耙后均匀撒水调制土壤,使其含水率达到碾压所需的最优值。

(3)注意事项。①均匀拌和是整个施工过程中至关重要的一环,一定要绝对保证拌和土体的均匀度和含水量。②控制最优含水率,如在中雨过后进行可节省许多工作且效果较好,但必须提前将集流场翻松整平。③不能提前将固化剂撒入土内。

**(五)碾压压实**

用石碾或小型压路机将拌和好的固化剂拌和体均匀压实,使其湿容重达到1.7g/$cm^3$以上。用压路机碾压时压两遍即可,第一遍不要开震动,第二遍碾压时开震动。用石碾或车碾时一般最少需压4遍。为保证压实后的集流场表面光滑,在第一遍压实时最好用人工拉动石碾碾压。

对石碾或压路机碾压不到的集流场边角处,需人工用石夯进行夯实。注意从固化剂撒入土壤中到压实完毕不能超过5 h。

该工序在固化剂集流场建设中至关重要。

**(六)收面**

压实完成后立即进行表面收光处理,方法是压出原浆或使用固化剂溶液进行刷涂,然后用铁抹子压实抹光,等固化剂初凝后用地膜覆盖养护。

**(七)养护**

(1)在压实好的集流场表面每天均匀洒水少许,使其保证12%以上的含水率,养护时间为7 d左右,以利固化剂与土壤充分反应固化。

(2)如遇温度过高可用塑料膜料、麻袋或柴草在集流场压实后覆盖表面7 d左右。

## 三、示范区雨水高效汇集工程的管理模式与运行机制

根据雨水的最终用途,雨水高效汇集工程可分为田间灌溉雨水汇集工程、庭院人畜饮水解困雨水汇集工程和综合用途雨水汇集工程3大类。按照雨水汇集修建位置又可分为田间高效汇集工程和庭院人畜饮水解困工程两大类。依据工程规模、投资主体的不同,各类工程有着不同的管理模式和运行机制。私人投资或股份制修建的集中供水工程,建设前要征得水行政主管部门的同意。按照“谁投资,谁建设,谁所有,谁管理,谁受益”的原则确定管理者和经营者,并接受水行政主管部门的监督。各级政府要依法保护供水经营

者的合法权益。

(一)工程管理

1. 集流面工程的管理

目前集流面的建筑材料主要有混凝土、土壤固化剂、有机硅、塑料薄膜、水泥土、原土夯实6种,造价、寿命和集雨效率各有不同,可根据当地自然、地理、地势、经济等因素综合考虑进行选择。

集流面的日常管理如下:

(1)防止人畜进入集流面破坏,特别是有机硅和膜料集流面。

(2)经常查看集流面有无破损,对破损部分及时修补,膜料可用胶带粘补修复,固化剂、混凝土集流面裂缝可用水泥浆灌补;有机硅集流面可重新喷涂修补。

(3)对落在集流面上的杂物及时清扫,以免杂物在降雨时随雨水进入蓄水设施内污染水源,影响水质。

(4)冬季降雪后及时清扫积雪,可大大减少集流面的冻胀破坏程度。

2. 沉沙池等设施的管理

对于农村以土路、荒坡等作为集流面修建的雨水汇集工程,修建沉沙池必不可少,其管理与维护至关重要,日常管理主要有下列几点:

(1)每次降雨后及时清理池内淤泥,保证沉沙池在下次降雨时发挥作用。

(2)冬季封冻前排除池内积水,以免沉沙池池壁产生冻胀破坏。

(3)经常检查沉沙池有无渗漏现象,发现问题及时修补处理。

3. 蓄水工程的管理

蓄水工程有混凝土水窖和砖石砌水窖两种,混凝土水窖蓄水容积在60~100 $m^3$,砖石砌水窖蓄水量在100~400 $m^3$。工程建设时要严格按照中华人民共和国行业标准《雨水集蓄利用工程技术规范》(SL 267—2001)和内蒙古自治区地方标准《半干旱丘陵山区集雨节水灌溉工程技术规范》执行,把好质量关。工程技术人员负责现场技术指导、质量控制、竣工验收。受益农民负责组织施工、投劳投工、地方建材筹集。

水窖旱井涉及示范区每个农户,运行管理要遵循农户"自建、自管、自用、自益"的原则,管理责任落实到户,包括国家补助的材料、设备均作为农户的私有财产,允许自行管理使用,允许拍卖、转让、出租、继承。主管部门依法颁发产权证。

蓄水工程的管理主要有下列内容:

(1)适量蓄水。蓄水设施均有最高蓄水高度,特别是在冬季,水位必须保持在防冻深度以下,以防止发生冻胀破坏。

(2)保持蓄水设施内湿润,特别对于胶泥水窖,窖内应保有一定的水量,防止窖壁干裂造成窖壁脱落。

(3)做好清淤工作。时间久了,蓄水设施内会慢慢积累淤泥等杂物,当淤积深度超过1 m时应及时清淤。方法是首先排尽窖内存水,然后用污水泵或人工掏挖进行清理。

(4)检查维修蓄水设施。定期检查窖内水位变化情况,查看蓄水设施有无渗漏现象,如有,首先查清渗漏原因,然后制定修补措施,及时维修处理。

蓄水设施渗漏的主要形式与修补方法:

(1)窖底渗漏。主要原因是基础处理不好,窖内蓄水后在水压力作用下窖底产生沉降和裂缝。大面积裂缝必须拆除窖底,重新夯实基础,再按设计要求浇筑窖底。若裂缝较小,可先凿毛处理面并清理干净,用1∶2.5水泥砂浆抹面,最后再用水泥浆刷面2遍,并洒水养护7 d就可蓄水使用。

(2)窖壁渗漏。同样采取先清洗渗漏面,凿毛、清理干净处理面,用1∶2.5水泥砂浆抹面,最后再用水泥浆刷面2遍,并洒水养护7 d即可。

(3)出水管周围渗漏。可先清除部分混凝土,在管周围缠裹麻丝,再用水泥砂浆填实,然后用水泥浆涂刷、养护。另外,还需要对出水管进行固定或加固处理,防止管道摇晃,避免出水管与窖壁之间产生裂隙。

4. 田间灌溉工程的管理

使用水窖、旱井蓄水的田间灌溉工程,重点是提水设备、灌溉管道及喷滴灌设备,按照“谁投资,谁建设,谁所有,谁管理,谁受益”的原则,落实到户,由专人管理使用,同时按照产品使用说明书及常规做法使用和及时保养、维修。

集体、联户管理的田间灌溉工程(田间集雨灌溉工程、低水高调工程)应指定专人进行管理,已落实到地块的滴灌、喷灌设备由地块主人管理。可移动设备在用时搬出,用后取回存放室内。无论谁管理,都要做到按照产品使用说明书使用,并及时保养、维修,以便下次使用时正常作业,并能延长产品的使用寿命。

**(二)水质管理**

天然雨水在一般情况下比较纯净,但经过集流面集流,水中会带有许多泥土、杂物、微生物等,使水受到污染而质量下降。尤其是在暴雨季节,在植被覆盖较差的天然土坡、土路面、土场院上产生的径流,水质就更差。根据示范区对旱井和水窖水的检测结果,集雨工程所蓄的水总体上质量较好,没有许多河流水中常见的化学、有机物和重金属污染,但与我国颁布的饮用水标准相比,某些指标还达不到要求,普遍存在的是大肠杆菌、细菌总数以及浑浊度超标。另外,在新建用水泥材料作防渗或作支护结构的蓄水工程中,水呈微碱性,主要是水泥中的氢氧化钙游离出来所致,经半年到一年后水质可基本恢复正常。此外,受到土壤母质和施加化肥、农药的影响,各地水窖也有一些指标不合格,主要是氨氮、氟化物、碳酸盐类等。因此,集雨工程作为饮用水源,应采取措施尽量减少对雨水的污染,在饮用前必须先进行净化处理。但作为灌溉用水,根据水质化验,集蓄雨水的水质完全可以满足灌溉用水的要求。

1. 集雨设施的净化处理

(1)采用屋面、混凝土庭院作为集流面的,在降雨来临前应把庭院清扫干净。生活用水的汇流沟、输水渠、沉沙池、拦污栅更要经常打扫干净,还需保持不让畜禽进入庭院。在庭院内不能进行化肥和农药勾兑等有可能污染集流面的工作。厕所要远离集流面和蓄水工程,最好放置在后院内。

(2)降雨产生径流后的10~15 min,最好把最初的径流舍弃或引入灌溉水窖(水池)中贮存,待集流面上的尘土被初期径流带走后,再把清水引入饮用水窖(水池)。

2. 饮用水的净化处理

窖水在饮用前必须进行净化处理,主要措施如下:

(1)过滤。一种是在进入饮水管前先经过一个过滤池,再进入饮水的水箱或水缸。过滤池内用砂石分层铺设,细颗粒在上,粗颗粒在下,水通过时水中的泥沙就被留在滤层内。使用一段时间后,沙层要用水自下而上把留存的泥沙冲洗干净并重新填铺。

(2)加药沉淀措施。这主要是使水中悬浮的细颗粒进一步沉淀和针对水中的微生物进行消毒。沉淀水中悬浮颗粒的药物一般用明矾即氢氧化铝的结晶体。当明矾加入水中后即成为一种带正电的胶体粒子,与带负电的细泥沙颗粒互相吸引,聚集为较大的颗粒下沉,使水质变清。根据经验,加入明矾可以使70%的细泥沙颗粒沉淀。可直接放入水箱或水缸,一般每50 kg水加10~15 g明矾即可。

消毒药物主要采用漂白粉,加入水中后会产生次氯酸,对细菌有很强的杀伤力,还能防止藻类繁殖,并使有机物分解。漂白粉使用量为50 $g/m^3$。可以直接加入窖(池)内,也可放入一个开有小孔的小罐,用绳系住浸入水中,使其慢慢释放,10 d左右换一次药,可持续发挥药效。需要注意的是,漂白粉浓度过大时对某些作物的生长有一定影响。另外,由于漂白粉能与有机物起化学反应,所以应与氮肥分开使用。

(3)煮沸饮用。这是最好的净化方法,不仅可以杀死细菌,固体悬浮物有一部分也可以沉淀。示范区有的地方燃料比较缺乏,但阳光充足,可以利用太阳能烧水。

### (三)雨水高效汇集工程的管理模式和运行机制

#### 1. 田间高效汇集工程的管理模式和运行机制

黄土高原地区利用田间高地或平台(塬面)集中建设集雨面和蓄水工程,兼有发展大田作物与经济作物集雨补灌和解决附近农户人畜饮水两种功能。在塬的周边田间布置灌溉设备和人畜饮水供水管道,采取提水或利用地形高差进行自压灌溉和提供饮用水。该类工程一般涉及5~15户。农户按照投资、土地等入股的方式组成用水协会进行工程建设和管理,协会通过会议协商确定用水分配比例,做到自愿建设、公平分配、共同受益。

工程建设前先请水利技术人员,根据当地降雨、集雨面建设材料、计划灌溉作物种类、面积、人口、牲畜等做好设计规划,确定需水量、集雨面面积、蓄水工程容积和数量,以便开展工程建设。进入农户田间的灌溉支管道及配套设施、入户设施均由农户自行承担,其他公共部分由项目投资承担。各用水口必须设置闸阀门和水表,以方便管理和对用水进行计量。

工程建设应严格按照中华人民共和国行业标准《雨水集蓄利用工程技术规范》(SL 267—2001)和内蒙古自治区地方标准《半干旱丘陵山区集雨节水灌溉工程技术规范》执行,把好质量关。

水利工程技术人员负责工程的技术指导、质量控制和竣工验收,用水协会负责组织施工和建材的采购、准备。

工程运行机制上采取民主投票、推荐管理人员的办法,由用户集体推荐1名自己信得过、公道正直、懂技术、会管理的作为管理人员。管理人员负责水量的分配及计量收费,工程的日常运行及设施维修,编制工程账务并定期对所有股东或用水户公开。建立合理的分配机制,要按照市场经济规律,采取灵活多样的分配办法,合理确定管理人员的年报酬,做到责、权、利相统一,把个人收入与岗位责任及工作绩效紧密联系起来,切实调动管理人员的积极性和主动性。集雨工程落实到户的,地方水行政主管部门可依法颁发产权证。

2. 庭院雨水高效汇集工程的管理模式和运行机制

由于庭院雨水高效汇集工程都是一家一户建设，其管理模式和运行也是实行"自建、自管、自用、自益"的原则。工程建设前先做好规划设计，施工时要把好质量关，日常运行要按照操作规程并及时对设施进行检查，发现问题及时维修。

3. 人畜饮水解困工程建设与管理

人畜饮水解困工程是国家为解决山区人畜饮水困难的重点项目，为配合"863"项目的实施，准格尔旗特意在示范区重点安排了布尔洞梁、张家圪堵、四道包3个村的人畜饮水工程。国债资金占工程总投资的60%～70%，主要用于主体工程建设；群众自筹占工程总投资的30%～40%，主要用于自来水管网配套。工程建设与管理完全按照国家《农村人畜饮水工程实施管理办法》执行。要点是：

(1)审批程序。按照内蒙古准格尔旗上报计划，总投资在20万～50万元工程项目由盟市人饮办审批，总投资在50万元以上的须由自治区人饮办审批。

(2)资金管理实行"三专一封闭"，即"专人、专账、专户，封闭运行"。

(3)参照基本建设程序，实行"统一规划设计、统一施工安装、统一组织管理、统一组织材料设备供应、统一组织验收"的"五统一"。单项工程总投资超过100万元的要实行"四项制度"，即"项目法人制、招标投标制、委托监理制、工程质量终身制"。

(4)国家投资占总投资50%以上的工程，国家拥有产权，旗(县)水行政主管部门代表国家按国管工程进行管理。群众投资占总投资50%以上的工程，移交地方，按照集体工程进行集体管理。无论哪种管理型式，都要遵循"单独核算、自主经营、自负盈亏、保本微利"的原则。对于村组集中供水工程的管理，要以保障村民的用水安全为目标，以提供优质供水服务为宗旨，建立适应社会主义市场经济的运行机制。要求产权归属明确，责任主体落实，责、权、利相统一。积极推行目标管理责任制，可因地制宜地采取承包、租赁、拍卖等灵活多样的经营方式。各县区水利(务)局要抓好试点、规范程序，依法签订合同，并加强对合同执行情况的管理和监督。

各供水站要建立以聘用制为基础的用人制度。负责人由乡镇水管站或县区水行政主管部门通过公开、公平的竞争方式选任，定期考评，优胜劣汰。其他职工按照供水站岗位设置要求，公开条件，统一考试，择优聘用，持证上岗。岗位和人员要按照精简、高效的原则确定，还要进行人数控制。

各供水站要建立合理的分配机制。要按照市场经济规律，采取灵活多样的分配办法，确定管理人员报酬，做到责、权、利相统一，把职工收入与岗位责任和工作绩效紧密联系起来，切实调动管理人员的积极性和主动性。

各供水站及其负责人不仅要接受水利、卫生、物价、财政、审计等部门的监督检查，建立定期和不定期报告制度，还要接受用水户和社会的监督、质询和评议。对不能履行职责、不能保证供水工程正常运行的供水站或其负责人，由供水工程管理机构决定撤销管理人员的职务，另行选任。

各供水站要建立健全管理制度，包括供水站工作制度、财政管理制度、工程维修管护制度、水费征收制度、工作人员岗位职责、安全生产制度、供水水源区管理制度等，各项制度应由用水户充分讨论，并报工程领导机构批准执行。供水站要不断提高管理人员素质，为用水户提供优质服务。提高职工素质,制度上墙、责任到人、水价合理、财务规范,在确保安全生产和正常供水的基础上,不断提高管理水平和服务质量。

## 第三节 集雨存贮工程设计与施工

水窖是雨水集蓄利用设施的一个重要组成部分。以水窖和节水灌溉技术相结合的径流农业已经在干旱缺水地区或干旱年份取得了较高且稳定的产量。水窖已经成为被干旱、半干旱及山区人们普遍接受并广泛使用的设施。

### 一、雨水存贮设施发展现状

水窖在中东地区发展的历史很悠久,20 世纪 80 年代以来在一些多雨国家也相继出现,所收集雨水的利用范围也从生活用水向城市用水和农业用水扩展。城市建窖、池收集雨水规模最大的是日本,除住房中建水池外,有些大型建筑物下建有容积达数千立方米的地下水池。农村利用雨水规模最大的是泰国,20 世纪 80 年代以来开展了泰缸工程,即容积为 2 $m^3$ 的水泥缸,解决了农村的饮水问题。90 年代末澳大利亚农村及城郊的房屋旁建造了大批用波纹钢板制作的圆形水仓,收集来自屋顶的雨水。21 世纪初德国研发出塑料水窖,窖体结构坚固但运输不便且造价很高,因此难于推广。

我国水窖修建历史已有数百年,甘肃会宁有一清代末年修建的水窖使用至今。20 世纪 50 年代,人们突破了原来只用于生活用水的观念,将水窖集蓄雨水用于浇灌玉米、蔬菜等作物。80 年代后期,人们将水窖用于庭院经济和田间作物需水关键期的补灌。水窖修建材料、施工工艺都得到了不同程度的改进,使用地域也日渐广泛。杨建北等(1992)总结出修建混凝土薄壳水窖的一整套技术措施,以解决水窖修建易受土壤、地质条件影响的问题和提高防渗、减少施工量、增加使用年限的需要。何振国等(1997)提出利用塑料棚膜作为防渗材料修建水窖。从 1997 年开始,水窖逐渐在牧区推广使用。由于牧区材料使用的限制,大都采用砖砌水窖,容积大都在 40 $m^3$ 以上。吴舒明(2002)提出利用管窖结合开发山涧溪流,将水窖使用范围从单一的收集雨水发展到调节地表水水量的季节性变化。曹光荣和张祥艳(2003)开发研制了由几种固定模式的水泥预制件组合拼装而成的水窖,用户可以根据需要选择不同的拼装方式来改变水窖容积的大小。郭增强等(2004)应用弹性力学原理,分析利用爆炸原理在土层中所形成的地下球形贮水窖的受力状态,推导出窖体各点的径向压应力、环向拉应力及径向应变计算的数学解析表达式;根据表达式讨论了水窖埋深、水窖内外层衬砌厚度以及衬砌材料性能对该结构承载能力的影响。高建恩等(2004)开发研制了橡塑窖体,具有易于运输、安装方便等优点。很多专家和学者也对不同的水窖进行了不同程度的改进。

### 二、几种典型存贮形式

#### (一)蓄水工程的形式

蓄水工程的形式主要有水窖、水窑、水罐、蓄水池及塘坝等。

蓄水工程形式的选择应根据地形、土质、用途、建筑材料和社会经济等因素确定。根据群众经验,为生活供水修建的蓄水工程应尽量采用水窖、水窑和埋藏式水池。当土体垂直开挖自稳性好且蓄水容积不大于 60 $m^3$ 时,可选择水窖;当土质好、地形适宜时,还可选择水窑;当土质较软弱或蓄水容积大于 60 $m^3$ 时,可选用水池。有适宜的低洼地形,主要用于拦蓄雨洪的可选用水塘。降雨较多且经济较发达地区饮用蓄水工程可采用预制水罐或修建在楼房内的水池。

1. 水窖

水窖作为黄土高原地区的一种蓄水设施,至少已有六百年的历史。它是一种口小内腔大,深度与最大直径比一般为 1.5 ~ 2 的竖直圆形窄深式地下蓄水设施。其特点是能较充分地利用顶部和窖壁土体的自稳性(土的内聚力),有利于减少建筑材料。

依据防渗材料和结构型式的不同,水窖可分为水泥砂浆薄壁窖、混凝土盖碗窖、素混凝土肋拱盖碗窖、混凝土拱底顶盖圆柱形窖、砖拱窖、混凝土球形窖、胶泥防渗窖等类型。混凝土防渗水窖用于土质松软、条件较差的地区,一般混凝土防渗的水窖容积可较胶泥防渗水窖容积大,但相应投资也较大。根据各地的经验,不同窖型的适用条件和蓄水容量配置如表 3-14 所示。

水窖常见的破坏形式是拱顶部分坍塌,俗称泄窖。

**表 3-14　不同窖型的适用条件和蓄水容量配置**

| 土质条件 | 适宜建窖类型 | 建窖容积($m^3$) |
|---|---|---|
| 土质条件好,质地密实的红土、黄土区 | 传统土窖 | ≤40 |
| | 水泥砂浆薄壁窖 | 40 ~ 50 |
| | 窑窖 | 60 ~ 100 |
| 土质条件一般的壤质土区 | 混凝土盖碗窖 | 60 |
| | 素混凝土肋拱盖碗窖 | 60 |
| | 混凝土拱底顶盖圆柱形窖 | ≤30 |
| | 混凝土球形窖 | ≤30 |
| | 砖拱窖 | ≤30 |
| 土壤质地松散的砂质土区 | 不宜建窖,宜修建蓄水池 | 60 ~ 500 |

2. 水窑

水窑是在土崖上开挖的窑洞状的地下蓄水设施。一般是利用垂直崖面先挖洞,后挖窖(池)。根据群众经验,水窑宽度不宜大于 5 m,拱的矢跨比不宜小于 0.33,窑顶上土体厚度应大于 3 m,水池深度不大于 4 m。窑长按照要求的蓄水体积确定并不宜大于 5 m。

水窑可按照水泥砂浆或黏土防渗,防渗要求同水窖。拱顶支护当土质较好时,可采用厚度 3 ~4 cm 的水泥砂浆抹面;土质较差时,应采用混凝土、浆砌石或砖砌体支护。水窑底应进行翻夯压实。

3. 蓄水池

蓄水池可分为涝池、普通蓄水池和调压蓄水池,普通蓄水池又有开敞式和封闭式之分。依防渗材料不同,又有砖砌池、浆砌石池、混凝土池等。涝池依靠沉积的泥土防渗。

水池应尽量按照标准设计，或按五级建筑物根据有关规范进行设计。水池池底及边墙可采用浆砌石、素混凝土或钢筋混凝土。最冷月平均温度高于 5 ℃的地区也可采用砖砌，但应采用水泥砂浆抹面。池底采用浆砌石时应座浆砌筑，强度不低于 M10，厚度不小于 25 cm，并用水泥砂浆勾缝。采用混凝土时强度不宜低于 C15，厚度不小于 10 cm。土基应进行翻夯处理，深度不小于 40 cm。

封闭式水池顶盖可采用钢筋混凝土梁板、薄拱板或肋拱板结构。在寒冷地区，盖板上应覆土或采取其他保温措施。

湿陷性黄土上修建的水池应优先考虑采用整体式钢筋混凝土或素混凝土水池。对弱湿陷性黄土的池底应进行翻夯处理，翻夯深度不小于 0.5 m。对中、强湿陷性黄土应加大翻夯深度和采取浸水预沉等措施处理。

水池内宜设置爬梯，池底应设排污管。封闭式蓄水工程应设清淤检修孔，开敞式水池应设护栏。

**（二）蓄水工程的防渗和防蒸发处理**

水窖所采用的防渗材料，水泥砂浆强度应不低于 M10，厚度不小于 3 cm，其表面宜用纯水泥浆刷 2～3 遍。为使砂浆与水窖壁结合牢固，宜在窖壁上按一定间距布设深 10 cm 左右的砂浆短柱，与砂浆层形成整体。黏土厚度可采用 4～6 cm，也宜在窖壁上布设土铆钉（码眼），每平方米不少于 20 个。混凝土强度不宜低于 C15，厚度一般可采用 10 cm。

水窖顶拱宜采用混凝土或砂浆砌砖，土质较好时也可只用厚 4～6 cm 的黏土抹面不再衬砌。混凝土强度不宜低于 C15，厚度不小于 10 cm，砌砖可采用强度不低于 M10 的水泥砂浆。水窖底基土应先进行翻夯，其上宜填筑厚 20～30 cm 的灰土（石灰与土重量比为 3∶7），再抹水泥砂浆 3～4 cm，或采用厚 10 cm 的现浇素混凝土。

**（三）存在的问题**

水窖发展较快，目前虽然用料和修建工艺都有改善，但在整个设计与修建上仍延用传统的模式。各种水窖都有其优点和缺点，但无论防渗材料如何变化，至今仍在延用的传统土水窖，施工难度大、对土质要求高、容积较小、施工危险性大等弊端都无法杜绝。混凝土水窖和砖砌水窖虽然结构坚固、防渗效果好，但施工复杂，要由专业施工队完成，而且这两种水窖的窖底受地质条件限制较强，窖底几乎要占到整个投资的 40%。浆砌石水窖只适用于石料丰富的山区，同样有施工量大、难度大和窖底占整个窖体投资比重高的缺点。这类水窖都有材料运输量大、窖体笨重、可移动性能差等共同弊端。由于这些缺点，各种水窖的使用都受到不同条件的限制。如何发挥各类水窖的优点，弥补其不足，是新型窖体研发的关键。

## 三、橡塑水窖的开发与应用

目前，示范区群众普遍应用的集雨存贮工程是水窖和旱井两种型式，工程均采用地下土方开挖，混凝土抹面或现浇防渗层。由于施工劳动强度大，工期长，单方容积造价高达 50～300 元/$m^3$，且工程质量较难保证，渗漏现象普遍。为寻求解决这些问题的途径，我们尝试引进了一种橡塑水窖。

发达国家雨水集蓄利用技术水平较高，以德国、美国为代表的发达国家高密度塑料快速成窖技术发展迅速。特别是德国的快速成窖技术,常用水窖容积一般达 10 $m^3$,且通过串、并联可随意扩大容积,但造价较高,平均 3 000 ~4 000 元/$m^3$。

由于塑胶工业的发展,目前各种塑胶贮水容器的种类繁多,最大容积可达 40 $m^3$。就使用来讲,目前各种刚性橡塑水窖多安置在地面上,如埋入地下因受土压力作用,则强度不够容易被破坏。表 3-15 是圆形橡塑水窖在满水状态下,窖体容重 $\gamma_1$ 为 9.2 kN/$m^3$,土的容重 $\gamma_2$ 为 15 kN/$m^3$,水的容重 $\gamma_3$ 为 10 kN/$m^3$(即满窖状态),土的凝聚力 $c$ 为 4 kN/$m^2$,混凝土弹性模量 $E$ 为 $2\times10^7$ kPa,地基承载力夹角 $\alpha$ 为 60°,土的内摩擦角 $f$ 为 25°,窖体厚度 $e$ 为 0.02 m,上土层厚度 $H_1$ 为 0,半径 $R$ 为 1 m 条件下,水窖断面的受力情况。可以看出,最大拉应力 $\delta_1$ 为 272 MPa,最大压应力 $\delta_2$ 为 262 MPa,而玻纤增强拉伸强度 103.4 ~345.5 MPa,压缩强度为 172.4 ~344.7 MPa。

**表 3-15　直径 1 m 圆形橡塑窖体壁厚 2 cm 时的满窖受力情况**

| 角度(°) | 轴力(kN) | 弯矩(kN/m) | 拉应力 $\delta_1$(kPa) | 压应力 $\delta_2$(kPa) |
|---|---|---|---|---|
| 0 | 18.7 | 0.0 | 1159.6 | 712.9 |
| 15 | 91.8 | 17.8 | 271 537.5 | −262 358.2 |
| 30 | 47.9 | 16.1 | 144 524.7 | −239 729.9 |
| 45 | 28.4 | 13.6 | 205 234.3 | −202 394.7 |
| 60 | 15.4 | 10.4 | 157 060.3 | −15 518 |
| 75 | 21.4 | −3.6 | −53 112.02 | 55 252.85 |
| 90 | 18.1 | 1.2 | 18 570.09 | −16 755.57 |
| 105 | 14.3 | 5.3 | 79 888.4 | −78 455.4 |
| 120 | 9.5 | 7.6 | 114 852.1 | −113 903.1 |
| 135 | 3.7 | 7.6 | 113 615.5 | −113 241.4 |
| 150 | −2.0 | 5.0 | 75 218.9 | −75 419.2 |
| 165 | −6.3 | 0.6 | 8 229.0 | −8 861.8 |
| 180 | −8.0 | −4.7 | −70 958.2 | 70 162.9 |

橡塑水窖由橡胶布通过压延、硫化、搭接等工序制成,具有柔韧性强、重量轻、不渗漏、安装快捷方便、耐磨损、抗老化和寿命长的特点。

**(一)期望目标**

(1)降低造价。

(2)产品规格多样化。ST－40 卧式、ST－40 立式、ST－20 立式等;橡胶布厚度 1.6 ~1.7 mm;尺寸分别是:7.0 m(长)×2.4 m(宽)×2.6 m(高);3.0 m(直径)×6.8 m(深);2.6 m(直径)×4.8 m(深)。

**(二)橡塑水窖的施工安装**

(1)基坑开挖,采用人工开挖方式。基坑尺寸为:

40 $m^3$ 卧式:7.0 m(长)×2.4 m(宽)×2.6 m(深)=43.68 $m^3$;

40 $m^3$ 立式:($\pi\times1.5^2$) $m^2$(面积)×6.8 m(深)=48.07 $m^3$;

20 $m^3$ 立式:($\pi\times1.3^2$) $m^2$(面积)×4.8 m(深)=25.48 $m^3$。

(2)处理措施。基坑边缘砌三层砖,上盖木梁或预制板,再加保温板,顶上再覆 20 cm

厚的土进行保温。

(3)安装步骤。①清理基坑内杂物和墙壁上树根等尖锐物,防止扎破窖体;②往基坑内放置橡塑袋体;③安装管件;④充水检查;⑤安装进水管道,管口加装过滤网;⑥覆盖顶盖;⑦修筑引水渠和沉沙池及地漏设施。

(4)橡塑水窖的运行管理。①每次降雨贮水前及时清扫集流面、引水渠和沉沙池内杂物,保证入窖水质清洁。②及时检查橡塑水窖内的贮水量,当贮水量达到最高水位时立即塞堵进水口,防止水溢出和冲毁基坑墙壁。测量水深可用测绳或竹竿等。③定期测量窖内水深并记录,以便掌握窖内水情和及时发现渗漏现象。④窖内淤泥较多时可用水泵抽出,再加入清水反复几次清理干净。⑤及时检查窖体有无破损,用橡胶胶水及时修补。

## 参考文献


[1] 中华人民共和国行业标准. CJJ/T 80—98. 固化类路面基层和底层技术规程[S]. 北京:中国建筑工业出版社,1998.

[2] 中华人民共和国水利部. SL 237—1999. 土工试验规程[S]. 北京:中国水利水电出版社,1999.

[3] 中华人民共和国水利部. SL 267—2001. 雨水集蓄利用工程技术规范[S]. 北京:中国水利水电出版社,2001.

[4] 甘肃省地方标准. DB 62/T495—1997. 甘肃省雨水集蓄利用工程技术标准[S]. 兰州:甘肃科学技术出版社,1997.

[5] 高建恩,张芳海,朱德兰,等. 一种柔性环保橡塑水窖及其制备方法:中国,200510096014.9[P]. 2006-03-22.

[6] 娄宗科,等. 黄土地区水窑窖设计参数与施工技术研究[J]. 水土保持通报,2001,21(3):14-16.

[7] 樊恒辉,高建恩,吴普特,等. MBER 土壤固化剂集流场的施工工艺研究[J]. 中国水土保持科学,2005,3(3):56-59.

[8] 於春强,郑尔康. 高性能土壤固化剂及在地基处理中的应用[C]//中国土木工程学会第九届土力学及岩土工程学会议论文集. 北京:清华大学出版社,2003.

[9] 冯浩, 彭红涛. HEC 和 AAM 添加剂对提高黄土集流效率的试验研究[J]. 农业工程学报,2001, 17(3): 28-31.

[10] 吴普特,黄占斌,高建恩,等. 人工汇集雨水利用技术研究[M]. 郑州:黄河水利出版社,2002.

[11] 张祖新,龚时宏,王晓玲. 雨水集蓄工程技术[M]. 北京:中国水利水电出版社,1999.

[12] 王勇. 世界有机硅产品市场的现状[J]. 化工新型材料,1994,22(10):7-11.

[13] 化学工业部情报研究所. 有机硅生产及应用技术[M]. 北京: 化学工业出版社, 1985.

[14] 洪毓康. 土质学与土力学[M]. 2 版. 北京:人民交通出版社,2000: 215-234.

[15] 李西亚,王育军,曹恒慧,等. 路面路基工程[M]. 北京:科学出版社,2004.8

[16] 张海梅,杜宏伟,郭玉起,等. 建筑材料[M]. 2 版. 北京:科学出版社,2003.

[17] 冯浩,吴普特,李少斌,等. 内蒙准格尔旗雨水集蓄利用工程投资效益分析[J]. 灌溉排水学报,2006,25(1):80-84.

[18] 吴淑芳,吴普特,冯浩. 高分子聚合物防治坡地土壤侵蚀模拟试验研究[J]. 农业工程学报,2004,20(2):30-33.

[19] 李巧珍,吴普特,冯浩,等. 新型高分子有机硅材料集流效率试验研究[J]. 水土保持学报,2004,18(3):33-39.

[20] 王登高,王红久. 有机硅合成剂在水利工程中的应用[J]. 中国农村水利水电, 1997(4): 26-29.

[21] 王登高,等. 有机硅防水剂在水利工程中的应用[J]. 山西水利科技,1996,10(2):81-86.

[22] 朱强,武福学,金彦兆,等. 甘肃省雨水集蓄利用技术[J]. 水利水电技术,1994(6):6-11.

[23] 范荣生,武福学,解建宝,等. 干旱地区收集雨水资源的试验研究[J]. 西北水资源与水工程,1993(1).

[24] 陈维杰. 集雨节灌技术[M]. 郑州:黄河水利出版社,2003.

[25] 李小雁,龚家栋,高前兆. 人工集流面临界产流降雨量确定实验研究[J]. 水科学进展,2001,(12)4:516-522.

[26] Hostain D P. Silicone Coating Adds Years to Jet Equipment Service[J]. Modern Paint and Coatings. 1975(9): 42-43.

[27] William Von Fischer, Edward G Bobalek. Organic Protective Coatings[M]. New York: Reinhold Publishing Corporation, 1977: 362-364.

# 第四章　集雨补灌技术与补灌制度

## 第一节　集雨补灌的特点与原则

集雨补灌，就是利用雨水集蓄工程，在农作物生长期间遭遇干旱时进行有限的补充灌溉，以取得较好的产量和效益。集雨补灌与传统意义上的农业灌溉和节水灌溉，在灌溉原理、灌水技术等方面有共同之处，但也有很大的不同。根据近年来发展雨水集蓄灌溉的实践，将集雨补灌的特点和原则介绍如下。

### 一、集雨补灌的特点

(1)雨水集蓄利用工程收集的雨水十分有限，蓄水容积一般为 20～100 $m^3$，最大也不超过 1 000 $m^3$，属微型水源工程，必须采取高效节水方法来进行灌溉。

(2)雨水集蓄利用工程控制的灌溉面积较小，一般只有 0.067～0.133 $hm^2$，多的几公顷。

(3)雨水集蓄利用工程多在山区，地形复杂，地块小，需要结构灵活、安装拆卸快速简便的灌水设备。

(4)雨水集蓄利用的集雨工程大多以农户为单元管理运行，为了降低一次性投入，灌溉设施可以几户共用或由专业户管理。

(5)发展集雨工程的地方多为贫困或不发达地区，技术经济条件差，适宜采用造价低廉、技术简易的灌溉设施。

### 二、集雨补灌技术应遵循的原则

为了最大限度地发挥集蓄雨水的作用，集雨灌溉不能无条件采用常规的地面灌水方法和灌溉定额，其与一般的节水灌溉方法也有较大差异。集雨补灌的灌水定额比一般节水灌溉要低数倍，而灌溉水的生产率或供水效率(WSE)则要高出数倍。从近年来雨水集蓄灌溉的实践来看，发展集雨补灌技术主要应遵循以下原则。

**(一)采取非充分灌溉、有限灌溉的原理和方法**

即仅在作物最关键的缺水期进行灌溉，这些时期作物如发生严重的水分胁迫将引起严重减产，即使后期供水也不能补偿产量损失。而在非关键期，有限度的缺水则可以通过在以后的复水或降水中使产量得到补偿。研究表明：作物在某些时期的缺水还可能促使作物养分向某些器官转移，有利于后期的生长发育或产量形成。如玉米的蹲苗虽然对茎叶生长有所抑制，但却促进了根系生长，也促使基部节间短粗，有利于后期的抗旱和抗倒；灌浆中后期的适度干旱还可以加速茎叶养分向籽粒的转移。在集雨补灌条件下，作物全生长期的供水量主要还是依靠天然降水，集雨补灌仅供应“救命水”，使作物渡过出苗或缺水枯萎的难关，在雨季到来后能更好地利用天然降水，这正是集雨补灌能以极少的供水量获得显著增产效果的原理。一般在集雨补灌中,关键缺水期只选择1~2次,最多3次。

**(二)采取局部灌溉的方法**

即只湿润作物根系附近土壤,使棵间蒸发降到最低。农民群众形象地称之为“只浇作物不浇地”。每次灌水量仅相当于常规地面节水灌溉量的1/10~1/6。

**(三)采用简易高效的灌水方法**

近年来,在雨水集蓄灌溉的实践中,大多数地区的集雨灌溉工程多采取简易而价廉的方法,如坐水播种、注水灌等,有条件的地区也可采用现代的高效微灌技术。

由于集雨补灌的灌水量比一般的节水灌溉少得多,使灌水效率大大提高,增产效果显著,已成为一种特殊的灌溉方式。我们认为,集雨补灌揭示了农业节水的巨大潜力,其中许多科学技术问题,如节水增产机理、简易高效的灌水设备与技术等,值得水利和农业科技人员进一步深入研究。

## 第二节 提水设备与技术

集雨蓄水工程主要分布在道路旁、庭院、田间地头和低凹的集水沟附近,还有部分分布在塬面,布局分散,且单个工程的蓄水量较小(30~80 $m^3$)。除村庄附近及农户周围有电源外,一般山区的公路边、山坡间和田间均为无电区,因而提水设备多种多样,现对主要设备介绍如下。

### 一、手动提水设备

手动提水设备主要有吊桶提水和手压泵提水两种形式,历史悠久,简单方便,但提水效率低,费工费时。在一些无电区、偏僻的不发达地区,手动提水设备仍然是主要的提水方式。

**(一)吊桶提水**

用一根绳子系一个小桶,靠人力提水。主要用于人畜饮水和浇灌蓄水工程周围的小片菜地。

**(二)手压泵提水**

手压泵提水设备较吊桶提水先进,目前国内有不少厂家制造,但主要结构和工作原理基本相同。即通过手压活塞上下运动,产生吸水和压水作用,完成提水。手压泵提水不仅可用于人畜饮水和浇灌蓄水工程周围的小片菜地,还可连接小型重力式滴灌系统进行滴灌作业。表4-1列出了部分手压泵的主要技术参数,以供参考。

**表4-1 部分手压泵主要技术参数**

| 泵型 | 流量($m^3$/h) | 扬程(m) | 吸程(m) | 活塞直径(mm) | 活塞行程(mm) | 往返次数(次/min) | 进出水管直径(mm) | 泵重(kg) |
|---|---|---|---|---|---|---|---|---|
| RB1.5 | 1.5 | 15 | 7 | 86 | 120 | 40 | 25 | 15 |
| BSA-75 | 1.68 | | 6 | | | 40 | | 15 |
| BSB-75 | 1.68 | | 6 | | | 40 | | 31 |
| GBS-86 | 1.68 | 15 | 6 | | | 40 | | 16 |

## 二、电动提水设备

雨水集蓄利用工程中使用的电动提水设备一般为微型机组或小型机组，可根据用户条件、用水量、扬程等分别选用。

### (一)单相潜水电泵

单相潜水电泵分为干式泵型(QDX)和湿式泵型(QDS)两种，QDX 型泵装有自动保护装置，能确保电机安全运行。其使用条件为电泵潜入水下深度 0.5 ~5 m；水温不超过 40 ℃；水中所含固体杂质的体积比不超过 0.1%，粘度不大于 0.2 mm，pH 值为 6.5 ~8；电源为 50 Hz、220 V 单相交流电源。适用范围：流量 $Q$ 为 1.5 ~25 $m^3/h$，扬程 $H$ 为 3 ~30 m，电机功率 $P$ 为 0.18 ~0.75 kW。其型号参数标识见图 4-1。

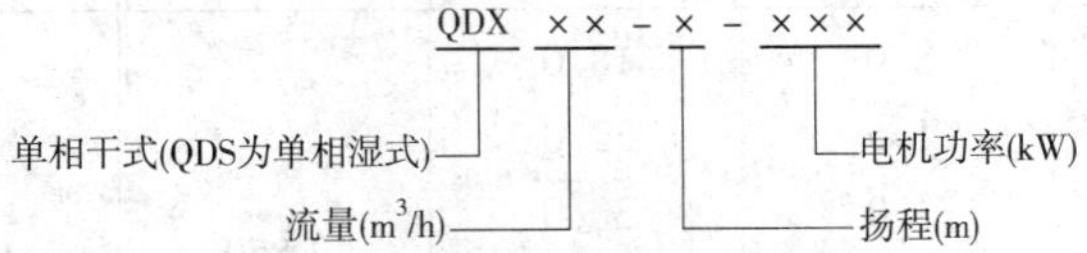


图 4-1　单相潜水电泵型号的参数标识

单项潜水电泵在使用时用绳索吊入水窖内的水下，用完后可取出拿回家保管，使用方便，在集雨灌溉中使用较多。其主要技术性能参数如表 4-2 所示。

表 4-2　QDX、QDS 型单项潜水电泵主要技术性能参数

| 型号 | 流量 $Q$ ($m^3/h$) | 扬程 $H$ (m) | 转速 $n$ (r/min) | 配套功率 $P$ (kW) | 重量 (kg) |
|---|---|---|---|---|---|
| QDX3 -8 -0.18 | 3.0 | 8.0 | 2 850 | 0.18 | 10.0 |
| QDX3.6 -5 -0.18 | 3.6 | 6.0 | | | |
| QDX6 -5 -0.18 | 6.0 | 5.0 | | | |
| QDX10 -3.5 -0.18 | 10.0 | 3.5 | | | |
| QDX1.5 -12 -0.25 | 1.5 | 12.0 | 2 850 | 0.25 | 17.0 |
| QDX6 -7 -0.25 | 6.0 | 7.0 | | | |
| QDX3 -10 -0.25 | 3.0 | 10.0 | | | |
| QDX10 -4.5 -0.25 | 10.0 | 4.5 | | | |
| QDX8 -5 -0.25 | 8.0 | 5.0 | | | |
| QDX5 -7 -0.25 | 5.0 | 7.0 | | | |
| QDX3 -12 -0.25 | 3.0 | 12.0 | | | |
| QDX3 -10 -0.25 | 3.0 | 10.0 | | | |
| QDX3 -15 -0.37 | 3.0 | 15.0 | 2 850 | 0.37 | |
| QDX6 -10 -0.37 | 6.0 | 10.0 | | | |
| QDX10 -7 -0.37 | 10.0 | 7.0 | | | |
| QDX15 -5 -0.37 | 15.0 | 5.0 | | | |
| QDX25 -3 -0.37 | 25.0 | 3.0 | | | |

续表 4-2

| 型号 | 流量 $Q$ ($m^3/h$) | 扬程 $H$ (m) | 转速 $n$ (r/min) | 配套功率 $P$ (kW) | 重量 (kg) |
|---|---|---|---|---|---|
| QDX3 − 20 − 0.55 | 3.0 | 20.0 | 2 920 | 0.55 | |
| QDX3 − 22 − 0.55 | 3.0 | 22.0 | | | |
| QDX4 − 20 − 0.55 | 4.0 | 20.0 | | | 23.0 |
| QDX6 − 15 − 0.55 | 6.0 | 15.0 | | | 23.0 |
| QDX10 − 10 − 0.55 | 10.0 | 10.0 | | | 23.0 |
| QDX10 − 12 − 0.55 | 10.0 | 12.0 | | | 20.5 |
| QDX15 − 7 − 0.55 | 15.0 | 7.0 | | | |
| QDX25 − 4.5 − 0.55 | 25.0 | 4.5 | | | |
| QDX8 − 18 − 0.75 | 8.0 | 18.0 | 2 850 | 0.75 | 19.0 |
| QDX1.5 − 32 − 0.75 | 1.5 | 32.0 | | | |
| QDS3 − 30 − 0.75 | 3.0 | 30.0 | | | 19.0 |
| QDS6 − 20 − 0.75 | 6.0 | 20.0 | | | |
| QDS8 − 16 − 0.75 | 8.0 | 16.0 | | | 18.0 |
| QDS15 − 10 − 0.75 | 15.0 | 10.0 | | | 19.0 |

## (二)微型水泵

微型水泵主要有微型离心泵和微型混流泵,其泵型参数标识见图 4-2。

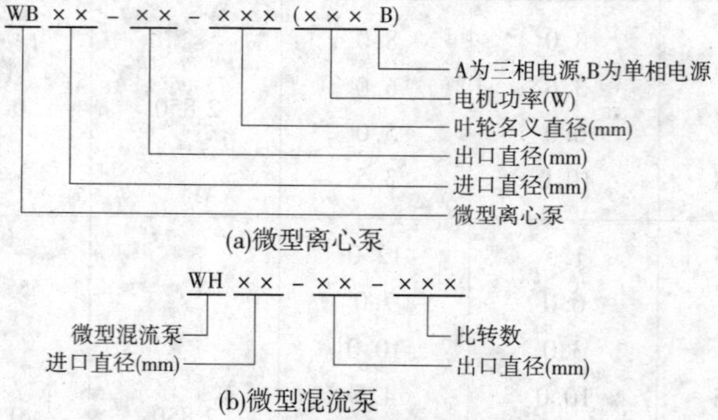


**图 4-2　微型水泵型号的参数标识**

微型水泵的主要技术性能参数如表 4-3 所示。

**表 4-3　微型水泵主要技术性能参数**

| 型　号 | 流量 $Q$ ($m^3/h$) | 扬程 $H$ (m) | 转速 $n$ (r/min) | 效率 $\eta$ (%) | 配套功率 $P$(W) | 吸上高度 $H_s$(m) |
|---|---|---|---|---|---|---|
| 25DB − 35 | 1.26 | 18.0 | 2 850 | | 220 | 6.0 |
| 40BZ − 12D | 5.0 | 12.0 | 2 900 | | 370 | 7.0 |
| WB40 − 40 − 80(180B) | 4.0 | 6.0 | 2 800 | 56 | 180 | 7.0 |
| WB40 − 40 − 70(250B) | 10.0 | 4.0 | 2 800 | 62 | 250 | 5.5 |
| WB40 − 40 − 80(250B) | 6.0 | 6.0 | 2 800 | 64 | 250 | 6.5 |

续表 4-3

| 型　号 | 流量 $Q$ ($m^3/h$) | 扬程 $H$ (m) | 转速 $n$ (r/min) | 效率 $\eta$ (%) | 配套功率 $P$(W) | 吸上高度 $H_s$(m) |
|---|---|---|---|---|---|---|
| WB40－40－90(250B) | 4.0 | 10.0 | 2 800 | 58 | 250 | 6.5 |
| WB40－40－85(370B) | 8.0 | 8.0 | 2 800 | 70 | 370 | 7.5 |
| WB40－40－95(370B) | 6.0 | 10.0 | 2 800 | 64 | 370 | 6.5 |
| WB40－40－95(550A) | 10.0 | 10.0 | 2 800 | 68 | 550 | 7.0 |
| WB40－40－105(550A) | 8.0 | 12.0 | 2 800 | 65 | 550 | 6.0 |
| WB40－40－95(550B) | 10.0 | 10.0 | 2 800 | 68 | 550 | 7.0 |
| WB40－40－105(550B) | 8.0 | 12.0 | 2 800 | 65 | 550 | 6.0 |
| WB40－40－100(750A) | 12.0 | 10.0 | 2 800 | 70 | 750 | 7.5 |
| WB40－40－105(750A) | 12.0 | 12.0 | 2 800 | 68 | 750 | 7.0 |
| WB40－40－120(750A) | 8.0 | 16.0 | 2 800 | 58 | 750 | 7.0 |
| WB40－40－120(1100A) | 12.0 | 16.0 | 2 800 | 64 | 1 100 | 7.0 |
| WB40－40－125(1100A) | 8.0 | 20.0 | 2 800 | 52 | 1 100 | 7.0 |
| WB40－32－85(180B) | 3.0 | 8.0 | 2 800 | 55 | 180 | 6.5 |
| WB40－32－85(250B) | 5.0 | 8.0 | 2 800 | 55 | 250 | 6.5 |
| WH50－40－350 | 12.5 | 2.5 | 2 800 | 60 | 180 | |
| WH50－40－250 | 12.5 | 3.0 | 2 800 | 60 | 250 | |
| WH65－50－500 | 25.0 | 2.5 | 2 800 | 64 | 370 | |
| WH65－50－350 | 25.0 | 3.5 | 2 800 | 64 | 550 | |
| WH65－50－250 | 25.0 | 5.0 | 2 800 | 64 | 750 | |
| WH65－50－180 | 25.0 | 8.0 | 2 800 | 64 | 1 100 | |

**(三)喷灌泵**

喷灌泵有自吸式离心泵和普通离心泵两种,具有扬程高、效率高等特点,能满足各种喷灌机的要求。自吸式离心泵首次启动加少量引水即可连续频繁启动。其泵型参数标识见图 4-3。

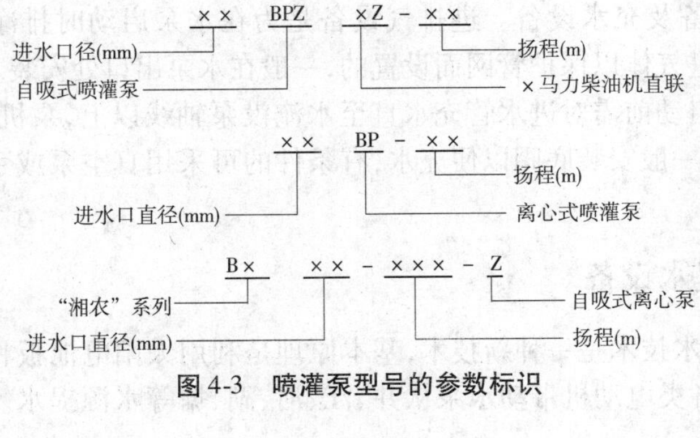


图 4-3　喷灌泵型号的参数标识

几种小型喷灌泵的主要技术性能参数如表 4-4 所示。

**表 4-4 几种小型喷灌泵的主要技术性能参数**

| 型号 | 流量 $Q$ ($m^3/h$) | 扬程 $H$ (m) | 转速 $n$ (r/min) | 效率 $\eta$ (%) | 配套功率 $P$(W) | 吸上高度 $H_s$(m) | 5 m 高度自吸时间(s) | 泵重 (kg) |
|---|---|---|---|---|---|---|---|---|
| $50BPZ_{3Z}-20$ | 20 | 20 | 2 400 | 65 | 5 | 7.2 | 60 | 30 |
| $50BPZ_{4Z}-35$ | 15 | 35 | 2 600 | 58 | 4 | 7.2 | 80 | 30 |
| $50BPZ_{5Z}-45$ | 15 | 45 | 3 000 | 58 | 5 | 7.2 | 80 | 30 |
| $50BPZ_{6Z}-45$ | 20 | 45 | 3 000 | 60 | 6 | 6.8 | 80 | 30 |
| $50BPZ_{5Z}-35$ | 20 | 35 | 3 000 | 63 | 5 | 7.0 | 60 | 30 |
| 50BPZ - 45 | 15 | 45 | 3 000 | 55 | 5 | 6 | 70 | 43 |
| 50BPZ - 35 | 15 | 35 | 2 900 | 56 | 4 | 7.5 | 60 | |
| 50BPZ - 20 | 18 | 20 | 2 400 | 53 | 3 | 7.5 | | |
| 50BPZ - 40 | 18 | 40 | 3 000 | 58 | 5 | 6 | 120 | |
| 50BPZ - 38 | 20 | 38 | 2 900 | 60 | 5 | 6 | 120 | |
| BX50 - 31 | 20 | 31.9 | 2 950 | 67 | 5(4) | 7.2 | | 24 |
| BX50 - 45Z | 15 | 45 | 3 000 | 56.5 | 5(4) | 7.2 | 80 | 30 |

**(四)电动提水配套设备**

泵机组配套设备包括电器控制设备,流量压力调节设施及监测设备,进排气及充水设备。

(1)电器控制设备。由于雨水集蓄系统多为小型或微型系统,故电器控制设备比较简单,一般由电压表、电流表、电度表、控制开关和过流(过压)保护器等组成,功率小于 15 kW 的机组通常直接启动,大于 15 kW 的机组则应考虑采用降压启动。

(2)流量压力调节设施及监测设备。通常采用闸阀对系统所需流量压力进行调节,压力由标准压力表进行监测,流量一般采用家用自来水表测量。

(3)进排气设备及充水设备。进排气设备是为在水泵启动时排净水管中集存的气体,或在停泵时吸进气体以保护管网而设置的,一般在水泵出口处安装。充水设备仅是对离心泵而言,每次启动前需对进水管充水直至水淹没泵轴线以上,泵机组方能启动工作。小型泵站进水管口一般安装底阀以便充水,有条件的可采用真空泵或手压泵抽真空进行充水。

## 三、太阳能提水设备

太阳能光伏提水技术是一种新技术,基本原理是利用太阳电池板将太阳能直接转换为电能,然后驱动各类电动机带动水泵从井、江、河、湖、塘等水源提水。系统由 4 部分组成:太阳能电池板组件、最大功率点跟踪/控制(逆变)器或蓄电池组、电机和水泵。它具有无噪声、全自动、高可靠性等许多优点。

目前太阳能提水设备雨水集蓄利用工程中应用的还比较少,主要原因是一次性投资较大。一套100 W、流量0.2 $m^3/h$、扬程10 m的简单提水装置投资约850元。

在边远地区,采用太阳光伏系统供电提水设备解决这些无电地区的人畜饮水和灌溉问题,是最理想的方式之一。一方面,中国西部边远地区太阳能资源丰富;另一方面,光伏提水设备无污染、无噪声、可靠性高、维护工作量极小。据中国水利部有关专家试验测评,中国光伏提水成本小于0.2元/t,比柴油机提水成本低一半左右,而其可靠性远超过风力提水。随着太阳能电池价格的下降,光伏提水应用前景将更加广阔。

### 四、风力提水设备

风能是一种使用简便而有效的绿色能源。在风力提水机组的产品品种上,我国已基本形成南方型低扬程大流量风力提水机组和北方型高扬程小流量风力提水机组两大系列,约有十几种产品型号。主要产品和技术的发展趋势如下。

(1)低扬程大流量风力提水机多采用旋转式水泵,用于提取地表水和浅层地下水。

(2)高扬程小流量风力提水机多采用往复式水泵,用于提取深层地下水。

(3)风力提水机-微滴灌系统。

(4)风力机-空气泵提水机组。

(5)风力发电机-电泵提水系统。

经过严格的生产考核运行和多年的实际应用,这些机组的产品质量基本可靠,有些机组的水平已达到或处于国际领先地位。

目前,在雨水集蓄利用工程中应用的主要是小型户用风力提水机组,扬程为10~40 m,流量为3~20 $m^3/h$,提供人畜饮用水和发展小面积灌溉。

### 五、自压(虹吸式)提水

雨水集蓄利用工程大多建于缺水山丘区,由于受地形的影响,有一些集雨工程建在用水农户灌溉地块的上方,从而形成了自压供水或虹吸式供水。自压供水是利用自然落差,水的压力通过预埋在集雨工程底部的塑料管道将水输送到农户或灌溉田间。虹吸式取水是用具有虹吸作用的弯管从集雨工程顶部自流引水的一种取水方式。自压(虹吸式)提水充分利用了自然条件,不需要电力(柴油)等运行费用,设备简单可靠,在有条件的地方应大力推广应用。

## 第三节 旱作农业的集雨节水补灌技术

### 一、膜下滴灌技术

#### (一)利用雨水发展膜下滴灌的适用性

由于受地形、降雨资源和经济条件的限制,集雨工程收集的雨水量十分有限,水窖或旱井一般蓄水 20 ~ 100 $m^3$，属微型水源工程，不可能采用常规和传统的地面灌水方法和定额充分灌溉，只能按照非充分灌溉的原理和方法，在作物需水关键期采用很小的灌水定额和利用率很高的方法对作物根系进行灌溉，以最大限度地提高水分利用率和作物水分利用效率。

膜下滴灌将地膜栽培技术与滴灌技术结合起来，实现了播种、铺膜、铺设滴灌带一次完成的机械化作业，提高了水的利用率，较常规地面灌溉节水 85% ~ 90%，省工、省地、节能，增产显著。膜下滴灌从根本上改变了传统农业用水方式和生产方式，大幅度提高了雨水资源利用效率和土地利用率，促进了生态环境保护和建设。

实践证明：采用膜下滴灌技术是雨水集蓄利用工程的最佳节水措施，非常适合在丘陵山区农户水窖、旱井附近的零散地块推广应用。

**（二）膜下滴灌管网布置系统**

1. 系统结构

膜下滴灌系统采用北京天业绿洲节水灌溉设备，灌水器为单翼迷宫式滴灌带。该系统主要由单项潜水电泵、首部（施肥器、过滤器）、输配水管、滴灌带 4 部分组成。单翼迷宫式滴灌带规格型号为 $\phi16-300-2.8$，其性能参数见表 4-5。

**表 4-5　单翼迷宫式滴灌带性能参数**

| 规格型号 | 内径（mm） | 壁厚（mm） | 滴孔间距（mm） | 公称流量（L/h） | 工作压力水头（m） | 流量公式 |
|---|---|---|---|---|---|---|
| 300 - 2.8 | 16 | 0.18 | 300 | 2.8 | 5 ~ 10 | $Q=0.717H^{0.589}$ |

大田作物半固定式滴灌系统布置：根据项目区农户地块形式，采用膜下滴灌带全部固定，水泵、首部、输水管、配水管全移动的模式。玉米采用宽窄行种植，每条滴灌带控制两行作物，滴灌带间距 100 cm，作物株行距为 30 cm × 40 cm，滴灌带长度 80 ~ 100 m。

2. 投资分析

膜下滴灌由提水机具、首部枢纽、干支管和滴灌带组成，示范区推广主要以半固定式为主。半固定式滴灌是指滴灌带全部固定，提水机具、首部和干、支管全部移动（1 套），即 1 眼井滴灌完毕后，把提水机具和干、支管全部移动到下 1 眼井进行滴灌。每套微小型半固定式滴灌系统控制滴灌面积 0.533 $hm^2$，滴灌带每公顷投资 2 025 元，提水设备等全移动部分每公顷投资 1 462.5 元，则微小型膜下滴灌系统每公顷投资 3 487.5 元，投资分析见表 4-6。

**表 4-6　半固定式滴灌系统投资分析**

| 项目 | 0.533 $hm^2$ 全移动投资 | | | | | 全移动每公顷投资 | 滴灌带每公顷投资 | 每公顷投资 |
|---|---|---|---|---|---|---|---|---|
| | 单相潜水电泵 | 首部 | PE 输水及配水管 | 人工及其他 | 小计 | | | |
| 投资（元） | 320 | 180 | 160 | 120 | 780 | 1 462.5 | 2 025 | 3 487.5 |

3. 管网配置

玉米大田膜下滴灌的管网布置如图 4-4 所示。

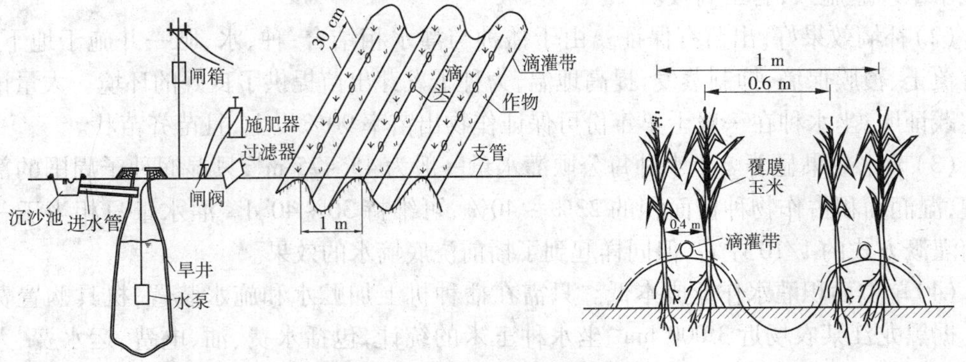


**图4-4　玉米大田膜下滴灌管网布置**

塑料大棚香瓜半固定式滴灌管网布置如图4-5所示。

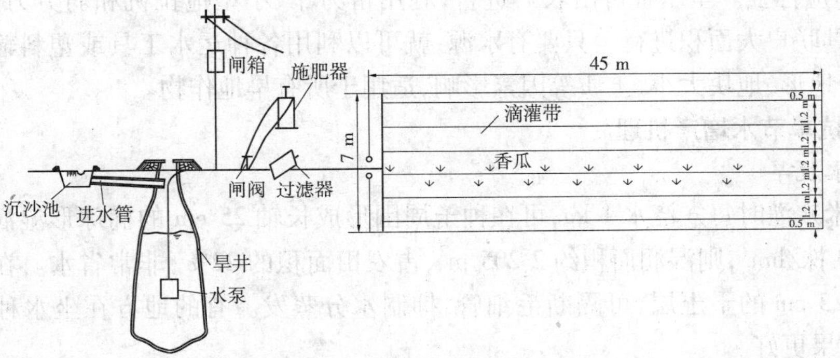


**图4-5　塑料大棚香瓜半固定式滴灌管网布置**

塑料大棚长45 m,宽7 m,采用宽窄行种植香瓜,宽行距80 cm,窄行距40 cm,株距45 cm。每条滴灌带控制两行,采用膜下滴灌带全部固定,水泵、首部、输水管、配水管全部移动的模式。

## 二、抗旱坐水种补灌技术

### (一)抗旱坐水种技术简介

抗旱坐水种是在作物播种时采取人工、机械或专用设备供水的形式,用较少的水量浇灌并湿润籽种周围的部分土壤,以保证在干旱情况下种子能够发芽、出苗的一种灌水方式,主要是针对北方干旱、半干旱地区春季土壤墒情差不能按时播种所采取的抗旱播种技术。

坐水种是干旱、半干旱地区农民群众长期抗春旱播种中采用的,并在实践中不断改进完善的有效措施,经历了由手提肩担、畜力拉水到半机械化作业,从不规范到比较规范的发展工程,在北方春旱地区已成为一种常规的、技术上较为成熟的播种期高效补灌技术。

### (二)技术特点

(1)设备与操作简便,易被农民接受。坐水种的设备较为简单,操作技术很快就可以掌握。只要有水源就可以用机械或畜力拉运水罐,或采用塑料管输水至田间,灌注坐水种机械的水箱,然后顺垄间边缓慢行驶边播种注水,农民很容易接受。还可以把化肥、农药溶于水中一起施入，省工高效。

(2)补墒效果好，出苗有保证。由于播种与灌水相结合，种、水、肥一并施于地下，加之有覆土、覆膜保墒，抑制蒸发，提高地温，为种子发芽出苗提供了良好的环境。大量试验与实践证明：坐水种在一般干旱年份可保证作物出苗率90%以上，且苗齐苗壮。

(3)节水效果显著。坐水种每公顷灌水量一般为45～75 $m^3$，只湿润种子周围的部分土壤，湿润面积占作物种植面积的22%～40%，可维持30～40 d。灌水量只相当于一般地面灌溉方式的1/10左右，但同样起到了播前浇底墒水的效果。

(4)单位面积灌水作业成本低。只需在播种机上加贮水和施水装置，机具购置费较低。据黑龙江某农场近3 000 $hm^2$坐水种玉米的统计，包括水费、油、电费、运水费、人工费、维修费等在内，总作业成本为270元/$hm^2$(18元/亩)。在雨水集蓄利用工程中，若不计人工费、水费等，则作业成本一般在150元/$hm^2$以下。

(5)适应性强。坐水种可由农户进行，利用畜力车、小型拖拉机和弱劳力，也可以利用大型机具联户大面积进行。只要有水源，就可以利用各种运水工具或塑料输水管施水作业，不受地形、地块大小、土质等因素影响，适用于所有旱地作物。

**(三)抗旱节水增产机理**

1. 节水抗旱

如玉米穴灌时每穴浇水1 kg，可在种子周围形成长轴25 cm的椭球形湿润土体。若株数4 500株/$hm^2$，则湿润面积约2 205 $m^2$，占农田面积的22%，非常省水。在湿润土体上覆盖2～3 cm的干土层，可隔断毛细管，抑制水分蒸发。有的地方在坐水种后覆盖地膜，保水效果更好。

2. 增产显著

(1)坐水种可做到适时播种、不误农时。北方一些地区无霜期短，遭遇春旱往往延迟播种，不能按时成熟甚至遭受秋霜冻危害而减产。

(2)坐水种可提高出苗率，保证苗齐、苗壮。作物基本苗数是产量形成的基本要素。旱地作物传统播种方法一般年份出苗率为70%左右，干旱年只有50%～60%，而且出苗不齐，苗弱，即使后期条件好转产量也不会高。大旱年甚至根本不能出苗，导致绝收。坐水种出苗最少可保证在90%以上，好的可达100%，为后期生长和稳产高产奠定了基础。

(3)坐水种可实现播种、补灌、施肥、撒药复合作业一次完成，提高了水、肥、种、药的利用效率和劳动生产率。大多数旱地土壤肥力和水分条件较差，种子发芽后往往形成弱苗病苗，先天不足，影响后期生长。坐水播种复合作业有利于培养壮苗，增产显著。东北与内蒙古地区玉米坐水种的增产效果见表4-7。

**表4-7　东北与内蒙古地区玉米坐水种增产效果**

| 地点 | 年份 | 春季干旱状况 | 坐水种产量($kg/hm^2$) | 对照田产量($kg/hm^2$) | 增产量($kg/hm^2$) | 增产率(%) |
|---|---|---|---|---|---|---|
| 黑龙江省肇东市 | 1988 | 较湿 | 5 655 | 4 455 | 1 200 | 26.9 |
| | 1989 | 一般 | 5 100 | 3 915 | 1 185 | 30.3 |
| 吉林省白城市 | 典型调查 | | | | | 30～40 |

续表 4-7

| 地点 | | 年份 | 春季干旱状况 | 坐水种产量(kg/hm²) | 对照田产量(kg/hm²) | 增产量(kg/hm²) | 增产率(%) |
|---|---|---|---|---|---|---|---|
| 内蒙古 | 扎兰屯市 | 1992 | 干旱 | 7 560 | 3 105 | 4 455 | 143 |
| | 突泉县 | 1990 | 一般 | 5 940 | 4 320 | 1 620 | 37.5 |
| | 科右前旗 | 1994 | 干旱 | 5 400 | 3 090 | 2 310 | 74.7 |
| | | | | 5 205 | 3 090 | 2 115 | 68.4 |
| | | 1995 | 干旱 | 8 115 | 5 355 | 2 760 | 51.5 |
| | | | | 9 285 | 5 355 | 3 930 | 73.4 |
| | 准格尔旗 | 2003 | 干旱 | 7 590 | 6 207 | 1 383 | 22.3 |
| | | 2004 | 一般 | 7 174.5 | 5 484 | 1 690.5 | 30.8 |
| 平均 | | | | 6 702 | 4 437 | 2 265 | 54.0 |

**(四)坐水种的方法与技术**

1.技术参数

技术参数主要指坐水种补灌水量、注水深度和抗旱天数。

(1)补灌水量的确定。其主要依据土壤干旱程度确定。表 4-8 列出了黑龙江省肇东市水利局 1986～1991 年对玉米坐水种试验结果分析得出的补灌水量指标。

表 4-8　不同水文年坐水种补灌水量指标

| 水文年 | 0～30 cm 平均土壤含水量(占田间持水量的重量%) | 坐水种补灌水量(m³/hm²) |
|---|---|---|
| 轻旱年 | 70～62 | 25.5 |
| 中等干旱年 | 62～56 | 52.5 |
| 重旱年 | 56～51 | 75 |
| 严重干旱年 | <51 | 105 |

(2)注水深度。一方面要考虑播种深度,另一方面要考虑干土层厚度。小粒作物一般播种深度 5 cm 左右。注水深度应在此深度以下,以利于与底墒相衔接,增强抗旱能力。

(3)抗旱天数。抗旱天数是对坐水种补灌技术提出的抗旱标准,各地自然条件不同,抗旱天数也有差别。吉林省水利科学研究所以抗旱天数为依据确定坐水种的补灌水量,在开沟坐水条件下,抗旱天数以 40 d 为标准,补灌水量为 46.5～60 $m^3/hm^2$,相当于表 4-8 中中等干旱年的标准。

2.灌水方式

坐水种的方式不同,所需机具设备也不尽相同,目前有人工坐水种、机械开沟滤水及机械播种与注水相结合 3 种方式。

(1)人工坐水种。除运水外,其余作业包括挖穴、注水、点种、施肥和覆土等全靠人工完成,完成全部作业程序需 5 ~7 人,日播种面积 0.27 ~0.4 $hm^2$,效率较低。

(2)机械开沟滤水。机械开沟并通过注水管补灌注入沟中,渗入土中后再人工播种、施肥和覆土,一般也需 5 ~7 人,但作业效率较人工坐水种提高 1 倍左右。

(3)机械播种与注水相结合。这种方式又可分为明式注水和暗式注水两种。①明式注水:由拖拉机牵引水车,在开沟的同时向沟中注水,水渗入土中后利用播种机进行播种、施肥和覆土复合作业。为使上述作业连续进行,在第 1 条垄上开沟注水时播种机空行,在第 2 条垄上开沟注水的同时,播种机在第 1 条垄上开始作业。依此类推,田间作业效率较前两种方式大幅度提高。②暗式注水:通过暗式注水播种机实现。水注入种子部位以下,通过毛细管上升湿润,种子附近土层保持松软不结块,表土不板结。整个作业由 2 人操作完成,效率较前述方式大大提高,每天可播种 1 $hm^2$ 以上。

3. 坐水种机具

各地已研制出多种坐水抗旱播种机(见表 4-9)。

表 4-9　坐水抗旱播种机一览表

| 机械名称 | 型号 | 研制单位 |
|---|---|---|
| 暗式坐水点播机 | 2BFS－1 | 黑龙江省水利科学研究所研制 |
| | | 黑龙江省水利冲填处修配厂制造 |
| 多功能播种机 | J5－750 型 | 黑龙江省农机工程研究院研制 |
| 坐水点播机 | 2BT1 型 | 黑龙江省农机工程研究院研制 |
| 单体抗旱坐水点播机 | 2BFS－1 | 吉林省乾安县农机配件厂研制 |
| 坐水播种覆膜机 | 2BSM－2A | 内蒙古自治区宁城县农机所研制 |
| 坐水播种覆膜机 | 2SBFM－3 型 | 内蒙古自治区宁城县水利局研制 |
| 旱地播施保多用机 | WD－3 型 | 河北省青县农机所研制 |
| 抗旱坐水种单体播种机 | | 青海省水利科学研究所研制 |
| 抗旱灌水播种机 | | 中国农业大学东校区研制 |
| 坐水式播种机 | | 南京农业机械化研究所研制 |
| 多功能灌溉机 | | 南京农业机械化研究所研制 |
| 多功能灌溉机 | | 徐州水利机械厂研制 |

## 三、喷灌带(微喷灌)技术

### (一)布置形式

喷灌带选用 5 孔带,管径 40 mm,壁厚 0.2 mm,额定工作压力 5 ~10 m,每组孔间距 0.4 m,喷灌带间距 4 m(喷洒宽度),长度小于 100 m。水质过滤一般采用 60 目滤网过滤器。5 孔喷灌带较适于条播作物、牧草等,性能参数见表 4-10。

表 4-10　5 孔喷灌带性能参数

| 型号<br>管径－孔数 | 名称 | 折径<br>(mm) | 使用压力<br>(m) | 每米流量<br>(L/(h·m)) | 使用长度<br>(m) | 湿润宽度<br>(m) | 喷洒高度<br>(m) | 爆破压力<br>(m) |
|---|---|---|---|---|---|---|---|---|
| D40－5 | 5 孔带 | 65 | 5～10 | 42～56 | ≤100 | 4～5 | 1.1～1.5 | 15 |

**(二)投资分析**

田间灌溉系统主要由提水机具、首部枢纽、输水管网及喷水带组成。根据蓄水工程的蓄水量和投资情况,可分别采用全移动式、半固定式及固定式系统。示范区大多采用全移动形式,投资分析见表 4-11。

表 4-11　集雨全移动式喷灌带灌溉系统投资分析

| 项目 | 全移动式 | | | | | |
|---|---|---|---|---|---|---|
| | 提水设备 | 首部枢纽 | PE 输水管及配水管 | 喷水带 | 人工及其他 | 合计 |
| 投资(元) | 320 | 180 | 196 | 262 | 66 | 1 024 |
| 灌溉面积($hm^2$) | 0.533 | 0.533 | 0.533 | 0.533 | 0.533 | 0.533 |
| 投资(元/$hm^2$) | 600.00 | 337.50 | 367.50 | 491.25 | 123.75 | 1 920.00 |

## 四、微喷灌技术

**(一)布置形式**

喷头选择绿源公司单侧轮微喷头,输水管选择 $\phi$32 PE 管,毛管选择 $\phi$16 PE 管,该微喷头喷洒雨滴大小均匀。组合布置形式毛管间距×微喷头间距为 3 m×3 m,微喷头为三角形布置。布置形式分为全移动式微喷灌溉系统、半固定式微喷灌溉系统、固定式微喷灌溉系统 3 种。

(1)全移动式微喷灌溉系统:指提水机具和田间管网全部移动(1 套),即 1 眼旱井作物灌溉完后全部移动到下 1 眼旱井进行灌溉,每眼旱井可灌溉 0.133 $hm^2$,每套设备控制 1.067 $hm^2$。

(2)半固定式微喷灌溉系统:指提水机具固定(按 4 套配备),微喷田间管网系统全部移动(0.133 $hm^2$),控制灌溉面积 0.533 $hm^2$。

(3)固定式微喷灌溉系统:指提水机具和干、支、毛管全部固定(0.133 $hm^2$),微喷头在田间移动,控制灌溉面积 0.133 $hm^2$。

**(二)投资分析**

微喷田间灌溉系统由提水设备,首部枢纽,干、支、毛管和喷洒器组成,根据试验场微喷绿豆和紫花苜蓿的经验,可设置半固定式或固定式微喷灌溉系统。示范区采用较多的是全移动式,投资分析见表 4-12。

表 4-12　集雨全移动式微喷灌溉系统投资分析

| 项目 | 全移动式 | | | | | |
|---|---|---|---|---|---|---|
| | 提水设备 | 首部枢纽 | PE 输水管及配水管 | 喷水带 | 人工及其他 | 合计 |
| 投资(元) | 320 | 180 | 286 | 198 | 66 | 1 050 |
| 灌溉面积($hm^2$) | 0.533 | 0.533 | 0.533 | 0.533 | 0.533 | 0.533 |
| 投资(元/$hm^2$) | 600.00 | 337.50 | 536.25 | 371.25 | 123.75 | 1 968.75 |

### 五、集雨补灌技术试验筛选结果

通过对几年来的实践和经济技术进行比较(见表4-13),膜下滴灌设备投资最高,但灌水效率和效果最好;人工坐水种投资费用最低,但灌水效率也低,所需人工最多。在目前本地区农村经济不发达的情况下,大面积推广应用的集雨补灌技术是:春播采用坐水种补灌技术,适用于各种作物;生长关键期采用半固定膜下滴灌技术,适用于瓜果、蔬菜、玉米等宽行穴播地膜覆盖作物;移动微喷灌带适用于人工牧草等矮秆条播作物的前期补灌。

表4-13 集雨补灌技术适应性比较

| 灌水方式 | 设备折旧与运行费(元/$hm^2$) | 技术难度 | 灌水效率 | 灌水效果 | 应用现状 |
|---|---|---|---|---|---|
| 人工坐水种 | 210 | 简单 | 低 | 好 | 普遍 |
| 机械坐水种 | 300 | 较难 | 较高 | 较好 | 少 |
| 半固定膜下滴灌 | 1 776 | 难 | 高 | 好 | 普遍 |
| 膜上灌 | 426 | 较难 | 较高 | 较好 | 少 |
| 移动微喷灌带 | 813 | 较难 | 较高 | 较好 | 较少 |

## 第四节 主要作物的集雨补灌灌溉制度

### 一、制定集雨补灌灌溉制度的原则

作物的灌溉制度是指在一定的气候、土壤和耕作条件下,为满足作物正常生长发育而人为进行适时适量灌水的一种制度。灌溉制度包括灌水时间、灌水定额、灌水次数及灌溉定额。灌水定额是指单位面积一次的灌水量;灌溉定额是指作物全生育期各次灌水定额的总和。灌水定额及灌溉定额常以 $m^3/hm^2$ 或 mm 表示,是农田科学用水的重要依据。

利用雨水集蓄工程进行补充灌溉与传统的灌溉有所不同。传统的灌溉制度是以充分满足作物高产需水为依据,或以不影响作物正常光合速率为原则,通过控制土壤水分下限指标,对作物生长发育不构成农田水分亏缺的影响,进行充分供水设计的灌溉制度。而集雨补灌制度属于非充分灌溉或限额灌溉的最低标准,不能确保作物各生育期都不受到水分胁迫的影响。集雨灌溉通常灌的是"保命水"或"救命水",通过限额补充灌溉,减少灌水次数,在作物干旱缺水的关键时期浇水,利用简易高效的灌溉技术将水浇到作物关键部位,使十分有限的集蓄雨水取得最大的灌溉效益。这种灌溉制度是雨水集蓄利用工程特有的,制定集雨补灌灌溉制度应遵循以下原则。

#### (一)采用非充分灌溉或限额灌溉的原理和方法

在集雨补灌条件下,作物全生育期供水主要依靠天然降水,集雨补灌仅供应"救命水",使作物渡过播种出苗或缺水枯萎的难关,在后期雨季能更好地利用天然降水,这正是集雨补灌能以极少量供水获得良好增产效果的原理。集雨灌溉仅在作物最关键的缺水期补充灌溉,即指在这些时期作物如发生严重的水分胁迫,将引起作物严重减产或绝收,即使后期供水也不能补偿。而非关键期有限度的缺水可以通过后期的复水(灌溉或降水)而使生长发育得到补偿而不致减产。

### (二)根据当地气候特征、作物等因素确定关键缺水期

作物关键缺水期与区域降水的时空分布及作物生长特性有关。北方300~500 mm年降水量的地区一般都无法满足旱作物全生育期正常的需水要求,可通过分析历史资料找出作物受旱频率最高的时期作为关键缺水期。此外,还应结合作物本身的需水规律和特性,综合分析确定某种作物的关键缺水期。表4-14列出了多种作物不同生育期的需水敏感程度。

表4-14　多种作物不同生育期的需水敏感程度

| 作物 | 需水敏感程度 |
|---|---|
| 水稻 | 孕穗期和开花期 > 营养生长期和成熟期 |
| 小麦 | 孕穗开花期 > 产量形成期 > 营养生长期(春小麦比冬小麦敏感) |
| 玉米 | 拔节后期(大喇叭口) > 抽雄开花期 > 籽粒灌浆期;如早期不旱则开花期更敏感 |
| 高粱 | 孕穗开花期 > 籽粒灌浆期 > 产量形成期 > 营养生长期 |
| 棉花 | 开花期和结铃期 |
| 大豆 | 产量形成期和开花期;特别是豆荚成长期 |
| 花生 | 开花期和产量形成期;特别是坐果期 |
| 向日葵 | 开花期 > 产量形成期 > 营养生长后期;特别是花芽发育期 |
| 甜菜 | 特别是出苗后的一个月 |
| 烟草 | 快速生长期 > 产量形成期和成熟期 |
| 苜蓿 | 刚割以后(生产种子的在开花期) |
| 菜豆 | 开花期和结荚期 |
| 豌豆 | 开花期和产量形成期 > 营养生长期;特别是收干豆的成熟期 |
| 土豆 | 产生匍匐茎和块茎开始形成期(开花) > 产量形成期 > 营养生长期和成熟期 |
| 洋葱 | 葱头增大期,特别是葱头快速生长期 > 营养生长期(生产种子的在开花期) |
| 甘蓝 | 叶球扩大期和成熟期 |
| 番茄 | 开花期 > 产量形成期 > 营养生长期,特别是移栽期和移栽后 |
| 西瓜 | 开花期 > 结实期 > 营养生长期,特别是拉蔓期 |
| 葡萄 | 营养生长期,特别是嫩枝伸长期 > 果实灌浆期 |

### (三)制定的灌水定额要小,又要保证作物能度过缺水期

灌水采取局部灌溉的方法,即灌水只湿润作物根系相对集中的部分土壤,再加上与地膜覆盖技术相结合,使棵间蒸发损失降到最低限度。农民称之为"只浇作物不浇地"。每次灌水量仅相当于常规地面节水灌溉的1/10~1/6。

### (四)根据经济技术条件选择高效节水的灌水技术和方法

近年来雨水集蓄灌溉的实践表明:大多数地区和集雨灌溉工程采用简易价廉的方法,

如坐水种、注水灌、膜上灌等,有条件时可选用现代高效的微灌技术。

**(五)根据雨水集蓄工程的总水量确定补灌次数和数量**

雨水集蓄利用工程的容积一般较小,普通水窖、旱井容积为 30~40 $m^3$,工程所控制耕地单位面积可调用水量十分有限,故在灌水定额一定的情况下,补灌次数和水量要由可调用的总水量确定。

## 二、春玉米集雨补灌灌溉制度

玉米是我国主要粮食作物之一,种植区域遍及全国,但主产区是东北西部、内蒙古东部、华北平原到西南的带状区域。北方春玉米全生育期为 100~140 d,春播秋收。玉米是需水量较大且水分利用效率较高的作物,全生育期需水量 350~500 mm,不同生育期对水分的需求不同。播种发芽到出苗需水占总需水量的 3.1%~6.1%。种子需要吸收本身重量 48%~50% 的水分才能发芽,播种时耕作层土壤水分必须保持在田间持水量的 60%~70% 才能保证良好出苗。出苗至拔节期耗水量占总耗水量的 15.6%~17.8%,土壤水分应控制在田间持水量的 60% 以下,为蹲苗促进根系下扎创造良好条件。拔节后进入旺盛生长阶段,水分需求增大,特别是抽雄前 10~15 d(大喇叭口期)及之后 10 d 土壤水分的亏缺对玉米生育影响极大,缺水将导致粒数的大幅度下降,因而是玉米的需水临界期,要求土壤水分保持在田间持水量的 70% 以上。玉米进入灌浆成熟期仍需较多的水分才能满足生长发育的需要,但后期需水量逐渐减少。

**(一)关键缺水期**

(1)干旱气候特征。北方春玉米生育期一般在 4~9 月,春季(4~5 月)降水量一般只占全年降水量的 12% 左右。据对农业干旱灾害的统计分析,北方春玉米播种时期平均发生春季干旱的频率在 64% 左右。6~9 月降水量占全年降水量的 70%~80%,一般能够满足玉米需水量的 65% 左右,但发生干旱的频率也在 40% 以上。由此可见,春播期是北方春玉米首要的关键缺水期,必须采取补充灌溉以保证正常播种及全苗壮苗。其次是夏季干旱,主要原因是降水时空分布不均,变率大,常与玉米需水发生错位,特别是生育中期。

(2)作物需水特性分析。表 4-15 是根据灌溉试验资料确定的春玉米各生育阶段的水分敏感指数,依照敏感指数从大到小的排序,春玉米各生育期实施补充灌溉的优先顺序为:抽雄—灌浆、拔节—抽雄、灌浆—成熟、播种—拔节。

**表 4-15 春玉米各生育阶段的水分敏感指数**

| 地区 | 播种—拔节 | 拔节—抽雄 | 抽雄—灌浆 | 灌浆—成熟 |
|---|---|---|---|---|
| 宁夏 | 0.085 | 0.183 | 0.482 | 0.255 |
| 山西 | 0.043 | 0.106 | 0.211 | 0.094 |
| 内蒙古 | 0.027 1 | 0.269 0 | 0.337 3 | 0.255 9 |

(3)关键缺水期。综合以上分析,北方春玉米采用集雨补充灌溉的关键缺水期:首先是春播期,可采用坐水播种等措施;其次是抽雄前 10~15 d(大喇叭口期);再次是扬花和灌浆初期,均可采取注水灌、穴灌、膜下滴灌等措施。

## (二)灌水定额

1. 大田作物集雨补灌定额的有限性

集雨工程主要是旱井、水窖,蓄水容积多为 30 ~ 40 $m^3$。准格尔旗户均旱井或水窖7.6眼,年总集雨量 266 $m^3$。为进一步挖掘潜力并考虑到投入的可能性,户均可发展到13眼,使年总集雨量达到 455 $m^3$。如其60%用于生活和养殖,可用于补灌的水量为 273 $m^3$。按户均耕地 1.2 $hm^2$ 计,每公顷用水量只有 228 $m^3$,若补灌 50%面积,每公顷用水量为 454.5 $m^3$,因此大田作物补灌定额只能在 450 $m^3/hm^2$ 左右。

2. 小定额灌水的有效性

几年补灌试验表明小定额集雨补灌非常有效。坐水种补灌水量 45 $m^3/hm^2$,相当于玉米种子周围有一场 20 mm 以上的降雨,可解决春旱年的播种保苗。由于坐水补灌的水分利用效率最高,应作为首推措施。在作物需水关键期膜下滴灌,灌水定额 120 ~ 225 $m^3/hm^2$,湿润宽 50 cm、深 40 cm 的带状,只占玉米田面积的 50%或瓜地面积的 30% ~ 40%,但抗旱增产效果显著。按灌水定额 180 $m^3/hm^2$ 计,相当于一次 36 mm 以上的降雨。

内蒙古水利科学研究院在准格尔旗进行不同水量的集雨补灌试验(见表 4-16),在玉米拔节期和抽雄灌浆期分别进行 20、27.5 mm 等不同水量的补灌,同一时期不同补灌量的增产效果差异不很显著,但补灌水利用效率总是灌水量小的效率高。这说明小定额补灌非常有效。

**表 4-16　内蒙古准格尔旗玉米不同水量的补灌效率**

| 种植与灌水方式 | 补灌水量(mm) | 补灌时间 | 产量($kg/hm^2$) | 增产量($kg/hm^2$) | 增产率(%) | 补灌效率($kg/(mm \cdot hm^2)$) |
|---|---|---|---|---|---|---|
| 对照 | 0 | | 5 340.53 | 0 | | |
| 覆膜、膜下滴灌 | 20 | 拔节期 | 6 972.04 | 1 631.51 | 30.6 | 81.6 |
| 覆膜、膜下滴灌 | 27.5 | 拔节期 | 7 411.25 | 2 070.72 | 38.7 | 75.3 |
| 覆膜、膜下滴灌 | 20 | 抽雄灌浆 | 6 224.49 | 883.96 | 16.6 | 44.2 |
| 覆膜、膜下滴灌 | 27.5 | 抽雄灌浆 | 6 468.93 | 1 128.4 | 21.1 | 41.0 |

甘肃省农业科学研究院的科研人员在定西试验区对春玉米有限供水的增产效应进行研究,补充供水时间设在抽雄灌浆初期,分别采用坑种、沟种和平作 3 种方式。试验设两种补灌定额处理,分别为 40 mm 和 80 mm,以不灌为对照,试验结果见表 4-17。可以看出,无论哪种种植方式,单位补充供水量的增产量(供水效率)都是 40 mm 高于 80 mm。表明即使在关键需水期,在水量极有限时单次补充灌溉的灌水定额不应太大。春玉米生长中后期已进入当地雨季,从降雨的绝对量来看缺口并不是很大,主要问题是降雨的年际变率大,经常发生较为严重的短期干旱。补充灌溉更为重要的是及时供水,水量不一定要很大。在有效缓解干旱的条件下,剩余水量应尽可能用于扩大补灌收益面积,以达到总收益最大的目标。

表 4-17　春玉米需水关键期补充灌溉的供水效率

| 种植方式 | 供水量（mm） | 籽粒产量（$kg/hm^2$） | 增产量（$kg/hm^2$） | 供水效率（$kg/(mm \cdot hm^2)$） |
|---|---|---|---|---|
| 坑种、地膜 | 0 | 6 453.0 | — | — |
| | 40 | 6 925.0 | 472.0 | 11.82 |
| | 80 | 6 777.0 | 324.0 | 4.05 |
| 沟种、地膜 | 0 | 5 157.0 | — | — |
| | 40 | 5 802.0 | 645.0 | 16.13 |
| | 80 | 5 965.5 | 808.5 | 10.11 |
| 平作、裸地 | 0 | 4 917.0 | — | — |
| | 40 | 5 059.5 | 142.5 | 3.56 |
| | 80 | 4 939.5 | 22.5 | 0.28 |

内蒙古水利科学研究院的科技人员在准格尔旗和乌兰浩特的试验结果见表 4-18，在关键缺水期补灌水量相差一倍，增产量却相差不大，补灌定额小的供水效率反而大，表明在满足能度过干旱缺水期的情况下，补灌定额不一定要很大，水量越小供水效率越高，也说明膜下滴灌或坐水播种时小定额补灌的有效性。

表 4-18　玉米不同补灌水量的增产效果

| 补灌方式 | 补灌时期 | 补灌水量（$m^3/hm^2$） | 产量（$kg/hm^2$） | 增产量（$kg/hm^2$） | 补灌水效率（$kg/m^3$） |
|---|---|---|---|---|---|
| 膜下滴灌（准格尔旗） | 拔节后期 | 0 | 5 142.0 | — | — |
| | | 150 | 7 029.0 | 1 887.0 | 12.58 |
| | | 300 | 7 185.0 | 2 043.0 | 6.81 |
| 坐水种（乌兰浩特） | 播种期 | 0 | 5 286.0 | — | — |
| | | 45 | 6 652.5 | 1 366.5 | 30.37 |
| | | 90 | 7 459.5 | 2 173.5 | 24.15 |
| | | 180 | 7 839.0 | 2 553.0 | 14.18 |

**（三）补灌次数**

根据各地试验及生产实践，春玉米集雨补灌一般只选择 1 ~ 2 个关键期，最多 3 个，补灌次数一般 1 ~ 2 次，最多 3 次。

**（四）灌溉制度**

内蒙古水利科学研究院在准格尔旗进行了连续 4 年的春玉米集雨补灌灌溉制度试验研究。试验设 4 种不同灌水处理：①不灌对照区，即不采用任何灌水措施。②坐水种，即播种时灌水 1 次（坐水种），生育期不灌。③坐水 + 滴灌 1 次，即除播种时坐水外，生育期再灌水 1 次。④坐水 + 滴灌 2 次，即除播种时坐水外，生育期再灌水 2 次。

每个处理设 3 个重复小区，处理间设隔离保护区。研究结果见表 4-19。

**表 4-19　内蒙古准格尔旗春玉米集雨补灌灌溉制度试验结果**

| 水文年 | 补灌次数 | 补灌时间 | 灌水定额 ($m^3/hm^2$) | 总补灌定额 ($m^3/hm^2$) | 平均产量 ($kg/hm^2$) |
| --- | --- | --- | --- | --- | --- |
| 平水年 | 2 | ①春播坐水<br>②6 月下旬拔节后期 | 45 ~ 75<br>180 ~ 225 | 225 ~ 300 | 7 833.00 |
| 干旱年 | 3 | ①春播坐水<br>②6 月下旬拔节后期<br>③7 月中旬抽雄开花 | 45 ~ 75<br>180 ~ 225<br>180 ~ 225 | 405 ~ 450 | 8 207.25 |

宁夏南部山区在 1995 年大旱条件下玉米注水灌溉试验成果：全生育期注水灌 5 次，每次灌水定额为 63 $m^3/hm^2$，灌溉定额为 315 $m^3/hm^2$，产量为 5 250 $kg/hm^2$。

宁夏彭阳县 1994 年干旱年玉米地膜穴灌试验成果：生育期补灌 3 次，每次灌水定额为 73.5 $m^3/hm^2$，灌溉定额为 220.5 $m^3/hm^2$，产量为 10 524 $kg/hm^2$。

青海湟中县 1998 年对大田玉米地膜穴灌，在苗期、开花期和灌浆期用点灌方式补灌 3 次，总灌水量为 130.5 $m^3/hm^2$，结果每公顷有效穗数、每穗粒数均高于对照田 25% 以上，每公顷增产 2 223 kg。

## 三、谷子集雨补灌灌溉制度

### (一)不同补灌水量对谷子生长及产量的影响

不同补灌处理均较对照区株高和茎粗增加，苗期株高较对照高 2.7 ~ 4.3 cm；拔节期高出 13.5 ~ 24.3 cm，茎粗较对照增粗 0.07 ~ 0.29 cm；乳熟期株高较对照高 4.5 ~ 15.4 cm，茎粗增加 0.09 ~ 0.16 cm(见表 4-20)。各补灌处理以覆膜坐水 + 膜上灌的长势最好，沟植垄盖由于微地形集雨效应，虽未补灌长势也较好。

**表 4-20　不同补灌水量谷子生长状况的对比**

| 处理名称 | 编号 | 补灌水量 ($m^3/hm^2$) | 苗期(05-20) | 拔节期(06-28) | | 乳熟期(09-07) | |
| --- | --- | --- | --- | --- | --- | --- | --- |
| | | | 株高(cm) | 株高(cm) | 茎粗(cm) | 株高(cm) | 茎粗(cm) |
| 不覆膜不灌水 | CK | 0 | 12.2 | 25.6 | 0.24 | 135.6 | 0.71 |
| 覆膜坐水 | GM1 | 45 | 16.2 | 49.7 | 0.43 | 149.3 | 0.80 |
| 覆膜坐水 + 膜上灌 1 次 | GM2 | 285 | 15.8 | 49.9 | 0.53 | 151.0 | 0.87 |
| 带水条播 | GT1 | 30 | 14.9 | 39.1 | 0.31 | 140.1 | 0.83 |
| 带水条播 + 滴灌 1 次 | GT2 | 210 | 15.2 | 44.3 | 0.39 | 148.7 | 0.83 |
| 沟植垄盖 | GG | 0 | 16.5 | 48.6 | 0.43 | 145.6 | 0.81 |

从表 4-20、表 4-21 可以看出，不同集雨补灌措施对谷子均有增产作用，覆膜坐水增产 89.8%，覆膜坐水＋膜上灌 1 次增产 128.7%，带水条播增产 30.8%，带水条播＋滴灌 1 次增产 53.9%，沟植垄盖增产 100.4%。覆膜处理的增产效果更为显著，一是由于地膜的增温效应，出苗早，苗期生长快，抽穗提早 10～13 d，提早成熟，而不覆膜处理的霜冻危害严重；二是由于地膜覆盖的保水作用，可使生育前中期耕作层土壤水分平均提高 1.5～2.0 个百分点。

**表 4-21　不同处理的谷子产量统计**

| 处理名称 | 小区产量（kg/hm²） | | 产量（kg/hm²） | | 增产量（kg/hm²） | 增产率（%） | 生物学产量（kg/hm²） |
|---|---|---|---|---|---|---|---|
| | 秸秆 | 籽粒 | 秸秆 | 籽粒 | | | |
| 不覆膜不灌水 | 335.40 | 253.95 | 1 864.5 | 1 411.5 | 0 | 0 | 3 276.0 |
| 覆膜坐水 | 639.90 | 481.95 | 3 556.5 | 2 679.0 | 1 267.5 | 89.8 | 6 235.5 |
| 覆膜坐水＋膜上灌 1 次 | 771.00 | 580.80 | 4 285.5 | 3 228.0 | 1 816.5 | 128.7 | 7 513.5 |
| 带水条播 | 613.95 | 332.25 | 3 412.5 | 1 846.5 | 435 | 30.8 | 5 259.0 |
| 带水条播＋滴灌 1 次 | 703.20 | 390.75 | 3 909.0 | 2 172.0 | 760.5 | 53.9 | 6 081.0 |
| 沟植垄盖 | 697.35 | 508.95 | 3 876.0 | 2 829.0 | 1 417.5 | 100.4 | 6 705.0 |

## （二）谷子补灌水利用效率与作物水分利用效率

覆膜坐水、覆膜坐水＋膜上灌 1 次处理的作物水分利用效率较不覆膜不灌水（对照）提高近 2 倍（见表 4-22）；带水条播、带水条播＋滴灌 1 次处理较对照提高 35% 左右；沟植垄盖处理较对照同样提高近 2 倍。谷子不同补灌水量的灌水利用效率为 3.9～29.9 kg/m³。

**表 4-22　谷子不同补灌水量的产量和水分利用效率**

| 处理名称 | 补灌水量（m³/hm²） | 有效降水量（mm） | 土壤水利用量（m³/hm²） | 生育期耗水（m³/hm²） | 每公顷产量（kg/hm²） | 增产量（kg/hm²） | 增产率（%） | 补灌水利用效率（kg/m³） | 作物水分利用效率（kg/m³） |
|---|---|---|---|---|---|---|---|---|---|
| 不覆膜不灌水 | 0 | 365 | －103.5 | 3 546.0 | 1 411.5 | 0 | 0 | — | 0.40 |
| 覆膜坐水 | 45 | 365 | －103.5 | 3 591.0 | 2 679.0 | 1 267.5 | 89.8 | 29.9 | 0.75 |
| 覆膜坐水＋膜上灌 1 次 | 285 | 365 | －61.5 | 3 873.0 | 3 228.0 | 1 816.5 | 128.7 | 6.8 | 0.83 |
| 带水条播 | 30 | 365 | －90.0 | 3 589.5 | 1 846.5 | 435.0 | 30.8 | 15.4 | 0.51 |
| 带水条播＋滴灌 1 次 | 210 | 365 | －67.5 | 3 792.0 | 2 172.0 | 760.5 | 53.9 | 3.9 | 0.57 |
| 沟植垄盖 | 0 | 365 | －25.5 | 3 624.0 | 2 829.0 | 1 417.5 | 100.4 | 0 | 0.78 |

## （三）谷子集雨补灌优化灌溉制度的初步分析

通过以上分析，初步提出谷子集雨补灌优化灌溉制度如表 4-23 所示。

表 4-23　谷子集雨补灌灌溉制度　（单位：$m^3/hm^2$）

| 种植方式 | 补灌次数 | 补灌时间及方式 | 灌水定额 | 总补灌定额 |
|---|---|---|---|---|
| 覆膜 | 2 | 春播坐水种<br>6 月下旬（膜上或膜下灌） | 45<br>240～255 | 285～300 |
| 条播 | 2 | 春季带水条播<br>6 月下旬（滴灌 1 次） | 30～45<br>180～225 | 210～270 |

## 四、西瓜集雨补灌灌溉制度

### （一）不同补灌水量与西瓜产量

试验表明覆膜坐水种和膜下滴灌的植株生长及产量均明显好于对照。覆膜坐水种补水 22.5 $m^3/hm^2$，出苗率为 99%；对照只有 68%。补灌区苗齐、苗壮、生长发育好，坐瓜早又多，产量大幅度提高。不同补灌措施增产量为 21 147.0～53 374.5 $kg/hm^2$，其中覆膜坐水 + 滴灌 2 次 > 覆膜坐水 + 滴灌 1 次 > 覆膜坐水 > 不覆膜不灌水（对照）（见表 4-24）。

表 4-24　西瓜不同补灌水量的产量和水分利用效率

| 处理名称 | 补灌水量（$m^3/hm^2$） | 有效降雨量（mm） | 土壤水利用量（$m^3/hm^2$） | 生育期耗水（$m^3/hm^2$） | 产量（$kg/hm^2$） | 增产量（$kg/hm^2$） | 增产率（%） | 补灌水利用效率（$kg/m^3$） | 作物水分利用效率（$kg/m^3$） |
|---|---|---|---|---|---|---|---|---|---|
| 不覆膜不灌水 | 0 | 345 | －1 053.0 | 2 397.0 | 13 596.0 | 0 | 0 | 0 | 5.7 |
| 覆膜坐水 | 22.5 | 345 | －1 081.5 | 2 391.0 | 34 743.0 | 21 147.0 | 155.5 | 939.8 | 14.5 |
| 覆膜坐水 + 滴灌 1 次 | 142.5 | 345 | －999.0 | 2 593.5 | 48 885.0 | 35 289.0 | 259.6 | 247.6 | 18.8 |
| 覆膜坐水 + 滴灌 2 次 | 262.5 | 345 | －940.5 | 2 772.0 | 66 970.5 | 53 374.5 | 392.6 | 203.3 | 24.2 |

### （二）田间灌水利用率与作物水分利用效率分析

从表 4-24 可以看出，各种集雨补灌的灌水利用效率为 203.3～939.8 $kg/m^3$，其中覆膜坐水 > 覆膜坐水 + 滴灌 1 次 > 覆膜坐水 + 滴灌 2 次，随着灌水量的增加，灌水利用效率呈下降趋势。西瓜的作物水分利用效率为 5.7～24.2 $kg/m^3$，其中覆膜坐水 + 滴灌 2 次 > 覆膜坐水 + 滴灌 1 次 > 覆膜坐水 > 不覆膜不灌水（对照），随集雨补灌水量增加产量呈上升趋势，未出现报酬递减现象。这说明当地西瓜生产中集雨补灌的经济效益要好于其他作物。

### （三）西瓜集雨补灌优化灌溉制度的初步分析

根据试验结果，初步提出西瓜集雨补灌灌溉制度如表 4-25 所示。

表 4-25　西瓜集雨补灌灌溉制度　（单位：$m^3/hm^2$）

| 水文年 | 补灌次数 | 补灌时间 | 灌水定额 | 总补灌定额 | 平均产量 |
|---|---|---|---|---|---|
| 平水年 | 2 | 春播坐水种<br>6 月下旬（乳瓜期） | 22.5<br>120 | 142.5 | 49 572 |
| 干旱年 | 3 | 春播坐水种<br>6 月下旬（乳瓜期）<br>7 月上中旬（膨大期） | 22.5<br>120<br>120 | 262.5 | 61 035 |

## 五、蔬菜集雨补灌灌溉制度

蔬菜是需水量较大的作物,生育期期间大多数蔬菜需要保持土壤湿润。与其他作物相比,蔬菜对水分状况更为敏感,灌水及时与否对产量的影响非常大,一些叶类蔬菜更是如此。蔬菜生育期总需水量经常高达 600 ~ 700 mm,因此在北方半干旱地区采用集雨补灌较大面积的种植是比较困难的。

不同种类蔬菜的需水特性也不相同。生长期叶面积系数高、生长速度快、采收期长、根系发达的蔬菜需水量要高些,如茄子、黄瓜等,生育期需水量高达 800 mm 左右。反之,如菠菜、莴笋等,需水量只有 300 mm 左右。蔬菜苗期需水量较小,随着群体增大需水量迅速增加,植株基本定型后达到最大,之后逐渐成熟,需水量又会减少。大多数蔬菜的需水临界期为营养生长或生殖生长的旺盛时期,如菜豆为开花结荚期,萝卜为块根膨大期,番茄为花形成到果实膨大期等。

甘肃省兰州市灌溉试验站在 1982 ~ 1985 年开展了地膜覆盖茄子适宜灌溉模式的研究,1986 ~ 1988 年又进行了地膜覆盖青椒适宜灌溉模式研究,总结了两种蔬菜作物各生育阶段的适宜土壤水分下限和全生育期的灌溉模式(见表 4-26)。

**表 4-26 茄子、青椒各生育阶段的适宜土壤水分下限和全生育期的灌溉模式**

| 蔬菜种类 | 适宜土壤水分下限(占田间持水量%) | | | | 灌溉模式 | | |
|---|---|---|---|---|---|---|---|
| | 幼苗—现蕾 | 现蕾—开始采收 | 开始采收—收采盛期 | 收采盛期—采收结束 | 水文年型 | 灌水次数 | 总灌溉量(mm) |
| 茄子 | 70 | 60 | 55 | 50 | 平水年 | 7 ~ 8 | 465 ~ 965 |
| | | | | | 中等干旱年 | 8 ~ 9 | 510 ~ 540 |
| | | | | | 干旱年 | 9 ~ 10 | 555 ~ 585 |
| 青椒 | 70 | 65 | 55 | 50 | 平水年 | 6 ~ 7 | 270 ~ 285 |
| | | | | | 中等干旱年 | 8 | 330 ~ 345 |
| | | | | | 干旱年 | 9 | 360 ~ 375 |

内蒙古水利科学研究院在准格尔旗集雨示范区推广农户小拱棚和小片蔬菜地种植,面积 30 $m^2$ 左右,建在庭院附近的水窖旁,解决了农户吃菜难的问题。覆膜种植小拱棚或小片蔬菜地的补灌模式:手压泵提水—软管输水进地—坐水种和膜下(或膜上)灌水—补灌 6 ~ 8 次,灌水定额 120 ~ 150 $m^3/hm^2$,补灌总水量 720 ~ 960 $m^3/hm^2$。30 $m^2$ 左右的菜地年用水量为 3.0 $m^3$ 左右。

## 六、果树集雨补灌灌溉制度

表 4-27 是几种果树生育期内按月份计算的日均需水量,总体上几种果树需水强度的变化趋势一致。春季开始生长时较低,而后不断增加,7 ~ 8 月达到高峰,然后逐步下降,与气温的变化过程基本相同。

表 4-27　几种果树生育期内按月份计算的日均需水量　（单位:mm/d）

| 果树种类 | 4月 | 5月 | 6月 | 7月 | 8月 | 9月 | 10月 |
|---|---|---|---|---|---|---|---|
| 苹果 | 1.77 | 1.75 | 1.96 | 1.98 | 2.02 | 1.94 | 1.53 |
| 梨 | 1.83 | 2.63 | 2.37 | 3.48 | 3.52 | 1.7 | — |
| 葡萄 | 1.65 | 1.74 | 2.22 | 3.17 | 2.78 | 2.51 | — |

各生育期需水强度均以梨树最大,苹果需水强度在春季开始发育阶段比葡萄略高,但其他时期一般都比葡萄和梨低,是耗水较少的树种。

苹果生育期可分为花芽期、花期、果实膨大期、成熟期 4 个阶段。试验资料显示,花芽期的适宜土壤湿度为田间持水量的 71.3%,花期为田间持水量的 70% 左右。果实膨大期是需水高峰期,也是需水临界期,水分状况与果实大小和产量关系密切,适宜土壤相对湿度为 72% ~75%。成熟期土壤相对湿度不宜太高,控制在 65% 左右最好。在干旱区生长的苹果,根系分布深度为 100 ~ 150 cm,主要根系活动层为 80 ~ 100 cm,灌水计划湿润层取 80 ~ 100 cm 较为适宜。表 4-28 给出了陕西省富平县 75% 保证率下不同降水年型红富士苹果逐月水分需求、亏缺量、补灌时期和补灌水量。

表 4-28　不同降水年型红富士苹果的补灌时期和补灌水量

| 降水年型 | 水分严重亏缺时期 | 水分亏缺量（mm） | 生育阶段 | 补灌次数 | 补灌时期 | 补灌水量（mm） |
|---|---|---|---|---|---|---|
| 75% | 5月下旬 | 30.96 | 幼果膨大期 | 1 | 5月下旬 | 30 |
| | 6月中旬 | 27.49 | 幼果膨大期 | 1 | 6月中旬 | 30 |
| | 7月中旬 | 25.99 | 果实膨大期 | 1 | 7月中旬 | 30 |
| | 8月下旬 | 24.83 | 果实膨大期 | 1 | 8月下旬 | 20 |
| 90% | 6月上旬 | 43.80 | 幼果膨大期 | 1 | 6月上旬 | 30 |
| | 7月中旬 | 33.57 | 果实膨大期 | 1 | 7月中旬 | 30 |
| | 8月上旬 | 34.30 | 果实膨大期 | 1 | 8月上旬 | 20 |
| 多年平均 | 6月上旬 | 30.78 | 幼果膨大期 | 1 | 6月上旬 | 30 |
| | 8月上旬 | 14.49 | 果实膨大期 | 1 | 8月上旬 | 20 |

梨树生育期可分为花芽期、花期、果实膨大期及成熟期,以果实膨大期需水量最大,这时根、叶和果实均处于旺盛生长期,缺水对产量的影响最大,是需水临界期。梨树是耗水较多的果树,根据辽宁的试验,各生育阶段的适宜土壤含水量(占田间持水量的百分比)花前期为 71.2%,花期为 74.3%,果实膨大期为 75.3%,成熟期为 56.3%。计划湿润层深度一般定为 80 ~ 100 cm。

葡萄生育期可分为花芽期、抽穗展叶期、花期、果实膨大期和成熟期。花芽期需要较好的水分状况才能保证花穗的良好分化和形成,对供水状况最为敏感,是需水临界期,土壤含水量一般要保持在田间持水量的 70% ~80%。其他时期适宜的土壤相对湿度分别为抽穗展叶期 65% ~75%,花期 65% ~80%,果实膨大期 75% ~85%,成熟期 65% ~70%。灌水计划湿润层深度以 80 ~ 100 cm 为宜。

# 第五节 集雨补灌与作物水模型研究

## 一、不同补灌方式对作物生长及产量的影响

### (一)坐水补灌对作物出苗及苗期生长的影响

北方春播时期常常发生由于土壤墒情差而缺苗断垄甚至根本无法播种。为解决该问题,人们摸索出一套“坐水种”方法,即在穴内注入少量水,再点种、施肥,然后覆土。坐水补灌可有效提高出苗率,保证苗齐、苗壮,还可促使作物提早成熟,减轻霜冻危害。玉米坐水播种的补灌水量为5 mm,平均每株补水1.0 kg,只湿润种子周围土壤,湿润深度约30 cm,直径25 cm,合每公顷湿润面积为2 580 $m^2$,仅占全田面积的25.8%。从表4-29可以看出,坐水播种后种子周围土壤含水率可提高6.2~9.3个百分点,玉米出苗率由70%左右提高到90%以上,出苗提早4~9 d,并有利于苗期的正常生长。

表4-29 播前坐水对玉米出苗率及土壤含水率的影响

| 年份 | 处理 | 播种日期(月-日) | 出苗日期(月-日) | 早出苗(d) | 出苗率(%) | 0~20 cm土层体积含水率(%) |
|---|---|---|---|---|---|---|
| 2003 | 不坐水 | 05-05 | 05-16 | 0 | 73 | 10.5 |
| | 坐水 | 05-05 | 05-12 | 4 | 95 | 18.1 |
| 2004 | 不坐水 | 04-26 | 05-13 | 0 | 71 | 9.4 |
| | 坐水 | 04-26 | 05-08 | 5 | 92 | 15.6 |
| 2005 | 不坐水 | 05-01 | 05-17 | 0 | 65 | 7.8 |
| | 坐水 | 05-01 | 05-09 | 8 | 88 | 14.5 |
| 2006 | 不坐水 | 05-10 | 05-27 | 0 | 69 | 7.6 |
| | 坐水 | 05-10 | 05-21 | 6 | 93 | 16.9 |
| 2007 | 不坐水 | 05-02 | 05-20 | 0 | 60 | 7 |
| | 坐水 | 05-02 | 05-11 | 9 | 90 | 15 |

注:0~20 cm土层体积含水率是指坐水后24 h的测值。

### (二)地膜覆盖对土壤温度的影响及提墒增产效应

地膜覆盖能大大改善农田小气候,具有保护土壤结构、抗御风沙和水蚀、保墒蓄墒和调节地温、抑制杂草和杀死一些土壤病原体的作用。地膜覆盖后使土壤与空气的热交换及水分蒸发被阻隔,夜间土壤水分凝结在塑膜内壁,使土壤长波辐射散热大大减少,而白天的短波辐射入射基本不受影响,形成一种温室效应。因此,在覆膜情况下土壤的温度变化与裸露土壤有很大的不同。

1.覆膜与不覆膜土壤温度随深度的变化

以2006年6月11日(晴朗无云,玉米拔节前期)土温观测资料绘制8:00~20:00不同处理不同深度土壤温度的日变化(见图4-6)。可以看出,日间辐射强度高,地表散热少

吸热多，使表层土温升高；夜间地表以散热为主，温度下降。由于土壤表面是土体与大气环境之间的作用面，温度变化要比深层剧烈得多，沿土层深度方向则地温变化趋于平缓，直到某一深度温度日变化趋于消失。表层热量的散失或吸收向深层的传递有一个过程，深层土壤最高温度和最低温度都要比表层推迟，土层越深推迟时间越长。覆膜土壤0 cm、5 cm、10 cm深处的地温日变化趋势相同，20 cm处温度变化较平缓；不覆膜土壤0 cm、5 cm深处地温日变化趋势相同，10 cm、20 cm处变化趋于平缓，这表明热量向下传递的范围要比覆膜土壤浅。8:00～20:00无论覆膜与否，土温均随深度增加而降低。覆膜处理8:00～10:00和19:00～20:00是土壤温度变化的转折点，不覆膜处理的转折点在8:00～9:00和18:00～20:00，表明覆膜可以延迟土表温度的下降。0 cm和5 cm深处的土温无论覆膜与否都以14:00最高；覆膜处理10 cm最高土温出现在14:00～15:00，而不覆膜处理同深度土温推迟到16:00左右。两种处理20 cm深度最高土温均在20:00以后。

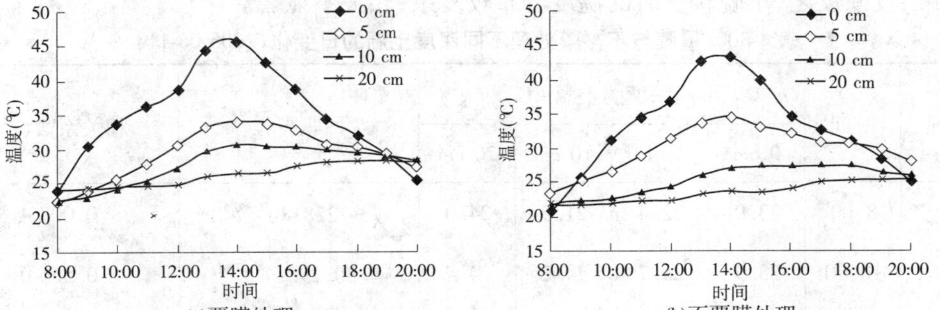

(a)覆膜处理　　(b)不覆膜处理

**图4-6　覆膜对不同深度土壤温度日变化的影响**

以2006年8月6日（晴朗无云，玉米处于灌浆前期）观测资料绘制同一深度玉米覆膜与不覆膜一昼夜每隔1 h的温度日变化曲线（见图4-7）。

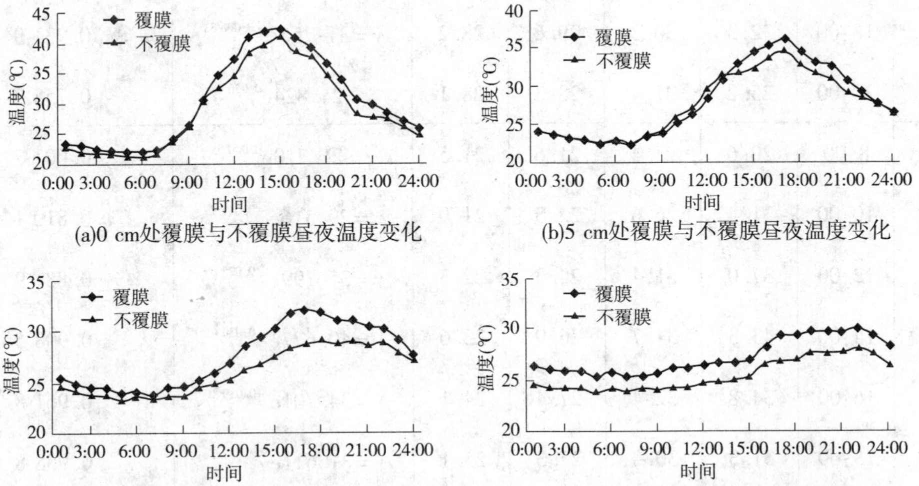

(a)0 cm处覆膜与不覆膜昼夜温度变化　　(b)5 cm处覆膜与不覆膜昼夜温度变化

(c)10 cm处覆膜与不覆膜昼夜温度变化　　(d)20 cm处覆膜与不覆膜昼夜温度变化

**图4-7　玉米覆膜与不覆膜处理不同深度土温的日变化曲线**

从图 4-7 可以看出，表层土温在 23:00 ~ 次日 9:00 覆膜处理略高于不覆膜，在 9:00 ~ 23:00 增温效果更明显，主要是由于白天太阳辐射强，吸热较多，增温迅速；日落后由于覆膜的保温作用，夜间土温仍高于裸露土壤，但 23:00 以后二者温差有所减小。5 cm 深度处的温度 12:00 ~ 21:00 覆膜处理高于不覆膜，其他时间则相差不大；从日出到中午12:00 覆膜处理的温度反而略低，其原因可能是此时玉米已经封垄，地膜覆盖的玉米枝叶更加茂密，遮蔽更严，使膜下吸收短波辐射的效果降低。但在太阳高度角升高后，即使在玉米枝叶遮蔽下，地膜仍能表现出蓄热保温作用。10 cm 土层覆膜处理土温在 10:00 ~ 20:00 较不覆膜处理增幅大，20 cm 土层无论覆膜与否 24 h 内的温度波动很小，但覆膜处理的温度仍显著高于不覆膜。

2. 覆膜与不覆膜处理不同深度土温的日变化

从表 4-30 可以看出，最大温度变幅发生在土壤表层 0 cm 处，随深度增加依次递减。表层最高温度出现在 14:00。土温随深度的变化一般呈指数曲线关系，白天由表层向深层递减，夜间反之，早晚转折时的温度分布较复杂，相关不显著。

**表 4-30 覆膜与不覆膜处理不同深度土温的日变化(2006-06-11)**

| 处理 | 时间 | 不同深度的土温(℃) | | | | 回归方程 | 相关系数($r^2$) |
|---|---|---|---|---|---|---|---|
| | | 0 cm | 5 cm | 10 cm | 20 cm | | |
| 覆膜 | 8:00 | 23.9 | 22.4 | 21.5 | 24.0 | $y=22.818e^{0.0005x}$ | 0.007 4 |
| | 10:00 | 33.9 | 25.7 | 24.2 | 24.4 | $y=30.298e^{-0.0141x}$ | 0.566 0 |
| | 12:00 | 38.8 | 30.9 | 27.2 | 24.9 | $y=36.065e^{-0.0211x}$ | 0.861 3 |
| | 14:00 | 45.9 | 35.6 | 30.7 | 26.5 | $y=42.678e^{-0.0261x}$ | 0.910 7 |
| | 16:00 | 38.8 | 33.0 | 30.5 | 27.5 | $y=37.134e^{-0.0164x}$ | 0.919 0 |
| | 18:00 | 32.3 | 30.3 | 29.6 | 28.2 | $y=31.756e^{-0.0063x}$ | 0.931 9 |
| | 20:00 | 25.2 | 27.4 | 28.3 | 28.1 | $y=24.824e^{0.0366x}$ | 0.758 3 |
| 不覆膜 | 8:00 | 20.6 | 23.4 | 21.6 | 21.5 | $y=21.710e^{0.0003x}$ | 0.001 7 |
| | 10:00 | 31.4 | 26.6 | 22.5 | 21.9 | $y=29.516e^{-0.0177x}$ | 0.810 1 |
| | 12:00 | 37.0 | 31.4 | 24.3 | 22.3 | $y=35.199e^{-0.0256x}$ | 0.881 9 |
| | 14:00 | 43.3 | 34.7 | 26.9 | 23.6 | $y=40.677e^{-0.0300x}$ | 0.908 5 |
| | 16:00 | 34.8 | 32.4 | 27.4 | 24.1 | $y=34.701e^{-0.0191x}$ | 0.961 8 |
| | 18:00 | 31.3 | 30.8 | 27.3 | 25.1 | $y=31.611e^{-0.0119x}$ | 0.938 8 |
| | 20:00 | 23.0 | 27.9 | 25.9 | 25.3 | $y=24.946e^{0.0024x}$ | 0.063 6 |

3. 地膜覆盖的土温变化率

从表4-31可以看出，裸露土壤表面温度在上午的升温速率要快于覆膜处理，主要是由于裸露土壤夜间辐射降温更为强烈，最低温度更低；同时覆膜条件下土壤水汽蒸发受到地膜的阻隔，在地膜内侧凝结释放潜热，也减弱了土温的辐射降温，使得早晨覆膜土表温度比裸露土表要高出3.3 ℃。但深度超过5 cm时，覆膜处理在上午的升温速率都高于不覆膜，这是由于覆膜处理土表热量无论蒸发潜热还是湍流显热的散失都比裸露土壤少，热量向下传递更多，升温更快。地膜覆盖处理各深度在下午的降温速率也快于裸露土壤，这是因为午后温度峰值高的关系。

**表4-31　玉米覆膜与不覆膜不同深度的土温变化率**

| 时间 | 深度(cm) | 温度(℃) | | 与上次观测比较温度变化率(℃/h) | |
|---|---|---|---|---|---|
| | | 覆膜 | 不覆膜 | 覆膜 | 不覆膜 |
| 8:00 | 0 | 23.9 | 20.6 | — | — |
| | 5 | 22.4 | 23.4 | — | — |
| | 10 | 22.5 | 21.6 | — | — |
| | 20 | 24.0 | 21.5 | — | — |
| 14:00 | 0 | 45.9 | 43.3 | 3.7 | 3.8 |
| | 5 | 35.6 | 34.7 | 2.2 | 1.9 |
| | 10 | 30.7 | 26.9 | 1.4 | 0.9 |
| | 20 | 26.5 | 23.6 | 0.4 | 0.4 |
| 20:00 | 0 | 25.2 | 23.0 | -3.5 | -3.4 |
| | 5 | 27.4 | 27.9 | -1.4 | -1.1 |
| | 10 | 28.3 | 25.9 | -0.4 | -0.2 |
| | 20 | 28.1 | 25.3 | 0.3 | 0.3 |

4. 玉米生育期内覆膜对不同土层温度的影响

利用TSTW-2型计算机自动温度监测系统对覆膜与不覆膜处理玉米地进行每天8:00、14:00、20:00定时自动监测，将3次观测值取平均作为日平均值，绘制温度变化曲线（见图4-8）。从图4-8可以看出，玉米生长前期覆膜增温效果好于后期，这是由于后期存在冠层遮阴影响。同时，随着深度增加，覆膜与不覆膜处理在不同生育阶段的平均温差增大，表明覆膜对耕层较深土壤温度的影响更大。不同生育阶段的土温与气温变化趋势大体一致，以盛夏7月上旬土温最高，苗期和灌浆成熟期较低。增温幅度以苗期最为显著，进入雨季和冠层建立后增温效果减弱。因此，覆膜的增温和促进生长发育的效果主要体现在前期。

**（三）不同补灌水量对玉米植株生长的影响**

1. 不同灌溉处理水平对玉米株高的影响

2006年和2007年每10 d观测一次玉米株高并绘制生长曲线如图4-9和图4-10所示，可以看出，不同灌水处理和不同农艺措施的株高增长总体趋势都呈由慢到快再到慢的过程，呈S形曲线。从出苗到6月7日生长较缓慢，以拔节前到灌浆初期增长最快。灌浆成熟期几乎停止生长，从拔节前10 d（6月17日）到灌浆期（7月31日）的株高增长速率，不覆膜不灌水、覆膜不灌水、覆膜坐水、覆膜坐水+滴灌1次、覆膜坐水+滴灌2次5种处

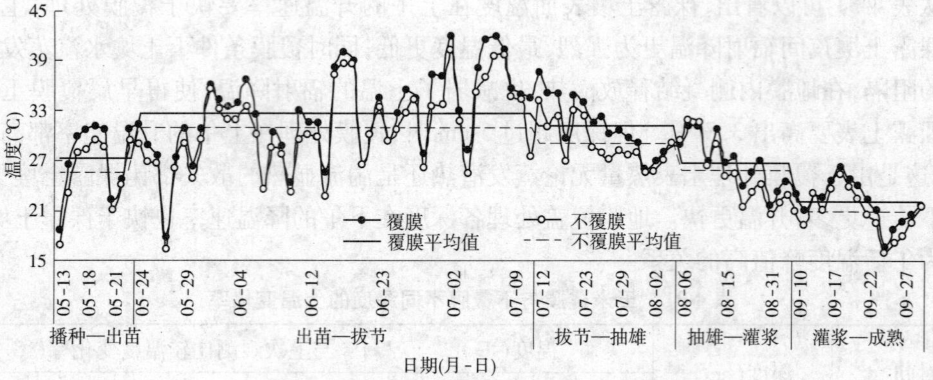


(a)整个生育期内0 cm土层温度变化过程线

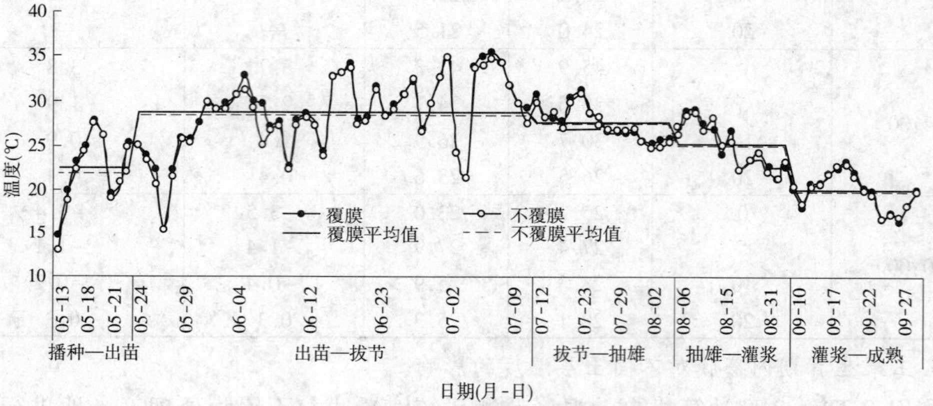


(b)整个生育期内5 cm土层温度变化过程线

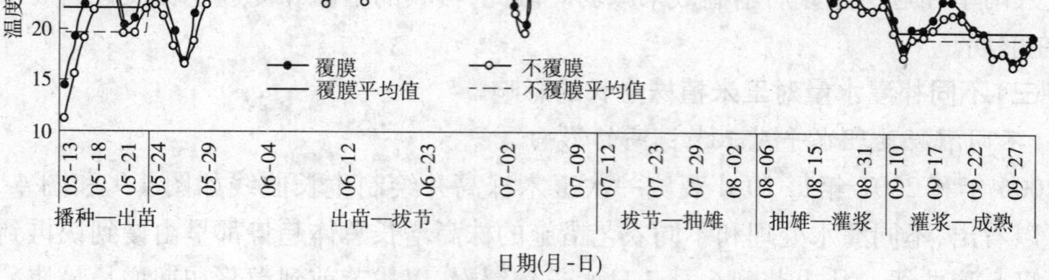


(c)整个生育期内10 cm土层温度变化过程线

**图 4-8 玉米全生育期覆膜与不覆膜不同深度土温的动态变化**

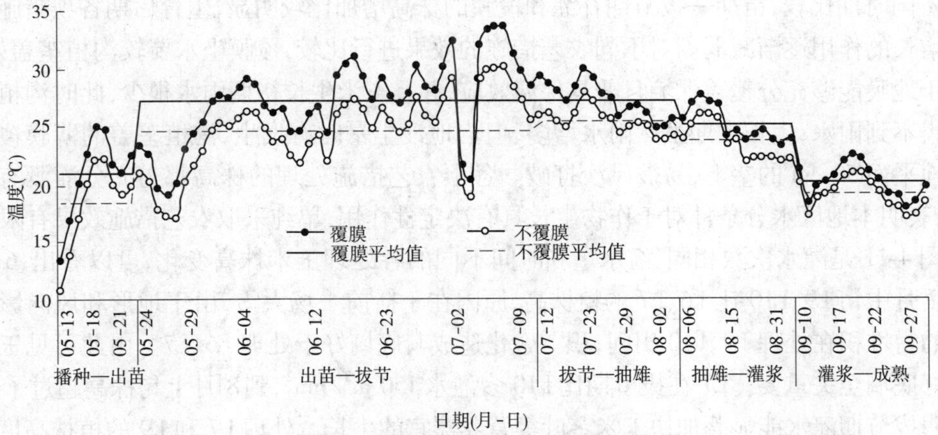

(d)整个生育期内20 cm土层温度变化过程线

续图 4-8

理依次为2.53、2.73、2.82、3.64、3.86 cm/d,这表明覆膜与补灌都有促进玉米加快生长的效应,且随补灌水量增加生长加速。2007 年的试验还表明沟植垄盖的株高也优于对照。

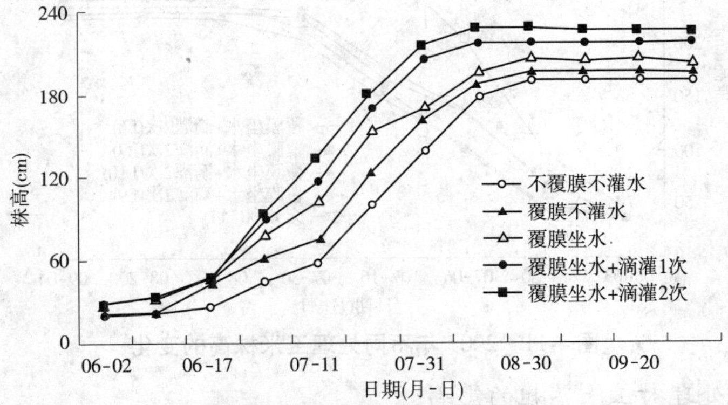

图 4-9　2006 年覆膜与不同补灌处理对玉米株高的影响

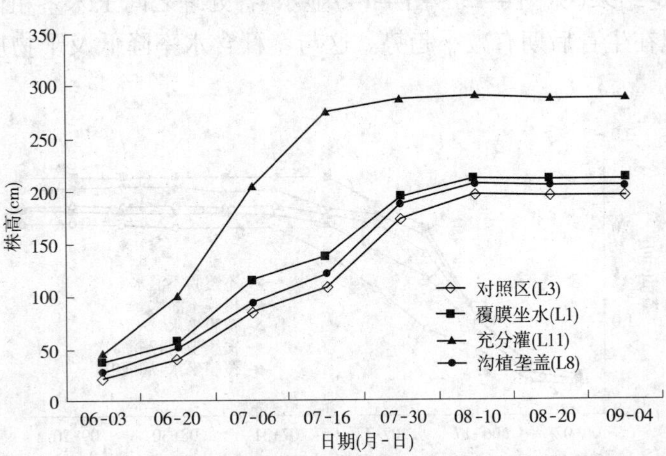

图 4-10　2007 年覆膜与不同补灌处理对玉米株高的影响

不同时期比较，苗期—拔节期补灌和覆膜的株高增加比较明显，生育后期各项措施促进株高增长的作用逐渐减弱。对不同农艺措施的效果进行比较，覆膜坐水要较沟植垄盖好，原因在于地膜能够充分覆盖保墒且兼具保温效应，并且玉米生长初期雨水很少，此时沟植垄盖几乎集不到雨水；生长中期虽然雨水增多，但当地沙尘暴时有发生，沟植垄盖的薄膜覆盖在高出地平面50 cm的垄上，易被风沙打破。各项农艺措施处理的株高都与充分灌溉有较大差距，表明本地区水分条件对于作物生长具有决定性作用，单纯采取农艺措施效果有限。

图4-11是灌水次数相同、灌水量和时间不同的各处理玉米株高变化，可以看出，6月上旬到7月中旬L9、L10比L6、L7的植株高，原因在于播前一场大雪，由于地形和风向影响使较多的雪堆积在处理L9、L10田间，积雪融化造成其底墒好于处理L6、L7。由此可见玉米初期打好底墒至关重要。L7在拔节期比L10多灌水150 $m^3/hm^2$，到8月上旬株高超过了L10。这说明拔节期灌水能显著加快玉米茎叶等营养器官的生长。处理L7和L9的植株高度也分别在7月中旬超出了处理L6和L10。与图4-10相比，图4-11中L6、L7、L9、L10与充分灌处理的株高差距进一步缩小，这是补灌措施与农艺措施共同作用的结果。

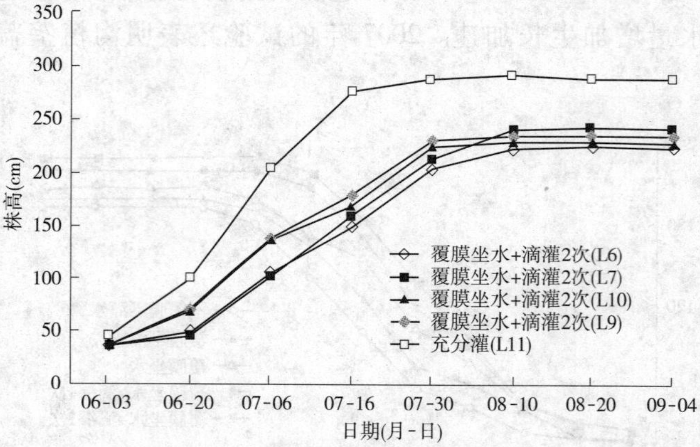


**图4-11　2007年不同处理玉米株高的变化**

2. 不同灌溉处理对玉米茎粗的影响

定株定期测定结果(见图4-12～图4-14)显示，各处理之间玉米茎粗前期变化趋势与株高基本一致，但在生育后期有减小趋势。这与茎秆含水率降低及干物质向雌穗的转移有关。

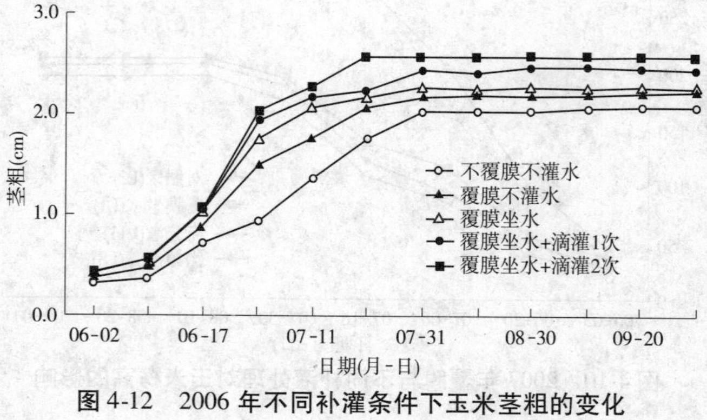


**图4-12　2006年不同补灌条件下玉米茎粗的变化**

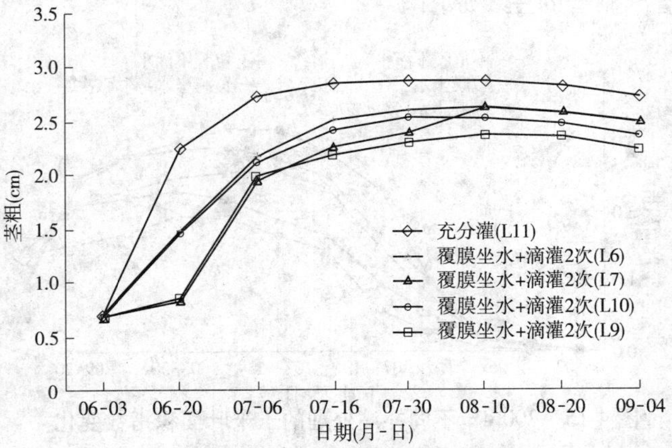


**图 4-13　2007 年不同时期等量补灌玉米茎粗的变化**

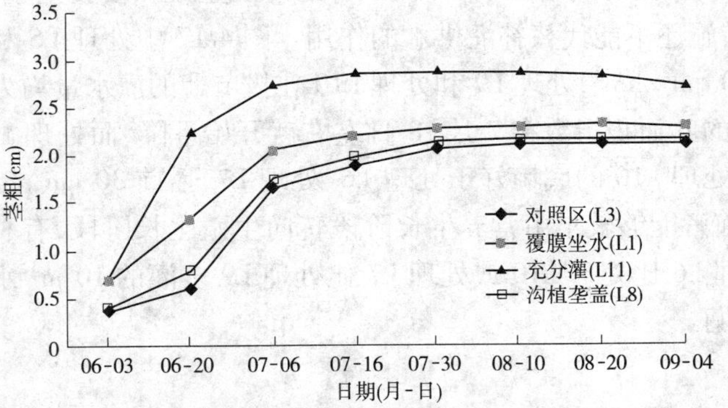


**图 4-14　2007 年不同灌溉与农艺措施处理玉米茎粗的变化**

由图 4-12 可见,玉米茎粗生长与补充水分有很大关系,对照区玉米茎粗生长量较其他 4 个处理明显偏小,随着灌水次数的增加,茎粗均有不同程度的增加。

茎粗增长略呈 S 形曲线,以 6 月中旬到 7 月上旬增长最快。生育后期茎粗趋于稳定或因茎秆脱水略有下降。覆膜与坐水配合可有效促进茎粗增长,效果远好于沟植垄盖。在此基础上再进行补灌,茎粗还能增加。但各项补灌或农艺措施的茎粗均与充分灌溉时有较大差距。

3. 不同灌溉处理对玉米作物叶面积指数的影响

叶面积指数(LAI)是衡量作物群体生产规模或群体大小的主要指标。叶片是作物进行光合作用和蒸腾作用的主要器官,LAI 大小直接影响到作物的光合作用能力并最终影响到产量,它是衡量作物个体和群体生长发育好坏的重要标志。LAI 与补灌水量关系比较密切,LAI 增大,光合、呼吸和蒸腾作用都增强,耗水量也随之增加,需要及时补充水分。

从图 4-15 可以看出,LAI 先按 S 形曲线增长,到灌浆中后期随着叶片陆续枯黄又按指数曲线下降。整个生育期间灌水处理的 LAI 明显高于不灌水处理。随着灌水次数的增加,LAI 也相应增大。各灌水处理的 LAI 高峰提早出现,表明有促进发育的作用。而不灌水处理由于在抽雄前受到水分胁迫,发育延迟,LAI 高峰出现较晚,且在灌浆期下降很快。补灌处理从抽雄到灌浆初期的 LAI 高峰期比较稳定且持续时间较长,保持较强的光合作用能力，这是补灌增产显著的主要原因。

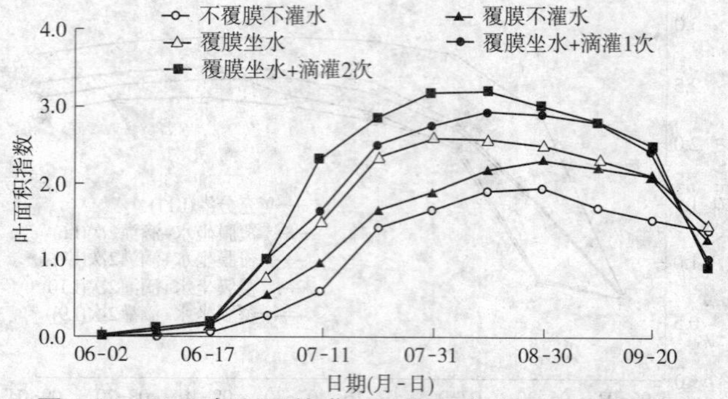


图 4-15　2006 年不同补灌处理的玉米叶面积指数变化

从图 4-16 可以看出，沟植垄盖和覆膜坐水虽然也能使 LAI 增大，但充分灌溉的 LAI 对时间的积分即叶日积比对照增加 1.7 倍以上，比沟植垄盖和覆膜坐水也要增加 2/3 到 1 倍，这说明农艺措施还不能代替补灌供水的作用。图 4-17 中处理 L6 和处理 L7 在拔节期的灌水量均为 300 $m^3/hm^2$，处理 L9 和处理 L10 在拔节期的灌水量均为 150 $m^3/hm^2$，但处理 L9、处理 L10 的叶面积指数在 7 月 18 日左右就开始下降，而处理 L6、L7 仍在上升。其原因是处理 L9、处理 L10 的底墒好于处理 L6、处理 L7，播前 30 cm 土层贮水量比后者高出 17 mm，使得前者能够较早由营养生长阶段转向生殖生长阶段，有利于产量的增加。由此看来，如将处理 L6 比处理 L10 或处理 L7 比处理 L9 多灌的 10 $m^3$ 水用做增加底墒，增产效果可能会更好。

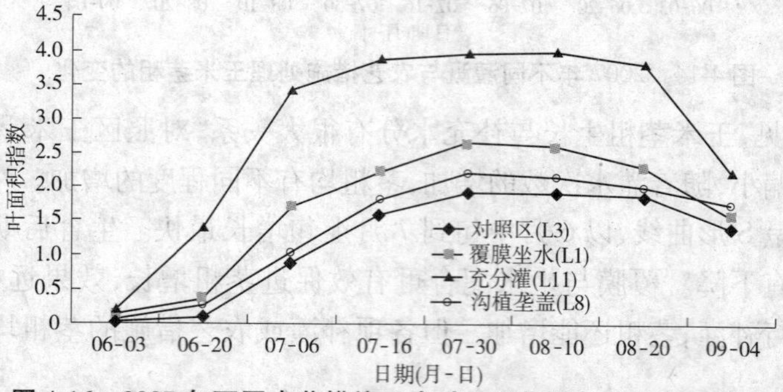


图 4-16　2007 年不同农艺措施玉米叶面积指数与充分灌水的比较

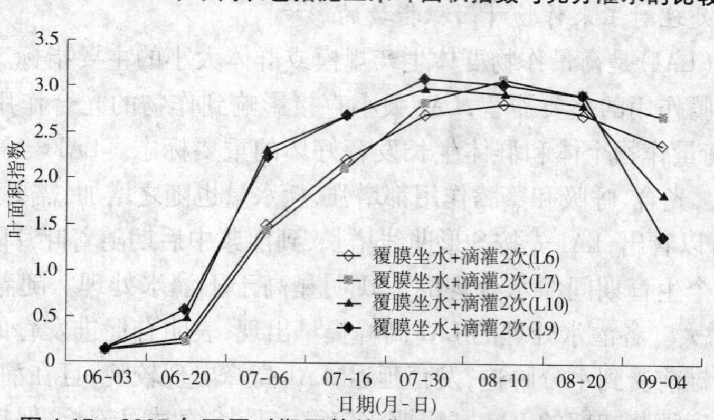


图 4-17　2007 年不同时期同等补灌处理玉米叶面积指数的变化

### (四)不同补灌时期及水量对玉米产量构成因素的影响

1. 补灌处理与不灌水处理对玉米穗部性状相关性的影响

玉米雌穗的主要性状(穗粒重、穗重、总穗长、穗周长、穗粒数等)是决定最终产量的主要因子。需水关键期缺水将导致籽粒个体发育参差不齐,雌穗弯曲,缺粒、干瘪等现象。考种测产每个处理取30株,覆膜不灌水处理和覆膜坐水+滴灌2次处理穗粒重与穗重、总穗长、穗周长、穗粒数的相关性分析见图4-18。可以看出,补灌处理和不灌水处理穗粒重与穗重的相关性都很好,相关系数都超过了0.95,这表明穗轴所占穗重的比例是比较稳定的。穗

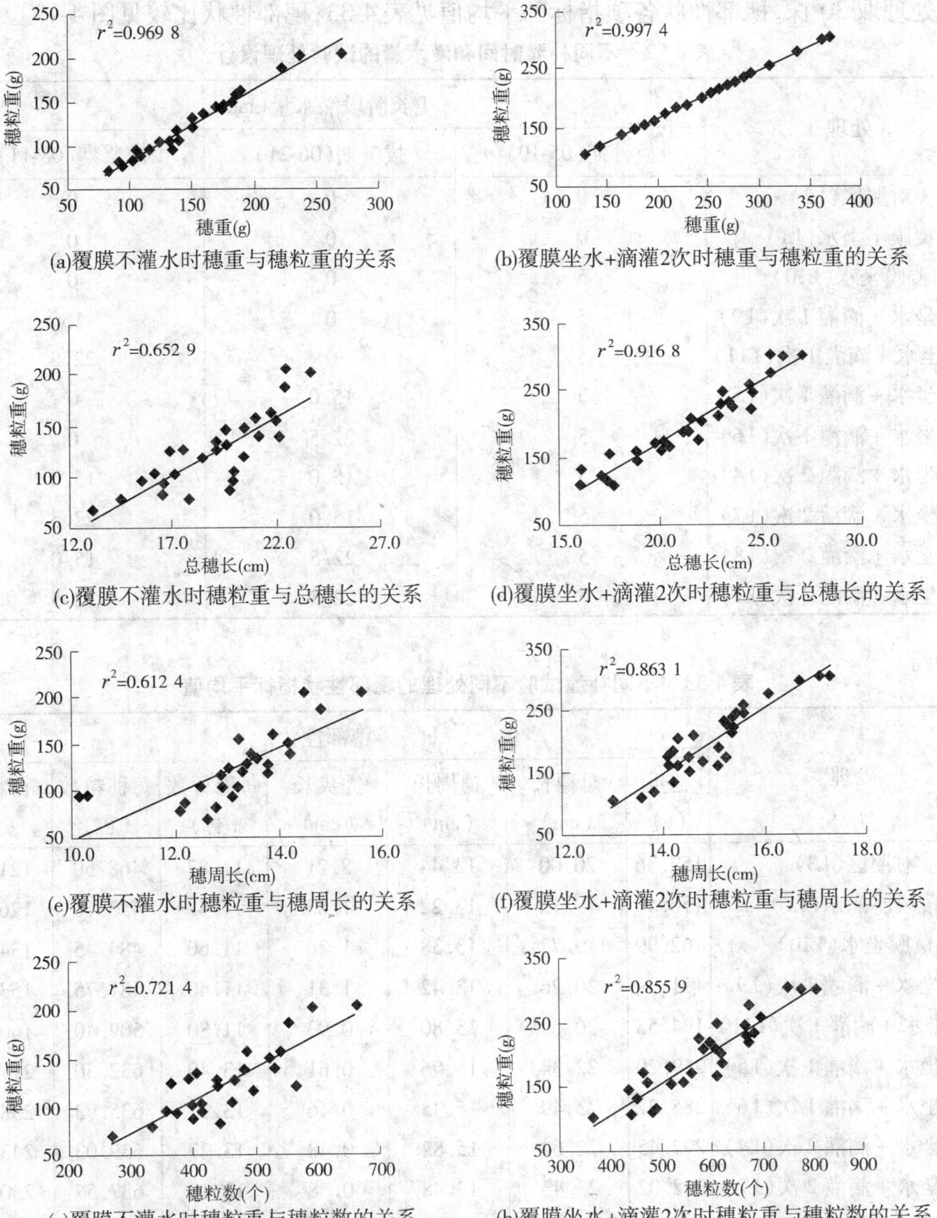


(a)覆膜不灌水时穗重与穗粒重的关系　(b)覆膜坐水+滴灌2次时穗重与穗粒重的关系

(c)覆膜不灌水时穗粒重与总穗长的关系　(d)覆膜坐水+滴灌2次时穗粒重与总穗长的关系

(e)覆膜不灌水时穗粒重与穗周长的关系　(f)覆膜坐水+滴灌2次时穗粒重与穗周长的关系

(g)覆膜不灌水时穗粒重与穗粒数的关系　(h)覆膜坐水+滴灌2次时穗粒重与穗粒数的关系

**图4-18　不灌水处理与补灌处理穗粒重与雌穗各性状的相关性分析**

粒重与总穗长、穗周长、穗粒数等的相关性要比穗重差,不灌水处理的相关性更差。从图4-18中散点的分布看,不灌水处理各图数据点分布较散,而补灌3次处理各相关图的数据点较集中,相关系数较高,说明不灌水处理植株间个体发育差异很大,导致穗的大小不一,有的雌穗甚至发育畸形。而灌水处理的植株生长整齐,总穗长、穗周长、穗粒数均能很好地评价玉米的最终产量,表现出穗粒饱满、穗粗粒大、雌穗笔直、行数清晰。

2. 不同处理对穗部性状的影响

2006年试验共设置11个处理,各处理灌水时间及灌水量如表4-32所示。考种测产每个处理取30株,穗部性状各项指标的平均值见表4-33,穗部性状比较见图4-19。

**表4-32 不同补灌时间和灌水量的试验处理设计**

| 处理 | 生长阶段灌水量(mm) | | |
|---|---|---|---|
| | 播种期(05-10) | 拔节期(06-21) | 灌浆期(08-11) |
| 对照区(L3) | 0 | 0 | 0 |
| 覆膜不坐水(L1) | 0 | 0 | 0 |
| 覆膜坐水(L10) | 5 | 0 | 0 |
| 覆膜坐水+滴灌1次(L9) | 5 | 0 | 15 |
| 覆膜坐水+滴灌1次(L11) | 5 | 0 | 22.5 |
| 覆膜坐水+滴灌1次(L5) | 5 | 15.0 | 0 |
| 覆膜坐水+滴灌1次(L6) | 5 | 22.5 | 0 |
| 覆膜坐水+滴灌2次(L4) | 5 | 15.0 | 15.0 |
| 覆膜坐水+滴灌2次(L7) | 5 | 15.0 | 22.5 |
| 覆膜坐水+滴灌2次(L8) | 5 | 22.5 | 15.0 |
| 覆膜坐水+滴灌2次(L2) | 5 | 22.5 | 22.5 |

**表4-33 不同补灌试验不同处理的穗部性状指标平均值**

| 处理 | 穗部性状 | | | | | | |
|---|---|---|---|---|---|---|---|
| | 穗重(g) | 总穗长(cm) | 穗周长(cm) | 秃尖长(cm) | 每穗行数(行) | 每穗粒数(粒) | 穗粒重(g) |
| 对照区(L3) | 152.36 | 20.00 | 13.44 | 2.21 | 11.87 | 468.50 | 121.62 |
| 覆膜不灌水(L1) | 156.56 | 19.12 | 13.22 | 1.83 | 11.47 | 453.10 | 126.65 |
| 覆膜坐水(L10) | 162.99 | 19.77 | 13.38 | 1.26 | 11.60 | 484.45 | 134.11 |
| 覆膜坐水+滴灌1次(L9) | 171.99 | 20.26 | 13.42 | 1.31 | 11.40 | 481.75 | 153.55 |
| 覆膜坐水+滴灌1次(L11) | 194.53 | 20.69 | 13.80 | 0.93 | 11.80 | 509.40 | 160.75 |
| 覆膜坐水+滴灌1次(L5) | 259.20 | 22.34 | 15.06 | 0.61 | 13.40 | 632.30 | 217.57 |
| 覆膜坐水+滴灌1次(L6) | 285.32 | 23.49 | 15.35 | 0.46 | 13.27 | 635.93 | 238.45 |
| 覆膜坐水+滴灌2次(L4) | 292.45 | 22.64 | 15.82 | 0.48 | 13.27 | 639.03 | 243.27 |
| 覆膜坐水+滴灌2次(L7) | 302.02 | 23.43 | 15.48 | 0.58 | 13.13 | 637.57 | 250.00 |
| 覆膜坐水+滴灌2次(L8) | 325.12 | 24.20 | 15.90 | 0.43 | 13.50 | 644.95 | 270.51 |
| 覆膜坐水+滴灌2次(L2) | 352.18 | 24.83 | 15.93 | 0.45 | 13.50 | 648.37 | 279.61 |

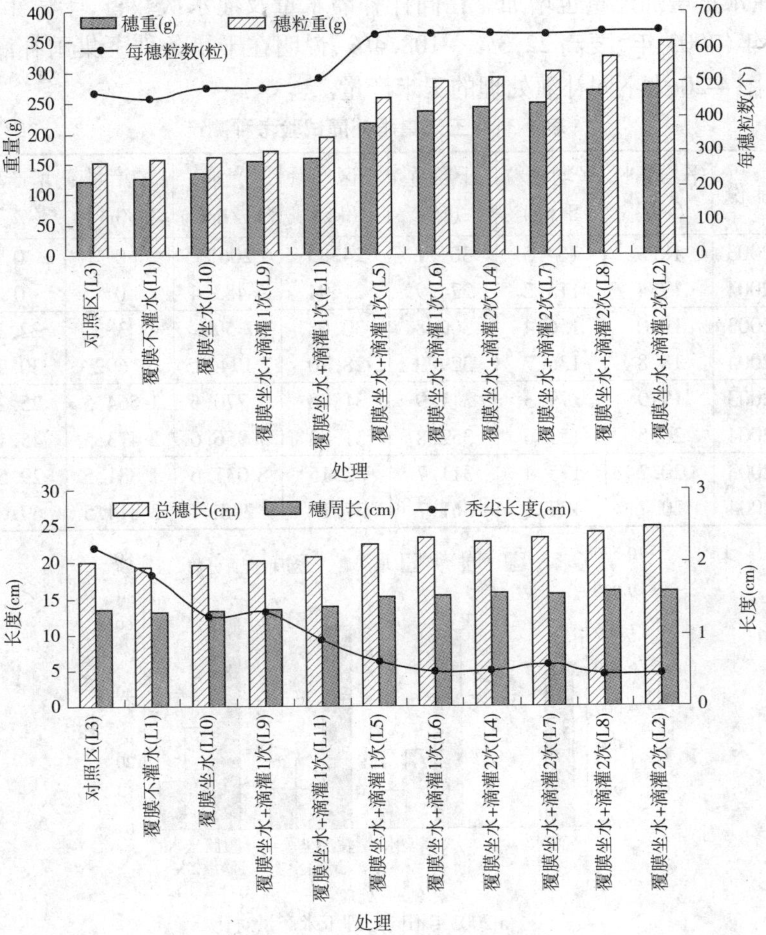


**图 4-19　不同补灌处理对玉米穗部性状的影响**

从表 4-32、表 4-33 可以看出，随着补灌次数和拔节期补灌量的增加，玉米每穗粒数和穗重均有不同程度的增加。

拔节期灌水对穗周长和总穗长的影响不明显，但可明显减少秃尖长度。从表 4-33 可以看出，玉米拔节期、灌浆期都灌水的处理穗粒重达到 243.27 ~ 279.61 g，只在拔节期灌水穗粒重也超过了 200 g，对照(不覆膜不坐水)处理只有 121.62 g，滴灌 2 次处理的总穗长、穗周长等性状也都超过其他处理，而秃尖长只有 0.5 cm 左右，明显小于其他处理。通过处理 L1 与处理 L3、处理 L10 的对比可以看出，玉米覆膜与坐水种对增加穗粒重也起到了积极作用。从表 4-33 还可以看出，玉米拔节期滴灌 22.5 mm 和 15 mm 的水量，最终穗粒重相差 20.88 g，单位灌溉增量的穗粒重增产为 2.78 g/mm，而灌浆期单位灌溉增量的穗粒重增产为 0.96 g/mm，这说明拔节期也是玉米需水关键期之一。两个时期的灌溉水利用效率相差 1.82 g/mm，主要是因为玉米灌浆前有一场 18.1 mm 的降雨，使得后来的灌水利用效率相差不大。

3. 不同补灌水量对玉米产量的影响

从表 4-34 可以看出，补灌各处理增产 1 383 ~ 3 814.5 $kg/hm^2$、增产率为 22.3% ~ 69.6%。增产效果覆膜坐水 + 滴灌 2 次 > 覆膜坐水 + 滴灌 1 次 > 覆膜坐水 > 不灌水对照区,随着补灌水量增加产量也增加。在同样补灌水量及灌水次数下,干旱年(2004 年)增产量比一般年(2003 年)要高 22.3% ~108.4%,说明在干旱条件下集雨补灌的增产效果更加明显。图 4-20 为不同补灌处理的玉米产量。

**表 4-34 玉米集雨补灌试验考种测产**

| 处理 | 年份 | 平均穗长(cm) | 平均穗粒重(g) | 千粒重(g) | 小区产量(kg) | 产量($kg/hm^2$) | 增产量($kg/hm^2$) | 增产率(%) | 生物学产量($kg/hm^2$) |
|---|---|---|---|---|---|---|---|---|---|
| 不灌水 | 2003 | 18.3 | 164.5 | 301.1 | 24.83 | 6 206.55 | 0 | 0 | 16 152 |
| 对照区 | 2004 | 17.4 | 115.2 | 274.9 | 21.94 | 5 483.4 | 0 | 0 | 12 717 |
| 覆膜 | 2003 | 19.0 | 156.4 | 306.8 | 30.08 | 7 590 | 1 383 | 22.3 | 17 670 |
| 坐水 | 2004 | 18.8 | 136.7 | 329.9 | 28.70 | 7 174.95 | 1 692 | 30.9 | 15 808.5 |
| 覆膜坐水 + | 2003 | 19.9 | 179.3 | 311.9 | 31.08 | 7 770.6 | 1 564.5 | 25.2 | 17 878.5 |
| 滴灌 1 次 | 2004 | 20.5 | 151.6 | 352.8 | 31.83 | 7 956.6 | 2 473.5 | 45.1 | 18 924 |
| 覆膜坐水 + | 2003 | 20.2 | 175.4 | 311.7 | 32.15 | 8 037.6 | 1 831.5 | 29.5 | 19 038 |
| 滴灌 2 次 | 2004 | 20.7 | 177.1 | 361.7 | 37.19 | 9 298.35 | 3 814.5 | 69.6 | 22 015.5 |

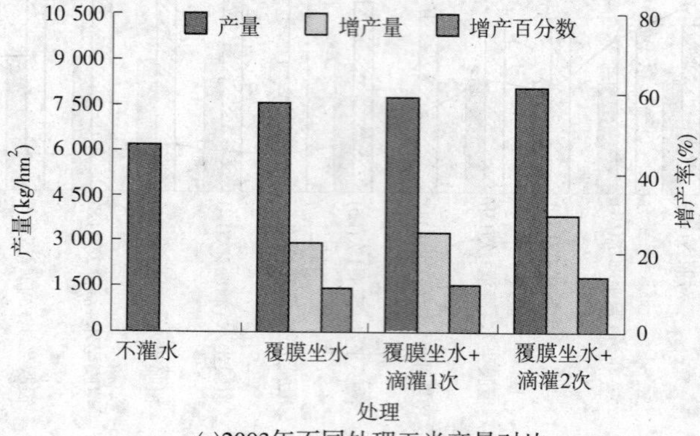


(a)2003年不同处理玉米产量对比

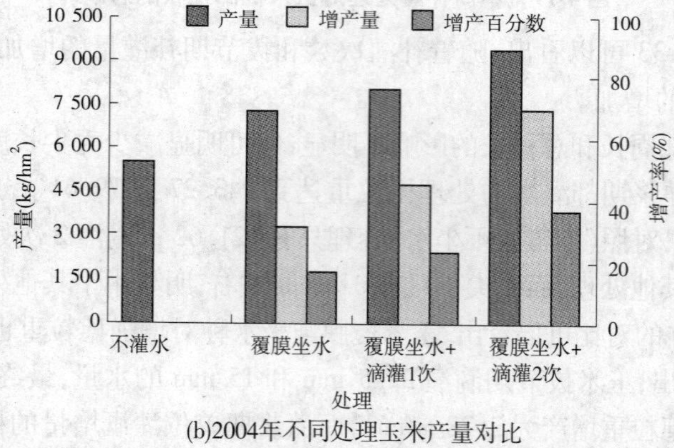


(b)2004年不同处理玉米产量对比

**图 4-20 2003 年和 2004 年不同补灌处理的玉米产量**

从表 4-35 和图 4-21 可以看出,在地膜玉米需水关键期有限补充灌溉有显著的增产效果。其中补灌 3 次增产 2 353.62 ~3 845.62 $kg/hm^2$、增产率为 44.07% ~72.01%。在同等补灌水量及次数情况下,对于 L7 与 L8 处理,把计划在灌浆期补充的 7.5 mm 水量转用到拔节期,补灌水利用效率提高 2.05 $kg/m^3$。对于灌水 2 次的处理 L5 与处理 L9 及处理 L6 与处理 L11,将同样水量改在拔节期补灌,增产率分别高出 12.93、21.89 个百分点,补灌水利用效率提高 3.41、4.21 $kg/m^3$。处理 L2 在拔节期和灌浆期的补灌水量均高于处理 L4 的 7.5 mm,增产率高出 27.94 个百分点,补灌效率却下降约 1 $kg/m^3$。播种时补水 5 mm的水分利用效率很高,但增产仅 5%,主要是因为播后有 20 mm 降雨。统计表明,处理 L2 与处理 L7 及处理 L7 与处理 L8 的产量差异达到显著水平,而处理 L2 与处理 L8 及处理 L4 与处理 L7 的产量差异不显著,表明春旱年在玉米拔节期灌水或有限增加补水量能有效提高产量,而增加灌浆期水量增产效果不明显。L9 与 L11、L5、L6 等处理的产量差异不显著,表明拔节期和灌浆期对水分都比较敏感,拔节期更为关键,但在水量允许时灌浆期也不能忽略。2006 年由于播种后降雨的补偿,使得坐水种处理 L10 与不坐水处理 L1 的产量差异未达到显著水平。

**表 4-35　2006 年不同处理玉米集雨补灌增产效果**

| 处理 | 补灌水量(mm) | 生育期有效降雨量(mm) | 产量($kg/hm^2$) | 增产量($kg/hm^2$) | 增产率(%) | 补灌效率($kg/m^3$) | 产量差异显著性 | |
|---|---|---|---|---|---|---|---|---|
| | | | | | | | 0.05 | 0.01 |
| 对照区(L3) | 0.0 | 235.71 | 5 340.53 | — | — | — | g | F |
| 覆膜不坐水(L1) | 0.0 | 235.71 | 5 572.14 | 231.61 | 4.34 | — | fg | F |
| 覆膜坐水(L10) | 5.0 | 235.71 | 5 822.66 | 482.13 | 9.03 | 9.18 | efg | EF |
| 覆膜坐水+滴灌1次(L9) | 20.0 | 235.71 | 6 224.49 | 883.96 | 16.55 | 4.37 | def | EF |
| 覆膜坐水+滴灌1次(L11) | 27.5 | 235.71 | 6 468.93 | 1 128.40 | 21.13 | 4.07 | de | EF |
| 覆膜坐水+滴灌1次(L5) | 20.0 | 235.71 | 6 915.08 | 1 574.55 | 29.48 | 7.78 | cd | DE |
| 覆膜坐水+滴灌1次(L6) | 27.5 | 235.71 | 7 637.80 | 2 297.27 | 43.02 | 8.28 | bc | CD |
| 覆膜坐水+滴灌2次(L4) | 35.0 | 235.71 | 7 694.15 | 2 353.62 | 44.07 | 6.68 | bc | CD |
| 覆膜坐水+滴灌2次(L7) | 42.5 | 235.71 | 8 083.15 | 2 742.62 | 51.35 | 6.42 | b | BC |
| 覆膜坐水+滴灌2次(L8) | 42.5 | 235.71 | 8 960.50 | 3 619.97 | 67.78 | 8.47 | a | AB |
| 覆膜坐水+滴灌2次(L2) | 50.0 | 235.71 | 9 186.15 | 3 845.62 | 72.01 | 7.65 | a | A |

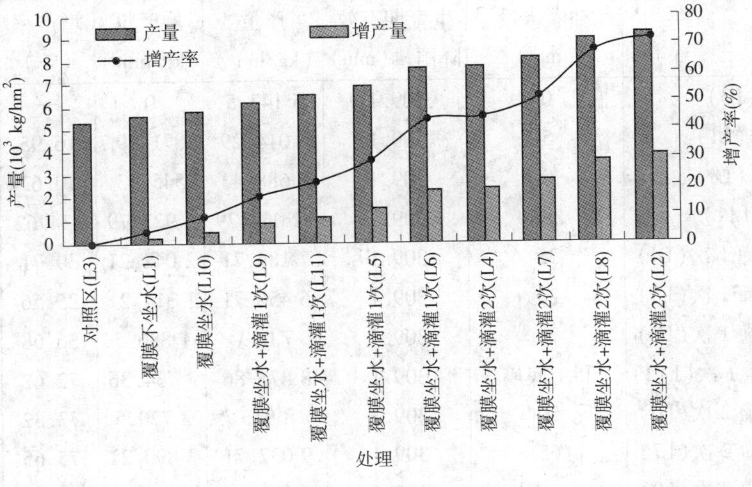


图 4-21　2006 年不同处理对玉米产量及补灌水利用效率的影响

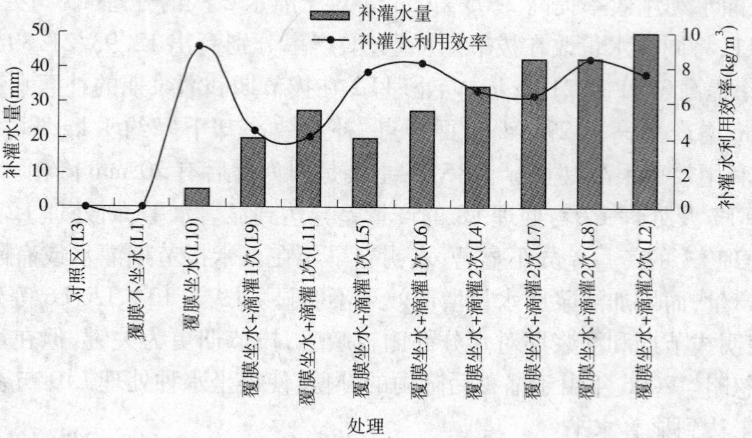


**续图 4-21**

表 4-36 为 2007 年的补灌试验结果,同样表明在需水关键期进行有限补充灌溉有显著增产效果。其中补灌 2 次增产 1 314.21 ~ 3 734.36 $kg/hm^2$、增产率为 25.56% ~ 72.62%;补灌 3 次增产 3 770.5 ~ 4 708.93 $kg/hm^2$、增产率为 73.32% ~ 91.57%。由于冬季积雪较多,处理 L9、处理 L10 比处理 L6、处理 L7 的底墒要好,相当于多灌 15 mm 的水量,处理 L9 再加上底墒水就相当于多灌 60 mm 水量,与补灌 65 mm 水量的处理 L7 相比,补灌水利用效率要高出 1.22 $kg/m^3$,增产率也要高出 15.92 个百分点。因此,如把处理 L7 的补灌水量中拿出 15 mm 作为底墒(坐水)可提高产量。处理 L10 加上底墒水相当于补灌 50 mm 水量,与处理 L6 相等,但处理 L10 比处理 L6 的补灌水利用效率和增产率分别高 0.54 $kg/m^3$ 和 5.21 个百分点。同样,如果把处理 L6 补灌水量拿出 15 mm 水量用做增加底墒可提高产量。同等补灌水量与灌水次数下,对于处理 L2 与处理 L5,拔节水比灌浆水更有利于增产和提高补灌水利用效率。

**表 4-36　2007 年不同补灌处理玉米的增产效果**

| 处理 | 补灌水量(mm) | 生育期有效降雨量(mm) | 产量($kg/hm^2$) | 增产量($kg/hm^2$) | 增产率(%) | 补灌水利用效率($kg/m^3$) |
|---|---|---|---|---|---|---|
| 对照区(L3) | 0 | 309.1 | 5 142.5 | 0 | — | — |
| 覆膜坐水(L1) | 5 | 309.1 | 6 014.29 | 871.79 | 16.95 | 17.61 |
| 沟植垄盖(L8) | 0 | 309.1 | 5 688.43 | 545.93 | 10.62 | |
| 充分灌(L11) | 280 | 309.1 | 12 065.29 | 6 922.79 | 134.62 | 2.48 |
| 覆膜坐水 + 滴灌 1 次(L4) | 35 | 309.1 | 7 184.71 | 2 042.21 | 39.71 | 5.84 |
| 覆膜坐水 + 滴灌 1 次(L5) | 20 | 309.1 | 6 456.71 | 1 314.21 | 25.56 | 6.59 |
| 覆膜坐水 + 滴灌 1 次(L2) | 20 | 309.1 | 7 029 | 1 886.5 | 36.68 | 9.46 |
| 覆膜坐水 + 滴灌 1 次(L12) | 35 + 底墒 | 309.1 | 8 876.86 | 3 734.36 | 72.62 | 10.68 |
| 覆膜坐水 + 滴灌 2 次(L6) | 50 | 309.1 | 8 913 | 3 770.5 | 73.32 | 7.55 |
| 覆膜坐水 + 滴灌 2 次(L7) | 65 | 309.1 | 9 032.71 | 3 890.21 | 75.65 | 6.03 |
| 覆膜坐水 + 滴灌 2 次(L9) | 45 + 底墒 | 309.1 | 9 851.43 | 4 708.93 | 91.57 | 7.25 |
| 覆膜坐水 + 滴灌 2 次(L10) | 35 + 底墒 | 309.1 | 9 181.14 | 4 038.64 | 78.53 | 8.09 |

## 二、玉米补灌水利用效率与作物水分利用效率分析

### (一)补灌水利用效率

补水水量虽小,但用于作物需水关键期可大幅提高包括生育期间降水和土壤贮水在内全部水分的利用效率。本书中的补灌水利用效率实际指补灌水量的边际增产效应。

$$补灌水利用效率\ W_bUE = 作物增产量/补灌水量$$

试验玉米覆膜坐水补水45 m³/hm²,增产1 383 ~ 1 692 kg/hm²,较对照增产22.3% ~ 30.8%,补灌水利用效率30.7 ~ 37.6 kg/m³;覆膜坐水 + 滴灌1次补水225 m³/hm²,增产1 563.0 ~ 2 473.5 kg/hm²,较对照增产25.2% ~ 45.1%,补灌水利用效率7.0 ~ 11.0 kg/m³;覆膜坐水 + 滴灌2次补水360 ~ 405 m³/hm²,增产1 830.0 ~ 3 814.5 kg/hm²,较对照增产29.5% ~ 69.6%,补灌水利用效率5.1 ~ 9.4 kg/m³(见表4-37、图4-22)。补灌水利用效率覆膜坐水 > 覆膜坐水 + 滴灌1次 > 覆膜坐水 + 滴灌2次。随补水量增加补灌水利用效率呈下降趋势。此外,受旱年份(2004)补灌水利用效率更大,一般年份(2003)较小,说明越是干旱补灌水利用效率越高。

表4-37　不同补灌水量处理的玉米产量与水分利用效率

| 处理 | 年份 | 补灌水量(m³/hm²) | 有效降雨量(mm) | 土壤水利用量(m³/hm²) | 生育期耗水量(m³/hm²) | 产量(kg/hm²) | 增产量(kg/hm²) | 增产率(%) | 补灌水利用效率(kg/m³) | 作物水分利用效率(kg/m³) |
|---|---|---|---|---|---|---|---|---|---|---|
| 不覆膜不灌水 | 2003 | 0 | 266 | 670.5 | 3 330 | 6 207 | 0 | 0 | 0 | 1.86 |
| | 2004 | 0 | 379 | -592.5 | 3 198 | 5 484 | 0 | 0 | 0 | 1.71 |
| 覆膜坐水 | 2003 | 45 | 266 | 631.5 | 3 336 | 7 590.0 | 1 383 | 22.3 | 30.7 | 2.28 |
| | 2004 | 45 | 379 | -574.5 | 3 261 | 7 174.5 | 1 692 | 30.8 | 37.6 | 2.20 |
| 覆膜坐水 + 滴灌1次 | 2003 | 225 | 266 | 594 | 3 478.5 | 7 770 | 1 563.0 | 25.2 | 7.0 | 2.23 |
| | 2004 | 225 | 379 | -303 | 3 712.5 | 7 956 | 2 473.5 | 45.1 | 11.0 | 2.14 |
| 覆膜坐水 + 滴灌2次 | 2003 | 360 | 266 | 528 | 3 547.5 | 8 037.0 | 1 830.0 | 29.5 | 5.1 | 2.27 |
| | 2004 | 405 | 379 | -268.5 | 3 927.0 | 9 298.5 | 3 814.5 | 69.6 | 9.4 | 2.37 |

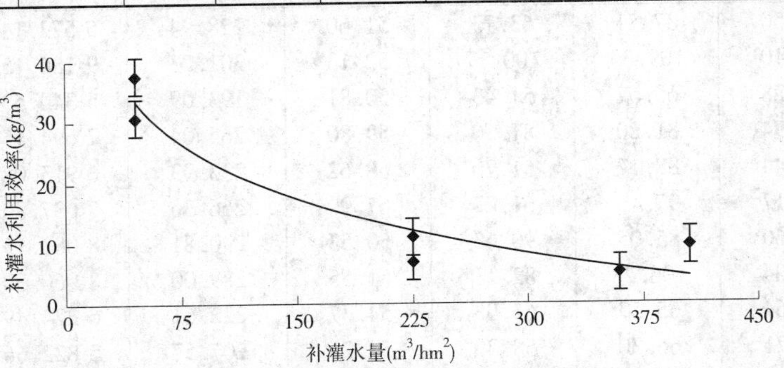


图4-22　不同补灌水量与补灌水利用效率的关系

### (二)作物水分利用效率

作物水分利用效率可表示为:

$$作物水分利用效率\ WUE = 作物产量/田间耗水量\ ET$$

实际作物用水量 $W$ 包括降水量 $W_r$ 与补灌水量 $W_b$ 两项。理论上田间耗水量包括作物蒸腾、土壤蒸发、灌溉的深层渗漏和地表径流损失。但在本项试验条件下,后两项都可以忽略,因此可用农田蒸散 $ET$ 代表田间耗水量。

从表 4-37 和图 4-23 可以看出,补灌各处理作物水分利用效率为 2.14 ~ 2.37 kg/m³,比对照 1.71 ~ 1.86 kg/m³ 增加 0.43 ~ 0.51 kg/m³,提高近 30%。对照平均作物水分利用效率为 1.78 kg/m³,覆膜坐水为 2.24 kg/m³,覆膜坐水 + 滴灌 1 次为 2.19 kg/m³,覆膜坐水 + 滴灌 2 次为 2.32 kg/m³,其随补灌水量增加呈上升趋势。

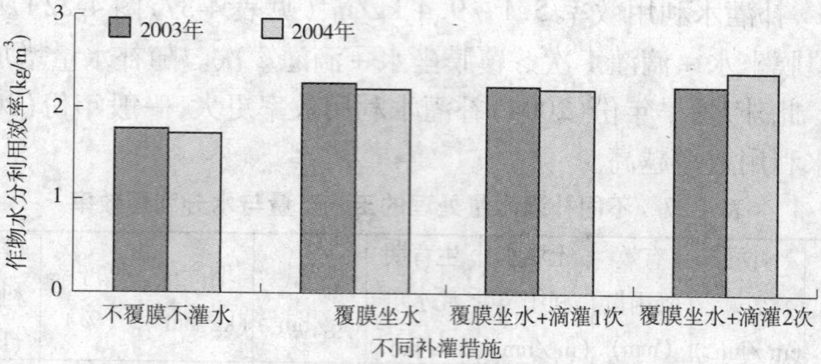


**图 4-23　不同补灌处理与作物水分利用效率**

## 三、水分胁迫对覆膜玉米耗水量、水分利用效率的影响

本节采用水量平衡方程,根据实测土壤水分含量、灌水量及降雨量资料,计算玉米各处理在各生育阶段的耗水量。灌水后分别观测各处理的土壤水分,计算实际耗水量。测定产量取 3 个重复的平均值。覆膜玉米各生育阶段的水分胁迫都将最终反映在各处理的产量下降上,水分胁迫的影响程度取决于胁迫时期和程度。2006 年和 2007 年玉米不同处理耗水量产量及水分利用效率见表 4-38 和表 4-39。

**表 4-38　2006 年玉米各处理耗水量、产量及水分利用效率**

| 处理 | 各生育期耗水量(mm) | | | | 全生育期耗水量(mm) | 产量(kg/hm²) | 水分利用效率(kg/m³) |
|---|---|---|---|---|---|---|---|
| | 出苗—拔节 | 拔节—抽雄 | 抽雄—灌浆 | 灌浆—成熟 | | | |
| L1 | 26.50 | 87.71 | 63.13 | 51.60 | 228.94 | 5 572.14 | 2.434 |
| L2 | 40.10 | 109.33 | 100.17 | 52.13 | 301.73 | 9 186.15 | 3.044 |
| L3 | 25.28 | 65.57 | 51.43 | 50.81 | 193.09 | 5 340.53 | 2.766 |
| L4 | 42.94 | 81.20 | 81.10 | 59.80 | 265.04 | 7 694.15 | 2.903 |
| L5 | 25.44 | 88.17 | 51.70 | 68.62 | 233.93 | 6 915.08 | 2.956 |
| L6 | 39.17 | 97.43 | 61.77 | 67.99 | 266.36 | 7 637.80 | 2.867 |
| L7 | 64.60 | 85.05 | 90.63 | 50.53 | 290.81 | 8 083.15 | 2.780 |
| L8 | 49.04 | 106.28 | 82.13 | 51.55 | 289.00 | 8 960.50 | 3.101 |
| L9 | 37.64 | 65.57 | 65.03 | 54.37 | 222.61 | 6 224.49 | 2.796 |
| L10 | 28.71 | 66.30 | 58.30 | 54.26 | 207.57 | 5 822.66 | 2.805 |
| L11 | 37.08 | 70.70 | 72.00 | 51.00 | 230.78 | 6 468.93 | 2.803 |

从表4-38可以看出，处理L2、处理L4、处理L5（灌水2次）全生育期耗水量265.04～301.74 mm，比对照增产44.07%～72.01%；处理L6、处理L7、处理L9、处理L10（灌水3次）各处理全生育期耗水量222.61～266.36 mm，比对照增产16.55%～43.02%。不同时期补灌比较，对于处理L5与处理L6，拔节期增加7.5 mm水量可多增产13.54%，但水分利用效率接近。对于处理L2、处理L4、处理L7、处理L8，拔节期增加水量均有利于提高产量和水分利用效率，但灌浆期增加水量提高产量和水分利用效率的幅度都不大，这主要是因为拔节以后气温升高，日照变长，植株生长旺盛，玉米需水强烈使土壤水分消耗较快。此时期增加7.5 mm的水量，水分利用效率可提高4%左右。从各处理的水分利用效率可以看出，覆膜坐水结合拔节期灌水22.5 mm，加灌浆期灌水15 mm处理的水分利用效率最高，但其他处理的增加不显著，主要是因为2006年玉米拔节期降雨量较充足（64.9 mm）。

表4-39　2007年玉米各处理耗水量、产量及水分利用效率

| 处理 | 各生育期耗水量(mm) | | | | 全生育期耗水量(mm) | 产量(kg/hm²) | 水分利用效率(kg/m³) |
|---|---|---|---|---|---|---|---|
| | 出苗—拔节 | 拔节—抽雄 | 抽雄—灌浆 | 灌浆—成熟 | | | |
| L1 | 26.77 | 70.53 | 62.77 | 103.73 | 263.80 | 6 014.29 | 2.280 |
| L2 | 65.03 | 106.63 | 29.73 | 63.97 | 265.36 | 7 029.00 | 2.649 |
| L3 | 55.70 | 68.17 | 51.70 | 99.73 | 275.30 | 5 142.50 | 1.868 |
| L4 | 49.87 | 70.33 | 64.27 | 66.50 | 250.97 | 7 184.71 | 2.863 |
| L5 | 64.53 | 88.37 | 34.87 | 100.80 | 288.57 | 6 456.71 | 2.238 |
| L6 | 75.70 | 106.70 | 27.87 | 88.17 | 298.44 | 8 913.00 | 2.987 |
| L7 | 53.80 | 110.33 | 37.37 | 90.17 | 291.67 | 9 032.71 | 3.097 |
| L8 | 16.13 | 124.49 | 48.14 | 79.37 | 268.13 | 5 688.43 | 2.121 |
| L9 | 87.43 | 118.70 | 38.67 | 60.83 | 305.63 | 9 851.43 | 3.223 |
| L10 | 86.50 | 94.87 | 13.60 | 83.43 | 278.40 | 9 181.14 | 3.298 |
| L11 | 126.87 | 186.73 | 41.90 | 192.00 | 547.50 | 12 065.29 | 2.204 |
| L12 | 75.20 | 116.27 | 15.40 | 82.03 | 288.90 | 8 876.86 | 3.073 |

从表4-39可以看出，2007年处理L2、处理L4、处理L5（灌水2次）处理全生育期耗水量为250.97～288.90 mm，比对照增产39.71%～72.62%。底墒好的处理L9、处理L10比底墒差的处理L6、处理L7水分利用效率要高，再次说明将处理L6、处理L7多灌的水量用于增加底墒将更有利于增产。对于处理L2、处理L4，在拔节期增加水量也将有利于水分利用效率的提高和产量的增加。

从表4-38、表4-39还可以看出，对于不同的农艺措施处理L1与处理L8，无论增产效果还是水分利用效率，处理L1（覆膜坐水）都要比处理L8（沟植垄盖）好。

## 四、不同处理玉米主要生理指标的日变化规律

提高作物光能利用率是作物高产的核心问题,采取补灌和保墒的各项措施,归根到底都要落实到提高作物的光合速率上。

### (一)光合速率的日变化

不同补灌处理的玉米光合速率日变化如图 4-24 所示,可以看出,各处理均呈单峰抛物线形,光合速率从早上 6:30 左右开始迅速增加,但不同处理光合速率到达峰值的时间不同。拔节期不补灌处理比灌水处理的峰值提前 2 h 左右,光合速率在午前及傍晚大于拔节期补灌处理,而在下午则明显小于拔节期补灌处理,可能是由于光照增强加剧了水分胁迫,导致气孔关闭而使得光合速率降低。补灌处理光合速率在中午以前小于不灌处理的原因有待于进一步研究。

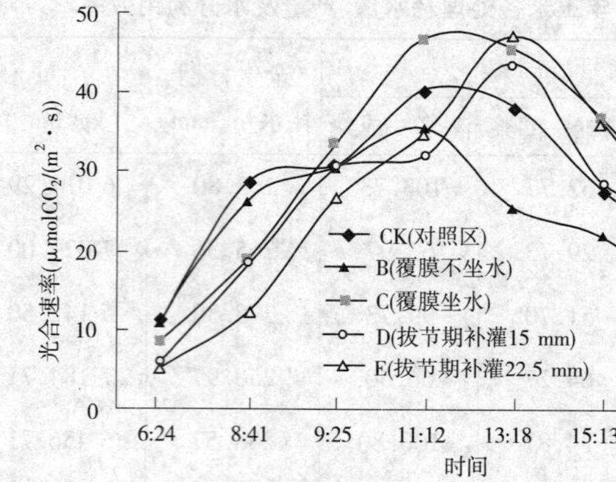


图 4-24　玉米不同补灌处理光合速率的日变化(2007-07-20)

### (二)蒸腾速率的日变化

蒸腾速率在一定程度上反映了植物调节水分及适应不同环境的能力,对于植物体内水分吸收和运转、微管束物质运输、维持叶片温度和促进气孔内外气体交换具有重要作用。不同处理蒸腾速率的日变化如图 4-25 所示。

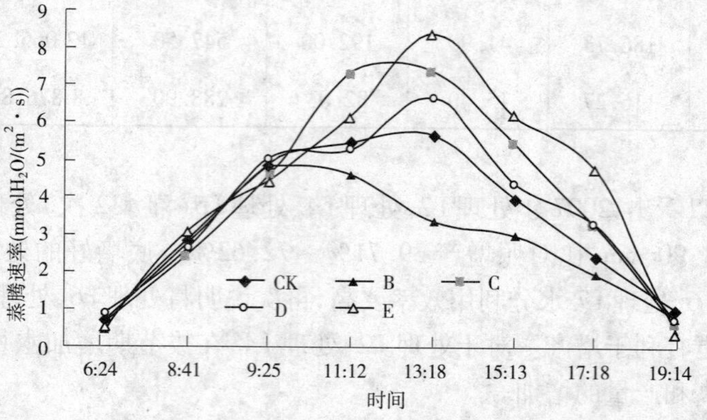


图 4-25　不同处理蒸腾速率的日变化(2007-07-20)

从图4-25可以看出,各处理在10:00之前和18:00之后蒸腾速率相差不大,这表明光照较弱时水分胁迫对蒸腾速率的影响不明显。除覆膜不坐水处理外,各处理蒸腾速率在13:18左右达到峰值。全生育期不灌水处理由于水分胁迫表现出较小的蒸腾速率且峰值提前。拔节期补灌水量22.5 mm处理的蒸腾速率在午后明显大于其他处理,这表明在光照强度大时水分是影响蒸腾速率的主要因素。

**(三)气孔导度的日变化**

气孔导度反映了单位叶面积与环境气体交换的能力。1997年Cowarn和Farquhar提出植物通过调节气孔的开度能减少水分的散失和保证$CO_2$的供应。气孔对空气环境温度的变化有非常敏感的直接反应,保卫细胞是一种温度敏感器,当保卫细胞的水势低于环境水势时,保卫细胞就对低空气湿度发生关闭反应。引起气孔导度下降的因素主要有过强光照导致叶温过高、叶面饱和水汽亏缺较大及小枝木质部水势过低等。

玉米不同补灌处理气孔导度日变化见图4-26,可以看出,气孔导度日变化呈明显的抛物线形。拔节期不补灌处理的峰值出现在11:12左右,补灌处理的峰值在13:18左右,这表明水分胁迫有使峰值提前的趋势。在光照较强的12:00以后,拔节期灌水量少和不补灌处理的气孔导度均小于拔节期灌水22.5 mm的处理,这是因为植物在强光和干旱条件下为避免水分过度损失和光合机构受强光破坏而关闭了部分气孔。从图4-25和图4-26还可以看出,气孔导度日变化与蒸腾速率日变化基本一致,这反映了气孔导度变化对蒸腾速率具有决定性的影响。

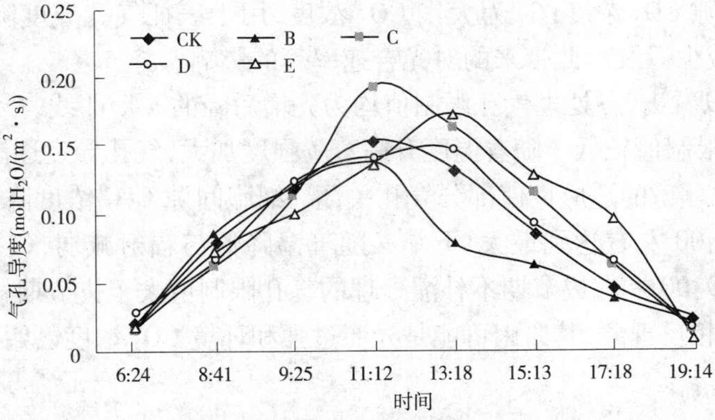


**图4-26　不同补灌处理气孔导度的日变化(2007-07-20)**

**(四)细胞间隙$CO_2$浓度和气孔限制值的日变化**

细胞间隙$CO_2$浓度和气孔限制值的变化方向是判断叶片光合速率降低的主要原因是气孔因素还是非气孔因素的两个可靠判据,细胞间隙$CO_2$浓度降低和气孔限制值升高表明气孔导度降低是主要原因,而细胞间隙$CO_2$浓度增加和气孔限制值降低则表明主要原因是非气孔因素。

细胞间隙$CO_2$浓度的变化与光合作用强弱密切相关,若光合作用减弱,叶肉细胞利用$CO_2$的能力随之降低,就会导致细胞间隙$CO_2$浓度的提高。反之,就会降低细胞间隙$CO_2$的浓度。从图4-27可以看出,各处理细胞间隙$CO_2$浓度日变化过程呈现开口向上的抛物线形,与光合速率的日变化过程正好相反,且各处理在13:00左右达到最低点。拔节期补灌 22.5 mm 处理的细胞间隙 $CO_2$ 浓度在 12:00 左右之前均大于其他处理，而在 12:00之后明显小于其他处理，在 19:00 左右又高于其他处理。因此，补灌处理在光照强度大的情况下增加了叶片的光合速率、蒸腾速率和气孔导度，使得细胞间隙 $CO_2$ 浓度减小。拔节期补灌 15 mm 处理的细胞间隙 $CO_2$ 浓度日变化规律与拔节期补灌 22.5 mm 处理的相似，只不过不明显，分析其原因可能是水分胁迫程度的不同造成的。

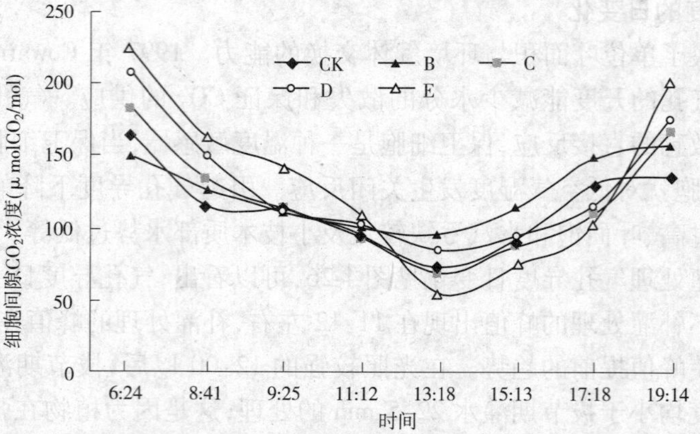


图 4-27　不同补灌处理玉米细胞间隙 $CO_2$ 浓度的日变化(2007-07-20)

气孔限制值采用 Berry 等提出的公式计算：

$$L_s = 1 - C_i/C_0 \tag{4-1}$$

式中：$C_i$ 为细胞间隙 $CO_2$ 浓度；$C_0$ 为大气 $CO_2$ 浓度，用于表征气孔导度降低导致的进入细胞间隙 $CO_2$ 的减少以及由此带来的对光合速率等的影响。

从图 4-28 可以看出，各处理气孔限制值均为先增后降的 $n$ 形曲线，早晨气温较低，蒸发潜势较弱，气孔限制值较低。随着温度升高蒸腾强度加大，气孔导度逐渐增大。但由于水分胁迫和作物对环境的适应性使部分气孔关闭，细胞间隙 $CO_2$ 浓度降低，气孔限制值逐渐增大，并在 13:00 左右达到最大，下午又随气温降低与辐射减弱，气孔限制值减小。在 12:00 之前和 19:00 左右拔节期不补灌处理的气孔限制值大于拔节期补灌处理。而在 12:00 之后却出现相反现象，其原因可能是光照过强和环境 $CO_2$ 浓度已明显降低造成的。

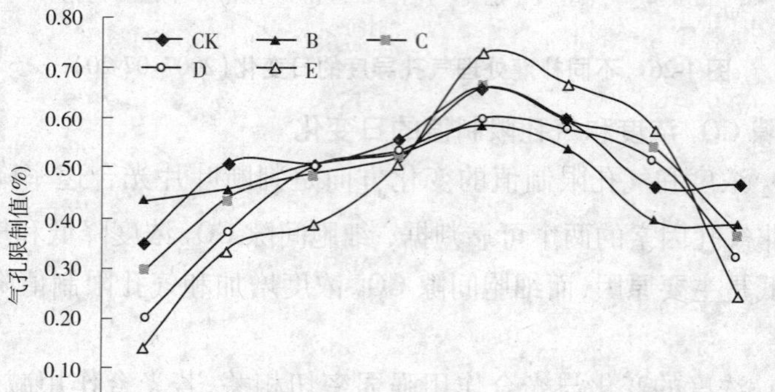


图 4-28　不同补灌处理气孔限制值的日变化(2007-07-20)

由于水分亏缺引起的气孔或者非气孔因素的限制，使得各光合因子的日变化规律受光照强度的影响很大。覆膜坐水结合拔节期补灌22.5 mm处理在13:00之前和19:00左右的细胞间隙$CO_2$浓度较其他处理大，而在其他时间又较其他处理偏小，这表明光照强度对光合因子的日变化起着不可忽视的作用。在整个日变化过程中，补灌处理在光照较强的下午提高了叶片光合速率、蒸腾速率和气孔导度，并使细胞间隙$CO_2$浓度减小。不补灌处理增加了细胞间隙$CO_2$浓度。比较各个光合因子日变化的最大值：13:00覆膜坐水结合拔节期补灌22.5 mm处理和覆膜坐水结合拔节期补灌15 mm处理的光合速率分别比对照提高23.9%和15.0%，蒸腾速率分别提高47.7%和17.7%，气孔导度分别提高31.1%和12.9%，细胞间隙$CO_2$浓度分别下降41.5%和9.6%，最终产量分别提高43.02%和29.48%。这表明补灌提高产量的生理机制在于提高了光合速率、蒸腾速率、气孔导度和降低了细胞间隙$CO_2$浓度。

## 五、BP神经网络在集雨补灌试验研究中的应用

人工神经网络（Artificial Neural Network）产生于20世纪40年代，80年代以来迅速兴起，近20年来形成了第二次研究新热潮，尤其是在智能系统中的非线性建模及其控制器的设计、模式分类与模式识别、联想记忆和优化计算等方面更是得到了极大关注。人工神经网络是一种模仿人类大脑基本结构和功能来处理非线性高维与高阶性知识信息问题的有效方法，其特点是具有很强的自组织、自适应学习和记忆联想能力。神经网络对非线性函数的逼近能力是最有意义的，因为非线性系统的变化多端是采用常规方法无法建模和控制的，而神经网络描述非线性图形的能力适合于解决非线性系统建模与控制问题。具有这一特性的前向反向传播网络（简称BP网络）在实际应用中的比例要占所有人工神经网络应用的80%以上，它可以实现从输入到输出的任意非线性映射，权值的调整采用反向传播（Back Propagation）学习算法。

### （一）BP神经网络算法的数学描述

BP神经网络是由输入层、隐含层、输出层和非线性S型函数组成的三层感知器网络。由各层神经元的个数确定网络的结构，输入层与隐含层和隐含层与输出层神经元之间的连接强度用权值表示，非线性多层网络的权值必须采用输出误差的反向传播来训练，其结构如图4-29所示。BP神经网络采用有教师监督的学习方式（见图4-30），根据一定的规则进行学习。网络的学习过程由正向和反向传播两部分组成：在正向传播过程中，如果输

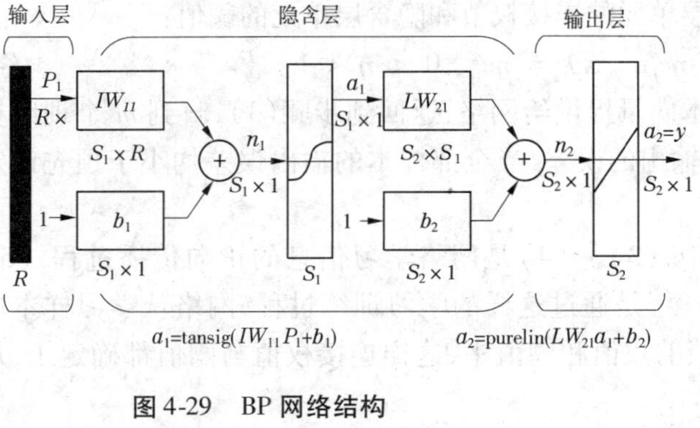


图4-29 BP网络结构

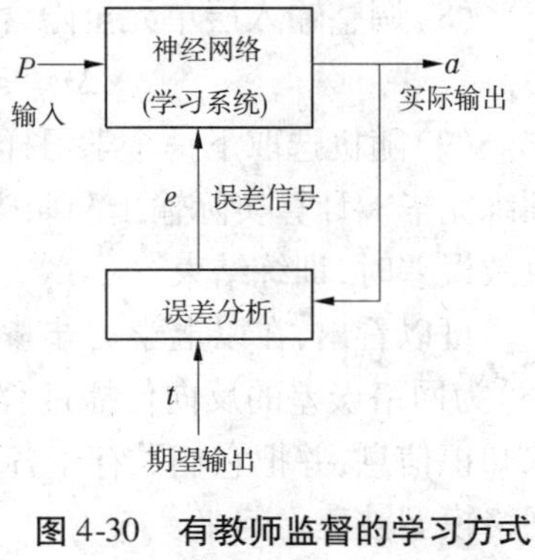


图4-30 有教师监督的学习方式

出层不能满足期望输出值与实际输出值的误差要求,那么转入反向传播过程,将误差信号沿原来的方向返回,通过修改各层神经元的权值和阈值,再经过正向传播过程,这样反复学习直至达到要求的性能指标为止。BP 神经网络是一个至少包含一个隐含层,并且网络中至少具有一个非线性激活函数的多层前向网络。它所具有的唯一基本功能就是非线性连续有理函数的逼近功能。

**(二)BP 神经网络方法的实现**

现以一个三层 BP 网络为例,具体给出 BP 网络的学习过程和训练方法。该网络包括一个输入层、一个隐含层和一个输出层。它们分别含有 $n$、$p$ 和 $q$ 个神经元,构成 $n-p-q$ 的结构。网络的学习样本和期望输出分别为 $P_k=(a_1,a_2,\cdots,a_n)$、$T_k=(y_1,y_2,\cdots,y_q)$;隐含层单元输出向量为 $B_k=(b_1,b_2,\cdots,b_p)$;输出层单元输出向量为 $C_k=(c_1,c_2,\cdots,c_q)$;输入层至隐含层和隐含层至输出层的连接权值分别为 $w_{ij}$ 和 $v_{jt}$;隐含层和输出层各单元的输出阈值分别为 $\theta_j$ 和 $\gamma_t$;参数 $i=1,2,\cdots,n$;$j=1,2,\cdots,p$;$t=1,2,\cdots,q$;$k=1,2,\cdots,m$。BP 网络学习步骤如下。

(1)初始化。给每个连接权值 $w_{ij}$、$v_{jt}$、阈值 $\theta_j$ 和 $\gamma_t$ 赋予区间$(-1,1)$内的随机值。

(2)随机选取一组学习样本 $P_k$ 和期望输出 $T_k$ 提供给网络。

(3)根据连接权值 $w_{ij}$、阈值 $\theta_j$ 和学习样本 $P_k$ 的输入计算隐含层各单元的输出:

$$b_j=f\left(\sum_{i=1}^{n}a_i w_{ij}+\theta_j\right) \tag{4-2}$$

其中传递函数为 Sigmoid 函数:$f(x)=1/(1+e^{-x})$

(4)计算输出层单元的输出:

$$c_t=f\left(\sum_{j=1}^{p}b_j v_{jt}+\gamma_t\right) \tag{4-3}$$

(5)计算输出层各单元的一般化误差:

$$d_t^k=c_t(1-c_t)(y_t^k-c_t) \tag{4-4}$$

(6)计算隐含层单元相对于每个 $d_j$ 的一般化误差:

$$e_j^k=\left(\sum_{t=1}^{q}d_t v_{jt}\right)b_j(1-b_j) \tag{4-5}$$

(7)调整隐含层单元至输出层单元的连接权值和输出层单元的阈值:

$$\Delta v_{jt}=\eta d_t^k b_j,\Delta\gamma_t=\eta d_t^k \quad 0<\eta<1 \tag{4-6}$$

(8)调整输入层单元至隐含层单元的连接权值和隐含层单元的阈值:

$$\Delta w_{ij}=\eta e_j^k a_i^k,\Delta\theta_j=\eta e_j^k \quad 0<\eta<1 \tag{4-7}$$

(9)随机选取下一个学习样本向量提供给网络,返回到步骤(3),直到 $m$ 个训练样本训练完毕。计算实际输出和期望输出的误差,当全部样本的输出误差均小于预先设定的收敛误差时,训练结束。

可以看出,在以上学习步骤中,(3)~(4)是网络学习信息的正向传播过程,(5)~(8)为网络误差的反向传播过程。正是通过这样的学习训练过程,网络从学习样本中获取知识信息,并把它们贮存于各层的权值和阈值中,这样连接权值与阈值都确定了,从而网络模型被建立起来。

**（三）BP 神经网络方法的改进**

BP 神经网络的训练是基于梯度下降法在误差曲面寻求极小值，它存在自身的限制和不足，主要表现在它的训练过程的不确定。具体表现为：①学习速率太小导致训练时间太长；②易陷入局部极小值点。针对上述两个问题，采用自适应学习速率法和附加动量法来解决。

自适应学习速率法在训练过程中，检查权值的修正值是否真正降低了误差函数，如是则说明所选取的学习速率值小了，可对其增加一个量；否则说明产生了过调，应该减小学习速率的值。本书采用的学习速率调整公式如下：

$$\eta(k+1)=\begin{cases}1.05\eta(k) & SSE(k)<SSE(k-1)\\ 0.7\eta(k) & SSE(k)>1.04SSE(k-1)\\ \eta(k) & 其他\end{cases} \tag{4-8}$$

式中：$\eta(k)$ 为第 $k$ 次的学习效率；$SSE(k)$ 为第 $k$ 次的误差平方和。

附加动量法的实质是通过一个动量因子调节最后一次权值变化的影响，增加的动量项促使权值的调节向着误差曲面底部的平均方向变化，当网络权值进入误差曲面底部的平坦区时，$d_t^k$ 和 $e_j^k$ 将变得很小，于是，$\Delta v_{jt}(k+1)\approx\Delta v_{jt}(k)$，$\Delta w_{ij}(k+1)\approx\Delta w_{ij}(k)$，从而防止了 $\Delta v_{jt}=0$ 和 $\Delta w_{ij}=0$ 的出现，有助于使网络从误差曲面的局部极小值中跳出。附加动量法连接权值修正量和其动量因子的调整公式如下：

$$\Delta v_{jt}(k+1)=(1-mc)\eta d_t^k b_j+mc\Delta v_{jt}(k) \tag{4-9}$$

$$\Delta w_{ij}(k+1)=(1-mc)\eta e_j^k a_i^k+mc\Delta w_{ij}(k) \tag{4-10}$$

$$mc=\begin{cases}0 & SSE(k)>1.04SSE(k-1)\\ 0.95 & SSE(k)<SSE(k-1)\\ mc & 其他\end{cases} \tag{4-11}$$

式中：$mc$ 为动量因子；$k$ 为训练次数；$SSE$ 为误差平方和。

**（四）BP 神经网络在集雨补灌玉米农田土壤水分预测的应用**

目前土壤水分预测模型或方法大致分为经验法和理论法两大类。经验法是以气象和作物要素与土壤水分的相关关系为基础的统计预报方法；理论法是从土壤水分平衡方程和土壤水动力学原理出发，分析和推导未来土壤水分状况。在模型的研究中大多涉及许多参数，如土壤特性、蒸发蒸腾量、作物系数、土壤水分修正系数、根系层下边界水分通量等，这些参数的获取一般较为困难，需投入大量人力、物力和财力，并且需要多个部门的通力合作，这就妨碍了模型的推广使用。另外，许多模型过于复杂，难以方便地应用于实际生产，更主要的是由于许多模型是在理想条件下得到的，预测出的模拟值与实测值相差较大。因此，探索和建立理论基础坚实、形式相对简单、参数易于获取、操作简单易行、满足实际需要的土壤水分预测模型具有重要的理论意义和实用价值。

1. BP 网络模型中输入、输出变量的确定

土壤水分状况主要受当地气象、土壤和作物三方面因素的影响，其中气象因素对土壤水分的影响最大。在自然条件下大气降水是土壤水分的主要来源，实际蒸发蒸腾则是土壤水分的主要支出项。田间土壤水量平衡方程可表示为：

$$\Delta W=(P_0+I)-R-ET-D+U \tag{4-12}$$

式中：$\Delta W$ 为某一时段内的土壤贮水变化量，mm；$P_0$ 为相应时段内的降雨入渗量，mm；$I$ 为

相应时段内的灌水量,mm;$R$ 为时段内的径流量,mm;$ET$ 为时段内的蒸发蒸散量,mm;$D$ 为时段内的渗漏量,mm;$U$ 为时段内的地下水上升量,mm。

在上述各量中,降雨入渗量可用降雨入渗系数和实测降雨量来表示:

$$P_0 = \alpha P \tag{4-13}$$

式中:$P$ 为实测降雨量;$\alpha$ 为降雨入渗系数,其值与一次降雨量、降雨强度、降雨延续时间、土壤性质、地面覆盖及地形等因素有关,一般认为当一次降雨量大于 50 mm 时,$\alpha$ 为 0.7 ~ 0.8;当一次降雨量在 5 ~ 50 mm 时,$\alpha$ 为 0.8 ~ 1.0;当一次降雨量小于 5 mm 时,$\alpha$ 约为 0。

蒸发蒸散量 $ET$ 可用参考作物蒸散量 $ET_0$、作物系数 $K_c$、土壤水分修正系数 $K_w$ 来表示:

$$ET = K_w K_c ET_0 \tag{4-14}$$

其中参考作物蒸散量与气象因素和地理位置有关;作物系数与作物种类、品种、生育期、作物群体叶面积有关;土壤水分修正系数与土壤水分状况有关。由于试验区内降雨量较小,土壤结构疏松,土壤表面干燥,径流量可视为零。同时,由于一次灌水量小,蒸发量大,地下水埋深在 3 m 以下,计划层足够深(1 m),因此渗漏量和地下水上升量均可视为零。

根据以上分析,在土壤水分预测模型中采用以下 6 个变量作为网络输入:

(1)阶段降雨入渗量和灌水总量,因为降雨和灌水对土壤水分的影响是一致的,故将其合并为一个变量;

(2)阶段平均气温、风速、日照、相对湿度,反映参考作物腾发量;

(3)预测时段初贮水量,网络的输出为时段末贮水量,即预测值。

2. 样本数据的预处理

由于本文的网络隐含层采用的是双曲正切 Sigmoid 函数,它的输出范围为[ -1,1],而训练样本中的变量值超出了该范围,这就必须对训练样本中的变量值进行缩放处理,另外网络的多维输入样本存在不同的量纲,它们的取值量级有的相差较大,为此也要将各输入的数值都转换到 0 ~ 1,即归一化处理,避免由量级上的差别影响网络的识别精度。这里采用如下归一化处理公式:

$$\bar{x} = \frac{x - x_{\min}}{x_{\max} - x_{\min}} \tag{4-15}$$

式中:$x$ 为原始数据;$\bar{x}$ 为变换后的数据;$x_{\max}$ 为原始数据最大值;$x_{\min}$ 为原始数据最小值。

网络运行后,数据还原公式为:

$$x = \bar{x}(x_{\max} - x_{\min}) + x_{\min} \tag{4-16}$$

3. 网络训练参数的确定

1988 年 Cybenko 指出,当各神经元节点均采用 S 型函数时,一个隐含层就足以实现任意判别分类问题,所以采用包含一个隐含层的 BP 神经网络。输入、输出节点是与样本直接相关的,如果样本的格式已确定,则网络的输入、输出节点数由样本确定,因此网络输入变量数为 6,输出变量数为 1。隐含层的神经元个数直接影响着网络的非线性预测性能。

这里根据 Kolmogorov 定理,初步选定网络隐含层的神经元个数为 13,然后围绕这个近似数把隐含层的神经元个数的选择范围定为 6 ~ 20,通过选择不同的神经元个数进行网络训练,比较不同方案的训练和测试结果,并根据从网络实现的角度上,倾向于选择较少的节点数的指导原则,本网络的隐含层神经元数取 6,因此网络是 6 - 6 - 1 的结构。隐含层神经元的传递函数为 S 型正切函数,输出层神经元的传递函数为线性函数。

使用 Matlab 7.01 神经网络工具箱对网络进行训练,所用训练函数为 traingdx,该函数是动量及自适应 lrBP 梯度递减训练函数,用函数 init 将网络初始化,取期望误差目标 err_goal = 0.001,最大循环次数 max_epoch = 20 000,初始学习速率 lr = 0.01,递增乘因子 lr_inc = 1.05, 递减乘因子 lr_dec = 0.7,动量因子 $mc = 0.9$。

4. 网络训练及预测结果分析

利用覆膜坐水 + 滴灌 1 次处理 2004 年 5 月初至 9 月上旬和 2005 年 5 月初至 6 月末期间的土壤贮水量资料及气象观测资料训练网络,利用训练后的网络对 2004 年和 2005 年其余 4 个处理 5 月初至 9 月上旬的土壤贮水量进行预测,预测时段与实测资料一致。网络训练和预测结果见表 4-40。图 4-31 ~ 图 4-34 给出了预测值和实测值的比较。

**表 4-40　网络训练与预测结果**

| 样本 | | 平均绝对误差(mm) | 绝对误差 <10 mm 的比例(%) | 绝对误差 <20 mm 的比例(%) | 预测值与实测值线性回归 | |
|---|---|---|---|---|---|---|
| 类型 | 数量 | | | | $A$ | 相关系数 $r$ |
| 训练 | 50 | 5.8 | 78 | 98 | 0.915 3 | 0.992 5 |
| 预测 | 241 | 7.5 | 73.9 | 95.4 | 0.930 4 | 0.980 5 |

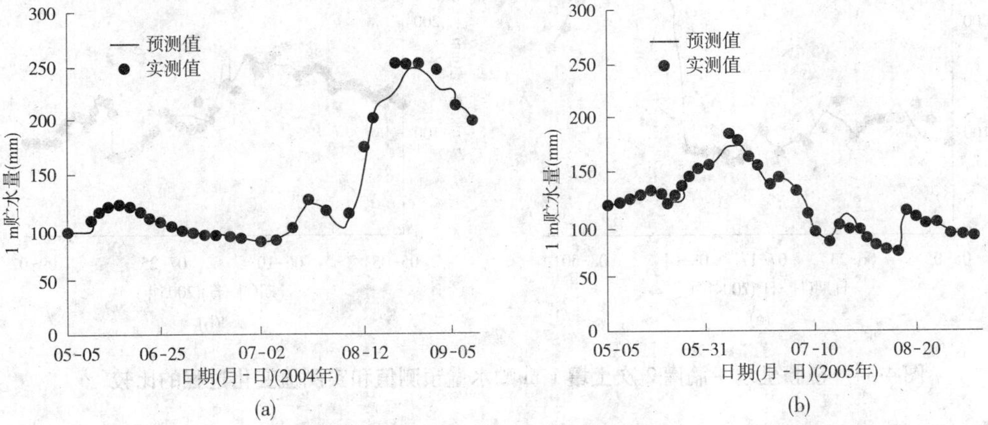


**图 4-31　覆膜不坐水土壤 1 m 贮水量预测值和实测值变化过程的比较**

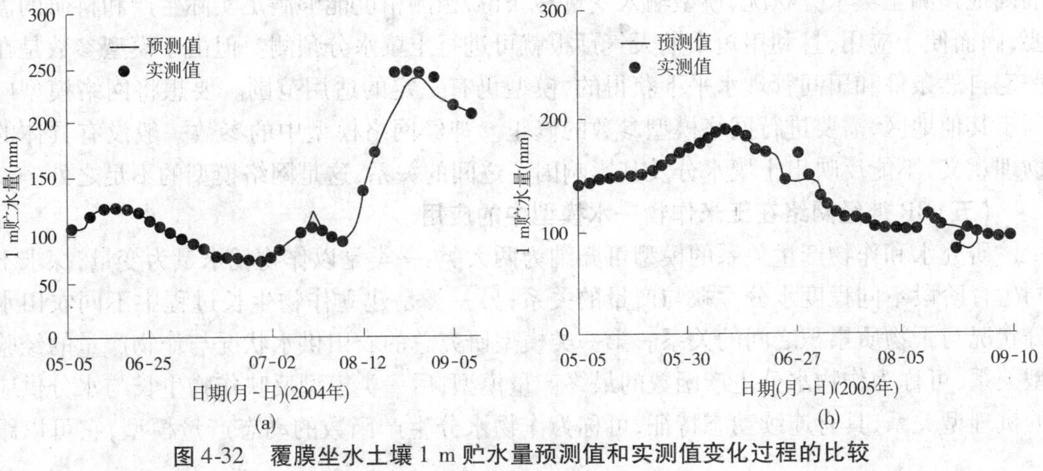


**图 4-32　覆膜坐水土壤 1 m 贮水量预测值和实测值变化过程的比较**

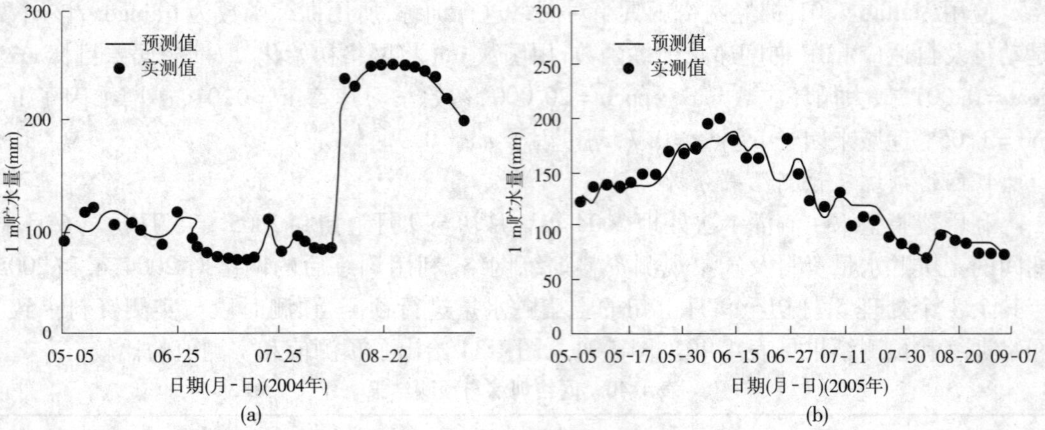


图 4-33 覆膜坐水+滴灌 1 次土壤 1 m 贮水量预测值和实测值变化过程的比较

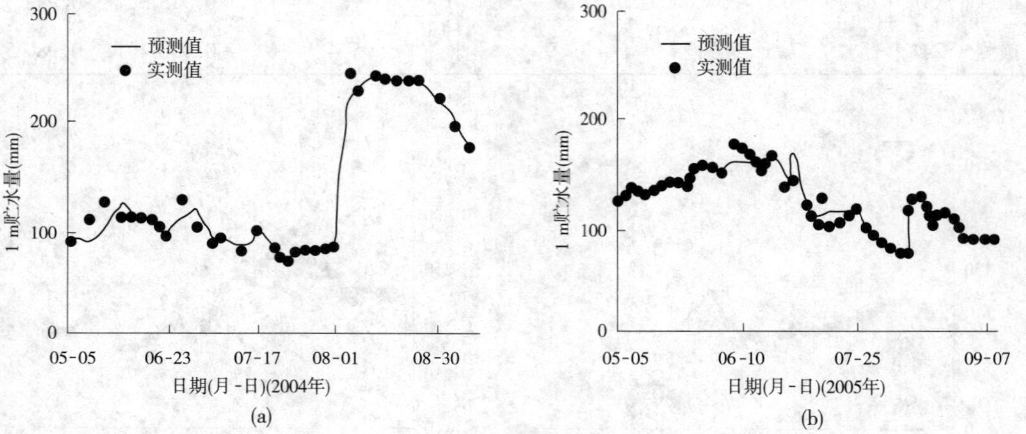


图 4-34 覆膜坐水+滴灌 2 次土壤 1 m 贮水量预测值和实测值变化过程的比较

本节建立的以气象因素为主要影响因子的土壤水分预测 BP 神经网络模型，能够较准确地预测土壤水分状况，模型输入变量易获得，预测精度能够满足实际生产和科研的需要，因而便于应用，且利用短中期天气预报就可进行土壤水分预测。但由于模型参数是在一定自然条件和田间管理水平下获得的，模型仍有一定的适用范围。要想将网络模型应用于其他地区，需要进行网络模型参数的修正。神经网络模型中的参数一般没有具体的物理意义，不能反映出土壤水分及其影响因子之间的关系，这是网络模型的不足之处。

**（五）BP 神经网络在玉米作物—水模型中的应用**

研究水和作物产量关系的模型可归纳为两大类：一类是以作物耗水量为变量，探求不同生育阶段不同程度水分亏缺与产量的关系；另一类是建立作物生长过程中不同农田水分状况与干物质累积之间的关系。第一类模型研究总的农田供水状况与作物产量的经验型关系，可称为作物水分生产函数的最终产量模型；后一类模型反映作物生长与水分供应的机理型关系，具有连续动态特征，可称为作物水分生产函数的动态产量模型，它可以跟踪作物生长过程并根据可能的供水状况对作物产量进行预报。

作物水分响应模型的建模是在其他因素一定的条件下，确立作物产量与水分供应数量之间的数学关系，主要有两类：一类是全生育期作物水分响应模型；另一类是各生育阶段作物水分响应模型。

1. 生育阶段水分生产函数模型

不同生育阶段缺水受旱对产量的影响是不同的。Hiler 和 Clark（1971）、Stewart（1972）、Barrentt（1980）等通过试验发现水分亏缺时期比水分亏缺量对作物产量的影响更大。生育阶段水分生产函数模型又分乘法模型和加法模型两类。加法模型将各生育阶段缺水对产量的影响进行简单的迭加，没有考虑连旱的情况。根据这一建模假定，即使在某一阶段受旱致使作物凋亡，仍能算出产量。因此，加法模型具有一定的适用局限性，国内外采用不多。乘法模型用以构成相对产量，比较灵敏，应用较广。典型的乘法模型如下。

Jensen（1968）模型：

$$\frac{Y_a}{Y_m} = \prod_{i=1}^{n}\left(\frac{ET_a}{ET_m}\right)_i^{\lambda_i} \tag{4-17}$$

Minhas（1974）模型：

$$\frac{Y_a}{Y_m} = a_0\prod_{i=1}^{n}\left[1 - \left(1 - \frac{ET_a}{ET_m}\right)_i^{b_0}\right]^{\lambda_i} \tag{4-18}$$

Rao（1988）模型：

$$\frac{Y_a}{Y_m} = \prod_{i=1}^{n}\left[1 - K_i\left(1 - \frac{ET_a}{ET_m}\right)_i\right]^{\lambda_i} \tag{4-19}$$

2. 样本数据的采集

试验于2005年4月30日~9月25日进行，采用膜下滴灌并结合坐水种对玉米不同生育阶段进行补灌，根据水窖的有限集雨蓄水量和灌水技术的约束，每次补灌水量定为18 mm。试验处理设置见表4-41。

**表4-41　玉米不同生育阶段补灌时期**

| 处理 | 生育阶段 | | | | |
|---|---|---|---|---|---|
| | 出苗—拔节 | 拔节—抽雄 | 抽雄—灌浆 | 灌浆—成熟 | 成熟—收获 |
| 不灌 | — | — | — | — | — |
| 1期滴灌 | 补灌 | — | — | — | — |
| 2期滴灌 | — | 补灌 | — | — | — |
| 3期滴灌 | — | — | 补灌 | — | — |
| 4期滴灌 | — | — | — | 补灌 | — |
| 5期滴灌 | — | — | — | — | 补灌 |

注：一字线处为不灌水。

玉米集雨补充灌溉试验结果见表4-42。为消除某些气象因素对模型的干扰，采用不同生育阶段相对蒸散量和不同处理的相对产量作为BP神经网络的输入样本和输出样本。

表 4-42 玉米不同生育阶段集雨补充灌溉试验结果

| 处理 | 产量（kg/hm²） | 不同生育阶段蒸散量（mm） | | | | |
|---|---|---|---|---|---|---|
| | | 出苗—拔节 | 拔节—抽雄 | 抽雄—灌浆 | 灌浆—成熟 | 成熟—收获 |
| 不灌 | 6 651.30 | 20.60 | 58.07 | 75.40 | 40.61 | 39.58 |
| 1 期滴灌 | 7 590.00 | 66.69 | 69.98 | 78.70 | 53.29 | 46.53 |
| 2 期滴灌 | 8 863.35 | 28.49 | 118.27 | 92.50 | 47.46 | 43.92 |
| 3 期滴灌 | 9 382.50 | 25.79 | 66.63 | 150.44 | 57.81 | 44.04 |
| 4 期滴灌 | 7 956.60 | 21.46 | 71.64 | 85.95 | 67.34 | 50.69 |
| 5 期滴灌 | 6 983.40 | 25.09 | 74.21 | 79.36 | 51.30 | 63.62 |

在网络训练过程中，权值调得过大可能使所有或大部分神经元的加权输入和过大，激活函数的输入工作处于 S 型转移函数的饱和区，导致其导数非常小，使得对网络权值的调整几乎停顿。输入样本采用 0 ~ 1 的数值可使权值较大的输入落在隐含层 Sigmoid 激活函数梯度较大范围内，这样可有效防止上述情况的发生。

3. 网络层数

BP 网络是对非线性可微函数进行权值训练的多层网络，可解决复杂的非线性函数逼近问题，只含有一个隐含层的 BP 网络即可完成任务。因此，本文采用 3 层网络结构。

4. 每层激活函数

BP 网络的非线性逼近能力是通过 S 型激活函数体现出来的，因此隐含层一般采用 S 型激活函数。输出层可采用 S 型或线性传递函数。采用 S 型传递函数时，非线性逼近速度可以加快，但输出范围受到 0 ~ 1 或 -1 ~ 1 范围的限制。综合分析，隐含层采用 tan-Sigmoid传递函数，表达式为 $f(x) = (1 - e^{-2x})/(1 + e^{-2x})$，输出层采用 purelin 传递函数，表达式为 $f(x) = x$，网络输出可以不受约束。

5. 各层节点数的确定

BP 网络各层节点数确定的关键是隐含层节点数的选取。节点数太少不能满足拟合精度，或造成训练次数过多，时间过长。目前一般采用试算法（Trial-and-error）来确定隐含层节点数。输入层与输出层节点数的确定直接与解决实际问题的输入变量和输出变量密切相关，很容易确定，本节根据玉米生理特性将生育期划分为 5 个阶段：出苗—拔节，拔节—抽雄，抽雄—灌浆，灌浆—成熟，成熟—收获。输入层取 5 个神经元，分别与各生育阶段的相对蒸散量相对应。输出层取 1 个神经元与玉米产量相对应。通过改变各项训练参数分析得出学习速率，根据网络训练过程中的误差变化自动进行调节。初始学习速率对网络训练结果影响不大，研究中取学习速率为 0.05，拟合误差为 0.000 1，节点数为 8，得出最终网络结构为 5 - 8 - 1。

6. 训练结果

利用 Matlab 语言编写 BP 神经网络训练程序。编写过程中应先将表 4-42 的试验数据通过矩阵运算转化为相对蒸散量和相对产量。训练后各层的连接权值见式（4-20）~

式(4-23)。

$$W_1=\begin{bmatrix} 0.9517 & 0.4732 & 0.2382 & 0.7131 & 0.6366 \\ 0.1663 & 0.6810 & 0.0148 & 0.8652 & 0.9414 \\ 0.8226 & 0.1294 & 0.3813 & 0.7375 & 0.0360 \\ 0.6162 & 0.4686 & 0.7616 & 0.9996 & 0.2909 \\ 0.8471 & 0.0710 & 0.5750 & 0.8665 & 0.6770 \\ 0.1160 & 0.5823 & 0.4082 & 0.4870 & 0.5888 \\ 0.2290 & 0.3116 & 0.3823 & 0.3951 & -0.4777 \\ -0.2607 & 0.0877 & 0.4331 & -0.2632 & 0.6022 \end{bmatrix} \tag{4-20}$$

$$B_1=[0.4877\quad 0.8889\quad 0.7582\quad 0.6601\quad 0.9713\quad 0.1736\quad -0.3346\quad 0.5134]^{\mathrm{T}} \tag{4-21}$$

$$W_2=[-0.0017\quad 0.1397\quad 0.0506\quad -0.3139\quad 0.0065\quad 0.0377\quad 0.9895\quad 0.7619] \tag{4-22}$$

$$B_2=0.0183 \tag{4-23}$$

用训练好的BP神经网络对不同补灌水量的玉米产量进行预测，预测结果见表4-43。由于受到当地自然环境和气候条件的影响，收集到的雨水量十分有限，只能寻求对作物水分敏感期进行补灌，与一般的非充分灌溉不同。此外，一般非充分灌溉采用充分灌溉为对比，以反映缺水对产量的影响；而本试验以全生育期都不灌水为对比，以反映补灌对增产的效应。

**表4-43　BP神经网络玉米作物—水模型相对产量($Y_{min}/Y_a$)的预测结果**

| $ET_{min}/ET_a$ | 出苗—拔节 | 拔节—抽雄 | 抽雄—灌浆 | 灌浆—成熟 | 成熟—收获 |
|---|---|---|---|---|---|
| 0.5 | 0.9439 | 0.8641 | 0.7764 | 0.8710 | 1.0661 |
| 0.6 | 0.9575 | 0.8938 | 0.8260 | 0.9005 | 1.0613 |
| 0.7 | 0.9706 | 0.9229 | 0.8737 | 0.9288 | 1.0528 |
| 0.8 | 0.9830 | 0.9513 | 0.9196 | 0.9558 | 1.0406 |
| 0.9 | 0.9947 | 0.9789 | 0.9637 | 0.9815 | 1.0249 |

本节中的相对蒸散量表示为$ET_{min}/ET_a$，相对产量表示为$Y_{min}/Y_a$。表4-43采用不同的相对蒸散量预测玉米不同生育阶段的相对产量，以分析不同补灌水量和补灌时期对产量敏感性的影响。可以看出，随着各生育阶段供水量的减少，基于BP神经网络的玉米作物—水模型所预测的产量也相应减少，符合作物一般需水规律。从各生育阶段的敏感指标大小来看，玉米对水分的敏感程度由高到低的排列顺序为抽雄—灌浆、拔节—抽雄、灌浆—成熟、出苗—拔节、成熟—收获。为了将基于BP神经网络的玉米作物—水模型与国内常用的Jensen模型进行比较，对应表4-37的灌水量指标选用变形的Jensen模型(见式(4-17))，利用玉米作物—水模型进行预测，预测结果见表4-44。对比表4-43和表4-44可知，BP神经网络预测产量与变形的Jensen模型预测产量的差值大部分在2%

左右，抽雄—灌浆期差值在1%左右，最小值仅为0.15%；但成熟—收获期差值波动较大，最大差值达到8.49%。其原因是此时期灌水对产量的增加没有发挥作用。表4-43中相对产量大于1的结果，可能是成熟期灌水引起减产或是 $ET_{min} > ET_a$ 后产生的网络训练误差造成的。总体上看两种模型对玉米产量的预测值很接近。

表4-44　变形的Jensen玉米作物—水模型相对产量的预测结果

| $ET_{min}/ET_a$ | 出苗—拔节 | 拔节—抽雄 | 抽雄—灌浆 | 灌浆—成熟 | 成熟—收获 |
|---|---|---|---|---|---|
| 0.5 | 0.981 4 | 0.829 9 | 0.791 5 | 0.837 5 | 1.156 6 |
| 0.6 | 0.986 3 | 0.871 6 | 0.841 7 | 0.877 5 | 1.113 2 |
| 0.7 | 0.990 4 | 0.908 5 | 0.886 6 | 0.912 8 | 1.077 7 |
| 0.8 | 0.994 0 | 0.941 7 | 0.927 5 | 0.944 5 | 1.048 0 |
| 0.9 | 0.997 1 | 0.972 1 | 0.965 1 | 0.973 4 | 1.022 4 |

用Matlab语言编写多元回归程序，求得玉米不同生育阶段的Jensen模型缺水敏感指数见表4-45。

表4-45　玉米不同生育阶段的Jensen模型缺水敏感指数 $\lambda_i$ 的计算结果

| 生育阶段 | 出苗—拔节 | 拔节—抽雄 | 抽雄—灌浆 | 灌浆—成熟 | 成熟—收获 |
|---|---|---|---|---|---|
| $\lambda_i$ | 0.027 1 | 0.269 0 | 0.337 3 | 0.255 9 | -0.209 9 |

从表4-45可以看出，玉米在抽雄—灌浆期对水分最敏感，此时是玉米的需水关键期，其次是拔节—抽雄期，成熟—收获期灌水对产量几乎没有影响。这一结果与BP神经网络作物—水模型计算出的玉米对不同生育阶段水分的敏感程度相符。敏感指数出现负值的原因可能是最小二乘法拟合时多元回归分析约束或是灌水对产量产生负作用所引起的，以致表4-44成熟—收获期相对产量出现大于1的值。

## 第六节　集雨补灌的几种模式与实例

### 一、适合黄土高原北部地区的几种集雨补灌模式

利用人工集蓄雨水进行作物补灌是雨水集蓄利用的一个重要方面，也是灌溉技术的新领域。本次研究把集成与确立区域集雨补灌模式作为主要研究内容。根据集雨工程贮水量少、地块分散、面积小的特点，应用非充分灌溉理论和调亏灌溉理论，并结合集雨补灌大田试验研究，确立了本区集雨补灌的几种发展模式。

**（一）大田玉米等宽行穴播作物补灌模式**

小型电潜泵提水—大田坐水种和膜下滴灌—生育期补灌2~3次，补水量225~405 $m^3/hm^2$。

**（二）大田糜谷前期和牧草等密植作物补灌模式**

小型电潜泵提水—带水条播和微喷灌带—补灌1~2次，补水量225~450 $m^3/hm^2$。

**(三)温室及大棚蔬菜等经济作物补灌模式**

小型电潜泵提水—坐水种和膜下滴灌(或地下滴灌或微喷灌)—补灌4~6次,补水量480~720 $m^3/hm^2$。

**(四)小拱棚或小片菜地等经济作物补灌模式**

手压泵提水—软管输水进地—坐水种和膜下(或膜上)灌水—补灌4~6次,补灌水量480~720 $m^3/hm^2$。

## 二、内蒙古大田雨水集蓄利用工程实例

**(一)基本情况**

(1)地理位置与自然条件。工程位于内蒙古准格尔旗沙圪堵镇布尔洞沟村农户周荣家。该地区为黄土高原东北部丘陵山区,山大沟深,沟壑纵横,沟谷面积占30%左右,沟网密度达3~5 $km/km^2$,海拔高度由沟底的1 030 m升高到山顶的1 320 m。天然植被以干草原为主,草场明显退化,植被稀疏,水土流失严重。地理条件与自然环境恶劣,农户居住分散,土地支离破碎,农业生产条件低下,人民生活比较困难。

本区为半干旱大陆性气候,多年平均气温7.2 ℃,年日照时数3 117.3 h,≥10 ℃积温3 500 ℃·d。作物生育期(4~9月)日照时数1 710.8 h,年平均风速2.3 m/s。无霜期平均145 d。多年平均降水量397.1 mm,降水时空分布不均,多集中于夏、秋季,7~9月降水占全年降水的60%~70%。多年平均蒸发量2 093 mm,为多年平均降水量的5倍多。多年平均相对湿度53%~56%,年湿润度0.3~0.34。主要气候灾害有干旱、暴雨、大风、霜冻、冰雹等。

(2)农户情况。农户周荣全家7口人,劳动力5个,养羊17只,猪2头,大畜1头;有照明用电;耕地3.133 $hm^2$,人均约0.447 $hm^2$,全部为坡耕旱地;年人均纯收入1 720元。

(3)作物种植情况。主要作物有玉米、糜子、马铃薯、葵花等,每公顷产量分别为4 800、2 850、18 000、1 410 kg,属中低产水平。2003年起开展雨水集蓄利用工程建设,在公路旁修建水窖3眼,发展玉米节水灌溉0.287 $hm^2$,取得了很好效果。

**(二)集雨工程**

1. 集雨面

集雨面主要是采用土质公路及路旁荒坡。该段公路宽8 m,可汇集长度110 m。公路北侧荒坡地高于路面,植被稀少,可汇集雨水的集流面积700 $m^2$。

2. 可收集雨水量计算

(1)公路可收集雨水量。

计算公式:

$$W_p = A_r \cdot E_i \cdot R_p / 1\ 000 \tag{4-24}$$

式中:$A_r$为可利用路段的集流面积880 $m^2$;根据试验资料,土质公路集雨面的集雨效率$E_i$为36%;本区保证率75%时的多年平均降水量$R_P$为300 mm;则该路段全年可集水量约为95 $m^3$。

(2)荒坡可收集雨水量。

公路北侧荒坡可汇集雨水的集雨面积为700 $m^2$;荒坡集雨面集雨效率$E_i$为16%;则全年可集水量为33.6 $m^3$。

二者合计年均可收集雨水量为128.6 $m^3$。

3.集雨蓄水工程

根据补灌耕地所在地形、土质,建筑材料和经济条件,集雨蓄水工程选用水泥砂浆抹面防渗的水窖,深8 m,底径5.5 m,口径0.6～1.0 m,蓄水容积40 $m^3$。在公路北侧耕地西北角打水窖3眼,总容积120 $m^3$,小于可收集雨水量。

集雨蓄水工程投资主要为水泥、砂石料等建筑材料和人工。

**(三)补灌系统布设**

1.系统选型

(1)提水设备。提水设备选用单项电潜泵1套,由3眼水窖共用,其型号QDX6－15－0.55,流量6.0 $m^3/h$,扬程15 m,电机功率0.55 kW。

(2)管材设备。输水管选用直径25 mm的PE黑管,灌溉首部设1 in筛网式过滤器1套。田间膜下滴灌选用单翼迷宫式滴灌带,管径16 mm,滴孔间距30 cm,滴孔流量$2.8\times10^{-3}$ $m^3/h$。

2.系统设计

(1)基本参数。设计保证率不低于75%,田间灌溉水利用率95%,设计耗水强度4 mm/d。设计土壤湿润比:播种期为30%,生长期为50%;灌水湿润层深度20～40 cm。

(2)设计灌水定额。经计算大田玉米集雨补灌各生育阶段的灌水定额,播种期坐水为5.7 mm(57 $m^3/hm^2$);生长期膜下滴灌为18 mm(180 $m^3/hm^2$)。

(3)一次灌水延续时间。经计算玉米生长期膜下滴灌一次的灌水延续时间为1.93 h,实际作业可取2 h。

(4)灌溉制度。大田玉米采用覆膜宽窄行种植,株距35 cm,宽行60 cm,窄行40 cm,中间铺设滴灌带并覆膜。坐水播种平均每株注水1 kg,每公顷补灌水量57 $m^3$;在生长季采用膜下滴灌补充灌溉,制定的补灌灌溉制度见表4-46。

**表4-46 大田玉米集雨补灌灌溉制度**

| 灌水时间及生育阶段 | 灌水次数 | 灌水定额($m^3/hm^2$) | 灌溉定额($m^3/hm^2$) |
|---|---|---|---|
| 播种期(5月初) | 1 | 57 | 57 |
| 拔节期(6月下旬) | 1 | 180 | 180 |
| 灌浆期(7月中下旬) | 1 | 180 | 180 |
| 全生育期 | 3 | | 417 |

(5)田间布设与管道流量。玉米地块面积0.287 $hm^2$,东西50～40 m,南北61 m,东西垄向种植。

膜下滴灌带顺垄布设共61条,每条长40～50 m,控制两行玉米,带间距100 cm,每条流量$Q_{毛}=0.3733\sim0.467$ $m^3/h$。

输水管垂直于滴灌带在地块西边布设,将61条滴灌带分成5组轮灌,每组12条,南边滴灌带短的一组控制13条。每组总流量为4.852～5.604 $m^3/h$。

根据计算灌溉单元的管道流量,所选型号单项潜水泵能基本满足要求。

## （四）材料与设备投资

本例农户大田玉米集雨补灌系统工程（工程布局见图 4-35）主要由集雨面工程、集雨蓄水工程和田间补灌用水工程组成，材料设备及投资分析见表 4-47。

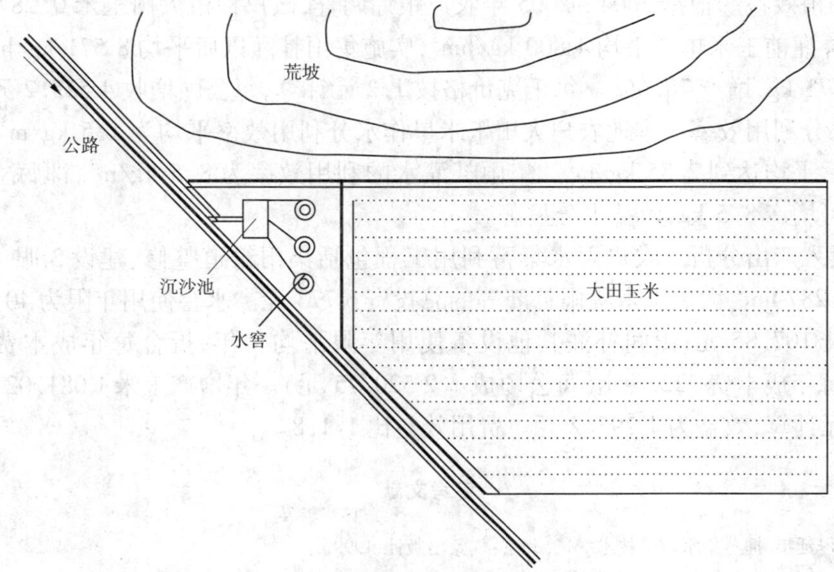


图 4-35　大田玉米集雨补灌工程布局示意图

表 4-47　农户大田玉米集雨补灌系统工程材料设备及投资分析

| 序号 | 设备材料名称 | 规格型号 | 单位 | 数量 | 单价（元） | 投资（元） |
|---|---|---|---|---|---|---|
| 一 | 集雨面工程 | 公路、荒坡 | | | | 370 |
| 1 | 路边输水渠 | | m | 100 | 2 | 200 |
| 2 | 荒坡雨水汇集渠 | | m | 60 | 2 | 120 |
| 3 | 其他 | | | | | 50 |
| 二 | 集雨蓄水工程 | 40 $m^3$ ×3 个 | | | | 4 314 |
| 1 | 水泥砂浆 | C12 | $m^2$ | 72 ×3 | 9 | 1 944 |
| | 土方开挖 | 窖体成型 | $m^3$ | 45 ×3 | 10 | 1 350 |
| 2 | 人工 | | 工日 | 8 ×3 | 30 | 720 |
| 3 | 其他 | 沉沙池、井口等 | | 3 | 100 | 300 |
| 三 | 田间灌溉工程 | | | | | 2 089 |
| 1 | 提水设备电潜泵 | QDX6 －15 －0.55 | 台套 | 1 | 300 | 300 |
| 2 | 首部筛网过滤器 | 1 in、120 目 | 套 | 1 | 70 | 70 |
| 3 | 输水管道 | PE 黑管 25 mm | m | 200 | 3 | 600 |
| 4 | 单翼迷宫式滴灌带 | 16 mm ×0.3 | m | 3 000 | 0.2 | 600 |
| 5 | 接头、堵头 | 25 mm | 个 | 9 | 5 | 45 |
| 6 | 弯头接头 | 25 mm | 个 | 4 | 10 | 40 |
| 7 | 旁通 | 16 mm | 个 | 65 | 1 | 65 |
| 8 | 球阀 | 25 mm | 个 | 4 | 6 | 24 |
| 9 | 三通 | 25 mm | 个 | 3 | 15 | 45 |
| 10 | 其他 | | | | | 300 |
| | 合计 | | | | | 6 773 |

**（五）效益分析**

（1）社会效益。大田作物由过去“靠天吃饭”的传统旱作农业转变为集约化的集雨补灌节水农业，为农业经济可持续发展创造了有利条件。

（2）种植效益。根据2004～2005年农户跟踪调查，该户种植大田玉米0.287 $hm^2$，未实施集雨补灌前玉米单产平均4 800 $kg/hm^2$，实施集雨补灌以后平均8 571 $kg/hm^2$，每公顷增产3 771 kg，增产78.6%。每千克价格按1.2元计算，每公顷增收4 525.2元。

（3）水分利用效率。本地农户大田玉米旱作水分利用效率平均为1.5 $kg/m^3$，实施集雨补灌以后平均达到2.35 $kg/m^3$。集雨补灌水的利用效率为8.5 $kg/m^3$，即每立方米集雨补灌水可增产8.5 kg，效益十分显著。

（4）投入产出分析。农户雨水集蓄利用工程包括集雨渠道整修、建设3眼40 $m^3$ 水窖、发展0.287 $hm^2$ 大田玉米集雨补灌等的总投资6 773元。水窖使用年限为40年，折合每年成本费107.85元；田间补灌其他设备使用年限平均4年，折合每年成本费614.75元。合计每年成本费722.6元（每公顷成本2 520.75元）。年增产玉米1 081.02 kg，按每千克1.2元计算，效益为1 297.2元。费用效益比1∶1.8。

## 参考文献


[1] 李育中，程延年. 抑蒸集水抗旱技术[M]. 北京：气象出版社，1999.

[2] 李广敏，关军峰. 作物抗旱生理节水技术研究[M]. 北京：气象出版社，2001.

[3] 水利部农村水利司. 雨水集蓄工程技术[M]. 北京：中国水利水电出版社，1999.

[4] 马兰忠，程满金，冯婷，等. 玉米集雨补灌灌溉制度试验研究[C]. 四川水利，2004(Z1)：31-36.

[5] 罗俊杰，杨封科，高世铭. 黄土高原半干旱区集雨补灌灌溉制度研究[J]. 灌溉排水学报，2003，22(3)：25-28.

[6] 王勇. 集雨补灌对旱地冬小麦产量和水分利用的影响[J]. 水土保持研究，2003，10(1)：104-107.

[7] 孔东，史海滨，魏占民，等. 干旱区不同水盐处理对向日葵生理性状的影响研究[J]. 灌溉排水学报，2004，23(1)：44-46.

[8] Will Critchley. 径流集蓄[M]. 北京：中国农业科技出版社，1996.

[9] 李凤民，赵松岭，段舜山，等. 黄土高原半干旱区春小麦农田有限灌溉对策初探[J]. 应用生态学报，1995，6(3)：259-264.

[10] Thilo Herrmann，Uwe Schmida. Rain-water utilization in Germany：efficiency，dimensioning，hydraulic and environmental aspects[J]. Urban Water，2000，1(4)：307-316.

[11] Johan Rockstrom，Jennie Barron，Patrick Fox. Rainwater management for increased productivity among small-holder farmers in drought prone environments[J]. Physics and Chemistry of the Earth，2002(27)：949-959.

[12] 张继澍. 植物生理学[M]. 西安：世界图书出版公司，1999：42-56.

[13] 刘祖贵，陈金平，段爱旺，等. 不同土壤水分处理对夏玉米叶片光合等生理特性的影响[J]. 干旱地区农业研究，2006，24(1)：90-95.

[14] 曹慧，许雪峰，韩振海，等. 水分胁迫下抗旱性不同的两种苹果属植物光合特性的变化[J]. 园艺学报，2004，31(3)：285-290.

[15] 李文华，朱清科，赖亚飞，等. 陕北黄土高原丘陵沟壑区沙棘的光合特性研究[J]. 干旱地区农业研究，2007，25(1)：135-139.

[16] 赵鸿，杨启国，邓振镛，等. 半干旱雨养区小麦光合作用、蒸腾作用及水分利用效率特征[J]. 干旱地区农业研究，2007，25(1)：125-130.

[17] 张正赋. 作物抗旱节水的生理遗传育种基础[M]. 北京：科学出版社，2003：135-139.

[18] 王文杰，祖元刚. 边沿效应带促进红松生长的光合生态学研究[J]. 生态学报，2003，23(11)：2318-2326.

[19] 许大全. 光合作用气孔限制分析中的一些问题[J]. 植物生理学通讯,1997,33(4):241-244.
[20] 江天然,张立新,毕玉蓉,等. 水分胁迫对梭梭叶片气体交换特征的影响[J]. 兰州大学学报(自然科学版),2001,37(6):57-62.
[21] 魏占民,史海滨,毕玉蓉,等. BP 神经网络的春小麦作物—水模型的初步研究[J]. 灌溉排水学报, 2002,21(2):12-16.
[22] 霍再林,史海滨,李为萍,等. 参考作物蒸发蒸腾量的人工神经网络模型研究[J]. 沈阳农业大学学报,2004,10:436-438.
[23] 陈亚新,康绍忠. 非充分灌溉原理[M]. 北京:中国水利水电出版社,1995.
[24] 丛爽. 面向 MATLAB 工具箱的神经网络理论与应用[M]. 北京:中国科学技术大学出版社,1998.
[25] 罗俊杰,杨封科,高世铭. 黄土高原半干旱区集雨补灌灌溉制度研究[J]. 灌溉排水学报,2003,22(3):25-28.
[26] 孔东,史海滨,等. 干旱区不同水盐处理对向日葵生理性状的影响研究[J]. 灌溉排水学报,2004:44-46.
[27] 王文圣,丁晶,刘国东. 人工神经网络非线性时序模型在水文预报中的应用[J]. 四川水利发电,2000,19:8-11.
[28] 周开利,康耀红. 神经网络模型及其 MATLAB 仿真程序设计[M]. 北京:清华大学出版社,2005.
[29] 董长虹. MatLab 神经网络与应用[M]. 北京:国防工业出版社,2005.
[30] 程殿龙,马宏志,许晓春. 神经网络方法在土壤墒情预报中的应用[J]. 中国农村水利水电,2002(7):6-8.
[31] 缴锡云,彭世彰. Jensen 模型敏感指数出现负值的原因及解决方法[J]. 沈阳农业大学学报,2004,10:339-442.
[32] 飞思科技产品研发中心. 神经网络理论与 MATLAB 7 实现[M]. 北京:电子工业出版社,2005.
[33] 史海滨. 灌溉排水工程学[M]. 北京:中国水利水电出版社,2006.
[34] 苑希民,李鸿雁,刘树坤,等. 神经网络和遗传算法在水科学领域的应用[M]. 北京:中国水利水电出版社,2002.
[35] 秦耀东. 土壤物理学[M]. 北京:高等教育出版社,2003.
[36] 朱强,李元红. 论雨水集蓄利用的理论和实用意义[J]. 水利学报,2004(3):60-65.
[37] 尹光华,蔺海明. 旱地春小麦集雨补灌增产机制初探[J]. 干旱地区农业研究,2001,19(2):54-75.
[38] 侯琼,郝文俊. 内蒙古地区玉米农田土壤墒情动态预测模式[J]. 干旱地区农业研究,2000,18(4):50-56.
[39] 康绍忠,张富强,梁银丽. 玉米生长条件下农田土壤水分动态预报方法的研究[J]. 生态学报,1997,17(3):245-251.
[40] 尚松浩. 土壤水分模拟与墒情预报模型研究进展[J]. 沈阳农业大学学报,2004,35(5):455-458.
[41] 丛爽,向微. BP 网络结构、参数及训练方法的设计与选择[J]. 计算机工程,2001,27(10):36-38.
[42] 尚松浩,毛晓敏,雷志栋,等. 冬小麦田间墒情预报的 BP 神经网络模型[J]. 水利学报,2002(4):60-68.
[43] 金龙,罗莹. 农田土壤湿度的人工神经网络预报模型研究[J]. 土壤学报,1998,35(1):25-32.
[44] 龚元石,李子忠,李春友. 利用时域反射仪测定的土壤水分估算农田蒸散量[J]. 应用气象学报,1998,9(1):72-78.

# 第五章　集雨补灌旱作农业综合配套技术

## 第一节　半干旱黄土丘陵区旱作农业的发展方向

### 一、半干旱黄土丘陵区旱作农业的生态、经济特征

**(一)农牧业生态系统脆弱,自身修复能力差**

黄土高原是我国生态环境状况最为脆弱的地区之一,也是水土流失最为严重的区域,主要外因是大陆性气候降雨集中的特点突出与砒砂岩、黄土母质松散地质构造和丘陵沟壑地貌结合,土壤侵蚀十分严重,土壤、植被退化严重,加上人为的过度垦荒和超载放牧,使脆弱的生态系统失去自身修复能力,形成了沟壑不断切割加深,土壤肥力不断递减,林草植被不断退化的恶性循环。由于气候更加干旱和阴冷,夏季降水也更加集中,黄土高原北部的半干旱丘陵区的生态环境要比黄土高原中南部更加脆弱。据实测,黄土、沙黄土和砒砂岩3种主要类型的沟壑密度分别为5~9、4.2 $km/km^2$ 和7.4 $km/km^2$,植被覆盖率分别为20%、15%和5%以下,水蚀、风蚀和重力侵蚀3种侵蚀交错发生,加重了土壤、生物资源的破坏和损失。导致农牧业生态系统脆弱的内因主要表现为人畜超载和掠夺式经营。以准格尔旗为例,人口密度为30~75人/$km^2$,是联合国提出的半干旱地区适宜人口临界值20人/$km^2$ 的1.5~3.75倍。虽然人均耕地面积达0.227 $hm^2$,但由于土地沙化和沟壑化,单产很低且很不稳定,一遇干旱、冰雹、霜冻等灾害,就会出现大面积绝收,甚至威胁到粮食安全。农牧业现代化水平低下,畜牧业以放牧为主,一般草场的干草产量只有750 $kg/hm^2$。准格尔旗2000年以前草地可利用饲草为2.0亿kg,加上可利用农作物秸秆2.0亿kg,可饲养55万只羊,实际载畜量已达到70万~80万只,约超载20万个羊单位,造成草场大面积退化。虽然按总土地面积计算的垦殖系数只有7.6%,但该旗适宜开辟为耕地的土地并不多,现有耕地中不少是15°以上的陡坡或严重侵蚀或沙化、应予退耕的土地。原来比较平坦的塬或缓坡,一旦被冲刷成沟壑,几乎不可能再恢复原状。

**(二)农牧业经济发展滞后,系统自身发展能力弱**

恶劣的自然条件,加上沟壑地区不适宜机械化作业,当地沿用的传统耕作技术十分粗放,农村经济维持在常年靠天吃饭基本维持自给自足、灾年依赖国家救济的状况。改革开放30年来,本地区农民经济状况有很大改善,但仍发展缓慢,2000年全旗农民人均纯收入为1 326元,远低于国际公认的每天1美元的贫困线标准。本地区虽然能源矿产极其丰富,已建成一批相当发达的城镇,但广大农村的基础设施建设水平仍很低,加上村落规模小,居住分散,多数居民点至今不通公路,有些甚至仍不通电或电力供应保障率极低,农业社会化服务体系十分薄弱,通信、文化、教育、卫生和社会保障事业极不发达,严重影响了丘陵沟壑区农村劳动力素质的提高和农村经济自身发展的活力。

**(三)耕地质量总体不高,土壤退化严重**

本区长期实行以撂荒制为代表的广种薄收粗放经营,农业投入很少,土壤养分收支不平衡,农牧业技术落后。土地不平整且支离破碎,农业机械数量很少甚至没有,仍然依靠人拉、肩扛或毛驴进行农事作业。大部分农田不平整,坡度大,水土流失十分严重,表层养分大量流失;经过近百年的滥垦,原始植被遭到严重破坏,肥沃的表土被吹蚀殆尽。其中以砒砂岩为母质的土壤粗化要比黄绵土更为明显。

**(四)农牧业生产技术落后,水土资源利用效率低**

农牧业生产技术落后主要表现为以农田裸露耕作和放牧养殖为主的传统技术。从清代康熙年间开始一直实行撂荒与游牧混合的土地利用方式。地势平坦、水分条件较好的草场多数被改造为农田,长期采用裸露耕作技术,失去了自然植被的保护,在季风气候的作用下,夏季产生严重的水土流失,冬春发生严重的风蚀沙化,土壤肥力和生产水平不断下降,形成千沟万壑纵横交错的地貌和不断粗化的土壤。尽管人均水土资源和光热较为丰富,但自然配置与人为配置都失当,又缺乏有效的耕地保护和培肥措施,各类自然资源的利用效率都很低。按照当地常年粮食单产 2 250 ~3 000 $kg/hm^2$ 的生产水平,及 4 ~9 月的作物生长季太阳辐射能总量,生物量的光能率仅为 0.6% ~0.8%,如按全年计算则只有 0.4% ~0.55%,相当于河套平原和汾渭平原粮食生产水平的 30% ~40%。按照年平均降水量 400 mm 计算,旱地的水分利用效率仅为 5.625 ~7.5 $kg/(mm \cdot hm^2)$,也要比黄土高原地区的先进水平低 1/2 以上。

畜牧业生产虽然历史悠久,但一直是传统的掠夺式放牧,缺乏草地基本建设与基础设施建设,质量较好的天然草地早已被开垦为农田,残留的草地则不断退化,平均产草量仅 675 $kg/hm^2$,不及原始典型草原植被生产力的 30%,已接近荒漠草原的生物量产出水平。

## 二、旱作地区农牧业发展取向与技术途径

**(一)发展现代旱作农业**

世界上许多发达国家的农牧业发展历史证明:类似于我国西北半干旱地区的农村是可以由传统落后的农村向现代发达的农村转变的,并能实现农村经济的可持续增长和生态、社会安全。我国农村近 30 年的改革实践,已使广大农村的社会经济发生了巨大变化,从解决温饱的单一种植业发展到总量平衡的种养综合发展、产供销相互衔接、逐步迈向产业化的现代农业。黄土高原旱作区的农业同样也由传统农业逐步演进为新的不同产业型态,其中以发展区域特色农业为主导,配合集雨型、资源节约型和保护性农业技术的发展模式,已经成为旱作贫困地区农牧业发展的主要取向。发展现代旱作农业,建设社会主义新农村已经成为广大农牧民的共同愿望。

**(二)实施保护生态与发展经济双赢的战略**

基于黄土高原北部丘陵区旱作农业的气候、地质、土壤等自然条件和社会经济条件,特别是生态失衡和生产技术落后的实际,现阶段应实施保护生态与发展经济有机结合与双赢的战略。强调经济发展,忽视生态建设,将丧失可持续发展的基础;过分偏重生态建设而忽视经济发展,将削弱开展生态环境建设的物质基础。要实现保护生态与发展经济双赢的战略目标,一是要加强农业基础设施建设与农业可持续发展的能力建设,包括农

田、水利、科技、教育和新农村建设等，以充分利用国家在资金、技术和政策上对退耕还林、工业反哺农业等的倾斜；二是发展现代农业技术，在黄土高原北部丘陵旱作地区主要是建立生态适应性农作制度，完善生态畜牧业发展模式和集雨防蚀型农业技术，因地制宜创立区域特色产业的生态友好型集约化、半集约化发展模式。

**（三）建立生态适应性农作制度**

建立生态适应性农作制度的核心是处理好农牧关系。种植业与畜牧业是大农业生态经济系统中最基本的两个子系统。一个良性农业生态经济系统应该是种植业与畜牧业相互依赖又相互促进的系统。一方面，种植业为畜牧业提供主要的饲料来源，畜牧业将种植业产品转化为畜产品，并通过市场商品交换进一步转化为资金和农业生产资料以支撑种植业和畜牧业的扩大再生产；另一方面，畜禽粪便作为优质有机肥回归农田，又为种植业提供了作物生长所必需的养分和良好的土壤环境。但若农牧关系处理不好，则有可能形成种植业与畜牧业脱节，甚至互相影响的局面。如滥垦草原使风蚀沙化加剧导致农田土壤肥力下降，同时又使牲畜超载导致草地退化。又如单一发展耗粮型畜牧业，草地实行绝对和永久的禁牧，一方面，浪费草地资源，而且还会由于缺乏牲畜的适度啃食和踩踏刺激以及枯枝落叶覆盖导致牧草生长不良，甚至使草地退化；另一方面，耗粮型畜牧业的过度发展也加剧了粮食的紧缺。种植业与畜牧业之间的良性互动是一种耦合关系，要建立农牧良性耦合的生态适应性农作制度，必须从系统的耦合理论出发，通过对本地区饲草料资源与各类畜禽的数量结构和时空分布，以及周边农区与牧区的资源配置调研，探索以户或村为单元的农牧耦合微观模式及区域农牧耦合的宏观模式。

对于黄土高原北部半干旱丘陵区的农牧耦合模式，目前比较成功的是易地育肥模式。黄土高原北部为农牧交错带，西边的鄂尔多斯高原和阴山以北的乌兰察布草原为传统的牧区，河套灌区、土默川平原为粮食主产区，其间的阴山南麓和北麓及黄土高原北部都是农牧交错地带，既有大片的农田，也有广布的草地，当地农民以种植耐旱作物为主，兼有部分放牧和舍饲畜牧业，也有少数农户以放牧为主业。饲料资源受到牧草生长季节性的制约，而牲畜生长却是全年持续的，形成夏饱、秋肥、冬瘦、春乏的恶性循环，饲草转化率和牲畜出栏率都很低。超载过牧的草地还发生严重的退化，使草地生产率更低。种植业户则以耗粮型的猪、鸡等为主，大量的秸秆及副产品饲料资源被浪费。具体分析农区与牧区的饲料资源，不难看出，牧区的牧草资源产出的旺季在夏秋两季，而农区的秸秆和副产品饲料资源产出的旺季是在秋冬两季，饲草资源与养殖需求的时空错位是导致生态恶性循环的根本原因。解决这个问题的关键是通过良性的农牧耦合建立生态适应性的农作制度。

对于黄土高原北部的农牧交错带，良性的农牧耦合方式有宏观模式与微观模式两种。宏观模式为农区与牧区的区域间资源优化配置和优势互补，即易地育肥模式。

通过对牲畜个体和农户净利润财务分析指出系统耦合动力因素，分析易地育肥农牧耦合模式对植物生产系统的效应，计算动物生产系统耦合后生产效率的提高系数，并应用能值分析原理，对畜牧区和农耕区系统耦合进行功率最大化设计。畜牧子系统的动物生产系统具有高质的潜能，这种高质潜能数量过剩，需要分散和淡化，易地育肥给自由能以通路，通过分散反馈到农耕子系统，并与农耕子系统的匮缺相补偿，这样每个子系统的能量都得到最大程度的利用。农耕子系统因为有能量或元素的投入得到正向催化，畜牧子系统得以及时出栏，取走畜产品能量而负向催化，都会使能量和元素有序而畅通地定向流动，从而提高农牧业整体的生产力水平。易地育肥农牧耦合模式的发展，宏观上是由农耕区和草原畜牧区饲草料资源和草食家畜的时空分布互补性决定的。草食家畜主要分布在草原牧区，而农耕区草食家畜严重不足，草原畜牧区在11月份到翌年5月份，放牧生产使植物生产系统和动物生产系统受损，而此时正是农耕区饲草料资源丰富的时期，这种饲草料资源和草食家畜时空分布的互补性即是系统耦合的位差潜力。

由于农区与牧区存在饲草资源的时空错位，如果在秋季牧草枯黄之际，把大量半大羔羊和牛犊转移到农区，既可减轻冬春草地负载，以避免冬季因饲草不足且质量下降及风寒导致的掉膘和避免饥饿的牲畜在春季啃食草根草芽对植被的破坏，又可利用农区秋收后丰富的饲料资源和较好的舍饲条件快速育肥，以满足圣诞、元旦、春节旺盛的市场需求。地处农区与牧区之间的农牧交错带完全具备开展易地育肥的条件。

微观模式是实行轮作与轮牧、季节性放牧与冬春舍饲相结合，为牧而农、为养而种的产业结构调整。在轮作制度中要从单一种粮转变为饲、经、粮三元结构，农耕地与放牧人工草地定期轮换以培肥地力和提高载畜能力。夏季和初秋利用天然草场和人工草地放牧，可降低饲养成本，使牲畜获得健壮的体魄和全面的营养，冬春充分利用农作物秸秆、饲料粮和农产品加工的副产品快速育肥，能够取得最佳的经济效益与生态效益。

**(四)开发集雨防蚀型农业技术**

水分亏缺是制约黄土高原丘陵沟壑区农业发展的瓶颈。该区发展绿色植物生产的水分供应主要依靠自然降雨。年平均降水量350～400 mm，按照主要作物的生理需求计算，水分供给满足程度不足50%。只有紧紧围绕提高有限降水资源的利用效率这个中心，走以雨水治旱的技术途径，利用水利工程和农艺措施，收集天然降水，采用集雨补灌实现精种高产，利用集雨造林种草实现生态建设和环境保护，通过集雨增效实现水资源的高效利用。

针对区域水资源总量不足和作物需水关键期与自然丰水期错位的问题，黄土高原旱作区的农业科技工作者经过深入研究，在雨水资源高效利用与有效保护方面取得了重要进展，明确了决定该区绿色植物生产水平的光、热、水、土4大环境因素中，水分亏缺是农业发展的最大限制因素，同时土地资源和肥力资源不足也是重要的限制因素，水分严重欠缺与土壤肥力低下交互作用，进一步加大了本区旱作农业发展的难度，迫切需要研究开发雨水集蓄利用与防止雨水造成水土流失的集成技术，实现降水的资源化和无害化。随着全球气候变暖和华北气候的干暖化，主要干旱类型由春旱向春季与初夏连旱演变，原有以耕作保墒为核心的传统旱作技术已不能适应，需要研究和引进新的技术来解决农业生产关键期缺水的问题，由此现代雨水集蓄利用技术应运而生。

雨水集蓄利用的研究内容主要包括雨水的集、贮、供、管技术和工程节水、生物节水、农艺节水、化学节水和农机具节水等，形成集水、保水、高效用水相互结合的农业高效用水模式，从大气降水、地表径流和土壤入渗3个方面的雨水调控进行技术研究，从提高农田贮水效率、作物蒸腾效率和作物供水效率3个方面进行技术集成，开发雨水时空调配和农业高效利用的人工控制技术体系，包括围绕集水的"梯田、良种、施肥、地膜和耕作"相结合的田间蓄水保墒技术体系，利用坡面、路面为集雨面，配合水窖、水井的雨水收集贮存技术体系，作物需水关键期的高效补灌制度，特色作物果园渗灌、温室蔬菜滴灌和经济作物膜下滴灌等补灌技术的优化组合，庭院经济的集雨、蓄集和人畜饮水安全体系，生态保护的分区集雨造林种草技术体系等，并通过集成组合，形成最大限度地把雨水向人畜饮水和土壤水转化的人工调控技术体系，在黄土高原北部旱地农业上应用推广，以推动黄土高原北部旱作农业的现代化进程。

## 第二节　区域适应性抗旱品种及合理布局

北方旱作区由于水资源不足，热量也欠丰富，一般种植生长季较短和较耐旱的作物。内蒙古高原南部和黄土高原北部原为牧区，由于人口增加不断开垦草地而逐渐演变成为农牧交错带。旱作农田主要种植耐旱性较强的禾谷类、薯类及杂豆类。由于水热条件限制，多为单作一熟制，靠天吃饭，灾害频繁，低产不稳。

由于交通、通信条件差，社会经济发展水平滞后和农业科技普及程度低，所用品种大多为多年种植的传统农家品种，且退化混杂严重。示范区 2003～2005 年经过对引入的新品种进行田间对比试验，筛选出一批适宜当地种植的新品种。

### 一、区域适应性抗旱品种

#### （一）适宜的糜子和谷子品种

尽管当地无霜期较短，约 145 d，但春末初夏升温迅速，尤其是在阳坡。因此，喜凉作物主要分布在阴坡和高海拔地区，阳坡和大部分梁地以喜温耐旱的糜、粟和谷子为主。经田间对比试验（见表 5-1），在准格尔旗干旱梁峁山区，主要粮食作物选用榆糜 2 号为宜，单产 3 494.3 $kg/hm^2$，比当地品种 7619 增产 22.6%，水分利用效率提高 2.16 $kg/(mm \cdot hm^2)$。榆黍 1 号单产 2 995.5 $kg/hm^2$，比对照增产 5.1%，水分利用效率提高 0.495 $kg/(mm \cdot hm^2)$，可作为当地特色新品种。当地的 7619 糜子品种退化不很严重，适应性强，可降低干旱风险，仍应保留一定面积。

谷子应选用黄金谷和赤谷 8 号，分别较当地谷子增产 26.5% 和 36.5%，水分利用效率分别提高 2.34 $kg/(mm \cdot hm^2)$ 和 3.225 $kg/(mm \cdot hm^2)$，因其产量和适应性较强，可以作为当地的主要种植品种，适当配合新品系 356 和早熟 8 号以提高粮食生产的安全性；小香谷因生育期长，需提前一周播种，只要适时早播，可增产 21.3%，水分利用效率提高 1.875 $kg/(mm \cdot hm^2)$，应选择春季墒情较好的地块和年份种植。

#### （二）适宜种植的玉米品种

玉米是高产和水分利用效率较高的作物，但需水量较多，应选择土层深厚和肥力较高地块种植。本地区由于无霜期较短，只能种植早熟品种，为适应发展畜牧业的需要，还应种植一定比例的饲料玉米。

在所引进的玉米品种（见表 5-2）中，哲单 7 号的特征是：株高 260～280 cm，穗位 109 cm，果穗筒形，穗长 24 cm，对水肥要求中等，抗病性强，全生育期 123 d 左右，适宜在≥10 ℃活动积温 2 800 ℃ · d 以上地区种植，每公顷保苗 60 000～67 500 株，一般每公顷产量可达9 600～11 250 kg。

表 5-1　主要粮食作物新引品种比较

| 品种 | | 产量(kg/hm²) | | | | 增产率(%) | 水分利用效率 kg/(mm·hm²) | 备注 |
|---|---|---|---|---|---|---|---|---|
| | | 2003 年 | 2004 年 | 2005 年 | 平均 | | | |
| 糜子 | 7619 | 2 850 | | | 2 850 | 对照 | 9.540 | 当地品种 |
| | 榆糜 1 号 | 3 433.5 | | | 3 433.5 | 20.5 | 11.490 | 陕西引入 |
| | 榆糜 2 号 | 4 099.5 | | 2 889 | 3 494.3 | 22.6 | 11.700 | 陕西引入 |
| | 榆黍 1 号 | 3 033 | | 2 958 | 2 995.5 | 5.1 | 10.035 | 陕西引入 |
| 谷子 | 当地谷子 | 2 850 | 3 049.5 | | 2 949.8 | 对照 | 8.865 | 当地品种 |
| | 黄金谷 | 4 099.5 | | 3 363 | 3 731.3 | 26.5 | 11.205 | 农科院引入 |
| | 小香谷 | 3 733.5 | 3 304.5 | 3 693 | 3 577.0 | 21.3 | 10.740 | 清水河引入 |
| | 赤谷 8 号 | 3 600 | | 4 450.5 | 4 025.3 | 36.5 | 12.090 | 赤峰引入 |
| | 新品系 356 | | 1 687.5 | 2 761.5 | 2 224.5 | | 6.675 | |
| | 早熟 8 号 | | 1 237.5 | 1 884 | 1 560.8 | | 4.695 | |

表 5-2　新引入玉米品种比较

| 品种 | | 产量(kg/hm²) | | | | 增产率(%) | 水分利用效率 kg/(mm·hm²) | 备注 |
|---|---|---|---|---|---|---|---|---|
| | | 2003 年 | 2004 年 | 2005 年 | 平均 | | | |
| 粮饲兼用玉米 | 四单 19 号 | 4 002 | | | 4 002 | 对照 | 11.145 | 籽实产量 |
| | 哲单 7 号 | 4 362 | 7 333.5 | 7 812 | 6 502.5 | 62.5 | 18.105 | 籽实产量 |
| | 内单 402 | 4 528.5 | | | 4 528.5 | 13.2 | 13.890 | 籽实产量 |
| | 内单 302 | 3 375 | 6 598.5 | | 4 986.8 | 24.6 | 12.600 | 籽实产量 |
| | 内单 205 | | | 8 767.5 | 8 767.5 | 119.1 | 24.405 | 籽实产量 |
| 饲草玉米 | 东陵白 | 72 000 | 44 785.5 | 57 664.5 | 58 150 | 对照 | 162.105 | 秸秆产量 |
| | 中北 410 | 80 733 | | | 80 733 | 38.8 | 225.075 | 秸秆产量 |
| | 高丹草 | 53 400 | 48 090 | 52 092 | 51 194 | -12.0 | 144.210 | 秸秆产量 |

四单 19 号的特征：株型紧凑，株高 260～280 cm，穗圆柱形，穗位 106 cm，穗长 20.5 cm，籽粒淀粉含量 74.5%，属高淀粉品种，品质好；内蒙古中西部种植生育期 120 d 左右，抗倒伏，抗玉米青枯病、黑粉病，适宜在≥10 ℃活动积温 2 600～2 900 ℃·d 地区种植。

在准格尔旗干旱梁峁山区，粮饲兼用玉米哲单 7 号的适应性较强，比较稳定，连续 3 年种植平均产量 6 502.5 kg/hm²，可以在当地大面积推广种植。适宜种植的饲草玉米有杂交种中北 410 和哲单 7 号，以中北 410 产量较高，但需要在水肥条件较好的耕地种植；东陵白的适应性较强，种子价格便宜，也可以在当地大面积推广应用。

从表 5-3 可以看出，内单 205、哲单 7 号和四单 19 号生育期和株高基本相近，内单 205

的产量高于哲单 7 号和四单 19 号，内单 205 籽粒粗淀粉含量高于哲单 7 号和四单 19 号。内单 302 和内单 402 籽粒粗蛋白高于哲单 7 号、四单 19 号和内单 205。内单 302 植株高大，生物产量较高，适宜畜牧业发展需求。

在黄土高原北部适宜玉米品种以内单 205 和哲单 7 号较好，在覆膜早播有灌溉条件下，可种植内单 302 作为调剂品种搭配。

**表 5-3　几种参试玉米品种的比较**

| 品种 | 生育期(d) | 株高(cm) | 穗行数 | 行粒数 | 百粒重(g) | 籽粒粗蛋白(%) | 籽粒粗脂肪(%) | 籽粒粗淀粉(%) | 单产($kg/hm^2$) |
|---|---|---|---|---|---|---|---|---|---|
| 内单 205 | 125 | 272 | 14～16 | 45～50 | 36.1 | 8.66 | 3.36 | 74.46 | 11 115 |
| 内单 402 | 134 | 266 | 14～18 | 40～45 | 37.0 | 10.10 | 4.81 | 69.48 | 11 250 |
| 内单 302 | 135 | 294 | 16～18 | 42～45 | 38.0 | 10.36 | 5.13 | 70.74 | 11 250 |
| 哲单 7 号 | 124 | 270 | 14～16 | 40～45 | 35.7 | 7.50 | 4.33 | 70.55 | 10 200 |
| 四单 19 号 | 123 | 270 | 14～15 | 40～45 | 35.3 | 7.55 | 3.43 | 60.74 | 9 750 |

### （三）适宜种植的瓜类品种

该地区干旱少雨、昼夜温差大、日照充足、春夏升温快，特别适宜瓜类种植，生产的瓜类含糖量高、品质优良。

2003 年田间试验瓜类品种比较结果见表 5-4，以日本南瓜的产量高、品质好，比对照增产 132.1%。2004 年大面积示范单产平均 9 550.5 $kg/hm^2$，经济收入达 7 732.5 元。西瓜以西农 8 号为好，较对照增产 30.7%，2004 年大面积示范单产平均 46 086 $kg/hm^2$，经济收入达 23 323.5 元，也较适宜当地种植。但西瓜不耐贮藏和长途运输，需要根据附近城镇的市场需求确定生产规模。若采取保护地栽培可提前上市获得更好的经济效益。

**表 5-4　瓜类品种比较结果(2003 年)**

| 品种 | | 产量($kg/hm^2$) | | | | 增产率(%) | 备注 |
|---|---|---|---|---|---|---|---|
| | | Ⅰ | Ⅱ | Ⅲ | 平均 | | |
| 南瓜 | 甘栗南瓜 | 7 500.0 | 7 345.5 | 7 650.0 | 7 498.5 | 对照 | 早熟、品质差、产量低 |
| | 日本南瓜 | 17 800.5 | 16 920.0 | 17 500.5 | 17 407.0 | 132.1 | 中晚熟、品质优、产量高 |
| | 金沟南瓜 | 15 000.0 | 14 560.5 | 15 250.5 | 14 937.0 | 99.2 | 晚熟、单瓜重高、结瓜少、品质差 |
| 西瓜 | 金抗旱冠龙 | 28 600.5 | 34 999.5 | 30 000.0 | 31 200.0 | 7.6 | 早熟、品质佳、抗病 |
| | 西农 8 号 | 40 000.5 | 37 500.0 | 36 250.5 | 37 917.0 | 30.7 | 中早熟、抗病、品质佳、高产 |
| | 美国宇宙王 | 28 125.0 | 27 499.5 | 31 399.5 | 29 008.0 | 对照 | 晚熟、管理较严格、需水肥高 |

### （四）适宜种植的豆类品种

小杂豆是当地广泛种植的作物，每年都有一定的种植面积。豆类品种比较结果（见表 5-5）表明，适宜当地种植的大豆品种是东北千斤豆，绿豆品种是中绿 1 号。这两个品种各方面表现都较好，产量高，结荚集中。东北千斤豆较当地黄豆增产 67.5%，单产 2 233.5 kg/hm$^2$，可以在当地普及。中绿 1 号较当地绿豆增产 125.9%，颗粒较大、商品性好，是比较理想的品种。

**表 5-5　豆类品种比较结果**

| 品种 | | 产量（kg/hm$^2$） | | | | 增产率（%） | 备注 |
|---|---|---|---|---|---|---|---|
| | | Ⅰ | Ⅱ | Ⅲ | 平均 | | |
| 黄豆 | 东北千斤豆 | 2 200.5 | 2 200.5 | 2 299.5 | 2 233.5 | 67.5 | 中熟、结荚集中、高产 |
| | 当地黄豆 | 1 300.5 | 1 399.5 | 1 300.5 | 1 333.5 | 对照 | 早熟、结荚集中、产量低 |
| | 当地黑豆 | 1 750.5 | 1 699.5 | 1 750.5 | 1 733.5 | 30.0 | 晚熟、结荚稀、产量低 |
| 绿豆 | 当地绿豆 | 400.5 | 499.5 | 450.0 | 450.0 | 对照 | 成熟期不一致、产量低 |
| | 中绿 1 号 | 949.5 | 1 000.5 | 1 099.5 | 1 016.5 | 125.9 | 成熟期一致、产量高 |

**（五）适宜种植的牧草品种**

黄土高原北部的耕地大多是丘陵坡地，水土流失十分严重，退耕还林还草任务艰巨。适宜的牧草筛选既保证了退耕还林还草的成果，也可以生产更多的饲草，发展当地的养羊业。

苜蓿品种对比试验结果（见表 5-6），以中苜 1 号、苜蓿王、创新苜蓿和敖汉苜蓿表现较好，较对照准格尔苜蓿增产 25% 以上，水分利用效率提高 5.4 kg/（mm · hm$^2$）以上，而且耐寒性强、生长速度快、生态适应性强、综合性状优良，是比较理想的苜蓿品种。

**表 5-6　不同苜蓿品种对比试验结果（2003 年以准格尔苜蓿为对照）**

| 品种 | 鲜草产量（kg/hm$^2$） | | | | | 增产率（%） | 干草产量（kg/hm$^2$） | | | | | 增产率（%） | 水分利用效率（kg/（mm · hm$^2$）） |
|---|---|---|---|---|---|---|---|---|---|---|---|---|---|
| | 一茬 | 二茬 | 三茬 | 四茬 | 合计 | | 一茬 | 二茬 | 三茬 | 四茬 | 合计 | | |
| 阿尔刚金 | 3 933.0 | 5 001.0 | 5 200.5 | 8 350.5 | 22 485.0 | -1.3 | 2 200.5 | 1 854.0 | 2 251.5 | 3 808.5 | 10 114.5 | 10.5 | 20.430 |
| 苜蓿王 | 6 300.0 | 5 367.0 | 8 151.0 | 8 925.0 | 28 743.0 | 26.1 | 2 367.0 | 1 990.5 | 3 528.0 | 4 069.5 | 11 955.0 | 30.7 | 26.115 |
| 中苜 1 号 | 10 000.5 | 7 000.5 | 12 034.5 | 12 400.5 | 41 436.0 | 81.8 | 2 467.5 | 2 595.0 | 5 209.5 | 5 655.0 | 15 927.0 | 74.1 | 37.650 |
| 创新苜蓿 | 7 117.5 | 6 033.0 | 9 267.0 | 9 051.0 | 31 468.5 | 38.1 | 2 566.5 | 2 238.0 | 4 012.5 | 4 126.5 | 12 943.5 | 41.5 | 28.590 |
| 保丰苜蓿 | 4 800.0 | 5 200.5 | 8 400.0 | 10 650.0 | 29 050.5 | 27.5 | 1 533.0 | 1 929.0 | 3 637.5 | 4 857.0 | 11 956.5 | 30.7 | 26.400 |
| 青睐苜蓿 | 5 001.0 | 5 733.0 | 8 533.5 | 8 451.0 | 27 718.5 | 21.6 | 2 334.0 | 2 125.5 | 3 694.5 | 3 853.5 | 12 007.5 | 31.2 | 25.185 |
| 宁夏苜蓿 | 4 600.5 | 5 334.0 | 6 466.5 | 10 251.0 | 26 652.0 | 16.9 | 1 999.5 | 1 977.0 | 2 800.5 | 4 674.0 | 11 451.0 | 25.2 | 24.210 |
| 敖汉苜蓿 | 5 934.0 | 6 667.5 | 8 067.0 | 12 750.0 | 33 418.5 | 46.6 | 1 600.5 | 2 472.0 | 3 492.0 | 5 814.0 | 13 378.5 | 46.2 | 30.360 |
| CK | 4 500.0 | 5 467.5 | 2 550.0 | 10 275.0 | 22 792.5 | — | 1 333.5 | 2 026.5 | 1 104.0 | 4 686.0 | 9 150.0 | — | 20.715 |

禾本科牧草 2003 年引种当年以意大利黑麦草表现最好，长势旺、分蘖能力强。3 年综合表现则以无芒雀麦最好，适应性强、综合性状优良，非常适宜“为牧而种”、建设人工草场的需求，是当地今后发展畜牧业尤其是放养型畜牧业的优良牧草。

## 二、作物的合理布局

### (一)主要作物的生产热能比较

作物的热能值反映了该作物的生物能产出能力,对于农区畜牧业发展具有重要意义。为产出更多的可消化热能,在作物种植结构调整方面,应该在满足当地人民生活需要的情况下,适当压缩糜子、谷子和豆类的播种面积,增加可消化热能值产出较多的玉米、草玉米和高丹草的播种面积,充分利用当地的土地资源和气候资源,以满足农区畜牧业生产的需求,增加农牧民的收入。

对筛选的主要作物品种在收获时分别均匀取样,风干后分别测定籽实和秸秆粗脂肪含量($F$)、粗蛋白含量($P$)及碳水化合物($C+D$)。其热能值$E$($10^6$ J/kg)计算公式为:

$$E = 0.24P + 0.39F + 0.17(C + D) \tag{5-1}$$

黄土高原北部主要作物热能产出的比较见图5-1。

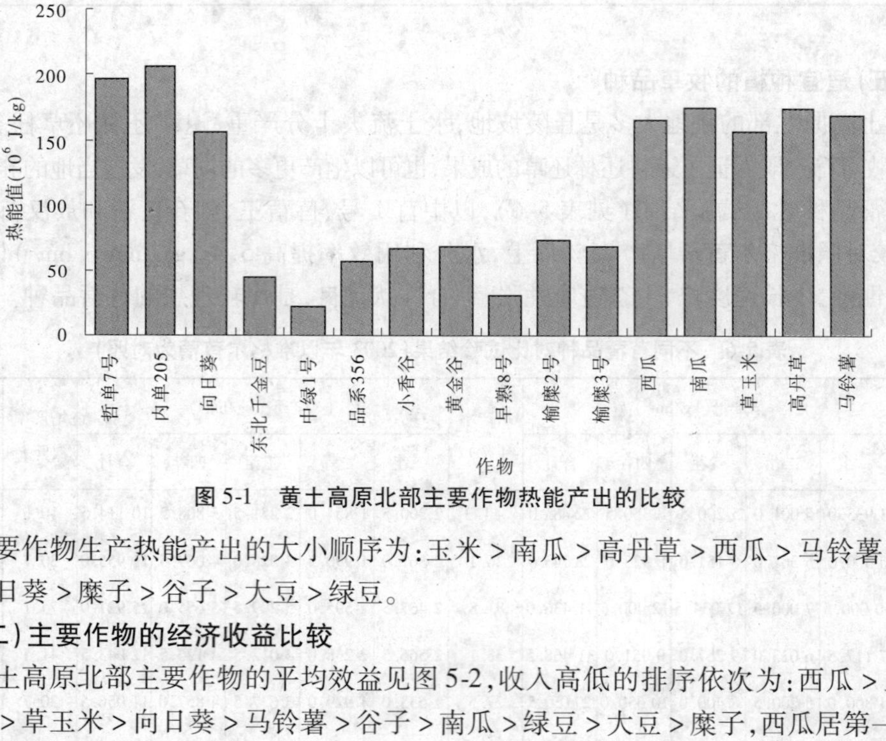


**图5-1 黄土高原北部主要作物热能产出的比较**

主要作物生产热能产出的大小顺序为:玉米>南瓜>高丹草>西瓜>马铃薯>草玉米>向日葵>糜子>谷子>大豆>绿豆。

### (二)主要作物的经济收益比较

黄土高原北部主要作物的平均效益见图5-2,收入高低的排序依次为:西瓜>玉米>高丹草>草玉米>向日葵>马铃薯>谷子>南瓜>绿豆>大豆>糜子,西瓜居第一,玉米和高丹草分列第二和第三。

从每公顷的经济效益来看,西瓜收入位居第一,达10 500元;其次是玉米,每公顷收入7 500元以上。绿豆的产量和收入都最低,从河北省农业科学研究院引入的早熟8号、品系356和小香谷等3个谷子品种的产量和产值也较低,每公顷收入仅1 500多元。

当地习惯以种植糜子、谷子和豆类为主,但从两年的试验结果来看,糜子、谷子和豆类总热能生产能力较低。为生产更多热能,调整种植结构应在满足口粮需要的前提下,适当压缩糜子、谷子和豆类的播种面积,增加玉米、草玉米和高丹草的播种面积,以满足农牧业发展的需要。

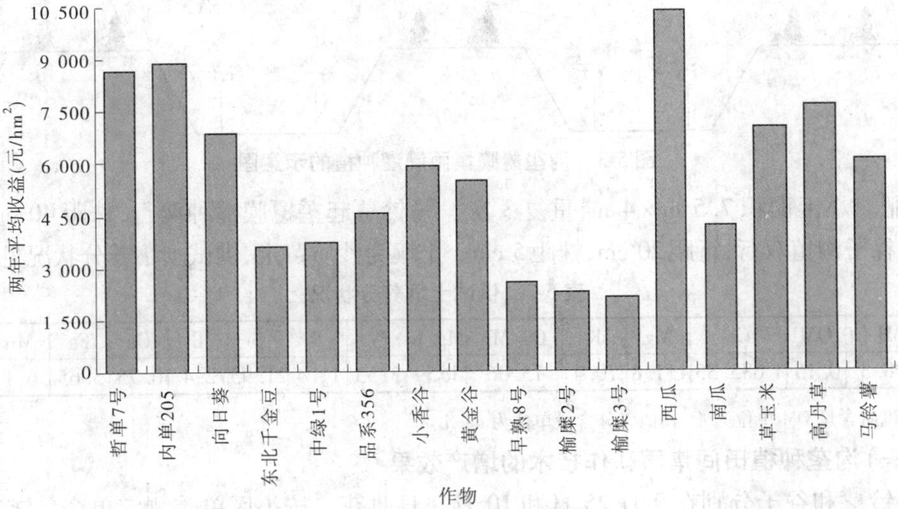


图5-2　黄土高原北部主要作物平均收益比较

## 第三节　黄土高原北部丘陵区的集雨保墒耕作技术

黄土高原北部主要是雨养农业地区，土壤水分全部源于降水，如何保持水分、减少径流和蒸发损失，尽可能更多地用于作物生长显得非常重要。传统的耕作保墒技术如深耕、耙耱、镇压等，具有聚集水分、减少损耗的作用。但在气候干暖化的背景下，传统的耕作保墒技术已不能满足旱作农业高产优质的需要。需要引进集雨、覆盖、化学抗旱等现代新技术，把传统的耕作保墒技术提升为现代的集雨保墒耕作技术，以充分发挥"土壤水库"的作用，尽可能将降水蓄存于土壤之中，调节天然降水与作物需要之间的时间差。

为了尽量集蓄田面降雨，我们在前人研究的基础上，在准格尔旗梁峁山区的坡地上开展了一系列田间集雨试验研究，包括沟垄间作种植、渐进式等高田、等高沟垄种植和隔坡等高种植技术等。

### 一、沟垄种植田间集雨耕作技术

示范区地处黄土高原边缘，境内丘陵起伏、沟壑纵横，生态环境恶劣，是我国水土流失最为严重和黄河粗沙主要来源的础砂岩地区。

由于干旱缺水，土地产出率极低。推广垄上种植马铃薯，垄沟种植谷子的垄沟间作田间集雨栽培技术，对于提高单产、增加农民收入和促进种植结构调整都具有重要意义。把沟垄种植与覆膜滴灌技术结合起来，垄上种植马铃薯并覆盖地膜进行滴灌，沟内种植谷子（见图5-3），与单种马铃薯或谷子相比，集雨保墒和增产效果均十分显著。

试验设8个处理，包括马铃薯、谷子间作的不同施肥组合：NPKWM、NPKW、NPKM、NPWM、NKWM、PKWM、单种马铃薯NPKWM、单种谷子NPKWM。施肥水平为 $N_2O$ 300 $kg/hm^2$、$P_2O_5$ 225 $kg/hm^2$、$K_2O$ 225 $kg/hm^2$，肥料分别是尿素、重过磷酸钙和氯化钾。W为在最干旱的7月16日滴灌一次225 $m^3/hm^2$；M为覆盖地膜；N、P、K分别是施氮肥、磷

图 5-3　沟垄覆膜集雨滴灌种植的示意图

肥、钾肥。小区面积 7.5 m×4 m，重复 3 次。马铃薯起垄覆膜播种两行，株距 40 cm，行距 40 cm；谷子沟植双行，行距 20 cm，株距 5 cm。土壤为沙质黄土，供试土壤养分状况见表 5-7。

表 5-7　供试土壤养分状况

| 养分 | pH 值 | OM | Ca | Mg | K | Ca/Mg | Mg/K | N | P | S | B | Cu | Fe | Mn | Zn |
|---|---|---|---|---|---|---|---|---|---|---|---|---|---|---|---|
| 含量 | 8.3 | 0.15 | 1 683.35 | 111.8 | 70.4 | 15.06 | 1.59 | 3.55 | 11.4 | 21.95 | 2.4 | 0.75 | 5.65 | 6.1 | 1.1 |

注：有机质含量 OM 单位为%，其他养分含量单位为 mg/L。

## （一）沟垄种植田间集雨耕作技术的增产效果

马铃薯和谷子分别在 9 月 25 日和 10 月 9 日收获。按小区单收测定单产。垄种马铃薯沟植谷子并进行滴灌补水，可增产谷子 16.63%，增产马铃薯 57.85%；如垄上覆膜可增产谷子 36.17%，增产马铃薯 357.73%。在施 NP 肥的基础上增施 K 肥可增产谷子 13.12%，增产马铃薯 8.17%，每千克 $K_2O$ 增产谷子 6.3 kg，增产马铃薯 12.72 kg；在施 NK 肥基础上增施 P 肥，可增产谷子 14.37%，增产马铃薯 16.31%，每千克 $P_2O_5$ 增产谷子 6.82 kg，增产马铃薯 23.61 kg；在施 PK 肥基础上增施 N 肥可增产谷子 21.27%，增产马铃薯 31.21%，每千克 N 增产谷子 7.14 kg，增产马铃薯 30.04 kg；OPT 较 OPT 沟植垄盖处理的谷子要减产 8.56%，较 OPT 平作谷子则增产 22.94%；OPT 较 P + OPT 垄作处理的马铃薯减产 24.05%，较 P + OPT 平作马铃薯覆膜增产 4.52%（见表 5-8）。

表 5-8　谷子/马铃薯沟垄覆膜集雨种植与肥料试验的产量与效益比较

| 处理 | 2004 年产量（$kg/hm^2$） | | 2005 年产量（$kg/hm^2$） | | 2 年平均产量（$kg/hm^2$） | | 增产率（%） | | 肥效（kg/kg） | | 每公顷收益（元） |
|---|---|---|---|---|---|---|---|---|---|---|---|
| | 谷子 | 马铃薯 | 谷子 | 马铃薯 | 谷子 | 马铃薯 | 谷子 | 马铃薯 | 谷子 | 马铃薯 | |
| OPT | 5 929.5 | 22 990.5 | 3 844.5 | 7 323.0 | 4 887.0 | 15 156.0 | — | — | — | — | 10 429.50 |
| OPT－M | | | 3 589.5 | 3 312.0 | 3 589.5 | 3 312.0 | 36.17 | 357.73 | | | 4 324.2 |
| OPT－W | 4 930.5 | 14 620.5 | 3 450.0 | 4 584.0 | 4 191.0 | 9 601.5 | 16.63 | 57.85 | | | 8 357.25 |
| OPT－K | 5 490.0 | 21 529.5 | 3 150.0 | 6 495.0 | 4 320.0 | 14 011.5 | 13.12 | 8.17 | 6.30 | 12.72 | 9 447.90 |
| OPT－P | 5 629.5 | 20 040.0 | 2 917.5 | 6 022.5 | 4 273.5 | 13 032.0 | 14.37 | 16.31 | 6.82 | 23.61 | 8 989.95 |
| OPT－N | 5 509.5 | 19 230.0 | 2 550.0 | 3 873.0 | 4 030.5 | 11 551.5 | 21.27 | 31.21 | 7.14 | 30.04 | 8 147.25 |
| OPT 沟植垄盖 | | | 5 344.5 | 0 | 5 344.5 | 0 | －8.56 | | | | 5 007.6 |
| OPT 平作 | 3 960.0 | 0 | 3 988.5 | 0 | 3 975.0 | 0 | 22.94 | | | | 3 539.4 |
| P＋OPT 垄作 | 0 | 22 830.0 | 0 | 17 083.5 | 0 | 19 957.5 | | －24.05 | | | 5 507.85 |
| P＋OPT 平作 | | | 0 | 14 500.5 | 0 | 14 500.5 | | 4.52 | | | 3 325.35 |

注：OPT 指最佳水肥管理处理：N = 120 $kg/hm^2$，$P_2O_5$ = 90 $kg/hm^2$，$K_2O$ = 90 $kg/hm^2$。谷子单价 1.4 元/kg，马铃薯单价 0.4 元/kg，纯养分按 3 元/kg，地膜按 10 元/kg，水按 5 元/$m^3$ 计算成本。

收益的顺序为:OPT > OPT - K > OPT - P > OPT - N > OPT - W > P + OPT 垄作马铃薯 > OPT 沟植垄盖谷子 > OPT - M > OPT 平作谷子 > P + OPT 平作马铃薯。

**(二)沟垄田间集雨种植对土壤水分的影响**

沟垄种植有明显的集雨增墒效果,一次小雨后,土层沟垄种植谷子的 0 ~ 50 cm 土壤含水率比平作不覆膜(习惯种植)谷子高出 1.2 ~ 2 个百分点。持续干旱 20 多 d 后,垄沟谷子较平作谷子 0 ~ 40 cm 土壤含水量增加 1 ~ 3.6 个百分点。

**(三)沟垄种植田间集雨耕作技术的意义**

垄膜沟植是一种高效利用降水的耕作方法,大大提高了降水利用率,提高了单位面积产量,对于当地农民增产增收具有重要意义。改广种薄收、粗放耕作为精耕细作,为有效实施退耕还林还草、促进生态环境改善创造了条件。

## 二、渐进式等高田耕作技术

**(一)渐进式等高田的建设**

等高耕作是截留地表径流防治水土流失的重要措施,但传统的水平梯田不仅工程量大,而且由于打乱了土层,翻上来的生土需要较长时间熟化,使得建成初期的几年内产量都很低,严重影响农民的积极性。等高田工程技术是将等高种植、定向耕翻和建造梯田等技术重新组装配套,并经过一系列创新改造形成的,适用于人少地多、经济落后、农业投入有限、冬季严寒、适宜施工期短的干旱丘陵地区。工程建设的基本要点如下:

(1)适宜施工地点。坡度 15°以下,土层厚 1 m 以上,且 1 m 土层内不出现基岩或卵石层的坡地,都可以建设渐进式等高梯田。

(2)确定带宽。带宽根据坡度和土层厚度决定。坡度大且带较宽时会使翻地次数增多。定向犁每次耕翻都会使外缘增加 15 ~ 20 cm 厚土层,而内缘减少同样厚度的土层,总高差减少 30 ~ 40 cm。如带内高差不超过 1 m,则只需 3 次定向耕翻即可获得比较平整的等高田。如果每年定向耕翻 1 次,3 年就可由坡式梯田逐年演变成等高梯田。另外,确定带宽还要考虑农机具的作业宽度,一般定为农机具作业宽度的整数倍。示范区农机作业幅宽一般为 2 m,根据大多数坡地的坡度,等高梯田的带宽一般为 6 ~ 14 m。

(3)定带。定带包括确定基准带和各级等高田埂。在黄土高原北部一般从山梁或顶部旱塬沿等高线确定基准带,然后根据地势由上至下等高定出其他带位。在微地形复杂地段可兼顾地块的完整性进行微调。

(4)制埂。带位确定之后可以进行制埂。一般用定向犁沿带位先向上耕翻一犁,返回时再向下翻扣一犁,做成等高梯田土埂坯型,然后人工培土固埂。等高梯田的带宽和埂高还可由下列公式推算:

$$D = 500H^2/(R\beta\tan\alpha) \tag{5-2}$$

式中:$D$ 和 $H$ 分别为带宽和埂高,m;$R$ 为最大降水过程的降水量,mm;$\beta$ 为径流系数;$\alpha$ 为坡度。

若取埂高为 50 cm,本地区最大降水过程降水量为 50 mm,坡度为 15°,径流系数取 65% 时,计算带宽 14.4 m。式(5-2)可作为设计等高梯田埂高和带宽的参考公式。等高梯田的土埂应尽量光滑。为便于机械作业,在定位时带位难免处于较两旁低处,制埂时要注意使低处的埂高超出计算值且适当加宽。人工培埂每公顷用 1.2 个工。

定向耕翻：田埂建成后就可以进行定向耕翻。结合耕种，每年用双向犁沿等高梯田的田埂向坡下方向耕翻 1 次，每次 30 ~ 40 cm 深，2 ~ 3 年即可将 1 m 高差的坡地变成水平梯田。双向犁可用拖拉机，也可用畜力。为增加梯田各部位熟土层，还可在翻平之后继续定向向外缘耕翻 1 次，而后再向内缘定向耕翻。

**（二）渐进式等高田的集雨增墒效果**

渐进式等高田具有明显的集雨增墒效果。持续干旱一段时间后，除表层外均明显增墒，尤其耕层下部 20 ~ 30 cm，等高田低处土壤含水率比对照田高出 2. 8 个百分点；即使在高处土壤含水率也要比对照田高出 2. 7 个百分点，见图 5-4。这是因为经过一次定向耕翻，等高田的坡度已明显小于对照田，径流损失相应减小。一次小雨后，土壤表层 0 ~ 10 的含水率基本接近；但在 10 cm 以上土层，渐进式等高田的集雨增墒效果开始显现；在 20 ~ 30 cm 深度，等高田低处土壤含水率比对照田高出 2 个百分点，等高田高处则比对照田高出 1. 5 个百分点（见图 5-5）。

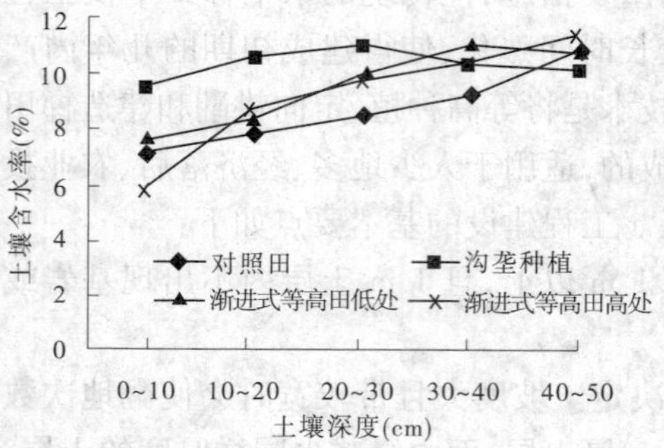


图 5-4　持续干旱后的土壤含水率变化

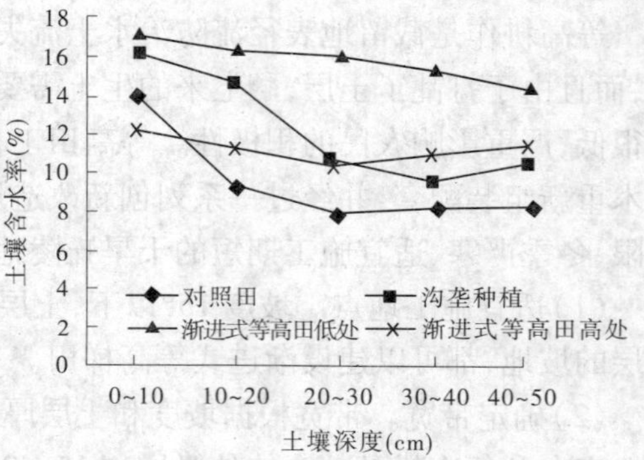


图 5-5　小雨后土壤含水率变化

大雨后等高田的集雨增墒效果更加明显。20 ~ 30 cm 土层等高田低处土壤含水率比对照田高出 8. 1 个百分点，高处含水率也比对照田高出 2. 4 个百分点。

**（三）渐进式等高田的增产效果**

2004 年在示范区进行不同田间集雨耕作技术增产效果的对比试验，渐进式等高田比对照增产 751. 5 $kg/hm^2$，增产率为 37. 1%，干物重比较见表 5-9。

表 5-9　渐进式等高田黍子干物重比较

| 处理 | 观测期（月-日） | 单株茎重（g） | 单株根重（g） | 单株干物重（g） | 增产率（%） | 株高（cm） | 穗长（cm） | 密度（茎/$m^2$） |
|---|---|---|---|---|---|---|---|---|
| 对照 | 07-02 | 2. 17 | 0. 67 | 2. 84 | — | | | |
| 渐进式等高田下部 | 09-02 | 6. 00 | 1. 26 | 7. 26 | 155. 6 | | | |
| 渐进式等高田上部 | 07-02 | 3. 93 | 0. 87 | 4. 80 | 69. 0 | | | |
| 对照 | 08-18 | 6. 94 | 2. 15 | 9. 09 | — | 73. 6 | 22. 2 | 60 |
| 渐进式等高田下部 | 08-18 | 8. 32 | 2. 93 | 11. 25 | 23. 8 | 107. 7 | 29. 8 | |
| 渐进式等高田上部 | 08-18 | 7. 59 | 2. 79 | 10. 38 | 14. 2 | 96. 1 | 24. 5 | 65 |

## 三、隔坡梯田种植技术

隔坡梯田是指将一块坡地横向分为若干小区，每个小区由集雨区和种植区组成。集雨区保持自然状态，也可适当处理使表面紧实和光滑以利于收集雨水；种植区则要平整土地，精耕细作，充分利用天然降水和集雨区收集的雨水提高产量。

根据试验地坡度设计集雨区与种植区面积比为1:1、2:1、3:1、4:1等。

### （一）不同比例集雨区与种植区组合隔坡梯田的集雨增墒效果

集雨区与种植区不同面积比例的隔坡梯田试验结果表明：不同降雨量下不同处理的集雨增墒效果明显不同。降水12.4 mm后的测墒结果表明：随着集雨区面积的增大，种植区土壤含水率逐次递增。在20～30 cm深度，1:1处理土壤含水率为9.8%、2:1处理土壤含水率为11.2%、3:1处理土壤含水率为11.9%、4:1处理为12.2%（见图5-6）。

2004年6月7日～7月7日降雨量仅7.7 mm，从测墒结果可以看出，随着集雨区面积增大，集雨增墒效果越来越明显。20～30 cm深度，1:1处理土壤含水率为7.8%、2:1处理土壤含水率为9.2%、3:1处理土壤含水率为10.5%、4:1处理土壤含水率为11.3%（见图5-7）。

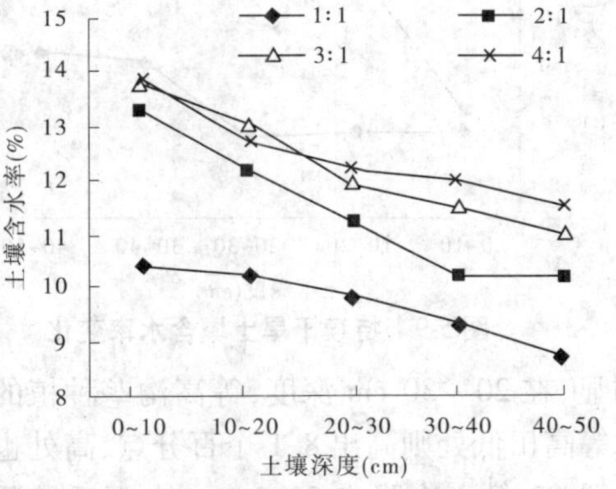


图5-6　降水后土壤含水率变化

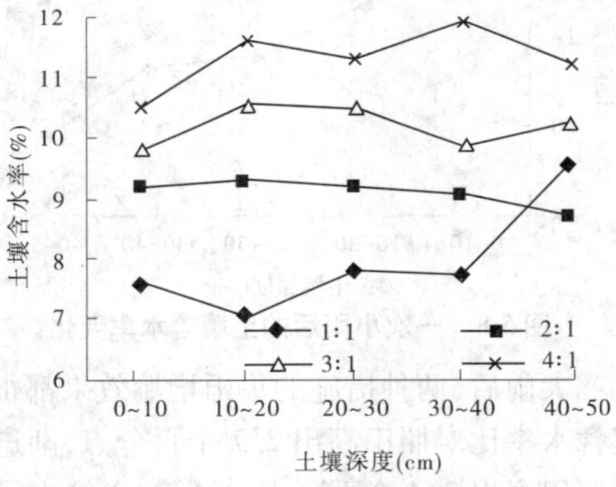


图5-7　持续干旱土壤含水率变化

### （二）隔坡梯田的增产效果

隔坡梯田的集雨增墒效应有利于旱地作物的生长发育，测产结果（见表5-10）表明：1:1、2:1、3:1和4:1不同比例隔坡梯田种植的黍子分别较对照（1 354.5 kg/hm²）增产531、558、1 488 kg/hm²和2 157 kg/hm²，增产率分别为39.2%、41.2%、109.9%和159.2%。

表5-10　隔坡梯田不同集雨区与种植区面积比的黍子产量比较

| 处理 | 株高（cm） | 穗长（cm） | 密度（茎/m²） | 单株茎重（g） | 单株根重（g） | 单株干物重（g） | 产量（kg/hm²） |
|---|---|---|---|---|---|---|---|
| 隔坡梯田1:1 | 61.6 | 21.5 | 48 | 0.63 | 0.28 | 0.91 | 1 885.5 |
| 隔坡梯田2:1 | 71.1 | 23.5 | 54 | 1.05 | 0.47 | 1.52 | 1 912.5 |
| 隔坡梯田3:1 | 71.8 | 24.0 | 56 | 1.52 | 0.61 | 2.13 | 2 842.5 |
| 隔坡梯田4:1 | 93.6 | 27.2 | 60 | 2.45 | 0.98 | 3.43 | 3 511.5 |

## 四、坡地等高沟垄种植技术

坡地等高沟垄种植的方法是:沿坡地等高线开沟起垄,沟宽 40 ~ 45 cm,垄宽 35 ~ 40 cm,垄高约 20 cm。用铁锹将垄面拍实,将底肥撒入沟内并与土拌匀,然后将种子播于沟内,每沟两行。沟垄相间不仅可以拦蓄径流、保土保肥,而且垄上径流还可流入沟内,起到微地形集雨的作用。

### (一)等高沟垄种植的集雨增墒效果

图 5-8 给出了 6 月 5 日一次降水 11.7 mm 后的测墒结果。等高沟垄种植和渐进式等高田均有显著的集雨增墒效果,尤其在 20 ~ 30 cm 深度,等高沟垄种植土壤含水率比对照田高出 3.3 个百分点,渐进式等高田低处也要高出 2.1 个百分点。图 5-9 给出了 6 月 7 日 ~ 7 月 7 日,降雨量仅有 7.7 mm 的土壤水分状况。由于长期少雨,表层 0 ~ 10 cm 的土壤含水率已降得很低,两种措施和对照的土壤含水率均在 8.6% 以下。

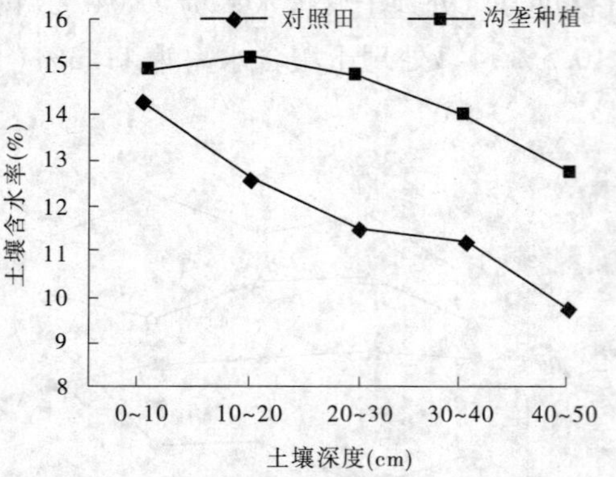


图 5-8　一次小雨后的土壤含水率变化

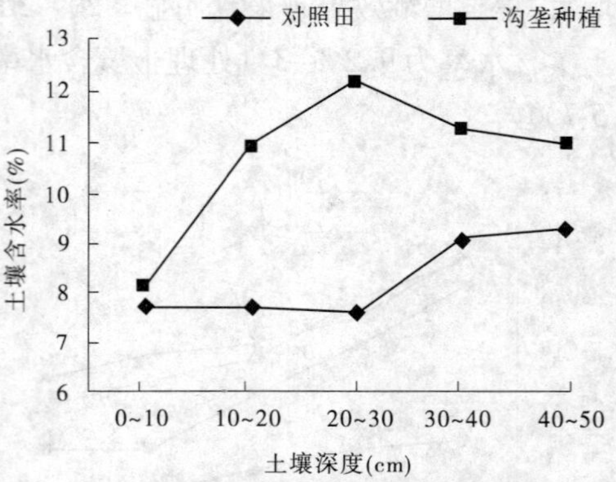


图 5-9　持续干旱土壤含水率变化

大雨后,两种措施的集雨增墒效果都很明显,在 20 ~ 30 cm 深度,等高沟垄种植的土壤含水率比对照田高出 2.7 个百分点,渐进式等高田低处则高出 8.1 个百分点,高处也比对照田高出 2.4 个百分点。图 5-10 给出了 7 月 23 日一次降水 32.3 mm 大雨后的测墒结果。

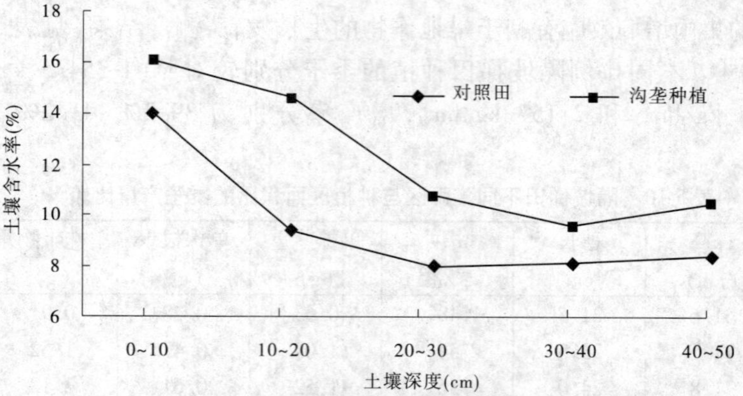


图 5-10　一次大雨后等高沟垄种植的土壤含水率变化

**(二)等高沟垄种植的增产效果**

2004年在示范区进行不同田间集雨耕作技术措施增产效果的比较试验,秋季测产垄沟耕作比对照增产1 534.5 $kg/hm^2$,增产率为76.1%,干物重比较见表5-11。

**表5-11　沟垄种植田间集雨措施下黍子干物重比较**

| 处理 | 观测日期(月-日) | 单株茎重(g) | 单株根重(g) | 单株干物重(g) | 株高(cm) | 穗长(cm) | 密度(茎/$m^2$) |
|---|---|---|---|---|---|---|---|
| 对照 | 07-20 | 2.17 | 0.67 | 2.84 | | | |
| 沟垄种植 | 07-20 | 4.44 | 0.84 | 5.28 | | | |
| 对照 | 08-18 | 6.94 | 2.15 | 9.09 | 73.6 | 22.2 | 60 |
| 沟垄种植 | 08-18 | 8.96 | 2.51 | 11.47 | 109.8 | 31.9 | 66 |

## 第四节　抗旱保墒技术

### 一、传统抗旱保墒技术

传统的耕作保墒技术是干旱缺水地区最重要的防旱抗旱措施,就是通过耕、耙、耱、锄、压等一整套措施改善耕层结构,更多纳蓄雨水,尽量减少土壤水分蒸发和其他非生产性水分消耗,为作物生长发育和高产稳产创造一个水、肥、气、热相协调的土壤环境。耕作保墒包括蓄墒、收墒、保墒3个方面,主要技术包括深耕蓄墒、耙耱保墒、镇压提墒、中耕保墒、深耕、深种和深锄等。

**(一)深耕蓄墒**

(1)深耕时间。适时深耕是纳雨蓄墒的关键,深耕时间应根据农田水分收支状况决定,一般宜在伏天和早秋进行。休闲农田要及早进行伏深耕或深松耕。

(2)深耕深度。耕翻深度因耕翻工具、土壤等条件而异,一般以20~22 cm为宜,有条件的地方可加深到25~28 cm,深松耕可至30 cm。

(3)深耕后效。一般可达2~3年,同一块地可每2~3年深耕一次。

**(二)耙耱保墒**

耙耱是耕后在土壤表面进行的一种耕作措施,主要作用是使土块碎散,地面平整,使耕层上虚下实,以利保墒和出苗生长。

(1)耙耱时间。耙耱主要在春秋季进行。麦收后休闲田伏前深耕后一般不耙,以利纳雨蓄墒、晒垡和熟化土壤,但立秋后降雨明显减少,一定要及时耙耱收墒。立秋到秋播期间每次下雨以后,地面出现花白时就要耙耱一次,以破除地面板结纳雨蓄墒。一般要反复进行多次,横耙、顺耙、斜耙交叉进行,连续作业,力求耙透耙平,形成上虚下实的耕作层,为下茬播种创造良好的土壤水分条件。秋作物收获后的深耕必须边耕边耙耱,防止土壤跑墒。早春解冻土壤返浆期间也是耙耱保墒的重要时期。在土壤解冻3~4 cm深昼消夜冻时,就要顶凌耙地,以后每消一层耙一层,纵横交错多次耙耱,以切断毛管水运行,使化冻返浆蒸发损失降到最低。播前也常需耙耱以破除板结、减少土壤水分蒸发、增加通透性、提高地温。

(2)耙耱深度。耙耱深度取决于耙耱的目的。早春耙耱保墒或雨后耙耱破除板结以3~5 cm为宜。耙耱灭茬深度一般为5~8 cm,但耙茬播种第一次耙地深度至少要8~10 cm。播前几天耙耱的深度不宜超过播种深度,以免因水分丢失过多而影响种子萌发出苗。

**(三)镇压提墒**

镇压一般在土壤墒情不足时采取。表层出现一层薄碎土是采用镇压措施的最佳时期,土壤过干或过湿都不宜。土壤过干或在沙性很大的土壤上镇压不仅压不实,反而会更疏松,容易引起风蚀;土壤湿度过大时镇压容易造成土壤板结。此外,盐碱地镇压后容易返盐碱,也不宜镇压。

(1)播前播后镇压。播前土壤墒情太差、干土层太厚,种子不易发芽或发芽不好,尤其小粒种子不易与土壤紧密接触,得不到足够的水分时,就需要进行镇压,使下层水分沿毛细管上升到播种深度,以利种子发芽出苗。

(2)冬季镇压。冬季地面坷垃太多太大容易透风跑墒。土壤开始冻结后镇压可压碎坷垃,使碎土严密覆盖地面以利冻后聚墒和保墒。

**(四)中耕保墒**

中耕指在作物生育期间所进行的锄地、耪地、铲地、趟地等。

(1)中耕时间。中耕可在雨前、雨后、地干、地湿时进行,亦可根据田间杂草及作物生长情况确定。

(2)中耕深度。中耕深度应根据根系生长情况而定。幼苗期苗小根浅,中耕过深容易伤苗埋苗;随着幼苗逐渐长大根系向下伸展,但尚未向四周延伸,这时应深中耕,通过铲断少量根系以刺激大部分根系的生长发育;当作物的根系横向延伸后再深中耕就会伤根,过多影响作物生长发育,特别是天气干旱时易使作物凋萎,中耕又宜浅不宜深。农民在长期的旱地农业生产实践中总结出"头遍浅,二遍深,三遍培土不伤根"的经验。

**(五)配套技术**

一是因地制宜选用抗旱良种并适时播种;二是结合深耕施足有机肥,每公顷施农家肥67.5 $m^3$ 以上,根据土壤肥力状况和作物产量水平确定合理的施肥量及氮、磷、钾肥配比;三是合理轮作。

## 二、化学抗旱保墒技术

应用化学抗旱制剂调控农田土壤水分和作物耗水,是减缓干旱危害的有效途径,具有广阔的推广前景。化学节水抗旱制剂包括抗旱剂、保水剂和抑蒸剂三种。目前,全国各地节水、抗旱化学制剂品种繁多,通过田间试验、生产实际验证和专家评估,可在黄土高原北部地区推广应用的有旱地宝、FA旱地龙、吸水剂和土面增温保墒剂等。采用不同化学制剂基施、拌种或叶面喷施,可增加土壤水分保蓄能力或减少叶面蒸腾,促进生长发育,提高生物学产量和经济产量。

（一）旱地宝

拌种：将本品 100 g 加入 5 kg 水中，充分溶解后拌种 25 kg。

浸种：用本品 100 g 加入 5 kg 水，对苗木根系、枝条及花棒等浸泡处理 3 ~ 4 h 即可栽植扦插。

土壤施入：每公顷用量 22.5 ~ 30 kg，与肥料混合均匀，结合整地或播种，采取沟条施、坑穴施或面撒施等方式施入土壤。

（二）FA 旱地龙

本品是一种多功能调节植物生长型抗蒸腾剂，化学成分主要是黄腐酸，易于植物吸收，主要用于喷施，也可用来拌种。拌种时用 0.5 kg 加水 3 kg 拌小麦种子 20 kg 或玉米种子 25 kg，喷施时用 2% ~ 5% 水溶液在叶面均匀喷洒。

（三）吸水剂

吸水剂又称保水剂，为高吸水树脂，能吸收并保持相当于自身重量几百倍至几千倍的水分，在干旱农田应用具有显著的抗旱节水效果。使用时要注意：①用于土壤施入时凝胶强度要高，用于拌种和蘸根时凝胶强度不一定要高。②注意使用时间和土壤水分条件。保水剂不是造水剂，只有在一定土壤水分条件下才能发挥作用。土壤含水量不低于 10% 的地块使用吸水剂的效果较好，但在作物生长中后期能及时供水的地区，增产效果不太显著。

（四）增温保墒剂

增温保墒剂是一种农田化学液体覆盖膜，能抑制土壤蒸发，提高地温。一般在作物播种或栽植后地面喷洒或直接喷洒在叶面。以高碳醇为原料制成的增温保墒剂原药用量每公顷 7.5 ~ 15 kg，喷洒浓度 1% ~ 5%，一般用于直接喷洒小水面、叶面或枝条，但保持时间只有几天到十几天。以沥青乳剂为原料的制剂通常喷洒在土壤表面，用量较大，要求土面尽量平整，保墒增温效应可保持数月到一年以上。由于沥青乳剂含有害物质，不宜用于新鲜的蔬菜和水果。

（五）抗旱保水化学制剂的效果

1. 增产效果显著

干旱地区种植西瓜以坐果后喷施根威龙（1 500 g/$hm^2$）效果最好，其次为播种时基施绿淼保水剂（45 kg/$hm^2$）和基施永泰田保水剂（15 kg/$hm^2$），分别较对照增产 14.4% 和 8.2%（见表 5-12）。

表 5-12　西瓜应用节水生化剂比较试验

| 处理名称 | 产量（kg/$hm^2$） | | | | 增产率（%） | 增效（元/$hm^2$） |
|---|---|---|---|---|---|---|
| | Ⅰ | Ⅱ | Ⅲ | 平均 | | |
| 对照 | 22 200 | 19 995 | 19 800 | 20 665 | — | — |
| 喷施根威龙 1 500 g/$hm^2$ | 22 200 | 25 905 | 22 800 | 23 635* | 14.4 | 838.5 |
| 绿淼保水剂基施 45 kg/$hm^2$ | 23 100 | 23 295 | 20 700 | 22 365* | 8.2 | 373.5 |
| 水星保水剂基施 15 kg/$hm^2$ | 20 295 | 20 805 | 21 705 | 20 935 | 1.3 | -16.5 |
| 永泰田保水剂基施 15 kg/$hm^2$ | 24 495 | 19 995 | 22 605 | 22 365* | 8.2 | 358.50 |

注：西瓜单价为 0.3 元/kg，根威龙为 20 元/kg，绿淼保水剂为 3 元/kg，水星保水剂为 5 元/kg，永泰田保水剂为 10 元/kg。

旱地谷子以基施黑金子效果最好,增产可达 29.4%;其次是基施高分子聚合物,增产 14.7%;美国世达和 PR3005 增产 11.8%(见表 5-13)。

表 5-13 谷子应用节水生化剂比较试验

| 处理名称 | 产量($kg/hm^2$) | | | | 增产率(%) |
|---|---|---|---|---|---|
| | Ⅰ | Ⅱ | Ⅲ | 平均 | |
| 对照 | 2 749.5 | 3 000.0 | 2 749.5 | 2 833.00 | — |
| 美国世达 | 3 250.5 | 3 000.0 | 3 250.5 | 3 167.00 | 11.8 |
| 高分子 | 3 750.0 | 2 749.50 | 3 250.5 | 3 250.00 | 14.7 |
| 黑金子 | 3 000.0 | 3 499.5 | 4 500.0 | 3 666.50 | 29.4 |
| PR3005 | 3 750.0 | 3 000.0 | 2 749.5 | 3 166.50 | 11.8 |

2. 节水生化剂的保水效果

施用绿淼保水剂 45 $kg/hm^2$ 和永泰田保水剂 15 $kg/hm^2$,播后 5 d 0 ~ 10 cm 播种穴内土壤含水量较对照提高 1.5 个百分点,播后 10 d 提高 1.6 个百分点。

谷子播后 3 d 试用各种保水剂处理的 0 ~ 10 cm 土壤含水量均高于对照,其中黑金子和美国世达较对照提高 1.3 ~ 2.5 个百分点,黑金子和 PR3005 处理的 10 ~ 20 cm 土壤含水量较对照高 0.8 ~ 1.5 个百分点。播后 10 d 施用保水剂处理的 0 ~ 10 cm 土壤含水量都较对照提高,10 ~ 20 cm 土壤含水量提高 1.1 ~ 3 个百分点。

## 三、坐水或带水播种抗旱保苗技术

坐水或带水播种抗旱保苗技术是指在农作物播种时期采取人工或专用机械设备供水,用较少水量浇灌并湿润籽种周围的土壤,以保证种子的发芽、出苗,改善幼苗生长条件,是因播种期土壤墒情不足所采取的一种补灌技术。

准格尔旗干旱梁峁山区春季十年九旱,严重影响适时播种、正常出苗和合理施肥等农艺措施的实施,成为限制该地区农业生产的突出问题。坐水抗旱播种可以有效提高播种质量,保证苗齐、苗全、苗壮,可以充分利用有限的人工集雨,增产增收效果显著。

### (一)坐水播种

1. 人工刨埯点灌技术

人工刨埯点灌技术是指按照作物株行距的要求,在播种的位置人工刨一小坑,人工浇水、点种、施肥和覆土。它适用于瓜类、玉米、高粱等宽行穴播作物。

操作工序包括灭前茬、起垄、刨埯、浇水、点种、施肥、覆土、镇压。人工刨埯点灌播种应符合下列要求:按照种植密度和播种深度要求刨埯;浇水可采用软管、水桶、水瓢、水壶等工具;水量视种植密度和土壤墒情而定,一般为 1.0 kg/株,即 30 ~ 60 $m^3/hm^2$。待水下渗后再点种,种子与化肥间应有 3 ~ 5 cm 的距离。

2. 播种滤水灌技术

播种滤水灌技术是采用人工或机械方式在垄沟内均匀灌水,然后播种、施肥、镇压,适用于小麦、糜谷、大豆、玉米等条播作物。人工滤水灌是人拉水车或软管进地输水,再向垄边行灌水。机械滤水灌由拖拉机牵引水车,在开沟的同时向沟内灌水。

操作工序包括灭前茬、起垄、开沟、滤水、点种、施肥、覆土、镇压。滤水灌播种应符合下列技术要求:按照种植行距与播种深度要求开沟;采用水箱或水泵接软管进地顺垄沟滤水;灌水量视土壤墒情而定,一般为60～90 $m^3/hm^2$;力求灌水均匀;待沟内水分下渗后再播种,种子与化肥之间应留有3～5 cm的距离。

3. 机械播种条件下坐水补灌技术

机械坐水种也称带水条播,是指采用专用设备(如坐水点播机、抗旱灌水播种机等)在田间进行开沟、灌水、播种、施肥、覆土、镇压等工序,一次连续完成机械播种与灌水作业。机械坐水种应符合下列技术要求:注水深度应低于播种深度;灌水量不宜小于45 $m^3/hm^2$;力求灌水均匀。

4. 滴灌坐水种技术

作物覆膜时宜采用固定式滴灌,不覆膜时可采用移动式滴灌。

先播种,再滴灌补水。覆膜时应同时把滴灌管铺于膜下,不覆膜时滴灌管可铺于地表。窄行作物一根滴灌管可控制2行,宽行作物可控制1行。滴灌坐水种应符合下列技术要求:灌水量一般为45～75 $m^3/hm^2$;灌水均匀度不小于80%。

5. 地膜覆盖坐水种补灌技术

该技术适用于瓜类、玉米等宽行穴播作物。应符合下列技术要求:先坐水播种,然后铺设地膜,坐水与覆膜时间间隔不宜大于24 h。出苗后应人工破膜放苗。

**(二)带水播种**

带水播种为条播作物在播种沟进行细流灌溉的播种技术。

1. 水箱

制作一个容积200 L左右的长方形水箱,与播种机机箱的长度一致,比机箱高15～20 cm,根据容积计算宽度。水箱上部安装一个加水口,下部安装一个带阀门(6分管)的出水口,同时制作配套附件:一根长50～80 cm,有若干出水口的6分管;出水口数量与播种机行数一致,出水口用2分管,长15 cm左右,套上并固定相应直径的1 m长塑料管即可。

2. 带水条播机

带水条播机采用正规厂家生产的5～6行谷物播种机,将制作的水箱和附件安装固定在播种箱前方机架上,用塑料管连接水箱与播种机排种口。安装时必须使水箱阀门开关正对拖拉机驾驶员侧后方手臂可操作的位置。

3. 带水条播

带水条播选用耐旱、抗逆、外观和品质好的条播作物品种,除去秕籽和杂质,筛选籽粒大小均匀一致的种子,用湿布包好,在16～20 ℃下催芽,每天用清水冲洗1～2次,当60%的种子有白尖时即可播种。

整地:选择秋翻地,播前平整细耱,拣除杂物,达到表土疏松无坷垃。

施肥:在耕地时施用有机肥作基肥,在播种时施用化肥作种肥。

水量调节:播前先在地头调试,保证所有出水口通畅且出水量一致,出水口有自压水压力,保证水流可直接喷进播种沟而不是顺排种口流入土壤。除此,还需要进行不带种子的水量试验,测试水箱中的水量一次可沟灌的长度或距离。

带水条播作业：先把种子和化肥按适宜用量装入种箱加盖，然后给水箱加满水。通过播种机和水箱自压输水到播种沟进行地下细流沟灌。在播种机入土前打开阀门，使水流与种子同时进入播种沟，播种深度应控制在 3 ~ 5 cm 并接触到土壤底墒。根据播前水箱的水量一次可沟灌长度的测试，在田间做好标记，在水流尽以前适时加水，以保持水头压力，防止漏种。播后细耱，用表层干土覆盖播种沟，保持地表无湿痕。

补灌定额的确定：带水播种可使播种沟土壤的含水率增加 10% ~ 20%，湿润播种沟内高 3 cm、宽 3 cm 倒三角形干土柱，根据土壤容重 $C$、土壤含水率增量 $\Delta W$，播种行距 $d$ 和所湿润土柱体积 $V$，可计算出每亩应灌溉的水量 $W$：

湿润总长度　$L = 666.7\ \mathrm{m}^2/d$　(5-3)

应湿润土柱体积($\mathrm{m}^3$)　$V = 0.5 \times 0.03 \times 0.03L$　(5-4)

应灌溉水量为　$W = C \cdot V \cdot \Delta W$　(5-5)

**(三)坐水或带水播种后的田间管理**

播后细耱要以人工或畜力为主，不要使用拖拉机等重型机械镇压。有条件的可采用秸秆覆盖，除草、锄地等农事活动要在出苗后再进行。

**(四)社会经济效益**

坐水种或带水播种有利于提高播种质量、出苗率和作物产量，促进旱地耕作制度改进和旱农区经济发展。坐水种或带水播种补灌技术与土壤改良、施肥、良种、密植、耕作等技术相结合，能显著提高经济、社会效益和生态效益。

1. 坐水种或带水播种显著提高了土壤水分含量

准格尔旗干旱梁峁山区在土壤墒情较差时补水 1 875、2 475 kg/hm² 和 5 175 kg/hm²，播后 7 d 播种沟土壤含水率较对照(不补灌)提高 66.0%、75.5% 和 109.4%；播后 10 d 仍提高 16.4%、29.1% 和 83.6%(见表 5-14)。补水 5 175 kg/hm² 可维持播种层土壤在 7 ~ 15 d 内保持湿润。

**表 5-14　带水播种后不同天数种子周围 1 ~ 2 cm 的土壤含水率**　(%)

| 补水量(kg/hm²) | 1 d | 4 d | 7 d | 10 d | 13 d | 16 d | 19 d | 22 d |
|---|---|---|---|---|---|---|---|---|
| 0 | 5.2 | 5.4 | 5.3 | 5.5 | 4.6 | 4.8 | 4.6 | 4.6 |
| 1 875 | 12.3 | 11.2 | 8.8 | 6.4 | 5.7 | 5.2 | 4.8 | 4.7 |
| 2 475 | | 12.1 | 9.3 | 7.1 | 6.0 | 5.4 | 5.3 | 4.7 |
| 5 175 | | 12.8 | 11.1 | 10.1 | 8.7 | 6.9 | 6.3 | 5.2 |

2. 坐水种或带水播种显著提高了出苗率

土壤墒情较差时分别补水 1 875、2 475 kg/hm² 和 5 175 kg/hm²，播后 10 d 出苗率较对照提高 6.1、7.4 和 10.9 个百分点；播后 15 d 提高 30.0、30.3 和 39.5 个百分点(见表 5-15)，可基本达到旱地丰水年的出苗率。

表 5-15　不同补水量对作物出苗率的影响　(%)

| 补水量(kg/hm$^2$) | 10 d | 12 d | 15 d | 17 d | 20 d |
|---|---|---|---|---|---|
| 0 | 22.1 | 29.5 | 38.8 | 46.9 | 47.1 |
| 1 875 | 28.2 | 43.5 | 68.8 | 72.1 | 71.9 |
| 2 475 | 29.5 | 51 | 69.1 | 71.5 | 71.3 |
| 5 175 | 33 | 61.7 | 78.3 | 82 | 82.1 |

实施坐水种补灌技术,在春旱年出苗率达80%以上。在其他农业措施保证的情况下比不坐水增产30%以上,效益费用比大于2.0。

## 第五节　主要作物水肥耦合高效利用技术

农谚"有收无收在于水,多收少收在于肥"。准格尔旗梁峁山区的土壤贫瘠,有机质含量为0.25%~1%,有效氮含量3~10 mg/kg,有效磷含量7~10 mg/kg,但当地农民的施肥水平极低,舍不得增加投入,因此适当增施肥料特别是化肥是当地的一项关键增产措施。

### 一、玉米水肥高效管理技术

#### (一)玉米高效施肥技术

1. 玉米不同生长时期对养分的需求

玉米从出苗到拔节吸收氮素仅占全生育期总量的2.5%、有效磷占全生育期总量的1.12%、有效钾占全生育期总量的3%;从拔节到开花吸收氮素占51.15%、有效磷占63.81%、有效钾占97%;从开花到成熟吸收氮素占46.35%、有效磷占35.07%、有效钾为0。

不同要素的营养临界期:玉米的磷素营养临界期在三叶期,为种子营养转向土壤营养的时期;氮素临界期则靠后,通常为营养生长转向生殖生长的时期;钾素临界期则集中在营养生长旺盛期到生殖生长初期。临界期对养分需求的量并不一定很大,但养分要全面,比例要适宜。这个时期营养元素过多过少或不平衡对玉米生长发育都将产生明显的不良影响,而且以后无论怎样补充缺乏的营养元素都无济于事。

玉米营养的最大效率期在大喇叭口期,吸收养分最快最多,此时期施肥的增产效果最明显。

玉米全生育期对养分的需求量以氮素最多,钾次之,磷居第三位。一般每生产100 kg籽粒需从土壤中吸收纯N 2.5、$P_2O_5$ 1.2、$K_2O$ 2.0 kg。氮、磷、钾比例为1:0.48:0.8。

2. 玉米施肥量的确定

(1)确定目标产量。即当年种植玉米的计划产量,是由耕地的土壤肥力和投入水平确定的,也可以根据该地块前 3 年的平均产量再提高 10% ~15% 作为目标产量。例如某地块肥力较高,当年计划每公顷产 9 000 kg,全生育期所需氮、磷、钾养分量分别为 225、108 kg 和 180 kg。

(2)计算土壤养分供应量。首先测定土壤速效养分含量,其次计算出每公顷地含养分总量。当地每公顷按 20 cm 土层计有 225 万 kg 土壤,如土壤碱解氮测定值为 120 mg/kg,有效磷含量测定值为 40 mg/kg,速效钾含量测定值为 90 mg/kg,则每公顷地土壤有效碱解氮总量为 225 万 kg × 120 mg/kg = 270(kg),有效磷总量为 90 kg,速效钾总量为 202.5 kg。由于多种因素影响土壤养分的有效性,土壤中的有效养分并不能全部被玉米吸收利用,需要乘上一个土壤养分校正系数。我国各地的配方施肥参数研究表明:碱解氮校正系数为 0.3 ~0.7,(Olsen 法)有效磷校正系数为 0.4 ~0.5,速效钾校正系数为 0.5 ~0.85。氮、磷、钾的化肥利用率分别为 30% ~35%、10% ~20% 和 40% ~50%。

(3)确定玉米施肥量。有了全生育期所需养分量、土壤养分供应量及肥料利用率,就可以直接计算玉米的施肥量,再把纯养分量转换成肥料实物量,就可以用来指导施肥。按照上述参数,每公顷产 9 000 kg 玉米所需纯氮量为(225 - 270 × 0.6) ÷ 0.30 = 210(kg)。磷肥用量为(108 - 90 × 0.5) ÷ 0.2 = 315(kg),考虑到磷肥的后效明显,可以减半施用即只施约 150 kg。钾肥用量为(180 - 202.5 × 0.6) ÷ 0.50 = 117(kg)。若化肥种类为磷酸二氢铵、尿素和氯化钾,则每公顷应施磷酸二氢铵 300 ~330 kg,尿素 330 ~375 kg,氯化钾 210 kg。

(4)微肥的施用。玉米对锌非常敏感,如果土壤有效锌少于 0.5 ~1.0 mg/kg 就需要补施锌肥。土壤中锌的有效性在酸性条件下比在碱性条件下高,一般碱性和石灰性土壤容易缺锌。长期施磷肥的地区由于磷与锌的拮抗作用易诱发缺锌,应及时补充。常用锌肥有硫酸锌和氯化锌,基施每公顷用量 7.5 ~37.5 kg,拌种 4 ~5 g/kg,浸种浓度 0.02% ~0.05%。如果复混肥中含有一定量的锌就不必单独施锌。

3. 玉米的施肥方法

基肥:以 30 ~45 t/$hm^2$ 有机肥、全部磷肥、1/3 的氮肥及全部的钾肥做基肥或种肥,可结合翻地一次施入播种沟,使肥料施到 10 ~15 cm 的耕作层。

种肥:种肥是最经济有效的施肥方法。化肥适宜条施、穴施,用量 30 ~45 kg/$hm^2$,但肥料一定要与种子隔开;如能深施更好,以 10 ~15 cm 为宜。

追肥:剩下 2/3 的氮肥做追肥,分苗肥、秆肥、穗肥和粒肥 4 个时期,并将以下两个时期作为重点。

秆肥:拔节后 10 d 内追施,有促进茎生长和幼穗分化的作用。将追氮肥的 1/3 作为拔节肥并结合灌水,肥与苗的距离应保持 5 ~7 cm。

穗肥:剩下的氮肥在玉米抽雄前 10 ~15 d 的大喇叭口期施入,能有效促进穗大粒多,并对后期籽粒灌浆也有良好效果。

在干旱梁峁山区补充滴灌情况下的施肥方案,经济合理施氮(N)量为 127.5 kg/$hm^2$,施磷量($P_2O_5$)为 49.5 kg/$hm^2$,施钾量($K_2O$)为 58.5 kg/$hm^2$。产量可达 10 671 kg/$hm^2$,收益 7 904.7 元/$hm^2$,比不施肥增产 5 481 kg/$hm^2$,增产率为 105.6%。

### (二)玉米节水灌溉技术

1. 玉米的需水规律

玉米是需水较多的作物,据研究玉米产量10 500 kg/hm$^2$需水总量558 mm,平均日需水强度3.8 mm。玉米各生育阶段的需水量有很大差异。

(1)幼苗期(播种—拔节)。需水较少,为135 mm,占全生育期总量的24.2%;日需水强度为2.8 mm。

(2)孕穗期(拔节—抽雄)。茎叶繁茂生长,雌雄穗开始分化至全部长出,需水量增加,为170 mm,占总需水量的30.5%,日需水强度为5.0 mm。

(3)灌浆期(抽雄—成熟)。此时期为玉米一生需水最多的阶段。水分供给叶片光合作用和蒸腾消耗,满足籽粒灌浆需要。需水253 mm,占总需水量的45.3%,日需水强度为8.7 mm。

2. 玉米的节水灌溉技术

根据玉米各个生育阶段的需水规律,在黄土高原北部地区高产玉米一般需灌溉4次,即坐水播种、拔节水、孕穗水和灌浆水。但不同地区和不同年型还要根据降水情况因地制宜灵活运用。

(1)坐水播种。玉米种子发芽出苗最适宜土壤水分含量一般为田间持水量的70%左右。若为田间持水量的40%时将出苗困难,出苗率仅60%。坐水播种能创造适宜的土壤墒情,是玉米保全苗的重要措施。

(2)拔节水。玉米拔节期茎叶旺盛生长,雌穗开始分化。气温迅速升高,叶面蒸腾量变大,需要供给较多水分和养分。应结合追肥进行灌溉,使土壤含水率达到田间持水量的70%以上,形成适宜的叶面积以提高光合速率,农民称这一水为"保收水",增浇拔节水玉米可增产26.6%。

(3)孕穗水。拔节至抽雄受精是玉米一生中需水最多的时期,一般占总需水量的30%~40%,日均每公顷需水45~52.5 m$^3$。宜及时灌溉,保持在田间持水量的70%~90%。浇孕穗水玉米可增产12.9%。

(4)灌浆水。玉米雌穗受精后进入籽粒形成和灌浆期,叶片需要大量水分和养分进行光合作用并把生产和积累的有机质运输到籽粒中去。据试验,春玉米这一阶段需水量占总耗水量的22%左右,一昼夜每公顷耗水30~45 m$^3$。灌浆期缺水常造成籽粒瘪小、粒重降低。农民有"春旱不算旱,秋旱减一半"的谚语。发生秋旱应及时补灌,使土壤水分保持在田间持水量的75%左右。确保青秆绿叶,活秆成熟,使养分源源不断地运往籽粒。

采用水肥耦合技术可以明显提高农田生产水平,补水效应是随着节水技术水平的提高而提高的,补灌平均可增产玉米36.2%。

## 二、苜蓿高效施肥技术

黄土高原北部的鄂尔多斯高原是典型的农牧交错地带,畜牧业发展主要依靠舍饲养殖。发展苜蓿种植,提高单产改善品质,是畜牧业发展的物质基础。增施化肥是增加牧草产量和改善品质的最有效措施之一。合理施肥是保证苜蓿高产、稳产和提高苜蓿产草质量的基础。

苜蓿施肥要根据生长发育阶段、土壤养分状况、肥料种类和产量水平等因素综合考虑。

一般认为作为豆科牧草的苜蓿由于共生的根瘤菌有固氮作用无需再施氮肥,但准格尔旗梁峁山区土壤贫瘠,严重限制了根瘤菌的形成与繁育。在播种当年必须施少量氮肥,尤其在有机质含量低的土壤施用适量氮肥有助于苜蓿幼苗的生长和根系发育,也有利于产量与蛋白质含量的提高。在施磷肥、钾肥的基础上适时适量增施氮肥可增产 12.7%,每千克纯氮增产苜蓿鲜草 81.2 kg,粗蛋白质含量提高 2 个百分点。

磷肥对苜蓿产量和质量的影响也较大,合理施用可促进根的形成和发育,增加植株体内固氮酶的积累,促进营养物质合成与转化。苜蓿施肥以磷肥效果最好,在施氮肥、钾肥的基础上增施磷肥可增产 23.9%,每千克 $P_2O_5$ 增产苜蓿鲜草 104.2 kg。但苜蓿对磷肥的需要量较少,生产每吨苜蓿干草只需 2.27 kg 磷肥。

示范区土壤有效钾含量为 70~80 mg/L,按照现有生产水平基本不缺钾,当地许多人并不重视钾肥。示范区的试验表明:在施氮肥、磷肥的基础上增施钾肥可增产 12.7%,每千克 $K_2O$ 增产苜蓿鲜草 81.3 kg。这说明补施钾肥不仅可以促进苜蓿生长,提高产量,也有利于根瘤的形成。高产苜蓿田每年要从土地中带走 300~525 $kg/hm^2$ 的钾,每吨干草需要吸收 22.7 kg 钾。为维持苜蓿的稳产高产,必须每年施入足量的钾肥。钾肥在幼苗期需要量不大且极易淋浴损失,所以不宜做基肥使用,适合在成苗或刈割后施用,可促进分枝的形成和再生。在干旱条件下土壤中高水平的钾在短时间内不能被苜蓿有效吸收,但降大雨或灌溉过多则容易流失,所以钾肥少量多次施用可提高利用率。

高产苜蓿地的适宜施肥量为 N 75~150 $kg/hm^2$、$P_2O_5$ 216~240 $kg/hm^2$、$K_2O$ 90~132 $kg/hm^2$,此时的产量最高。中低产苜蓿地的适宜施肥量以施 N 45~75 $kg/hm^2$、$P_2O_5$ 75~120 $kg/hm^2$、$K_2O$ 45~60 $kg/hm^2$ 效果最好。

在施肥基础上补灌可增产苜蓿鲜草 9 732 $kg/hm^2$,增产率 21.4%;增产干草 5 137.5 $kg/hm^2$,增产率 22.9%。每立方米水增产鲜草 14.4 kg,干草 7.6 kg。

## 三、向日葵高效水肥管理技术

### (一)向日葵的需肥特点

向日葵一般种植在中低产田上,土壤有机质含量 0.5%~1%,有的甚至更低,增施有机肥、培肥地力对提高向日葵产量和品质具有重要作用。

向日葵从土壤吸收最多的元素是氮、磷、钾,以氧化钾最多,氮素次之,五氧化二磷较少。生育周期各阶段吸收的氮肥量不平衡,出苗到现蕾吸收氮素占一生耗氮量的 39%;现蕾到开花吸收的占 31%;开花到成熟历时约 30 d,吸收的占 30%。可以看出,现蕾到开花历时虽短,生长发育速度最快,出现吸氮高峰,现蕾之前施氮肥具有重要意义。

测定磷在各器官中的分布,苗期以叶片积累较多,花期以花盘较多,成熟期以籽实较多。全生育期都需要吸收磷素,以后期吸收量较大。出苗到现蕾吸收量占全生育期的 21%,现蕾到开花占 33%,开花到成熟占 46%。磷素参与植株内糖分转变成脂肪酸的过程,对于种子中油脂的合成不可缺少,增施磷肥可提高籽实含油率。磷肥充足时还可降低蒸腾系数、减少水分消耗、增强植株耐旱性,干旱地区更有必要增施磷肥。

向日葵在整个生育期中对钾肥的吸收量比较平衡,出苗到现蕾吸收总量的 40%,现蕾到开花吸收 26%，开花到成熟吸收 34%。钾素营养能增强茎叶的光合速率，促进碳水化合物的形成，加速糖分的转化和运转，促进茎叶生长健壮，增强抗倒折、耐低温和抗病虫能力，并能增加含油率。一般情况下单施钾肥的增产效果不明显，这是因为土壤中含有丰富的钾素，只有在施用氮磷较多的高产地块，增施钾肥的增产效果才明显。

根据向日葵生长期短、前期生长迅速、需肥量大的特点，底肥应占总需肥量的 60% 左右，施肥应以速效氮为主。

### (二)向日葵的高效施肥技术

(1)施足底肥。底肥多以农家肥为主，同时配以部分氮肥、磷肥。施用农家肥是培肥地力和持续有效生产的基础。一般秋季结合深耕每公顷施农家肥 45 000 ~ 75 000 kg、碳铵 750 kg、磷肥 375 kg。氮肥、磷肥也可在播种时以尿素 150 kg、磷酸二氢铵 300 kg 作种肥施入。

(2)巧施追肥。向日葵各个生长时期的需肥量不同，通常以现蕾到开花期需肥量最大，现蕾期必须结合灌水追施氮肥。施肥量和施肥次数应根据土壤肥力和土质确定，保水保肥能力强的土壤可在现蕾期每公顷一次追尿素 225 kg；沙性土壤保水保肥能力差，可本着少量多次的原则追肥。追施氮肥应深施覆土，及时浇水，以提高氮肥利用率。钾肥和一些微量元素也不可缺少，苗期和现蕾期可进行根外喷施钾肥及生长素，也可购买商品钾肥与氮肥同时追施。

### (三)向日葵施肥补灌的效果

在施氮肥、磷肥的基础上增施钾肥可增产 16.4%，每千克 $K_2O$ 增产 4.2 kg，产投比 5.46。在施氮肥、钾肥的基础上增施磷肥可增产 25.8%，每千克 $P_2O_5$ 增产 4.4 kg，产投比 4.18。在施磷肥、钾肥的基础上增施氮肥可增产 28%，每千克 N 增产 3.6 kg，产投比 4.15。

在施氮肥、磷肥、钾肥和覆膜的基础上每公顷滴灌 225 $m^3$，可增产 463.5 $kg/hm^2$，每立方米水增产葵花籽 2.06 kg，增产率 29.9%，增收 696 元/$hm^2$；在施氮肥、磷肥、钾肥和滴灌的基础上再加上覆盖地膜，可增产 417 $kg/hm^2$，增产率 26.95%，增收 625.5 元/$hm^2$。

### (四)向日葵施用化肥的肥料利用率

在施磷肥、钾肥的基础上增施氮肥，N 的利用率为 23.2%；在施氮肥、钾肥的基础上增施磷肥，$P_2O_5$ 的利用率为 12%；在施氮肥、磷肥的基础上增施钾肥，$K_2O$ 的利用率为 95.9%。

在准格尔旗梁峁山区各项措施的增产效应依次为：滴灌增产效果 > 增施氮肥效果 > 磷肥增产效果 > 覆盖地膜增产效果 > 钾肥增产效果。

## 四、主要禾谷类作物的测土施肥推荐方案

通过田间试验研究，结合土壤养分测试结果和目标产量，该研究建立了本地区主要作物的推荐施肥模式(见表 5-16)，可实现高产高效和科学合理施肥。

表 5-16 黄土高原北部地区禾谷类推荐施肥模式

| 土壤有效氮(mg/kg) | 推荐施 N 量($kg/hm^2$) | 化肥用量(尿素)($kg/hm^2$) |
|---|---|---|
| <15 | >225 | >450 |
| 15.1~20 | 195~225 | 300~450 |
| 20.1~30 | 150~195 | 225~300 |
| 30.1~35 | 105~150 | 150~225 |
| >35 | <105 | <150 |
| 土壤速效磷(mg/kg) | 推荐施 $P_2O_5$ 量($kg/hm^2$) | 化肥用量(二铵)($kg/hm^2$) |
| <5 | >157.5 | >337.5 |
| 5.1~10 | 132~157.5 | 285~337.5 |
| 10.1~15 | 90~132 | 225~285 |
| 15.1~25 | 67.5~90 | 120~225 |
| >25 | <67.5 | <120 |
| 土壤速效钾(mg/kg) | 推荐施 $K_2O$ 量($kg/hm^2$) | 化肥用量(氯化钾)($kg/hm^2$) |
| <45 | >247.5 | >375 |
| 45.1~100.0 | 150~247.5 | 330~375 |
| 100.1~130.0 | 120~150 | 225~330 |
| 130.1~150.0 | 75~120 | 150~225 |
| >150.0 | <75 | 150 |

## 第六节 土壤水库扩蓄增容的微生物技术

腐殖酸是土壤的重要组成成分之一,在土壤物理结构特别是团聚体的形成、养分供给、作物生长和水分养分吸收等方面起到极其重要的作用。我国腐殖酸资源十分丰富,主要存在于风化煤、褐煤及泥炭等材料之中,但直接应用的效果很差。示范区以风化煤为材料,研究开发腐殖酸的活化技术和工艺,结合生物技术,通过应用腐殖酸促进土壤团聚体形成,提高土壤接纳贮蓄水分的能力,同时复合解磷、解钾等功能微生物,增强旱地土壤养分供给和抗旱能力。

### 一、土壤水库扩蓄增容思路提出的背景与技术路线

#### (一)技术路线提出的背景

世界干旱区面积占陆地总面积的37.3%,尤以非洲和亚洲的干旱问题最突出。为克服干旱对农业的影响,人们在水利工程、作物育种、农艺措施等方面进行了不懈努力,取得了巨大成就。但由于成本、资源、技术等的限制,各种抗旱工程和技术的效应都远没有充

分发挥,尤其是经济不发达的干旱地区,急需成本低廉并与当地资源结合且难度较低的抗旱技术,特别是如何提高土壤贮蓄与供给水分的"水库"功能。经济不发达干旱地区还存在肥料利用率低的问题,一方面造成肥料资源的巨大浪费,另一方面还导致作物产量的低下。造成干旱地区肥料利用率低的主要原因是土壤水分亏缺导致的作物吸收障碍和土壤微生物活动低下引起的土壤养分转化不畅。为促进土壤养分的转化,就必须提高土壤的水分贮存能力,建立以提高土壤水分贮蓄能力为核心的综合技术体系。

### (二)技术路线

土壤水库扩蓄增容微生物技术的技术路线见图 5-11。

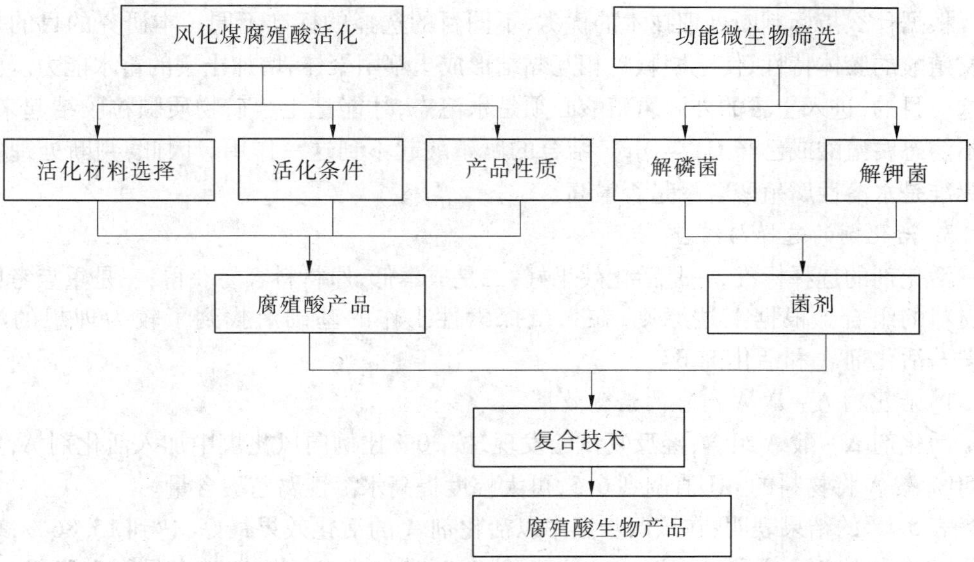


图 5-11　土壤水库扩蓄增容微生物技术的技术路线

## 二、土壤水库扩蓄增容微生物技术的研制

### (一)风化煤的物理化学活化技术

1. 不同产地风化煤组成的差异

土壤水库扩蓄增容的关键是通过提高土壤腐殖酸含量来促进土壤团聚体的形成。但依靠自然过程增加土壤腐殖质含量需要漫长的过程,利用丰富的风化煤资源提取和活化其中的腐殖酸施入土壤可加速这一过程。各地风化煤的生成条件不同,与金属阳离子 $Ca^{2+}$、$Mg^{2+}$、$Fe^{3+}$ 等结合的程度也不同,导致不同产地风化煤中腐殖酸活性的差异。腐殖酸的活化处理技术首先要考虑原材料组成的差异。表 5-17 所列出的 3 种不同产地的风化煤基本代表了风化煤的主要类型:总腐殖酸含量较高(占 39.1%),但游离态腐殖酸比例极小(占 3.0%)的山西临汾风化煤;总腐殖酸含量较低(占 15.6%),但游离态腐殖酸比例较高(占 82.1%)的张家口风化煤;以及总腐殖酸含量高(占 62.3%),同时游离态腐殖酸比例也高(占 98.9%)的内蒙古乌海风化煤。在技术开发中,我们以具有一定开发价值、同时特别需要活化处理的山西临汾风化煤为原材料,建立了工艺流程简单、经济实用的技术体系。相应的技术原则同样可应用到高品质风化煤的处理中。

表 5-17 不同产地风化煤腐殖酸含量的差异

| 产地 | 总腐殖酸(%) | 游离腐殖酸(%) | 水溶性腐殖酸(%) |
|---|---|---|---|
| 山西临汾 | 39.1 | 3.0 | 0.027 |
| 内蒙古乌海 | 62.3 | 98.9 | 1.360 |
| 张家口 | 15.6 | 82.1 | 0.029 |

注:总腐殖酸用 0.1 mol/L 焦磷酸钠-氢氧化钠混合液浸提容量法测定,游离腐殖酸用 1 mol/L NaOH 溶液浸提容量法测定,水溶性腐殖酸用沸水浸提容量法测定。

2. 活化指标的选择标准

根据什么指标判断处理技术的优劣,不同目的选择的标准不同。本研究的目的是利用腐殖酸的胶体特性,使土壤颗粒相互黏结形成土壤团聚体,增加土壤的蓄水能力。要达到这一目的,进入土壤的外源腐殖酸必须是水溶态,才能把土壤矿物质颗粒胶结起来;而水不溶态腐殖酸或已与 $Ca^{2+}$、$Mg^{2+}$ 结合的腐殖酸起不到这一作用。因此,判断处理效果的标准是水溶性腐殖酸含量是否最高。

3. 活化剂的选择与组合

活化剂的选择标准,一是活化效果好;二是成本低,原材料容易获得;三是重点考虑不同材料的组合。根据上述原则,在大量探索性工作的基础上找到了较为理想的活化剂——活化剂 A 和活化剂 B。

1)活化剂 A-酸 A 组合的活化效果

活化剂 A-酸 A 组合:经反复试验发现,按 30% 比例向风化煤中加入活化剂 A,然后用 50% 酸 A 将物料的 pH 值调到 6.5,可大幅度提高水溶性腐殖酸含量。

表 5-18 的结果表明:在该两步法中以活化剂 A 的活化效果最好,达到 15.86%,表观活化率约为 40%。用稀碱溶液或碱性硫酸铵替代时,水溶性腐殖酸含量大大降低,远远达不到活化剂 A 的活化效果。

表 5-18 两步法中活化剂 A 的活化效果

| 编号 | 处理方法 | 水溶性腐殖酸(%) |
|---|---|---|
| 1 | 风化煤 50 g + 活化剂 A15 g + 水 7.5 mL + 辅剂 A12.8 g + 辅剂 B20.4 g; + 50% 酸 A 7.5 mL + 活化剂 B11.35 g | 15.86 |
| 2 | 风化煤 50 g + 5% KOH3 mL + 水 4.5 mL + 辅剂 A12.8 g + 辅剂 B20.4 g; + 50% 酸 A 7.5 mL + 活化剂 B11.35 g | 0.46 |
| 3 | 风化煤 50 g + 5% KOH10 mL + 水 10 mL + 辅剂 A12.8 g + 辅剂 B20.4 g; + 50% 酸 A7.5 mL + 活化剂 B11.35 g | 3.22 |
| 4 | 风化煤 100 g + 5% KOH 20 mL + 硫酸铵 30 g + 室温 30 min; (50% 酸 A∶50% 酸 B = 1∶1) 7 mL(pH = 6.5) | 0.45 |

在有活化剂 B 存在的条件下,用酸 B、酸 C 取代酸 A,水溶性腐殖酸含量均明显降低约 25%,不能达到理想的活化效果(见表 5-19)。若活化剂 B 不存在,则酸 B、酸 C 取代酸 A 的效果更差(见表 5-20)。

表 5-19　两步法中酸 A 的活化效果（1）

| 编号 | 处理方法 | 水溶性腐殖酸（%） |
| --- | --- | --- |
| 1 | 风化煤 50 g + 活化剂 A15 g + 水 7.5 mL + 辅剂 A12.8 g + 辅剂 B20.4 g; +50% 酸 A7.5 mL + 活化剂 B11.35 g | 15.86 |
| 2 | 风化煤 50 g + 活化剂 A15 g + 水 7.5 mL + 辅剂 A13.51 g + 辅剂 B23.97 g; +50% 酸 A:50% 酸 B(1:2) 5.0 mL + 活化剂 B26.23 g | 12.30 |
| 3 | 风化煤 50 g + 活化剂 A15 g + 水 7.5 mL + 辅剂 A13.52 g + 辅剂 B24.01 g; +50% 酸 A:50% 酸 B (1:4) 5.0 mL + 活化剂 B26.41 g | 11.91 |

表 5-20　两步法中酸 A 的活化效果（2）

| 编号 | 处理方法 | 水溶性腐殖酸（%） |
| --- | --- | --- |
| 1 | 风化煤 100 g + 水 20 mL + 活化剂 A30 g + 室温 30 min; 50% 酸 A 7 mL(pH = 6.5) | 28.6 |
| 2 | 风化煤 100 g + 水 20 mL + 活化剂 A30 g + 室温 30 min;(50% 酸 A:50% 酸 B = 1:1) 7 mL(pH = 6.5) | 23.4 |
| 3 | 风化煤 100 g + 水 20 mL + 活化剂 A30 g + 室温 30 min;(50% 酸 A:50% 酸 B = 1:2) 7 mL (pH = 6.5) | 14.3 |
| 4 | 风化煤 100 g + 水 20 mL + 活化剂 A30 g + 室温 30 min;(50% 酸 A:50% 酸 B = 1:4) 7 mL (pH = 6.5) | 7.4 |
| 5 | 风化煤 100 g + 水 20 mL + 活化剂 A 30 g + 室温 30 min;50% 酸 B 7 mL (pH = 6.5) | 1.5 |

2）活化剂 A - 活化剂 B 组合的活化效果

考虑到酸 A 是中强酸，在实际生产操作中多有不便。经多次尝试体会到，酸 A 是酸根离子而非质子起作用。试验结果表明，活化剂 B 完全可以替代酸 A（见表 5-21），而且当使用活化剂 B 时，酸 A 并没有更高的促进作用（见表 5-22）。

表 5-21　两步法中活化剂 B 取代酸 A 时的活化效果（1）

| 编号 | 处理方法 | 水溶性腐殖酸（%） |
| --- | --- | --- |
| 1 | 风化煤 50 g + 水 10 mL + 活化剂 A15 g; + 辅剂 A12.8 g + 50% 酸 A7.5 mL | 23.49 |
| 2 | 风化煤 50 g + 活化剂 A15 g + 水 7.5 mL; + 辅剂 A12.8 g + 辅剂 B20.4 g + 活化剂 B11.35 g | 16.37 |
| 3 | 风化煤 50 g + 活化剂 A15 g + 水 7.5 mL; + 50% 酸 A7.5 mL + 辅剂 A12.8 g + 辅剂 B20.4 g + 活化剂 B11.35 g | 16.16 |
| 4 | 风化煤 50 g + 活化剂 A15 g + 水 7.5 mL;烘干时 + 辅剂 A12.8 g + 辅剂 B20.4 g + 活化剂 B11.35 g | 16.17 |
| 5 | 风化煤 50 g + 水 10 mL + 活化剂 A15 g + 辅剂 A12.8 g + 辅剂 B20.4 g + 活化剂 B11.35 g; 50% 酸 B5.0 mL + 水 2.5 mL | 10.11 |
| 6 | 风化煤 50 g + 水 10 mL + 活化剂 A15 g + 辅剂 A12.8 g + 辅剂 B20.4g; 50% 酸 B5.0 mL + 水 2.5 mL | 0.20 |

**表 5-22 两步法中活化剂 B 取代酸 A 时的活化效果(2)**

| 编号 | 处理方法 | 水溶性腐殖酸(%) |
|---|---|---|
| 1 | 风化煤 50 g + 水 10 mL + 活化剂 A15 g + 室温 30 min; + 辅剂 A23. 17 g + 辅剂 B7. 5 g + 活化剂 B11. 65 g + (50% 酸 A: 50% 酸 B = 1:1) 5 mL + 水 5 mL | 17. 9 |
| 2 | 风化煤 50 g + 水 10 mL + 活化剂 A15 g + 室温 30 min; + 辅剂 A23. 17 g + 辅剂 B7. 5 g + 活化剂 B11. 65 g + (50% 酸 A: 50% 酸 B = 1:2) 5 mL + 水 5 mL | 18. 8 |
| 3 | 风化煤 50 g + 水 10 mL + 活化剂 A15 g + 室温 30 min; + 辅剂 A23. 17 g + 辅剂 B 7. 5 g + 活化剂 B11. 65 g + 50% 酸 A 5 mL + 水 5 mL | 18. 6 |
| 4 | 风化煤 50 g + 水 10 mL + 活化剂 A15 g + 室温 30 min; + 辅剂 A23. 17 g + 辅剂 B 7. 5 g + 活化剂 B11. 65 g + 50% 酸 B5 mL + 水 5 mL | 21. 1 |
| 5 | 风化煤 50 g + 水 10 mL + 活化剂 A15 g + 室温 30 min; + (50% 酸 A: 50% 酸 B = 1:1) 5 mL | 21. 4 |

但活化剂 B 的处理效果不能替代活化剂 A 的活化效果,当工艺中不使用活化剂 A 仅使用活化剂 B 时,物料水溶性腐殖酸含量极低(见表 5-23)。

**表 5-23 活化剂 B 加入量对活化效果的影响**

| 编号 | 处理方法 | 水溶性腐殖酸(%) |
|---|---|---|
| 1 | 风化煤 50 g + 活化剂 B5. 0 g;70 ℃水浴 15 min;烘干后测定 | 8. 44 |
| 2 | 风化煤 50 g + 活化剂 B2. 5 g;70 ℃水浴 15 min;烘干后测定 | 1. 47 |
| 3 | 风化煤 50 g + 活化剂 B1. 0 g;70 ℃水浴 15 min;烘干后测定 | 0. 32 |
| 4 | 风化煤 50 g + 活化剂 B0. 5 g;70 ℃水浴 15 min;烘干后测定 | 0. 27 |
| 5 | 风化煤 50 g + 活化剂 B2. 5 g;70 ℃水浴 30 min;烘干后测定 | 0. 95 |
| 6 | 风化煤 50 g + 活化剂 B2. 5 g;70 ℃水浴 60 min;烘干后测定 | 1. 02 |

#### 4. 活化条件的优化

如何提高活化剂 A－活化剂 B 组合的活化效率?我们从活化剂用量、水分含量、活化温度、活化时间、工序等多方面进行优化,使活化效率不断提高,同时使成本降低、操作方便。

1) 活化剂用量的优化

在物料含水量为 35% 的情况下,活化剂 A 的加入量为 5%、10% 和 20%,活化剂 B 的加入量为 1%、2%、5% 和 10%,观察水溶性腐殖酸含量的变化,以确定活化剂的最佳用量,结果(见表 5-24)表明:采用活化剂 A 用量 20%、活化剂 B 用量 10% 的活化方法可取得理想的活化效果,活化剂 A10% 的用量也能取得较理想的效果。

表 5-24　活化剂 A 和活化剂 B 加入量对活化效果的影响(干基)

| 编号 | 处理方法 | 水溶性腐殖酸(%) |
|---|---|---|
| 1 | 风化煤 50 g + 活化剂 A2.5 g + 活化剂 B2.5 g | 14.70 |
| 2 | 风化煤 50 g + 活化剂 A2.5 g + 活化剂 B5.0 g | 25.83 |
| 3 | 风化煤 50 g + 活化剂 A5.0 g + 活化剂 B2.5 g | 17.10 |
| 4 | 风化煤 50 g + 活化剂 A5.0 g + 活化剂 B5.0 g | 27.90 |
| 5 | 风化煤 50 g + 活化剂 A10 g + 活化剂 B5.0 g | 31.21 |
| 6 | 风化煤 50 g + 活化剂 A10 g + 活化剂 B2.5 g | 26.00 |
| 7 | 风化煤 50 g + 活化剂 A10 g + 活化剂 B1.0 g | 24.79 |
| 8 | 风化煤 50 g + 活化剂 A10 g + 活化剂 B0.5 g | 27.72 |

注:物料含水量为 35%, 70 ℃水浴 15 min, 烘干后测定。

进一步的试验发现:当活化剂 A 用量为 15%、物料含水量为 35%,活化剂 B 用量为 0.5% ~5%时,对活化效果的影响不显著(见表 5-25)。

表 5-25　活化剂 B 加入量对活化效果的影响(干基)

| 编号 | 处理方法 | 水溶性腐殖酸(%) |
|---|---|---|
| 1 | 风化煤 50 g + 活化剂 A7.5 g + 活化剂 B2.5 g | 14.83 |
| 2 | 风化煤 50 g + 活化剂 A7.5 g + 活化剂 B1.0 g | 12.19 |
| 3 | 风化煤 50 g + 活化剂 A7.5 g + 活化剂 B0.5 g | 15.64 |
| 4 | 风化煤 50 g + 活化剂 A7.5 g + 活化剂 B0.25 g | 14.06 |

注:物料含水量为 35%,70 ℃水浴 15 min, 烘干后测定。

2)物料含水量的调节

本技术与许多活化腐殖酸方法最显著的不同点之一在于活化工艺中的物料含水量。许多活化工艺中活化反应是在液体中进行的,虽然反应进行得很快,但活化结束后物料烘干成为最大问题。本技术旨在降低成本,故在保证活化效果的同时尽可能降低物料含水量,以降低烘干过程的能源消耗。

表 5-26 中在活化剂 A 用量 5%、活化剂 B 用量 10%时,随着物料含水量增加,水溶性腐殖酸含量明显增加。在活化剂 A 用量为 20%时也有相似结果(见表 5-27)。

表 5-26　含水量对活化效果的影响(干基)(1)

| 编号 | 处理方法 | 含水量(%) | 水溶性腐殖酸(%) |
|---|---|---|---|
| 1 | 风化煤 50 g + 活化剂 A2.5 g + 活化剂 B5.0 g | 13.4 | 5.32 |
| 2 | 风化煤 50 g + 活化剂 A2.5 g + 活化剂 B5.0 g | 21.5 | 8.81 |
| 3 | 风化煤 50 g + 活化剂 A2.5 g + 活化剂 B5.0 g | 26.9 | 12.91 |
| 4 | 风化煤 50 g + 活化剂 A2.5 g + 活化剂 B5.0 g | 29.6 | 20.61 |

**表 5-27　含水量对活化效果的影响(干基)(2)**

| 编号 | 处理方法 | 含水量(%) | 游离腐殖酸(%) | 水溶性腐殖酸(%) |
|---|---|---|---|---|
| 1 | 风化煤 50 g + 活化剂 A10 g + 调含水量为 10% +50 ℃水浴 15 min | 8.43 | 28.12 | 0.33 |
| 2 | 风化煤 50 g + 活化剂 A10 g + 调含水量为 20% +50 ℃水浴 15 min | 26.18 | 40.03 | 5.30 |
| 3 | 风化煤 50 g + 活化剂 A10 g + 调含水量为 30% +50 ℃水浴 15 min | 31.15 | 36.47 | 28.93 |
| 4 | 风化煤 50 g + 活化剂 A10 g + 调含水量为 35% +50 ℃水浴 15 min | 36.22 | 41.24 | 30.76 |

3)反应温度

不同温度下对风化煤进行活化,物料中水溶性腐殖酸含量情况如表 5-28 所示。

**表 5-28　反应温度对活化效果的影响**

| 编号 | 反应温度(℃) | 反应时间(h) | 水溶性腐殖酸(%) |
|---|---|---|---|
| 1 | 室温(约 18) | 2 | 2.17 |
| | | 6 | 4.21 |
| | | 过夜(约 18) | 5.66 |
| 2 | 50 | 0.25 | 3.02 |
| | | 0.50 | 2.54 |
| | | 1.0 | 3.80 |
| | | 2.0 | 3.47 |
| 3 | 80 | 0.25 | 2.02 |
| | | 0.50 | 3.62 |
| | | 1.0 | 2.67 |
| | | 2.0 | 0.93 |
| 4 | 100 | 1/6 | 5.49 |
| | | 1/3 | 4.81 |
| | | 1/2 | 3.50 |

统一处理方法:风化煤 50 g + 活化剂 A10 g + 辅剂 A10 g + 辅剂 B10 g + 蛭石 2.5 g + 水 10 mL,混合均匀,在以下不同温度经不同反应时间处理后,用 50% 酸 C: 50% 酸 A = 1: 2 的混酸调物料 pH 值到 6.0,在 80 ℃下反应 1 h。结果表明:采用该方法活化温度的影响

不显著,可在室温下进行,从而节约了大量能源。

4)活化反应时间

活化时间长短关系到生产效率,也是一个重要的指标。多组试验结果表明:室温下活化时间为 24 h 可取得理想的活化效果(见表 5-29、表 5-30)。

表 5-29　反应时间对活化效果的影响(1)

| 处理方法 | 反应时间(h) | 水溶性腐殖酸(%) |
|---|---|---|
| 风化煤 100 g + 活化剂 A5.0 g + 活化剂 B20 g | 24 | 36.78 |
| | 48 | 28.77 |
| 风化煤 100 g + 活化剂 A10 g + 活化剂 B20 g | 24 | 37.34 |
| | 48 | 26.26 |
| 风化煤 100 g + 活化剂 A20 g + 活化剂 B5.0 g | 24 | 32.98 |
| | 48 | 22.45 |
| 风化煤 100 g + 活化剂 A20 g + 活化剂 B1.0 g | 24 | 39.82 |
| | 48 | 15.74 |

注:室温(约 20 ℃)下反应。

表 5-30　反应时间对活化效果的影响(2)

| 处理方法 | 反应时间 | 水溶性腐殖酸(%) |
|---|---|---|
| 风化煤 50 g + 活化剂 A5.0 g + 活化剂 B 5.0 g | 过夜 | 34.17 |
| | 48 h | 33.78 |
| 风化煤 50 g + 活化剂 A10 g + 活化剂 B5.0 g | 过夜 | 33.94 |
| | 48 h | 33.79 |
| 风化煤 50 g + 活化剂 A10 g + 活化剂 B2.5 g | 过夜 | 23.64 |
| | 48 h | 20.01 |
| 风化煤 50 g + 活化剂 A10 g + 活化剂 B1.0 g | 过夜 | 16.86 |
| | 48 h | 12.84 |

注:室温(约 20 ℃)下反应。

5)工艺措施的影响

多次试验表明烘干过程可降低水溶性腐殖酸的含量,因此必须评价烘干对活化效果的影响,并采取必要措施降低这种负面影响。

表 5-31 表明:烘干可降低水溶性腐殖酸含量的 25% ~71%,过量活化剂 A 具有保护作用。活化剂 B 的加入也具有防止水溶性腐殖酸转变为不溶性腐殖酸的作用,且效果十分明显(见表 5-32、表 5-33)。

表 5-31　烘干对活化效果的影响(干基)(1)

| 编号 | 活化剂 A 加入量(g) | 含水样品 | | 烘干样品 | |
|---|---|---|---|---|---|
| | | 游离腐殖酸(%) | 水溶性腐殖酸(%) | 游离腐殖酸(%) | 水溶性腐殖酸(%) |
| 1 | 5 | 42.70 | 11.17 | 30.43 | 5.81 |
| 2 | 10 | 44.59 | 38.85 | 40.51 | 11.18 |
| 3 | 15 | 45.30 | 36.51 | 34.27 | 27.33 |

注:风化煤 50 g,调含水量为 35% +70 ℃水浴 15 min。

表 5-32 烘干对活化效果的影响(干基)(2)

| 编号 | 处理方法 | 含水样品 | | 烘干样品 | |
|---|---|---|---|---|---|
| | | 游离腐殖酸(%) | 水溶性腐殖酸(%) | 游离腐殖酸(%) | 水溶性腐殖酸(%) |
| 1 | 50% 酸 B10 mL | 3.13 | 0.86 | 3.67 | 0.51 |
| 2 | 50% 酸 B5 mL | 13.23 | 0.39 | 7.24 | 0.42 |
| 3 | 辅剂 A20 g | 33.57 | 30.22 | 9.53 | 11.56 |
| 4 | 辅剂 B23 g | 13.29 | 2.79 | 6.90 | 0.59 |
| 5 | 活化剂 B15 g | 39.47 | 34.85 | 33.92 | 31.83 |
| 6 | 活化剂 B10 g | 41.23 | 36.23 | 36.73 | 34.47 |
| 7 | 活化剂 B5 g | 50.26 | 35.51 | 47.62 | 37.46 |

注:风化煤 50 g + 活化剂 A10 g,调含水量为 35% +70 ℃水浴 15 min。

表 5-33 活化剂 B 对烘干过程水溶性腐殖酸的保护作用

| 处理方法 | 反应时间(h) | 水溶性腐殖酸(%) | |
|---|---|---|---|
| | | 含水样品 | 烘干样品 |
| 风化煤 100 g + 活化剂 A5.0 g + 活化剂 B20 g | 24 | 36.78 | 28.66 |
| 风化煤 100 g + 活化剂 A10 g + 活化剂 B20 g | 24 | 37.34 | 32.38 |
| 风化煤 100 g + 活化剂 A20 g + 活化剂 B5.0 g | 24 | 32.98 | 27.77 |
| 风化煤 100 g + 活化剂 A20 g + 活化剂 B1.0 g | 24 | 39.82 | 29.39 |

注:室温(约 20 ℃)下反应。

6)其他辅料的作用

本技术的目的,一方面是活化风化煤中的腐殖酸,使其在土壤中胶结土壤颗粒,促进土壤团聚体的形成,增加土壤蓄水能力;另一方面还要与施肥相结合,做到水肥协调供应。因此,在制成肥料的过程中,所加入常规肥料是否会影响风化煤中腐殖酸的活化效果就必须加以评价。

多组试验表明:①在活化过程中加入辅剂 A 和辅剂 B,不影响水溶性腐殖酸的含量(见表 5-34);②在活化过程结束后加入辅剂 A,对活化效果无影响;但加入辅剂 B,会显著降低水溶性腐殖酸的含量(见表 5-35)。

表 5-34　活化过程中辅剂 A 与辅剂 B 用量对活化效率的影响

| 编号 | 处理方法 | 游离腐殖酸(%) | 水溶性腐殖酸(%) |
|---|---|---|---|
| 1 | 辅剂 A0 g + 辅剂 B10 g | 28.92 | 5.33 |
| 2 | 辅剂 A5 g + 辅剂 B10 g | 27.18 | 5.36 |
| 3 | 辅剂 A20 g + 辅剂 B10 g | 22.23 | 8.44 |
| 4 | 辅剂 A10 g + 辅剂 B0 g | 30.99 | 17.76 |
| 5 | 辅剂 A10 g + 辅剂 B5 g | 29.17 | 12.81 |
| 6 | 辅剂 A10 g + 辅剂 B20 g | 22.54 | 9.41 |
| 7 | 辅剂 A20 g + 辅剂 B20 g | 21.30 | 6.20 |
| 8 | 辅剂 A10 g + 辅剂 B10 g | 32.77 | 6.37 |
| 9 | 辅剂 A10 g + 辅剂 B10 g | 22.24 | 8.81 |

注:风化煤 50 g + 活化剂 A15 g + 蛭石 2.5 g + 水 10 mL,反应 2 h,温度 25 ℃;然后加 50% 酸 A 调 pH 值为 6.0(其中 9 号处理用酸 C: 酸 A = 1:2的混酸),于 25 ℃反应 1 h;经 80 ℃烘干 1 h 后测定。

表 5-35　活化过程结束后辅剂 A 与辅剂 B 用量对活化效率的影响

| 编号 | 处理方法 | 水溶性腐殖酸(%) |
|---|---|---|
| 1 | 经活化剂 A 和活化剂 B 处理并烘干的风化煤 | 24.86 |
| 2 | 1 中样品 +30% 水分 | 22.58 |
| 3 | 1 中样品 30 g +30% 水分 + 辅剂 A10 g | 25.18 |
| 4 | 1 中样品 30 g +30% 水分 + 辅剂 B10 g | 0.70 |
| 5 | 1 中样品 30 g +30% 水分 + 辅剂 A10 g + 辅剂 B10 g | 1.83 |

5. 腐殖酸物理化学活化技术规程概要

经上述一系列试验研究,形成如下技术方案:

(1)将风化煤含水量调至 30% ~35%。

(2)加入占湿风化煤总质量 10% ~15% 的活化剂 A 和 5% ~19% 的活化剂 B 粉末,充分混匀,密闭条件下室温放置 18 ~24 h。

(3)烘干,粉碎,制成活化腐殖酸。

(4)在(2)中根据需要加入尿素、硫酸钾等肥料,制成腐殖酸复合肥。

## (二)功能微生物菌种筛选与功能分析

### 1. 解磷菌的筛选与解磷效果

1)菌种筛选

采用稀释平板法分离并测定土壤微生物和解磷微生物的数量,细菌总数用蛋白胨土壤浸汁培养基,真菌用马丁培养基,放线菌用高氏一号培养基,解磷细菌、真菌和放线菌用 Pikovskaya 培养基,其中解磷真菌测定中加入孟加拉红作为抑菌剂。所有微生物都在 28 ℃下培养 7 d,有透明圈的菌落和菌落周围产生不透明晕圈的菌落,分别为无机磷微生物和有机磷微生物。

将分离得到的解磷细菌、真菌和放线菌分别置于营养琼脂、PDA 和高氏一号培养基上划线纯化,根据菌落和细胞的形态、革兰氏反应、鞭毛染色、芽孢、细胞色素氧化酶和接触酶反应、葡萄糖氧化发酵和硝酸盐还原等对细菌鉴定到属。真菌、放线菌主要根据其菌落和细胞形态(主要是分生孢子的形态)鉴定到属。

将分离所得 114 株无机磷细菌点种于 $Ca_3(PO_4)_2$ 平板,其中有 12 株菌株在进一步纯化过程中丧失解磷能力,还有一些菌株的解磷活性降低。各菌属间分解无机磷酸盐的能力差异较大,即使同一菌属的不同菌株其解磷能力也有较大差异,溶解 $Ca_3(PO_4)_2$ 能力较强的菌株分属假单胞菌属、欧文氏菌属和节杆菌属。有些菌株虽然生长较快,如肠杆菌属的菌株菌落很大,但溶磷圈并不大。大多数细菌的菌落大小与溶磷圈大小接近,其溶磷作用的发挥可能是依靠群体优势,而不是单个菌株的作用。此外还发现根际细菌的解磷能力与非根际细菌之间没有明显差异,解磷能力主要取决于菌株本身的特性。

将在平板上溶磷圈较大的菌株接种到以磷矿粉为唯一磷源的液体培养基中,培养 7 d 后测定溶解出来的磷量。结果表明:这些菌株溶解磷矿粉的能力差异很大,细菌溶磷量为 0 ~ 26. 09 mg P/L,真菌溶磷能力比细菌强得多,为 0 ~ 285. 26 mg P/L。可见不同菌株溶解磷矿粉的能力差异并不与平板上的溶磷圈大小完全一致。

2)氮源对微生物解磷的影响

表 5-36 的结果表明:供给不同形态的氮素能显著影响供试菌株溶解磷矿粉的能力。当以 $NO_3^-$ 为唯一氮源时,两株曲霉 Aspergillus sp. 2TCiF2 和 4TCiF6 的解磷活性最高,溶磷量分别为 383. 25 mg P/L 和 142. 13 mg P/L,分别约有 37% 和 14% 的磷从磷矿粉中释放出来。培养液的 pH 值也降低到 5 以下。改用 $NH_4^+$ 和尿素为氮源时,甚至当 $NH_4^+$ 和 $NO_3^-$ 同时存在时,虽然培养液的 pH 值也大幅下降,但溶解磷矿粉的能力明显降低($P < 0.05$)。

两株节杆菌 Arthrobacter sp. 1TCRi7 和 1TCRi14 的解磷活性,在供给 $NH_4^+$ 或尿素时最高,供给 $NO_3^-$ 时显著降低,溶磷量减少了近一半,即使供给 $NH_4NO_3$,虽然 1TCRi7 菌株的解磷活性没有受到明显的影响,但 1TCRi14 的解磷活性则显著地下降($P < 0.05$)。无论供给何种氮源,培养液的 pH 值都降低到 4. 5 以下。

一株肠杆菌 Enterobacter sp. 1TCRi15 和一株欧文氏菌 Erwinia sp. 4TCRi22,只有在供给 $NH_4^+$ 时才具有一定的解磷能力,而供给其他氮源几乎不表现出溶解磷矿粉的能力,培养液的 pH 值不仅没有降低,反而升高近一个单位。

表 5-36　氮源对微生物溶解磷矿粉的影响

| 氮源 | 菌株编号 | 溶磷量(mg P/L)* | pH 值 |
|---|---|---|---|
| $(NH_4)_2SO_4$ | Asp. 2TCiF2 | 267.75 ±41.273 | 3.55 ±0.336 |
| | Pen. 1TCRiF5 | 5.11 ±2.266 | 6.52 ±0.211 |
| | Arth. 1TCRi7 | 12.95 ±0.805 | 3.91 ±0.012 |
| | Ent. 1TCRi15 | 4.63 ±1.526 | 7.42 ±0.040 |
| $KNO_3$ | Asp. 2TCiF2 | 383.25 ±30.424 | 4.18 ±0.344 |
| | Pen. 1TCRiF5 | 0.70 ±0.247 | 7.28 ±0.188 |
| | Arth. 1TCRi7 | 7.07 ±0.372 | 4.15 ±0.015 |
| | Ent. 1TCRi15 | −0.59 ±0.020 | 8.60 ±0.064 |
| $CO(NH_2)_2$ | Asp. 2TCiF2 | 269.55 ±15.046 | 3.59 ±0.072 |
| | Pen. 1TCRiF5 | 0.96 ±1.031 | 7.42 ±0.161 |
| | Arth. 1TCRi7 | 12.33 ±0.039 | 3.92 ±0.012 |
| | Ent. 1TCRi15 | 0.41 ±0.542 | 8.32 ±0.049 |
| $NH_4NO_3$ | Asp. 2TCiF2 | 328.85 ±27.891 | 4.02 ±0.175 |
| | Pen. 1TCRiF5 | 2.79 ±1.122 | 7.12 ±0.095 |
| | Arth. 1TCRi7 | 11.07 ±0.329 | 3.93 ±0.021 |
| | Ent. 1TCRi15 | −0.11 ±0.158 | 7.44 ±0.122 |
| LSD($P$=0.05) | | 18.36 | 0.25 |

注：* 表示接种处理与对照的差值。

3）碳源对微生物解磷能力的影响

从表 5-37 可以看出，碳源明显地影响曲霉 2TCiF2 菌株溶解磷矿粉的能力。当以蔗糖为唯一碳源时溶解磷矿粉的能力最强，溶磷量达到 461.94 mg P/L，溶磷率为 45%；其次为葡萄糖，溶磷量也高达 376.70 mg P/L；而以糖蜜或淀粉为碳源时菌株溶磷量大幅度降低，尤其是供给淀粉时该菌株不表现出任何溶磷活性。培养液的 pH 值和菌体生长繁殖也表现出几乎相同的趋势。当以蔗糖或葡萄糖为碳源时培养液的 pH 值大幅度下降，菌体正常生长。但在糖蜜或淀粉培养基上，尤其是在淀粉培养基上，菌体生长很少，介质的 pH 值没有显著的变化。

表 5-37　碳源对曲霉 2TCiF2 菌株溶解磷矿粉的影响（$NO_3^-$ 为氮源）

| 碳源 | pH 值 | 溶磷量(mg P/L) | 菌体生物量(mg/mL) |
|---|---|---|---|
| 蔗糖 | 3.23 ±0.012 | 461.94 ±27.551 | 3.04 ±0.092 |
| 葡萄糖 | 4.97 ±0.042 | 376.70 ±16.269 | 3.39 ±0.131 |
| 糖蜜 | 6.14 ±0.205 | 74.68 ±14.073 | 2.90 ±0.141 |
| 淀粉 | 7.69 ±0.040 | −0.19 ±0.142 | 0.18 ±0.103 |
| LSD | 0.16 | 26.94 | 0.18 |

4)不同 C/N 值对微生物溶解磷矿粉的影响

表 5-38 的结果表明:培养基中 C/N 值极大影响微生物的解磷活性,但不同菌株的反应差异非常大。曲霉 2TCiF2 的解磷活性随着 C/N 值减小而显著降低($P<0.05$),C/N 值为 5∶1时的溶磷量不到 34∶1时的 60%,但介质酸度并不随 C/N 值而变化。青霉 1TCRiF5 的解磷活性在 C/N 值为 5∶1时最高,20∶1时的溶磷活性显著降低。节杆菌 1TCRi7 溶解磷矿粉的能力几乎不受培养基 C/N 值的影响。与此相反,肠杆菌 1TCRi15 菌株在 C/N 值为 5∶1时溶磷量最高,分别比 20∶1和 34∶1时提高了 5.7 倍和 4.7 倍,并且培养基的 pH 值随 C/N 值减小而大幅度地降至 4 左右。

表 5-38 不同 C/N 值对微生物溶解磷矿粉的影响

| C/N | 菌株编号 | 溶磷量(mg P/L) | pH 值 |
|---|---|---|---|
| 34∶1 | Asp. 2TCiF2 | 362.08 ±11.707 | 5.27 ±0.210 |
| | Pen. 1TCRiF5 | 21.47 ±4.391 | 5.27 ±0.209 |
| | Arth. 1TCRi7 | 14.55 ±0.410 | 3.85 ±0.005 |
| | Ent. 1TCRi15 | 6.97 ±0.788 | 8.09 ±0.042 |
| 20∶1 | Asp. 2TCiF2 | 340.76 ±26.131 | 5.92 ±0.025 |
| | Pen. 1TCRiF5 | 14.36 ±1.486 | 6.03 ±0.173 |
| | Arth. 1TCRi7 | 13.53 ±0.755 | 3.88 ±0.008 |
| | Ent. 1TCRi15 | 5.78 ±0.503 | 8.07 ±0.081 |
| 5∶1 | Asp. 2TCiF2 | 212.64 ±33.655 | 6.04 ±0.015 |
| | Pen. 1TCRiF5 | 32.54 ±10.093 | 7.52 ±0.140 |
| | Arth. 1TCRi7 | 13.22 ±0.364 | 4.00 ±0.016 |
| | Ent. 1TCRi15 | 32.95 ±0.766 | 3.95 ±0.040 |
| LSD($P=0.05$) | | 15.66 | 0.19 |

5)对不同形态磷酸盐的溶解能力

从表 5-39 可知,供试菌株都能在 4 种磷酸盐的培养基上生长,但在 Al-P 和 RP 上生长更好,菌体干物质质量是 Fe-P 和 FAP 上的 2 倍多,但溶磷量并不与菌体生长量一致。曲霉 2TCiF2 的溶磷活性最高,而且能够溶解这 4 种形态的磷酸盐,以溶解 Al-P 的能力最强,溶磷量高达 310.28 mg P/L;其次为 FAP > RP > Fe-P。青霉溶磷能力比曲霉低得多,对 Fe-P 的溶解能力很差,而溶解 FAP 的能力比较强,但菌体生长量很小。

表 5-40 的结果表明:供试菌株对 Fe-P 的溶解活性都比较低,肠杆菌 1TCRi15 能大量溶解 FAP,溶磷量高达 42.00 mg P/L,对 Fe-P、Al-P 及 RP 也有一定的溶解能力。节杆菌 1TCRi7 对 RP 的溶解能力最强,溶磷量高达 11.47 mg P/L,也能溶解一定量的 FAP 和 Al-P。几乎所有培养介质的 pH 值都降至 4 以下。

表 5-39　真菌对不同难溶性磷酸盐的溶解能力（$NH_4^+$ 为 N 源）

| 磷酸盐 | 菌株编号 | pH 值 | 溶磷量（mg P/L） | 菌体质量（mg/mL） |
|---|---|---|---|---|
| $FePO_4 \cdot 4H_2O$ | Asp. 2TCiF2 | 2.21 ±0.070 | 129.47 ±26.407 | 1.12 ±0.080 |
| | Pen. 1TCRiF5 | 2.37 ±0.144 | 1.52 ±0.589 | 1.15 ±0.259 |
| $AlPO_4$ | Asp. 2TCiF2 | 2.24 ±0.063 | 310.28 ±73.449 | 2.00 ±0.182 |
| | Pen. 1TCRiF5 | 2.59 ±0.041 | 12.86 ±4.485 | 2.17 ±0.534 |
| FAP | Asp. 2TCiF2 | 2.89 ±0.056 | 255.42 ±19.153 | 1.04 ±0.091 |
| | Pen. 1TCRiF5 | 6.45 ±0.393 | 69.70 ±4.272 | 0.19 ±0.073 |
| RP | Asp. 2TCiF2 | 4.23 ±0.332 | 240.39 ±31.324 | 2.15 ±0.249 |
| | Pen. 1TCRiF5 | 5.42 ±0.142 | 14.35 ±1.383 | 2.16 ±0.542 |
| LSD（$P$ = 0.05） | | 0.34 | 32.49 | 0.42 |

表 5-40　细菌对不同难溶性磷酸盐的溶解能力（$NH_4^+$ 为 N 源）

| 磷酸盐 | 菌株编号 | pH 值 | 溶磷量（mg P/L） |
|---|---|---|---|
| $FePO_4 \cdot 4H_2O$ | Arth. 1TCRi7 | 3.41 ±0.017 | 0.08 ±0.176 |
| | Ent. 1TCRi15 | 3.53 ±0.079 | 2.05 ±0.704 |
| $AlPO_4$ | Arth. 1TCRi7 | 3.96 ±0.048 | 2.21 ±0.290 |
| | Ent. 1TCRi15 | 3.58 ±0.017 | 7.30 ±0.572 |
| FAP | Arth. 1TCRi7 | 4.07 ±0.017 | 6.30 ±1.486 |
| | Ent. 1TCRi15 | 3.43 ±0.060 | 42.00 ±1.994 |
| RP | Arth. 1TCRi7 | 3.88 ±0.028 | 11.47 ±0.222 |
| | Ent. 1TCRi15 | 7.91 ±0.024 | 6.57 ±0.578 |
| LSD（$P$ = 0.05） | | 0.06 | 1.33 |

2. 解钾菌的筛选与解钾效果

（1）菌种筛选。在 1 号固体培养基（淀粉 10 g、$Na_2HPO_4 \cdot 12H_2O$ 2 g、$MgSO_4 \cdot 7H_2O$ 0.5 g、$FeCl_3$ 0.005 g、$CaCO_3$ 0.1 g、酵母粉 1 g、去离子水 1 000 mL、pH 值 7.4、固体培养基加琼脂 20 g）上利用稀释平板法从土壤和蚯蚓肠道中分离培养（28 ℃，3 d），挑取菌落大、凸起高的菌株接种到 2 号培养基上（蔗糖 5 g、$MgSO_4 \cdot 7H_2O$ 0.5 g、$FeCl_3$ 0.005 g、$CaCO_3$ 0.1 g、玻璃粉 2 g、去离子水 1 000 mL、琼脂 20 g、pH 值 7.4），再挑选菌落大、生长快、透明且凸起高、黏着而有弹性的菌落进行溶解硅酸盐矿物能力分析。

将从 2 号培养基上筛选出来的菌落接种到 3 号培养基中（蔗糖 5 g、$MgSO_4 \cdot 7H_2O$ 0.5 g、$FeCl_3$ 0.005 g、$CaCO_3$ 0.1 g、钾铝酸盐 2 g、去离子水 1 000 mL、pH 值 7.4）。取耕作层土加 20% HCl（土∶水 = 1∶10）煮沸 30 min 后，用蒸馏水洗至无 $Cl^-$，28 ℃下培养 5 d

(170 r/min),10 000 r/min 离心 30 min,用火焰光度法测定上清液中钾的含量。RQ4、RT5、RGBc13、RGBc14、HK22、ZMK32、ZMK337 菌株均具有分解硅酸盐矿物的能力,培养液中的含钾量都比不接种显著增加,含钾量(mg/L)分别为:RGBc13(3.46)>RGBc14(3.16)>RQ4(3.11)>ZMK32(2.91)>RT9(2.58)>ZHK22(2.50)>ZMK33(2.19),其中 RGBc13 菌株的培养液中含钾量显著($P$=0.05)高于其他处理。

(2)对不同含钾矿物的溶解能力。将 RGBc13 接种到以不同硅酸盐矿物为唯一钾源的培养基里进行培养,其结果如表 5-41所示。所有接种处理其培养液中钾含量都比不接种的要高。接种处理培养液中含钾量最高可达 6.43 mg/L,最低也有 1.25 mg/L。与不接种的最大差异达 6 倍多,最小的也比不接种处理增加 12%。

表 5-41　解钾菌分解不同含钾矿物的能力

| 处理 | 斜长石 | 条纹石 | 伊利石 | 白云母 | 歪长石 |
|---|---|---|---|---|---|
| 不接种(mg/L) | 0.19 | 0.60 | 3.79 | 3.34 | 1.12 |
| 接种(mg/L) | 1.30 | 2.72 | 6.43 | 4.99 | 1.25 |
| 增加(%) | 584 | 353 | 70 | 49 | 12 |

### (三)功能微生物与活化风化煤的复合技术

为充分发挥分离到的各种功能微生物的作用和活化风化煤促进土壤团聚体形成及改善养分供给的作用,采用两种方法将微生物菌种与活化风化煤进行复合,以一体化形式施入土壤,发挥综合效应。

方法 1:将分离到的功能微生物菌种进行液体加富培养,然后按风化煤载体质量的 1‰加入并混合均匀。将风化煤在 60 ℃下烘干 24 h 存放 30 d。用平板稀释法测定风干风化煤中功能微生物的数量,计算存活率。表 5-42 数据表明:实验室分离到的几种功能微生物在活化风化煤载体上存活状况基本良好,绝大多数菌种存活率为 70% 以上,个别菌种接近 90%,完全满足生产的需要。

表 5-42　功能微生物在活化风化煤载体上的存活状况

| 菌株编号 | 加入量($10^8$ 个/mL) | 加入量相当于($10^8$ 个/g) | 存活量($10^8$ 个/g) | 存活率(%) |
|---|---|---|---|---|
| Asp. 2TCiF2 | 19.5 | 1.95 | 1.64 | 84.1 |
| Pen. 1TCRiF5 | 16.2 | 1.62 | 1.33 | 82.1 |
| Arth. 1TCRi7 | 15.7 | 1.57 | 1.36 | 86.6 |
| Ent. 1TCRi15 | 23.6 | 2.36 | 1.82 | 77.1 |
| RGBc13 | 12.1 | 1.21 | 1.01 | 83.4 |

注:接种量为 100 mL 菌液加水稀释至 300 mL,均匀喷洒到 1 kg 风化煤上。

方法 2:首先用平板培养方法检验所筛选出来的具有强烈解磷、解钾、固氮能力的菌株能否在以风化煤为唯一碳源的培养基上生长。在此基础上选择能够生长且比较快速的菌株直接接种到活化的风化煤中并加入一定量的引物(约占风化煤质量的 1%)进行固体发酵 1 周。分别用上述培养基测定功能微生物数量,发现发酵产物的功能微生物含量分别为:解磷菌接近 $10^7$ cfu/g、解钾菌约 $10^6$ cfu/g、固氮菌约 $10^5$ cfu/g。

## 三、效果的初步验证

### (一)活化风化煤对土壤团聚体形成和作物生长发育的影响

在实验室条件下,经过活化的风化煤可显著促进土壤团聚体的形成,特别是大团聚体。向质地很轻的沙质土壤加入1%的活化风化煤,60 d后大于1 mm团聚体数量为加入原状风化煤处理土壤的7.3倍,达到土壤总量的约40%(见表5-43)。

表5-43　培养60 d后武川土壤水稳性团聚体的分布

| 处理 | 各级水稳性团聚体含量(%) | | | | |
|---|---|---|---|---|---|
| | > 5 mm | 5~2 mm | 2~1 mm | 1~0.5 mm | 0.5~0.25 mm |
| 原状风化煤 | 0 | 1.35 | 3.99 | 6.57 | 4.62 |
| 活化风化煤 | 6.5 | 10.24 | 22.48 | 11.49 | 5.61 |
| 原土壤对照 | 0 | 1.05 | 3.27 | 6.58 | 5.24 |
| $LSD_{0.05}$ | 0 | 2.67 | 4.23 | 4.46 | 2.02 |

团聚体的形成使土壤保水性能相应提高。在两个月的培养过程中,施入活化风化煤的土壤含水量始终高于施入原状风化煤的土壤。培养结束时比施入原状风化煤的土壤含水量高37%(见表5-44)。

表5-44　添加风化煤对土壤保水能力的影响

| 处理 | 土壤含水量(%) | | | | | | | | |
|---|---|---|---|---|---|---|---|---|---|
| | 7 d | 14 d | 21 d | 28 d | 35 d | 42 d | 49 d | 56 d | 63 d |
| 原状风化煤 | 22.52 | 18.65 | 16.42 | 15.65 | 14.36 | 12.36 | 12.03 | 11.58 | 10.69 |
| 活化风化煤 | 25.64 | 22.65 | 20.11 | 19.20 | 17.25 | 16.85 | 15.66 | 15.04 | 14.68 |
| 原土壤对照 | 23.65 | 21.03 | 18.95 | 16.54 | 15.00 | 13.25 | 12.64 | 12.04 | 11.64 |
| $LSD_{0.05}$ | 0.15 | 0.23 | 0.36 | 0.32 | 0.29 | 0.32 | 0.37 | 0.28 | 0.38 |

盆栽试验中发现加倍化肥用量(化肥2处理)由于养分浓度(可能主要是铵浓度)过高导致甜椒幼苗死亡,不得不重新移植,从而导致产量降低(见表5-45)。类似情况也发生在田间试验,由于氮素用量过高导致小麦生长过旺产量下降(见表5-46)。但施腐殖酸没有这种情况发生,可能是由于腐殖酸与铵结合,降低了土壤中游离铵的含量,使肥效能够较长时期保持,说明腐殖酸能够提高氮肥利用效率。盆栽和田间的试验结果均表明,施腐殖酸肥料的效果要比化肥更好。

表 5-45　盆栽下施用腐殖酸和化肥对甜椒产量的影响

| 试验处理 | 产量(g/盆) | 增产率(%) |
|---|---|---|
| 不施肥对照 | 80 ± 50 | 0 |
| 化肥 1 | 340 ± 68 | 325 |
| 化肥 2 | 250 ± 58 | 213 |
| 腐殖酸 1 | 360 ± 40 | 350 |
| 腐殖酸 2 | 450 ± 82 | 463 |

表 5-46　施用腐殖酸和化肥对小麦产量的影响

| 试验处理 | 产量($kg/hm^2$) | 增产率(%) |
|---|---|---|
| 不施肥对照 | 4 200 ± 390 | 0 |
| 化肥 1 | 4 800 ± 720 | 14.3 |
| 化肥 2 | 4 530 ± 480 | 7.9 |
| 腐殖酸 1 | 5 400 ± 600 | 28.6 |
| 腐殖酸 2 | 5 625 ± 525 | 33.9 |

### (二)功能微生物对土壤养分有效性及作物生长发育的影响

1. 解磷菌对土壤有效磷的影响

土壤有效磷及微生物生物量中磷的总和与原始土壤有效磷的差值反映出在培养过程中微生物的溶磷量。

从图 5-12 可以看出,灭菌处理土壤比不灭菌处理土壤溶磷量低得多,特别是不接种土壤有效磷含量比原始土壤还低,出现磷的净固定。接种供试菌株导致溶磷量增加,尤其在培养前期与不灭菌土壤溶磷量最高接近 24 mg/kg。与对照相比,加入碳源物质后溶磷量显著增加,接种供试菌株效果更好,尤其是加入秸秆的土壤溶磷量普遍要比加入葡萄糖处理的高。

2. 解钾菌对西红柿生长发育的影响

通过初筛、溶解硅酸盐矿物能力的分析和生物检验 3 个步骤,从不同土壤中分离得到一株不仅具有很强的溶解长石类、云母类等硅酸盐矿物的能力,而且对小麦幼苗生长有促进作用的细菌,经鉴定为胶质芽孢杆菌。将此细菌接种到土壤并进行西红柿盆栽试验,发现该菌株在根际和非根际土壤大量繁殖,根际区域有效磷钾含量大幅度提高,西红柿生物量增加,磷钾吸收量也显著增加(见表 5-47)。另外还发现该菌株能够利用卵磷脂,并具有固氮活性,与解磷和固氮微生物能够一起发酵,具有比较好的开发应用前景。

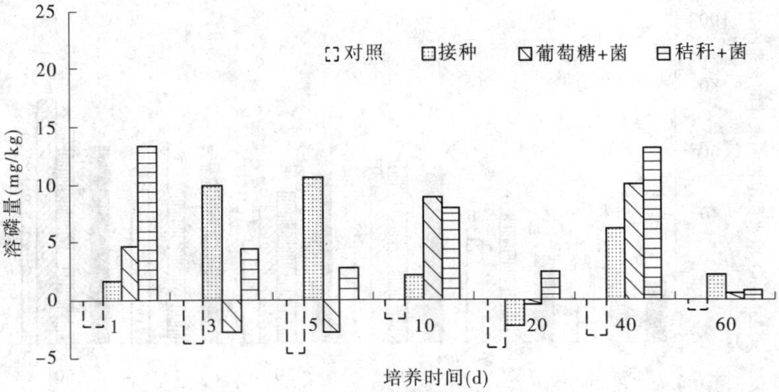

(a)灭菌,$LSD_{0.05}$=1.88

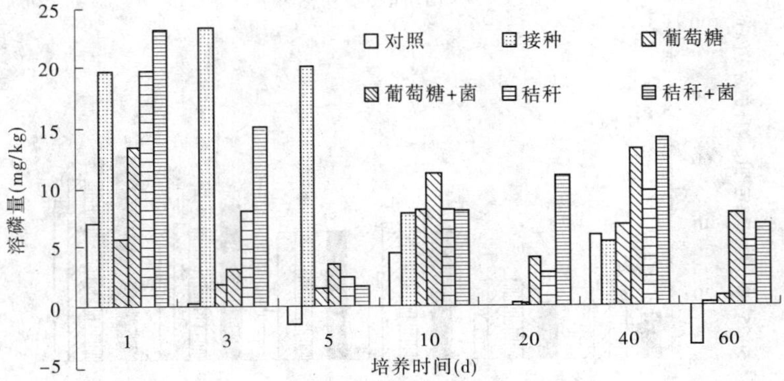

(b)不灭菌,$LSD_{0.05}$=3.27

**图 5-12 培养期间溶磷量的变化**

**表 5-47 RGBc13 对西红柿根际环境的影响**

| 处理 | 非根际土壤 | | 根际土壤 | |
|---|---|---|---|---|
| | 不接种 | 接种 | 不接种 | 接种 |
| 细菌($10^6$ cfu/g) | 11.8 | 14.1 | 124.0 | 319.0 |
| 解钾菌($10^5$ cfu/g) | 0.002 9 | 9.57 | 0.008 4 | 59.6 |
| 解钾菌/细菌(%) | 0.02 | 67.8 | 0.007 | 19.0 |
| 有效磷含量(mg/kg) | 9.24 | 6.19 | 3.63 | 5.74 |
| 有效钾含量(mg/kg) | 88.57 | 99.60 | 25.86 | 91.23 |

3. 功能菌株对土壤团聚体形成的影响

从图 5-13 可以看出,当以小麦、玉米或蔗糖为碳源时,>0.25 mm 的水稳定性团聚体含量几乎都随着培养时间的延长而逐渐增加。

培养初期接种供试菌株的土壤>0.25 mm 水稳定性团聚体含量几乎都比不接种土壤要高($P<0.05$),10 d 后接种与不接种之间的差异逐渐减小。以蔗糖为碳源的效果最好,不仅>0.25 mm 的水稳定性团聚体形成较早,在第 5 d 最高达到 60%,并且含量也较高,接近 90%。总的来看,供试菌株之间差异很小,特别是在培养后期,接种不同供试菌株>0.25 mm 土壤水稳定性团聚体的含量十分接近。

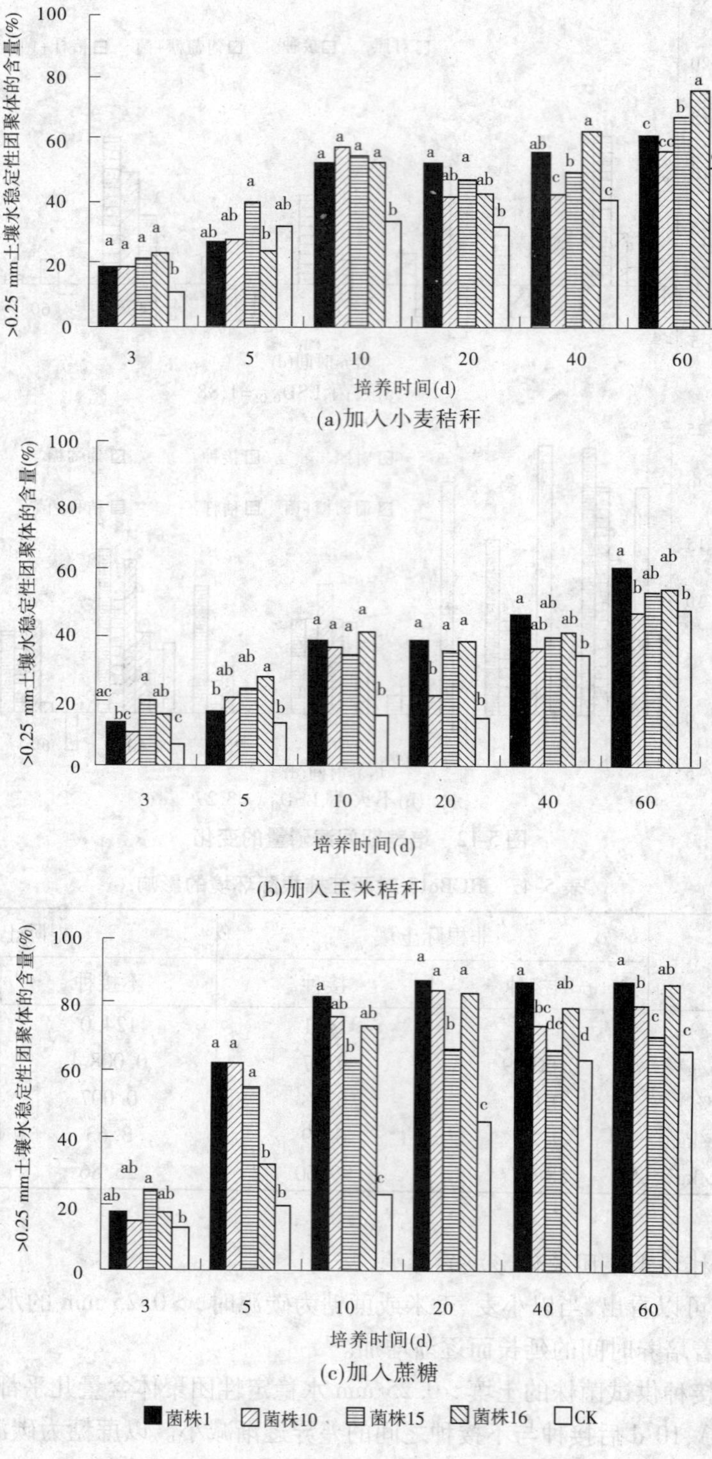


图 5-13　培养期间 >0. 25 mm 土壤水稳性团聚体的变化

以不同材料为碳源向土壤接种供试菌株并培养 60 d 后水稳性团聚体形成情况见表 5-48。以小麦秸秆为碳源时 1、15、16 号菌株可促进 5 ~2 mm 团聚体的形成，分别比对照提高 15%、33% 和 50%；其中 16 号菌株还可提高 >5 mm 团聚体数量，提高达 121%。以玉米秸秆为碳源时，供试菌株对所有级别团聚体形成的促进作用均不明显，小团聚体略有增加，大团聚体略有减少。以蔗糖为碳源时，供试 4 种菌株对促进 >2 mm 团聚体形成的作用均十分明显，对 >5 mm 团聚体平均提高 1 倍，对 5 ~2 mm 团聚体平均提高 62%（15 号菌株除外）。

**表 5-48　培养 60 d 后北京土壤各处理中水稳性团聚体的分布**

| 菌株号 | | 各级水稳性团聚体的含量(%) | | | | |
|---|---|---|---|---|---|---|
| | | > 5 mm | 5 ~2 mm | 2 ~1 mm | 1 ~0.5 mm | 0.5 ~0.25 mm |
| CK | | 10.70 | 21.91 | 8.22 | 6.33 | 3.93 |
| 小麦秸秆 | 1 | 12.36 | 25.23 | 10.08 | 7.82 | 5.12 |
| | 10 | 10.36 | 19.68 | 10.97 | 9.52 | 5.62 |
| | 15 | 15.50 | 29.07 | 10.70 | 8.22 | 3.44 |
| | 16 | 23.70 | 32.97 | 10.01 | 6.37 | 2.13 |
| $LSD_{0.05}$ | | 6.77 | 8.70 | 2.63 | 2.80 | 2.93 |
| 玉米秸秆 | 1 | 9.68 | 22.82 | 11.27 | 10.12 | 6.06 |
| | 10 | 5.40 | 18.01 | 9.76 | 8.71 | 5.10 |
| | 15 | 8.70 | 21.43 | 9.76 | 8.57 | 4.76 |
| | 16 | 7.91 | 20.13 | 11.33 | 9.71 | 5.01 |
| $LSD_{0.05}$ | | 4.93 | 5.70 | 2.83 | 3.07 | 1.57 |
| 蔗糖 | 1 | 22.87 | 36.74 | 12.42 | 10.22 | 4.42 |
| | 10 | 21.29 | 32.54 | 11.52 | 8.84 | 5.09 |
| | 15 | 22.09 | 24.93 | 8.77 | 9.60 | 5.60 |
| | 16 | 22.18 | 37.21 | 11.10 | 10.92 | 4.96 |
| $LSD_{0.05}$ | | 3.73 | 9.40 | 2.93 | 3.20 | 1.50 |

从表 5-49 可以看出，对于有机质和黏粒含量较低的内蒙古土壤（含有机质 0.97%，含黏粒 16%），处理 C 与加入秸秆不接种的对照相比能显著提高 2 ~1 mm 和 5 ~2 mm 两级水稳性团聚体的比例；加入秸秆处理与不加秸秆的对照处理相比，均能显著提高土壤中 2 ~0.25 mm 的各级水稳性团聚体的含量（$P<0.05$）。从表 5-50 可以看出，有机质和黏粒含量相对较高的河北土壤（含有机质 1.14%，含黏粒 46%），各接种处理与加入秸秆不接种的对照相比，>0.25 mm 的各级水稳性团聚体含量没有明显差异（$P<0.05$），加入秸秆的处理中 0.5 ~0.25 mm 水稳性团聚体含量均高于不加秸秆的对照（$P<0.05$）。

表 5-49 培养 60 d 后内蒙古土壤各处理中水稳性团聚体的分布

| 菌株号 | 各级水稳性团聚体的含量(%) | | | | |
|---|---|---|---|---|---|
| | >5 mm | 5~2 mm | 2~1 mm | 1~0.5 mm | 0.5~0.25 mm |
| A | 0 | 0.32 | 2.50 | 5.82 | 5.38 |
| B | 0 | 0.19 | 1.79 | 4.46 | 4.66 |
| C | 0 | 1.37 | 4.04 | 6.41 | 5.29 |
| D | 0 | 0.34 | 2.52 | 5.17 | 4.30 |
| CKa | 0 | 0.00 | 0.21 | 0.52 | 0.98 |
| CKb | 0 | 0.31 | 2.13 | 5.26 | 5.00 |
| $LSD_{0.05}$ | 0 | 0.47 | 1.23 | 2.00 | 2.40 |

注:A 表示接种菌株 1;B 表示接种菌株 16;C 表示联合接种菌株 1+16;D 表示联合接种菌株 1+15+16;CKa 表示不加秸秆的对照;CKb 表示加秸秆的对照。

表 5-50 培养 60 d 后河北土壤各处理中水稳性团聚体的分布

| 菌株号 | 各级水稳性团聚体的含量(%) | | | | |
|---|---|---|---|---|---|
| | >5 mm | 5~2 mm | 2~1 mm | 1~0.5 mm | 0.5~0.25 mm |
| A | 7.64 | 10.12 | 8.84 | 13.32 | 12.77 |
| B | 15.32 | 6.78 | 7.41 | 11.99 | 10.97 |
| C | 6.33 | 8.80 | 10.14 | 12.80 | 12.40 |
| D | 21.06 | 8.26 | 6.89 | 12.43 | 11.91 |
| CKa | 0.88 | 0.22 | 0.83 | 6.89 | 14.53 |
| CKb | 14.31 | 7.22 | 8.08 | 12.86 | 12.03 |
| $LSD_{0.05}$ | 11.47 | 3.00 | 2.53 | 3.73 | 6.00 |

## (三)生物制剂的开发与应用

1. 解磷、解钾、固氮菌制剂

根据以上研究结果,选择两株解磷菌株(Arthrobacter sp. 1TCRi7 和 Aspergillus sp. 2TCiF2)和一株解钾菌 RGBc13 扩大繁殖后用草炭吸附制成菌剂。田间试验结果表明:该菌株对玉米生长发育有一定的促进作用(见表 5-51),接种比不接种对照的玉米产量增加 17.8%。用灭菌的菌剂拌种也可获得 23.5% 的增产效果,说明是这些菌株的分泌物在起主要作用。本项技术基本成熟,能够进行规模化生产。

表 5-51　菌剂对玉米产量的影响

| 处理 | 产量($kg/hm^2$) | 比对照增加(%) |
|---|---|---|
| 菌剂 | 6 766.5 | 17.8 |
| 灭菌的菌剂 | 7 089.0 | 23.5 |
| 无菌基质 | 6 090.0 | 6.1 |
| 对照 | 5 742.0 | 0.0 |

将根瘤菌摇瓶培养扩大繁殖后进行拌种,同时做不接种对照。供试作物为紫花苜蓿,小区面积 21 $m^2$(3 m×7 m),每小区用 6 g 磷酸二氢铵肥料,3 个重复,小区随机排列。试验地点在内蒙古准格尔旗集雨补灌试验站。

紫花苜蓿为多年生作物,第 1 年没有测产。但从根系结瘤数量可以看出,接种根瘤菌明显增加了结瘤数量。

2. 腐殖酸生物肥料田间应用效果

(1)试验设计。试验处理:①化肥(N 150 $kg/hm^2$,合尿素 0.81 kg/小区;$P_2O_5$120 $kg/hm^2$,折合三料过磷酸钙 0.63 kg/小区)。②腐殖酸生物肥料(按 NP 含量计算,每小区用量为 4 kg)。③双倍腐殖酸生物肥料(每小区用量为 8 kg),肥料施在马铃薯播种沟内侧。小区面积 24.75 $m^2$(3.3 m×7.5 m),3 个重复,随机排列。2004 年 5 月 20 日播种,覆膜种植,9 月 20 日收获。试验地点在内蒙古准格尔旗集雨补灌试验站。

基础土壤性质:pH 值 7.8,有机质含量为 10.2 g/kg,全氮含量为 95 mg/kg,有效磷含量为 5.78 mg/kg,有效钾含量为 98.72 mg/kg。

(2)结果分析。该研究的试验结果分析:①对马铃薯产量及地上部生物量的影响。在试验所用肥料量的条件下,施用腐殖酸生物肥料的马铃薯产量比施用化肥的提高 18.7%,双倍腐殖酸肥料比化肥处理提高 21.1%。地上部生物量相应分别提高 10.5% 和 42.0%(见表 5-52)。②对土壤含水量和养分含量的影响。马铃薯收获时,不同肥料处理根层土壤含水量和土壤养分含量都有一定程度的提高(见表 5-53),施用腐殖酸生物肥料可以增加 0~20 cm 土层的土壤含水量 29.9%,增加 20~40 cm 土层的土壤含水量 16.5%。而施用双倍腐殖酸肥料时,上述两土层含水量只增加 4.0% 和 10.4%,可能与此处理地上部生物量大、蒸腾损失增加有关。

表 5-52　腐殖酸生物肥料对马铃薯产量及地上部生物量的影响

| 肥料处理 | 马铃薯产量(鲜重,$kg/hm^2$) | 相对化肥增产(%) | 地上部生物量(鲜重,$kg/hm^2$) | 相对化肥增产(%) |
|---|---|---|---|---|
| 化肥 | 21 570±6 990 | — | 4 995±3 285 | — |
| 腐殖酸生物肥料 | 25 605±9 345 | 18.7 | 5 520±2 505 | 10.5 |
| 双倍腐殖酸生物肥料 | 26 130±3 975 | 21.1 | 7 095±2 685 | 42.0 |

表 5-53　腐殖酸生物肥料对马铃薯收获时根层(0～40 cm)土壤含水量和养分的影响

| 肥料处理 | 0～20 cm 含水量(%) | 20～40 cm 含水量(%) | 全氮(g/kg) | 有效磷(mg/kg) | 有效钾(mg/kg) |
|---|---|---|---|---|---|
| 化肥 | 6.54 | 8.67 | 0.102 | 6.85 | 95.65 |
| 腐殖酸生物肥料 | 8.50 | 10.10 | 0.105 | 6.87 | 100.23 |
| 双倍腐殖酸生物肥料 | 6.80 | 9.57 | 0.112 | 6.92 | 103.21 |

### 四、技术的创新点

本技术的创新之处如下:

(1)利用丰富的风化煤资源为原材料,采取固相离子交换技术,即在风化煤含水量 < 30% 的条件下,用一价离子取代风化煤腐殖酸中的 $Ca^{2+}$、$Mg^{2+}$,同时通过加入稳定剂使被交换下来的 $Ca^{2+}$、$Mg^{2+}$ 失去活性而不再与腐殖酸络合,实现风化煤中腐殖酸的活化,使水溶性腐殖酸含量达到总含量的 80% 以上,并保证烘干后水溶性腐殖酸比例提高到总含量的 80% 以上。

(2)以活化腐殖酸为基本材料,如辅以化肥,可以按照需要制成不同养分含量的腐殖酸复合肥料。该肥料具有促进土壤团聚体形成,进而增加土壤保水能力的效果,同时可活化土壤养分。

(3)采用特定选择性培养基,从不同生境中共分离得到具有降解风化煤作用的真菌 4 株、放线菌 2 株;产细菌多糖菌株 17 株;解磷细菌 114 株、真菌 22 株;解钾细菌 7 株。上述菌株经纯化、实验室效果测定、菌种鉴定后,通过初步应用,确认具有特定效果。最后,通过加富培养基技术,得到可用于生产的批量菌剂,通过与载体的配合,用于生产实践。

(4)将分离到的功能微生物菌种复合到活化风化煤载体上,能够保证比较高的存活率,可以与腐殖酸肥料直接混合制成腐殖酸生物肥料煤,也可以接种到活化的风化煤中,辅助以发酵引物,能够生产腐殖酸生物肥料。

## 第七节　黄土高原北部丘陵区地形气候及开发利用前景

### 一、进行黄土高原丘陵区地形气候研究的意义

地形是影响土壤形成和生物分布的重要因素,而其影响主要通过能量与物质平衡的改变在起作用,近面层微气候条件变化是其重要的表现形式。了解地形对微气候的影响,有助于分析生物的空间分布规律,以便进行作物生产优化布局。

由于地形的影响,处于不同海拔高度的气候要素的组合不同,其可利用的程度也不同。国内外开展了较多的地形气候研究,如危害积温和实效积温被用于论证山区的光、热、水配合程度及生物资源开发利用的合理性;通过对不同海拔高度同期的气象资料整理分析,可了解气候的形成和分布特征及其对森林生态的影响作用;通过分析有利地形的小气候效应,说明选择有利的地理、地形环境,利用良好的日照、温度条件,对果树的防灾增

收可起到重要作用。这些研究都表明：地形对植物生长环境有重要影响，关系到生物的分布、生长和产量。但对于黄土高原，目前对地形小气候的研究还不太多。人们曾通过对宁夏南部山区移民迁出区丘陵荒地进行了不同季节的气候观测，提出当地的气候条件不宜于大面积地种植粮食作物，而适于耐旱耐寒的牧草（尤其是苜蓿、黑麦草及其小麦野生近缘属的牧草）生长，应退耕还林，以种树种草、集水打井（窖）、发展草产业为主，走可持续发展的畜牧养殖业道路，还探讨了包括小气候在内的黄土高原生态环境变化的监测方法，以及准格尔旗气候波动对粮食生产的影响。这些研究更多地从宏观上对较大地形的影响作用进行探讨，对微地形的作用探讨较少。黄土高原沟壑纵横，受坡向、坡度和海拔高度的影响，接受的太阳辐射不同，加上降水径流迅速，对水分和热量的重新分配使得沟壑和坡梁的不同部位存在较大的微气候差异，对这种差异进行分析，确定差异程度，有利于确定其对作物生长发育的影响。

准格尔旗地跨东经110°05′～110°27′，北纬39°16′～40°20′，位于鄂尔多斯高原东部，黄土高原北缘。该地区的气候为半干旱大陆性季风气候，冬季漫长而寒冷，夏季温热而短促，春秋季气温变化剧烈，日温差较大，处在东亚季风气候的尾闾区内，气候波动明显。土壤母质多为砒砂岩，沟壑窄且切割深，水土流失严重，水土流失面积占到总面积的92.5%，年均向黄河输沙1亿t以上，为黄河中上游总输沙量的1/16。据1959～2001年准格尔旗气象站资料，该地区年平均气温7.6 ℃，年降水量392 mm，大于10 ℃平均起止日期为4月22日至10月4日，大于10 ℃活动积温3 190 ℃·d，年际间差异大。农业生产以一熟旱作为主，主要种植玉米、糜黍、谷子、薯类和大豆等粮食作物，西瓜、油料等经济作物以及各种牧草，有的作物或品种生育期处于临界区，生产的风险较大。通过建立集水窖集雨补灌可减轻作物生产受干旱影响的风险，但不能解除因温度和光照条件不能满足所导致的风险。

为了克服黄土高原北部丘陵区旱作农业生产的气候障碍和充分利用当地的气候资源，必须研究复杂地形下的光照与温度分布，为此我们进行了示范区周围典型丘陵区的地形小气候观测与研究。

## 二、黄土高原北部丘陵沟壑区日照条件分析

### （一）研究的目的和意义

可照时数是指太阳中心从出现在东方地平线到落入西方地平线，其直线光线在无地物、云雾等任何遮蔽的条件下，照射到地面所经历的时间。某地可照时数是该地区潜在温光资源的重要表现。黄土高原北部地形复杂，丘陵起伏、沟壑纵横，顶坡与沟谷、阴坡与阳坡、砒砂岩黄土丘陵与沙地交错分布，地形气候差异显著。对准格尔旗示范区不同海拔、坡向、坡度的可照时数和太阳辐射分布进行理论计算，为该地区合理开发利用气候资源和调整土地利用结构提供了科学依据。

### （二）研究现状

以往国内地形气候的代表性研究主要有：欧阳宗继等对北京市山区进行的研究，栗珂等对陕南山地进行的研究，马振锋等利用各标准等压面层网格点资料，采用合成法和对比分析法对初夏青藏高原季风和东亚季风环流异常进行的分析。以往对黄土高原丘陵沟壑

区气候条件的研究主要是针对较大尺度,而丘陵沟壑区需要的中小尺度地形气候研究很少,孙建国等在甘肃省榆中县城以南黄土丘陵沟壑地貌区造取 25 m×25 m 网格,在 GIS 支持下建立数字高程模型计算理论太阳辐射并实现空间分布的可视化表达,是迄今地形气候研究中所使用的最小尺度。本项研究使用 1∶10 000 地形图选取 200 m×200 m 网格,并在沟壑密集处选取 100 m×100 m 网格,计算黄土高原北部集雨补灌旱作农业示范区范围内复杂地形下的可照时数和太阳辐射,并对照观测资料,为黄土丘陵沟壑区不同部位土地的合理利用提供依据。

示范区位于内蒙古自治区准格尔旗南部丘陵沟壑区,海拔 820～1 585 m。年均降水 400 mm 左右,蒸发量在 2 000 mm 以上,年日照时数 3 000 h 以上,无霜期 135～156 d,沟网密度 3～7 $km/km^2$,且切割很深。全旗森林覆盖率 26%,"五荒"面积 24 万 $hm^2$。风沙水蚀面积 7 114 $km^2$,占总面积的 92%。

**(三)原理和方法**

太阳高度角 $h_0$ 的计算公式为:

$$\sin(h_0) = \sin\delta\sin\varphi + \cos\delta\cos\varphi\cos\omega \tag{5-6}$$

日出日落太阳方位角 $K_0$ 的计算公式为:

$$\sin K_0 = \cos\delta\sin\omega_0 \tag{5-7}$$

平地日出日落时间 $-\omega_0$ 和 $\omega_0$ 计算公式为:

$$-\omega_0 = -\arccos[-\tan(\delta)\tan(\varphi)] \tag{5-8}$$

式中:$-\omega_0$ 和 $\omega_0$ 分别为日出日落时间;$\delta$ 为赤纬;$\varphi$ 为纬度。天文日照时数即 $2\omega_0$。

求算复杂地形的理论可照时数,需将地物遮蔽的时间,即遮蔽角 $MH$ 大于太阳高度角 $h_0$ 的时间从当地天文日照时数中扣除。从观测点出发沿地平线由东北顺时针向西北扫描,当 $h_0 > MH$ 时记入可照时数,否则不记入。

核心示范区布尔敦高勒地理范围:110°41′15″～110°45′00″E,39°32′13″～39°35′00″N,网格大小为 200 m×200 m,共 26 行 26 列,取 626 个网格。

以春分日起计算日序,相应日序角 $Y$ 为:

$$Y = [(Dn - 80.25)/365.21] \times 360 \tag{5-9}$$

以日序角计算太阳赤纬 $\delta$ 的经验公式:

$$\begin{aligned}\delta =\ & 0.380\,92 - 0.769\,96\cos Y + 23.265\sin Y + 0.369\,58\cos 2Y + 0.108\,68\sin 2Y + \\ & 0.018\,34\cos 3Y - 0.166\,5\sin 3Y - 0.003\,92\cos 4Y + 0.000\,72\sin 4Y - 0.000\,51\cos 5Y + \\ & 0.002\,5\sin 5Y - 0.004\,42\cos 6Y\end{aligned} \tag{5-10}$$

由此得出作物生长季即 4～10 月期间每月 1 日的太阳赤纬与可照时数。

将每个网格点每月 1 日可照时数计算结果回归拟合为相应函数和曲线(见图 5-14),自变量 $x$ 对应日序如表 5-54 所示。测点海拔高度为 1 252.5 m,网格点为(10,10)。求算作物生长季任意一天可照时数只需取其对应日序作为自变量代入回归方程(见图 5-14)即可,再求和可得出全年作物生育期内的累积可照时数。

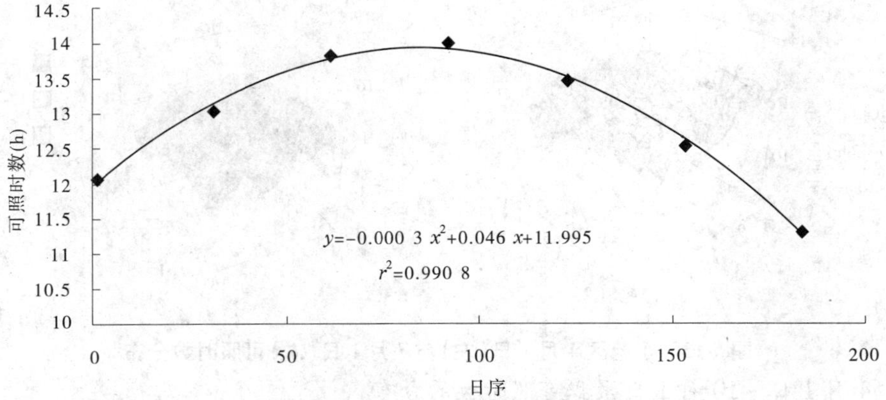


图 5-14　1 252.5(10,10)测点的日照时数逐日分布

表 5-54　示范区生长季每月 1 日的太阳赤纬与可照时数

| 日序 | 1 | 31 | 62 | 92 | 123 | 154 | 184 |
|---|---|---|---|---|---|---|---|
| 可照时数 | 12.08 | 13.03 | 13.85 | 14.07 | 13.45 | 12.57 | 11.3 |
| 太阳赤纬 | 4.213 | 14.817 | 21.57 | 23.175 | 18.253 | 8.612 | -2.832 |

为说明代表性沟壑内的日照分布,选取东西和南北走向的两条沟壑拆分为 100 m×100 m 的网格。重读海拔、经纬度并代入程序即可计算。

太阳总辐射计算采用左大康公式:

$$S_t = S_{t0}(0.248 + 0.752S) \tag{5-11}$$

式中:$S_{t0}$为碧空条件下的可能总辐射;$S$ 为以小数表示的日照率。

据准格尔旗 1961～2001 年实照时数及 4～10 月日照率计算太阳总辐射见表 5-55。

表 5-55　1961～2001 年实照时数及 4～10 月日照率计算太阳总辐射

| 月份 | 4 | 5 | 6 | 7 | 8 | 9 | 10 |
|---|---|---|---|---|---|---|---|
| 实照时数(h) | 266.9 | 305.6 | 302.6 | 285.2 | 273.3 | 254.3 | 244.7 |
| 日照率 $S$ | 0.72 | 0.69 | 0.68 | 0.63 | 0.65 | 0.68 | 0.71 |
| $S_t$(MJ/(m$^2$·月)) | 638.03 | 716.52 | 733.39 | 687.49 | 632.44 | 536.43 | 444.98 |

## (四)示范区日照时数与太阳辐射的理论计算结果与分析

1. 4 月 1 日～10 月 1 日各网格点可照时数

示范区海拔差异很大,试验站海拔 1 317.8 m,东北部海拔 1 100～1 200 m。但并非海拔高处可照时数都比海拔低处多,主要取决于地形遮蔽程度。春播前 4 月初各网格点可照时数一般在 11～13 h(见图 5-15),最多处与最少处相差 2～3 h。春季到初夏随着太阳高度角增大各点可照时数均不同程度增加,6 月 22 日夏至太阳高度角达到全年最大,地形遮蔽最小。7 月 1 日大部分网格点可照时数 14～16 h,因遮蔽程度不同,最多处与最少处可相差 3 h 以上,此后不断减少,到 10 月 1 日已全部落在 10～12 h,分布规律与 4 月 1 日大体相同,各点差值有所缩小。

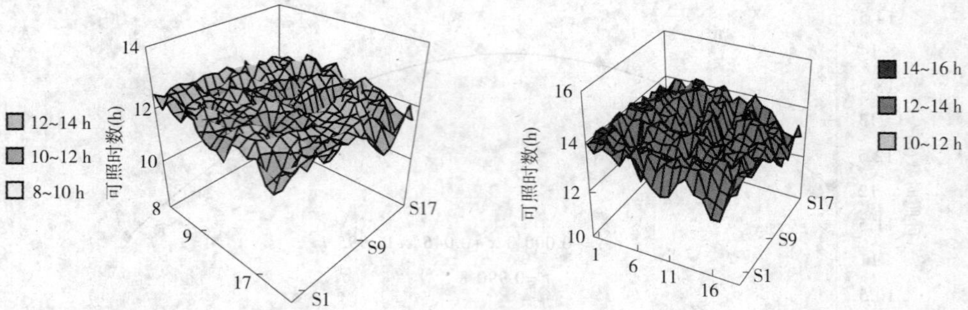


图 5-15　示范区 4 月 1 日(左)与 7 月 1 日(右)可照时数分布

2. 4 月 1 日 ~10 月 1 日累积可照时数的分布

依次计算出各点逐日可照时数,求和可得出作物生育期间累积可照时数(见图 5-16),与 7 月 1 日可照时数分布规律基本相同。

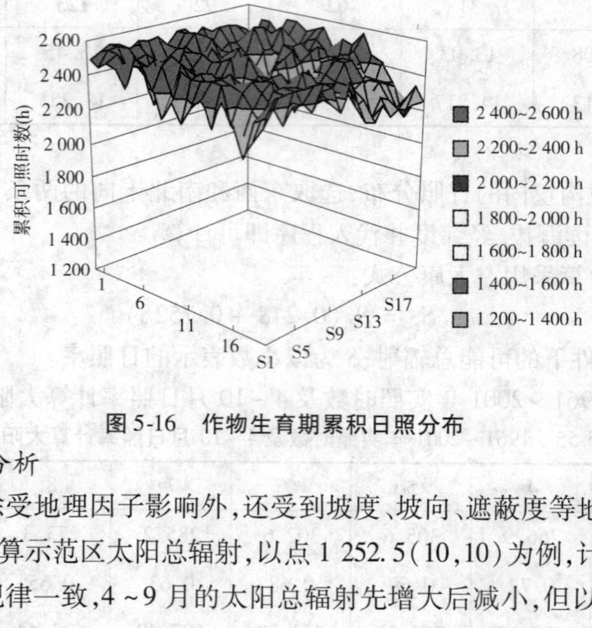


图 5-16　作物生育期累积日照分布

3. 太阳总辐射分析

太阳辐射影响除受地理因子影响外,还受到坡度、坡向、遮蔽度等地形因子的影响。

根据式(5-11)计算示范区太阳总辐射,以点 1 252. 5(10,10)为例,计算结果见表 5-56,与可照时数的变化规律一致,4 ~ 9 月的太阳总辐射先增大后减小,但以 6 月最高,总辐射值为 733. 4 MJ/($m^2$ · 月)。

表 5-56　4 ~ 9 月逐月太阳总辐射　　(单位:MJ/($m^2$ · 月))

| 月份 | 4 | 5 | 6 | 7 | 8 | 9 |
|---|---|---|---|---|---|---|
| 太阳总辐射值 | 632. 0 | 716. 5 | 733. 4 | 687. 5 | 632. 4 | 536. 4 |

## (五)典型沟壑内的日照条件分析

1. 作物生长期各月初日可照时数的理论计算

选取南北向和东西向沟壑各一条(见表 5-57),划分 100 m × 100 m 网格计算可照时数。

表 5-57　典型沟壑各网格点的海拔分布(浅灰色为沟壑区,左西右东)　(单位:m)

| | | | | | | | | | |
|---|---|---|---|---|---|---|---|---|---|
| 1 220 | 1 252.5 | 1 255 | 1 240 | 1 215 | 1 200 | 1 186 | 1 195 | 1 196.5 | 1 210 |
| 1 239 | 1 255 | 1 266.5 | 1 253.5 | 1 235 | 1 217 | 1 183 | 1 205 | 1 219 | 1 227.5 |
| 1 266.5 | 1 271 | 1 276 | 1 276.5 | 1 243.5 | 1 215 | 1 185 | 1 205 | 1 242.5 | 1 243.8 |
| 1 281.5 | 1 287 | 1 275 | 1 264 | 1 237.5 | 1 220 | 1 189.1 | 1 210 | 1 243.5 | 1 258 |
| 1 282.5 | 1 274.5 | 1 257.5 | 1 245 | 1 226 | 1 220 | 1 194 | 1 210 | 1 230 | 1 252.5 |
| 1 273 | 1 275 | 1 266.5 | 1 250 | 1 234 | 1 219 | 1 211 | 1 191 | 1 249 | 1 255.6 |
| 1 290 | 1 295 | 1 285 | 1 270 | 1 257.5 | 1 236 | 1 205 | 1 235 | 1 258 | 1 273.5 |
| 1 291.5 | 1 296.8 | 1 285 | 1 268 | 1 250 | 1 230 | 1 216.5 | 1 238.5 | 1 255 | 1 270 |

从图 5-17 的 4 月 1 日可照时数分布可以看出,南北走向沟壑的沟底,尤其是最低处 1 150 ~ 1 200 m 的可照时数明显低于其他部位,且少于东西向沟壑的沟底。以沟壑为原点的不同坡向比较,南北向沟壑除最北侧网格点外,西坡可照时数多于东坡;东西向沟壑则北坡可照时数多于南坡,这是由于该沟壑的东坡坡度大于西坡。初夏沟底与坡梁的可照时数与早春的差距增大,但沟底也能达到 12 h 以上。

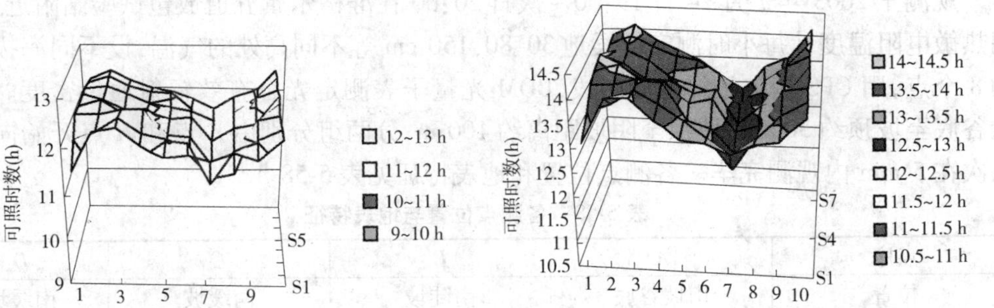


图 5-17　4 月 1 日(左)与 7 月 1 日(右)南北向沟壑的可照时数分布

2. 4 月 1 日至 10 月 1 日累积可照时数分析

计算沟壑内作物生育期累积可照时数,南北向沟底及附近坡面为 2 200 ~ 2 400 h,沟底 1 183(2,7)、1 191(6,8)两点分别为 2 166.8 h 和 2 122.6 h,但南北沟底西侧坡面有两处受遮蔽较轻处累积可照时数分别达 2 448.6 h 和 2 431.9 h(见图 5-18)。

**(六)主要结论**

运用小网格法计算各丘陵沟壑区复杂地形各网格点的累积日照时数和太阳总辐射等,与气象站多年观测平均值接近,显示该方法计算结果是合理的,可以为丘陵山区光照资源和土地合理利用提供依据,如在光照条件好的部位种植喜光与耐旱作物或灌草,在遮蔽重的地方种植耐阴作物或牧草。运用左大康半经验公式计算太阳总辐射,结果显示逐月总辐射变化也呈开口向下的二次抛物线形分布,与累积日照不同的是它在 6 月达到最大值。典型沟壑日照分布分析表明:南北向沟壑的东西坡可照时数相差不大,东西向沟壑的北坡日照要多于南坡,沟底日照明显少于坡面。太阳总辐射的分布与此一致。如能得

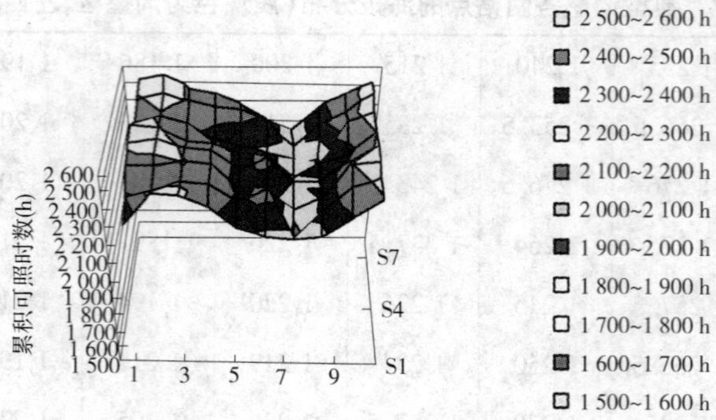


**图 5-18　南北向沟壑作物生长季累积可照时数的分布**

到高精度的地形图，运用 GIS 可获得更加精确和细致的计算结果。

## 三、黄土高原北部丘陵沟壑区的微地形温度分布特征

### (一)观测内容和方法

本研究主要针对地形引起的温度、时间与空间差异进行测定和分析，为根据地形差异选择不同熟性的作物和品种，进行种植结构调整及作物和集雨工程的合理布局提供依据。

观测于 2003 年 7 月 24 日 19:00 ~ 次日 20:00 在准格尔旗五道敖包试验站附近进行。用热敏电阻温度计每小时测定坡梁地 30、80、150 cm 等不同高处的气温，设不同海拔高度的 8 个点，用 GPS 测定经纬度和海拔，BQM 光量子表测定光合有效辐射通量密度。阳坡从谷底至坡顶约 300 m，坡顶至阴坡距离约 100 m，分两组分别由 *A* 点和 *H* 点开始向中间依次在 5 min 内观测完毕。各测点位置和地表特征见表 5-58。

**表 5-58　各测点位置与地表特征**

| 点序 | *A* | *B* | *C* | *D* |
|---|---|---|---|---|
| 位置 | 南坡谷底 | 南陡坡 | 南缓坡 | 南缓坡 |
| 下垫面 | 柳树下 | 杂草 | 柠条 | 柠条 |
| 距 *A* 点距离(m) | 0 | 22.5 | 64.3 | 137.15 |
| 5 cm 土壤含水率(%) | 7.7 | 7.0 | 6.4 | 8.0 |
| 纬度 | 39°33′29.2″ | 39°33′29.7″ | 39°33′30.7″ | 39°33′33″ |
| 经度 | 110°41′57.7″ | 110°41′57.3″ | 110°41′56.2″ | 110°41′55.3″ |
| 海拔 | 1 280 | 1 290 | 1 300 | 1 310 |

| 点序 | *E* | *F* | *G* | *H* |
|---|---|---|---|---|
| 位置 | 南陡坡地 | 高台地 | 北坡农田 | 北坡梯田 |
| 下垫面 | 杂草 | 马铃薯 | 大豆地 | 苜蓿地 |
| 距 *A* 点距离(m) | 179.35 | 305.75 | 381.45 | 411.95 |
| 5 cm 土壤含水率(%) | 12.7 | 6.5 | 10.3 | 18.0 |
| 纬度 | 39°33′34.2″ | 39°33′38.1″ | 39°33′40.4″ | 39°33′41.4″ |
| 经度 | 110°41′54.4″ | 110°41′53.3″ | 110°41′54.4″ | 110°41′54.4″ |
| 海拔 | 1 320 | 1 330 | 1 320 | 1 310 |

各次测定的光合有效辐射通量密度如图 5-19 所示,除中午前后突然有阴天外,其他时间较为晴朗。

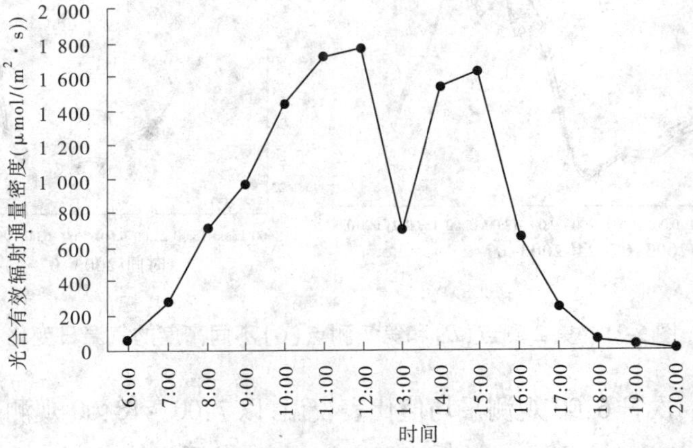


**图 5-19　测定日的光照变化(2003-07-25)**

**(二)观测结果分析**

1. 气温日变化

气温以早上 6:00 左右最低,12:00 ~ 16:00 最高。白天受地形影响较大,阳面接受辐射量大,温度较高,但如遇云遮会造成气温明显波动(见图 5-20)。

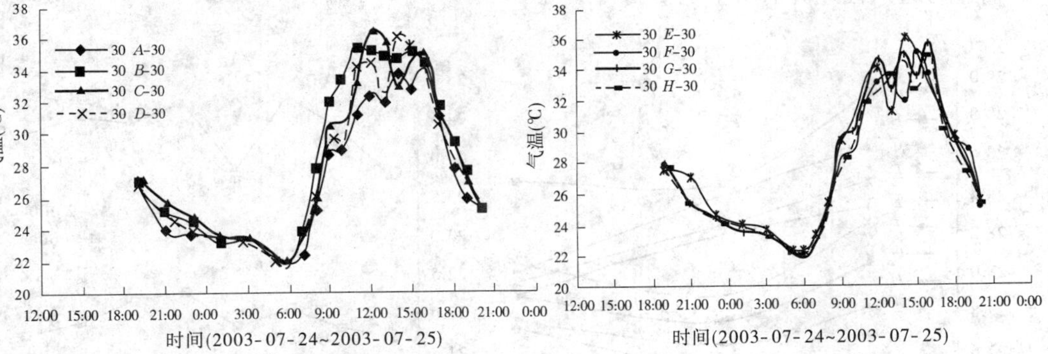


**图 5-20　不同位点近地面 30 cm 的气温日变化**

离地面不同高度的气温日变化有所差异,近地面夜间气温较低,白天气温较高,垂直等温点在 7:00 左右。坡度较大的阳坡地白天温度最高时,近地面 30 cm 气温比 150 cm 高 3 ℃以上,在农田也要高 1.5 ℃以上(见图 5-21)。

2. 不同位点的温度差异

地形和下垫面对气温的影响较大。所测各点中日均气温最低的是地面辐射较强的谷底 *A* 点。由于上方有大树遮荫,白天平均温度较其他点低。温度最高的是 *B* 点阳坡地,海拔低且受光好,各层温度均高于其他点(见图 5-22)。温度次高的是 *C* 点。阳坡坡度较大的 *E* 点比海拔低 10 m 较平缓的 *D* 点要高。海拔高度相同位点南坡温度比北坡要高,如南坡 *E* 点和 *D* 点分别比北坡 *G* 点和 *H* 点高 0 ~ 0.2 ℃和 0.3 ~ 0.5 ℃。夜间较低洼的 *A* 点和植被较郁闭的 *D* 点温度低,通风好的地方温度较高。因此,选择适合的地点有助于

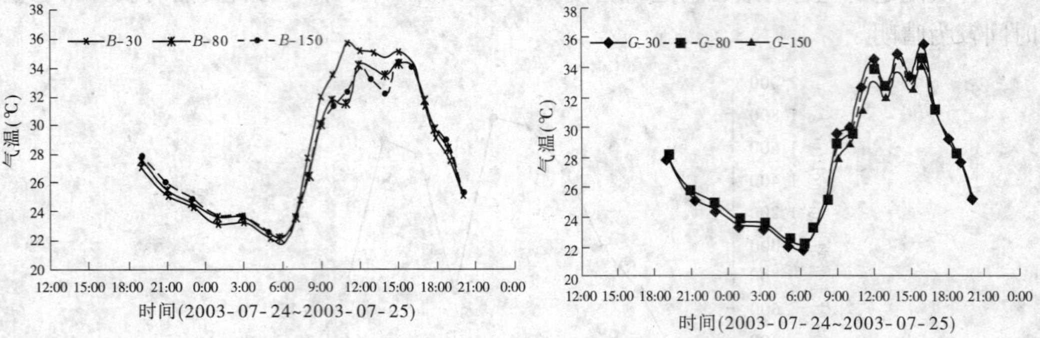


图 5-21　第 2 测点(*B*)和第 7 测点(*G*)不同高度的气温日变化

作物生长发育。

若以 19:00 ~ 次日 6:00 观测平均值代表夜温,以 7:00 ~ 18:00 观测平均值代表日温,则夜间平均温度以近地面 30 cm 最低,150 cm 最高;白天温度相反,以近地面最高,越往上越低,个别中部最低,有的地点 30 cm 比 150 cm 高 1 ℃以上(见表 5-59),说明作物高度不同,生长点所处环境存在较大温差。同一部位昼夜温差也以近地面处最大。靠近谷底无遮蔽处(如 *B* 点)白天温度高,昼夜温差较大;山丘顶部 *F* 点各层昼夜温差都较小,即使相邻的 *D* 点和 *E* 点,近地面 30 cm 处昼夜温差也很大(见图 5-23),这与下垫面不同导致的辐射与通风性差异有关。

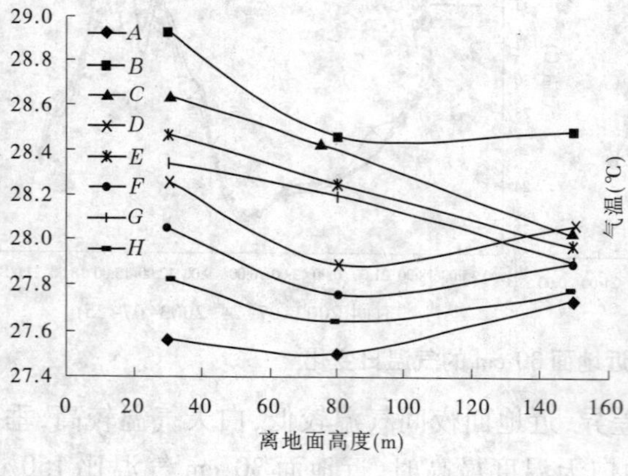


图 5-22　各位点不同高度的全天平均温度

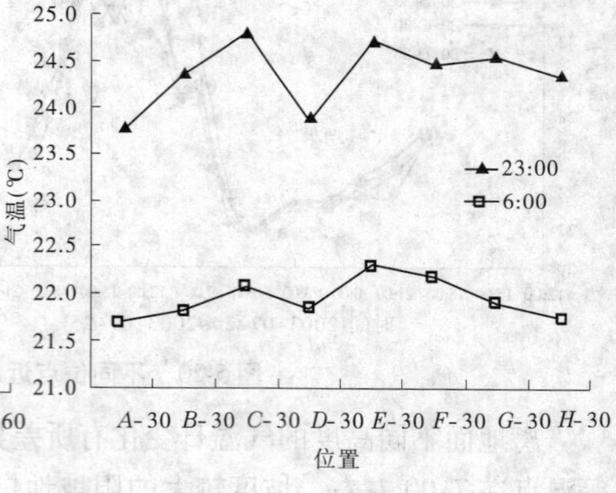


图 5-23　各位点 30 cm 处夜间温度

3. 温度的变化速率

气温日变化中一般 8:00 ~ 9:00 升温最快,每小时升 3 ~ 4 ℃。如为多云天气,上午升温速率还受到太阳是否被遮蔽的影响。正午后升温速度下降,16:00 开始降温。以 16:00 ~ 17:00 降温最快,平均下降 3 ℃/h,有时下降 4 ~ 5 ℃/h。夜间持续下降但逐渐变慢,直至日出前(见图 5-24)。不同地形、谷底的坡面 *B* 点上午升温快,夜间降温也较快(见图 5-25)。

表 5-59　不同位点的夜间和白天温度

| 位置 | 高度(m) | 夜间 19:00 ~ 次日 6:00 (℃) | 白天 7:00 ~ 18:00 (℃) | 温差 (℃) | 位置 | 高度(m) | 夜间 19:00 ~ 次日 6:00 (℃) | 白天 7:00 ~ 18:00 (℃) | 温差 (℃) |
|---|---|---|---|---|---|---|---|---|---|
| *A*-30 | 30 | 23.7 | 30.2 | 6.5 | *E*-30 | 30 | 24.5 | 31.1 | 6.6 |
| *A*-80 | 80 | 24.1 | 29.8 | 5.7 | *E*-80 | 80 | 24.6 | 30.6 | 6.0 |
| *A*-150 | 150 | 24.4 | 30.0 | 5.6 | *E*-150 | 150 | 24.6 | 30.1 | 5.5 |
| *B*-30 | 30 | 23.9 | 32.3 | 8.4 | *F*-30 | 30 | 24.2 | 30.5 | 6.3 |
| *B*-80 | 80 | 24.3 | 31.2 | 6.9 | *F*-80 | 80 | 24.5 | 29.8 | 5.3 |
| *B*-150 | 150 | 24.5 | 31.1 | 6.6 | *F*-150 | 150 | 24.6 | 30.0 | 5.4 |
| *C*-30 | 30 | 24.2 | 31.7 | 7.5 | *G*-30 | 30 | 24.1 | 31.1 | 7.0 |
| *C*-80 | 80 | 24.5 | 31.0 | 6.5 | *G*-80 | 80 | 24.3 | 30.7 | 6.4 |
| *C*-150 | 150 | 24.7 | 30.2 | 5.5 | *G*-150 | 150 | 24.4 | 30.1 | 5.7 |
| *D*-30 | 30 | 23.7 | 31.2 | 7.5 | *H*-30 | 30 | 24.0 | 30.4 | 6.4 |
| *D*-80 | 80 | 24.3 | 30.2 | 5.9 | *H*-80 | 80 | 24.5 | 29.6 | 5.1 |
| *D*-150 | 150 | 24.7 | 30.2 | 5.5 | *H*-150 | 150 | 24.5 | 29.8 | 5.3 |

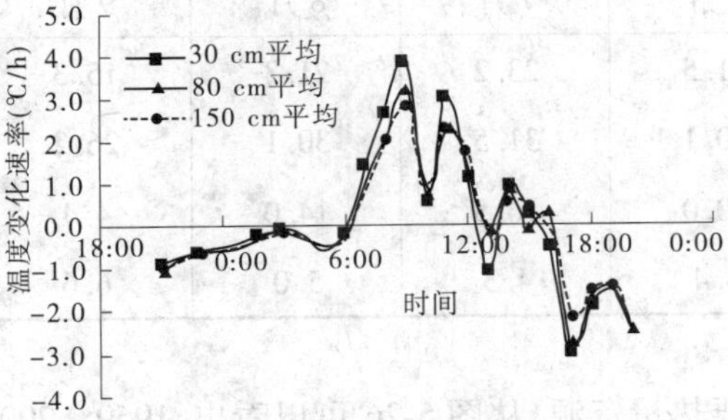

图 5-24　不同高度平均温度的变化速率

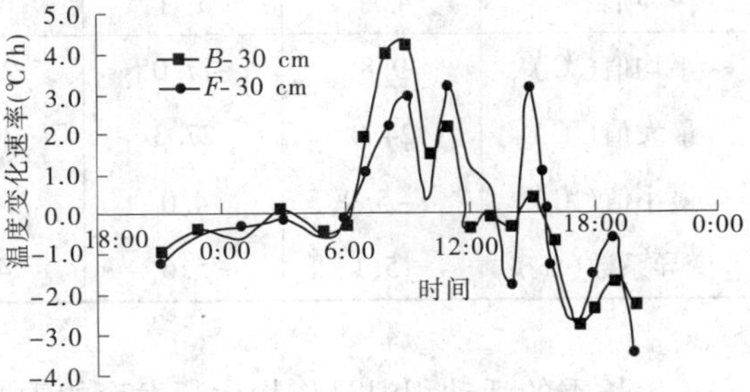

图 5-25　不同位点 30 cm 高度温度的变化速率

### (三)结论与讨论

黄土高原的沟壑地貌,南坡温度较北坡高,离地面越近气温日变化越大。近地面 30 cm 日平均气温一般比 150 cm 高出 1 ℃以上,但如受植被遮挡也可使下层温度降低。南坡气温较高与太阳辐射较多有关。准格尔旗地处中纬度,作物生长季南坡存在最热坡度,准格尔旗五道敖包 8 月和 9 月最热坡度分别为 16.5°和 34.5°。坡顶由于通风好昼夜温差较小;靠近谷底部位昼夜温差较大。与以往相比,本研究是在不同坡向和海拔高度下连续进行的,尽管高差不很大,因下垫面不同,位点间温差相当明显,不但影响作物生育,而且影响到降水分配。分析微地形气候差异,建立生态适应性合理布局有利于充分利用资源,趋利避害,获得更好的效益。南坡和低处适于种植生育期稍长的品种或耐热耐旱的谷子、糜子、苏丹草等;北坡和坡顶白天温度较低,宜种植更早熟的作物品种,如马铃薯、油菜等喜凉作物。矮秆作物因接近地面,温度较高,相同熟性的品种株高低更易成熟。玉米等高秆作物喜温不耐寒,对水肥条件要求较高,宜种植在土层较厚的丘陵上部缓坡和旱塬地。

## 第八节 黄土高原北部丘陵区气候资源利用与种植结构优化

黄土高原北部丘陵区的气候条件总体上对于农业生产是有利有弊的。有利方面主要是生长盛期光热水资源配合良好,具有较高的作物生产潜力。不利方面是春旱频繁而严重,气温波动很大,使得春季热量难以充分利用;夏季多暴雨,水土流失严重;气温和降水的年际变化都很大。实现高产稳产的前提是对气候资源的高效利用。目前人类还不能改变一个地区的气候状况,只能调整作物布局和种植结构来适应当地的气候。

### 一、准格尔旗的光热水资源分析

#### (一)光热水资源及其变化分析

1. 热量资源及其变化特征分析

表5-60 列出了该地区作物生长季(4~9月)的逐月气温,6~8月的平均温度均较高,有利于作物干物质积累;4月的变异系数高达15.1%,如能采取相应措施避免春季低温危害,适当提早播种可延长生育期,有利于产量的提高。

表5-60 准格尔旗作物生长季多年平均逐月气温分布

| 项目 | 4月 | 5月 | 6月 | 7月 | 8月 | 9月 |
|---|---|---|---|---|---|---|
| 平均值(℃) | 9.8 | 17.0 | 21.5 | 23.2 | 21.3 | 15.3 |
| 最大值(℃) | 24.0 | 27.3 | 30.1 | 31.5 | 30.1 | 26.2 |
| 最小值(℃) | -5.9 | 4.0 | 10.0 | 16.5 | 14.0 | 4.4 |
| 变异系数(%) | 15.1 | 5.6 | 4.4 | 4.3 | 5.0 | 6.6 |

生长季的活动积温是作物生长发育的重要热量资源,从图5-26可以看出,1959~2001年生长季≥10 ℃活动积温的逐年变化趋势。在20世纪60年代和70年代,生长季≥10 ℃活动积温稳定在3 114 ℃·d左右,年际波动不大,变异系数仅3.9%;70年代末到80年代≥10 ℃活动积温有增加趋势,变异系数为6.0%;进入90年代中后期≥10 ℃活动积温比80年代增加300 ℃·d左右。年平均温度和生长季平均温度90年代末比60年代初分别增加1.4 ℃和0.9 ℃,但两者变化趋势略有不同(见图5-27)。

2. 水分资源及变化特征

降水量的季节变化和年际变化在第二章第二节中已作描述。不同生育期比较,以播种到出苗期间的降水量年际间变化最大,灌浆期降水量的年际变化次之,年总降水量和生长季总降水量的变化最小。在生产上首先是抓春季抗旱保苗,其次是抗秋旱确保正常成熟。对于集雨则主要是抓住夏季的大雨和暴雨过程。

3. 光照资源及变化特征

图5-28 给出了日照时数的逐年变化,可以看出,从20世纪50年代末到80年代中期日照时数稳定在3 100 h左右;80年代中期到90年代末期日照时数明显下降,对提高产量不利。

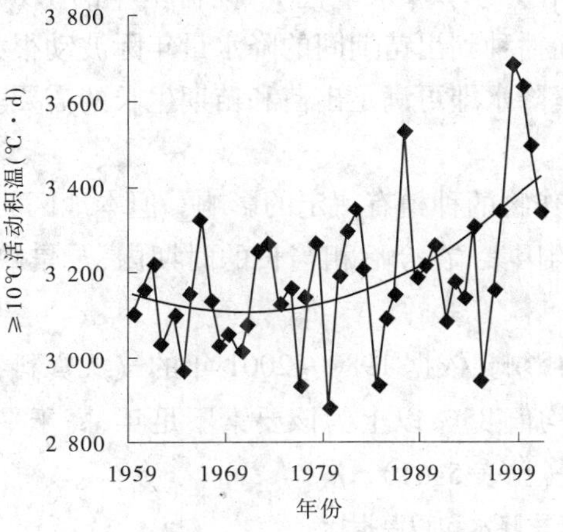


图 5-26　生长季≥10 ℃活动积温的变化

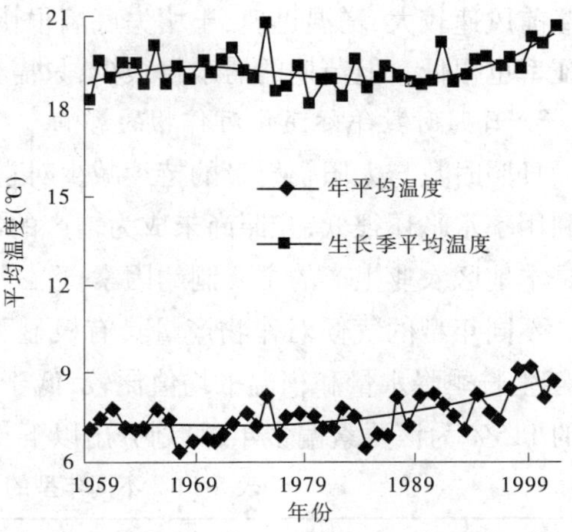


图 5-27　年均温度和生长季平均温度

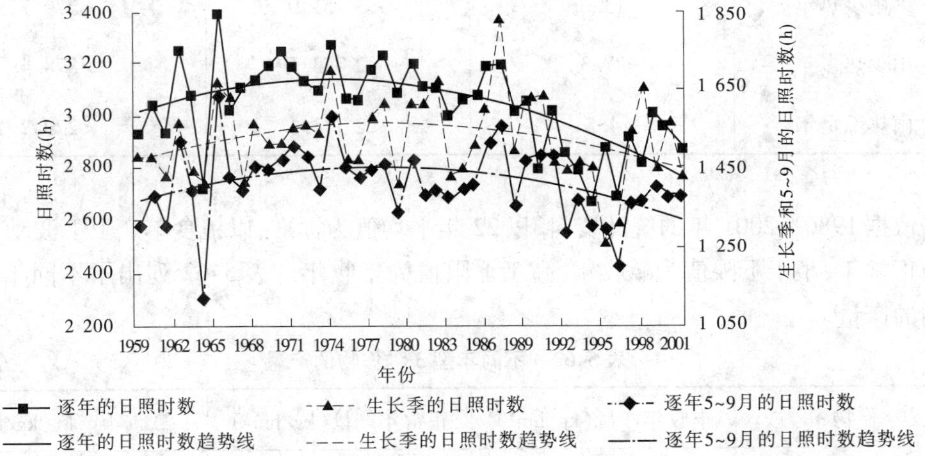


图 5-28　日照时数的逐年变化

## (二)气候的年际变化对本区种植业的影响

1. 温度年际变化对作物的影响

作物生长要在一定的温度条件下进行,准格尔旗的热量资源比较丰富,而且受季风气候影响雨热同季,对农作物生长发育十分有利。近几年本区生长季平均温度和全年平均温度都呈上升趋势,作物生育期相应地缩短,可有选择地引进种植一些生育期较长的作物品种。

2. 降水年际变化对作物的影响

虽然本地区近年来降水量年际波动不是很大,但农业生产的主要限制因子是水分,通过集雨补灌提高降水利用率和通过旱作节水技术提高降水的利用效率是增产的关键。本地区地下水埋藏较深,对农业生产基本不起作用。冬季降水量很少,只占全年的1.8%,春播前风速较大,增温迅速,土壤失底墒很快,而播种到出苗期间的降水量年际波动很大,保证率也很低。但苗期的需水量很少,只需少量降水即可满足出苗和苗期生长的需要。

3. 日照时数年际变化对作物的影响

日照时数与太阳辐射量的持续减少对喜光作物的种植有一定的影响。但本地区的光能利用率水平还很低,光照尚未成为增产的制约因素,在今后相当长的时期内,干旱缺水仍是本地区农业生产的主要制约因素。

不同年型的气候对作物产量具有极显著的影响,依据1980~2001年的气象资料,与22年生长季降水量和积温平均值比较,低于平均值85%以上为该要素不足年,高于平均值的115%为该要素偏多年,可划分出以下年型(见表5-61)。

表5-61 不同年型的生长季降水和积温指标

| 年型 | 年型百分率(%) | 生长季积温(℃·d) | 生长季降水量(mm) |
|---|---|---|---|
| 雨热正常年 | 54.5 | 2 773.1~3 751.9 | 279.7~378.4 |
| 多雨少热年 | 13.6 | <3 751.9 | <279.7 |
| 雨少热多年 | 27.3 | <2 773.1 | >378.4 |
| 雨热不足年 | 4.5 | <2 773.1 | <279.7 |

依据1980~2001年的统计资料,以22年平均值为标准,以粮食单产上下波动15%以内为正常年,小于下限值为歉收年,高于上限值为丰收年。表5-62列出了不同年型3种作物的产量。

表5-62 不同年型3种作物的产量

| 作物 | 丰收年产量($kg/hm^2$) | 正常年产量($kg/hm^2$) | 歉收年产量($kg/hm^2$) |
|---|---|---|---|
| 玉米 | >4 548.5 | 3 362.0~4 548.5 | <3 362.0 |
| 谷糜类 | >975.5 | 721.0~975.5 | <721.0 |
| 大豆 | >525.0 | 388.0~525.0 | <388.0 |

水分是黄土高原北部农业生产的主要限制因子,但不同作物对水分缺失的反应不同,玉米对水分比较敏感。从表5-63可以看出,多雨少热年和雨少热多年的玉米产量差异很大,前者没有歉收的,正常收获的几率较大;后者歉收十分严重。豆类和经济作物对水热的反应与玉米相似,但程度相差很大;由于示范区热量资源相对较丰富,只要水分条件较好,丰产可能性高于玉米,但是歉收可能性也高于玉米,种植风险较大。糜谷类在多雨少热年和雨少热多年的收成相差不多。

表 5-63　不同年型的作物产量

| 作物 | 年型 | 丰收年百分率(%) | 正常年百分率(%) | 歉收年百分率(%) |
|---|---|---|---|---|
| 玉米 | 雨热正常年 | 50.0 | 8.3 | 41.7 |
| | 多雨少热年 | 33.3 | 66.7 | 0 |
| | 雨少热多年 | 0 | 16.7 | 83.3 |
| | 雨热不足年 | 0 | 0 | 0 |
| 糜谷类 | 雨热正常年 | 75.0 | 16.7 | 8.3 |
| | 多雨少热年 | 0 | 33.3 | 66.7 |
| | 雨少热多年 | 0 | 33.3 | 66.7 |
| | 雨热不足年 | 0 | 0 | 0 |
| 豆类 | 雨热正常年 | 58.3 | 0 | 41.7 |
| | 多雨少热年 | 66.7 | 0 | 33.3 |
| | 雨少热多年 | 0 | 50.0 | 50.0 |
| | 雨热不足年 | 0 | 0 | 0 |

## 二、准格尔旗种植业系统及存在问题分析

### (一)种植业系统内部结构现状分析

当前,我国种植业结构调整还有 3 个不容忽视的主要问题:①种植业结构调整的理论研究不够集中,导致对农业生产实践的导向作用不强;②进行种植结构调整的分析评价和资源优化配置方法的研究不够深入。由于种植结构调整的方法不够成熟,其调整的结果与作为宏观决策支持之间必然存在一定的差距;③粮食安全问题不容忽视,不能一味压缩粮食作物种植面积。由于城市人口增加,工业和建筑用地面积扩大,西部地区要改善生态环境退耕还林还草,如何解决退耕还林还草、粮食产量锐减和当前种植结构调整压缩粮食作物种植面积的矛盾,都要考虑我国的粮食安全问题。

准格尔旗种植的粮食作物有谷子、糜子、黍子、荞麦、春小麦、玉米等,经济作物主要是大豆,还有一些青饲料作物(草玉米和草高粱),蔬菜、瓜类的面积微乎其微。2003 年总播种面积 47 300 $hm^2$,其中粮食作物 33 431 $hm^2$,占耕地面积的 70.7%,经济作物 9 089 $hm^2$,占 19.2%,其他作物 4 780 $hm^2$,占 10.1%。粮食作物与经济作物及其他作物的播种面积比是 70.7∶19.2∶10.1。

根据 1980 ~ 2003 年的农业统计年鉴,尽管自然条件和社会经济条件不断改善,但是准格尔旗的种植业结构几乎没有明显变化,大致可分为三个阶段:第一阶段为第一次种植结构调整(1978 年)到第二次种植结构调整(1985 年);第二阶段为第二次种植结构调整到新一轮种植结构调整(1998 年);第三阶段为新一轮种植结构调整至今。1978 ~ 1985 年间粮食作物种植比例先增后减;1985 ~ 1998 年由于人口增加,粮食作物种植比例缓慢增加;1998 年至今由于推行退耕还林还草政策,粮食作物种植比例减小;经济作物种植比

例变化不很显著。第一次到第二次种植结构调整期间，经济作物种植比例缓慢增加，但第二次到第三次种植结构调整期间经济作物种植比例相对稳定在 15% 左右。新一轮种植结构调整实施以来，经济作物种植比例从略有下降上升到历史最高的 19.2%；饲料作物种植比例和粮食作物种植比例则呈相反变化趋势（见图 5-29）。

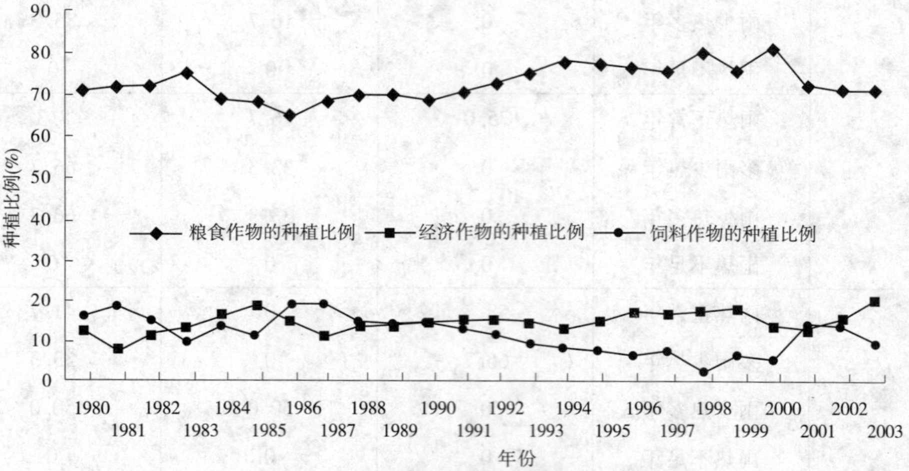


**图 5-29　准格尔旗种植结构比例的变化趋势**

1980 年、1985 年和 1998 年是种植结构调整的几个转折点。全旗人口 1985 年比 1980 年增加 6.7%，1998 年比 1985 年增加 15.8%，2003 年又比 1998 年增加 4.5%。谷子单产 1980～1985 年平均 713.9 $kg/hm^2$，1986～1998 年平均 946.6 $kg/hm^2$，比前 5 年平均值增加 32.6%。连续几年降水不足使得 1999～2003 年的单产平均值下降为 681.5 $kg/hm^2$，比前 13 年平均值减少 28.0%。经济作物种植比例持续升高，主要是由于近些年市场需求增加和种植经济作物使农民收入增加。饲料作物种植比例 1980 年比 1998 年高出 13.4%，1985 年比 1998 年高 10%。1985～1998 年是我国经济迅速发展、也是生态环境逐渐恶化的阶段，农民为了增加收入，养殖牲畜数量大幅度增加，又大多实行放牧，很少种植牧草大规模集约化舍饲。1998 年以来实行新一轮种植结构调整并采取禁牧政策，牧草种植比例慢慢增加。

不同作物的种植比例也是不断变化的，小麦种植比例在 1988～1992 年较高，约占 7%，但近年已低于 2%，2003 年仅占 0.4%。当地还种植一些荞麦，由于生育期非常短和产量较低，只是作为灾后补种。图 5-30 显示了较具优势作物种植比例的变化。由于气候变化，玉米种植比例一直不断扩大。由于谷子和黍糜类单产较低，种植比例在下降。随着市场和气候的不断变化，牧草和油料作物种植比例也在不断变化。

影响准格尔旗种植业结构变化的还有一个不容忽视的因素，就是大量农民外出打工。2004 年调查 87 户共 352 人，常住人口仅 243 人（大多年纪较大），占调查总人口的 69.0%。该地区坡耕地较多，到 2004 年退耕地比例高达 49.3%。随着退耕还林政策的进一步实施，种植结构调整还需要考虑确保区域粮食安全。还林还草政策实施的初期，每户养羊数量不仅没有减少，反而增加到 21.0 头/户，饲料短缺的矛盾日益突出，因此种植结构调整需要考虑发展畜牧业的饲料需求。

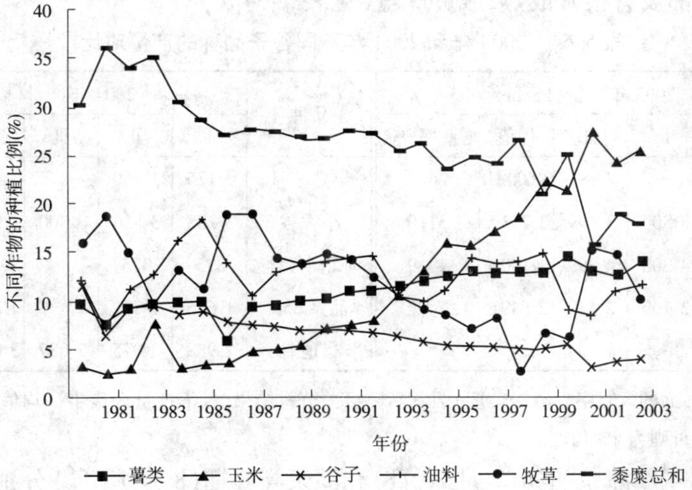


图 5-30　准格尔旗不同作物种植比例的年际变化

### (二)存在的问题

目前,准格尔旗种植结构存在的问题很多:①交通不便,农民信息较闭塞,先进农业技术没有很好推广,一家一户分散种植难以与市场接轨,经常盲目种植。②气候资源变异性很大,多数属于雨养农业,广种薄收,种植作物品种比较单一且过于陈旧,没有随着气候变干暖及时改换品种。③该地区生态环境和自然资源比较脆弱,在开展生态环境建设、实施退耕还林还草的同时,更加需要重视粮食安全问题。

## 三、作物种类和品种的生产力比较及种植结构调整模型研究

### (一)作物种类和品种的生产力比较

调整种植结构要选择当地可以种植的作物和品种,以便充分利用自然资源,克服不利因素,保证高产优质和农民增收。

长期以来当地种植作物种类和品种比较单一,主要有玉米、谷子、糜子、马铃薯、苜蓿和黑豆等,且品种陈旧。为此,2003 年和 2004 年示范区引进了一些作物种类和品种,通过田间对比试验筛选出一批适应当地气候及气候变化趋势、增产潜力较大和经济效益较好的作物和品种。在第二节中已对引种的效果进行了分析,本节从种植结构调整的角度再做一些补充。

1. 谷子不同品种的比较

谷子和黍糜都是耐旱喜温作物,适合当地干旱和夏季炎热的气候,有悠久的种植历史,是本地区农民的主粮,但品种多年没有更新。种植结构调整要充分考虑当地种植习惯,还要发挥当地气候资源优势。

2003 年和 2004 年对谷子进行品种引进和对比试验,方差分析表明:产量差异显著(2003 年 $F=10.49$,2004 年 $F=269.93$),当地气候可以满足大多数谷子品种正常生长发育的要求。其中黄金谷和小香谷生长季较当地品种长 5 ~ 10 d,在当地种植有一定的风险,但小香谷 2004 年试种产量仍高于当地品种,2004 年引进的其他两个较晚熟品种早熟

8号和品系356都没有很好成熟,减产严重(见表5-64)。

表5-64 2003年和2004年不同谷子品种的产量对比

| 品种 | 2003年产量(kg/hm²) | | | | | 品种 | 2004年产量(kg/hm²) | | | | |
|---|---|---|---|---|---|---|---|---|---|---|---|
| | Ⅰ | Ⅱ | Ⅲ | 均值 | 增产率(%) | | Ⅰ | Ⅱ | Ⅲ | 均值 | 增产率(%) |
| 赤谷8号 | 3 600 | — | — | 3 600AB | 26.3 | 早熟8号 | 1 125 | 1 350 | | 1 238C | -59.4 |
| 小香谷 | 3 900 | 3 800 | 3 499 | 3 733A | 31.0 | 小香谷 | 3 288 | 3 326 | 3 300 | 3 305A | 8.4 |
| 黄金谷 | 3 701 | 4 200 | 4 399 | 4 100A | 43.9 | 河北小香谷 | 875 | 975 | | 925C | -69.7 |
| 当地谷 | 2 900 | 3 199 | 2 449 | 2 849B | 对照 | 品系356 | 1 625 | 1 751 | | 1 688B | -44.7 |
| | | | | | | 当地谷 | 2 988 | 3 075 | 3 087 | 3 050A | 对照 |

注:平均产量数值后面的大写字母(1%信度)表示新复极差分析结果,以下产量表格中平均值后面的字母意义相同,如有小写字母则为5%信度。

另外,在2004年灌浆初期(7月20日)和灌浆高峰期(8月18日)分别测定小香谷和当地谷的地上和地下部分生物量,第一次测定小香谷和当地谷根冠比分别为0.69和0.47,第二次测定分别为0.34和0.32,均为小香谷高于当地谷,说明小香谷抗旱性强于当地谷,而且其色泽和煮粥口感也好于当地谷。随着气候变暖日益显著,种植小香谷有广阔的发展前景。

2. 糜子和黍子不同品种的比较

糜子在当地已经有久远的种植历史,抗旱性较强,适于当地气候,即使在降水较少年份也有一定产量。2003年种植当地品种7619和陕西引进的榆糜1号、榆糜2号及黍类品种榆黍1号。灌浆前期由于籽粒很小,苞皮与籽粒很难分离,因此糜子灌浆速率测量较粗。灌浆初期到中期黍糜不同品种的籽粒鲜重和干物重都相差极小,中后期出现差异,到灌浆结束时当地品种7619的粒重最低仅0.05 g,榆糜1号和榆糜2号分别为0.08 g和0.13 g,榆黍1号为0.34 g。灌浆全过程籽粒含水率与其他谷类作物相比一直较低,抗旱能力较强。黍糜类的抗旱性在2004年5月底到6月中下旬大旱期间得到充分体现,在同等干旱条件下,其他作物如玉米、高丹草和西瓜等叶片出现萎蔫,黍糜叶片仍然伸展。这些作物的灌浆期相近,仅35 d左右。干物质积累速率及产量的差异也表现出来(见表5-65),2003年经方差分析差异显著($F=10.49$)。榆糜2号的产量比当地品种高出43.9%,可作为当地主要种植品种。

表5-65 2003年不同黍糜品种的产量对比

| 品种 | 产量(kg/hm²) | | | | 增产率(%) |
|---|---|---|---|---|---|
| | Ⅰ | Ⅱ | Ⅲ | 平均 | |
| 7619 | 2 899.5 | 3 199.5 | 2 449.5 | 2 849.5B | 对照 |
| 榆糜1号 | 3 600.0 | 3 000.0 | 3 700.5 | 3 433.5AB | 20.5 |
| 榆糜2号 | 4 399.5 | 3 900.0 | 4 000.5 | 4 100.0A | 43.9 |
| 榆黍1号 | 2 800.5 | 3 400.5 | 2 899.5 | 3 033.5B | 6.5 |

3. 玉米不同品种的比较

由于气候变暖,当地可种植一些中晚熟品种。2003 年引进了 4 个玉米品种:四单 19 号、哲单 7 号、内单 302 和内单 402。灌浆期间内单 302 含水量和其他 3 个品种相比下降明显偏晚,但 8 月下旬以后脱水速率较快。其余 3 个品种灌浆时期含水量变化速率相对较恒定,几乎没有随时间变化,其中四单 19 号与哲单 7 号籽粒含水量较低且随时间变化趋于一致,可近似认为线性(哲单 7 号 $r^2$ = 0.976 7;四单 19 号 $r^2$ = 0.993 3)(见图 5-31)。四单 19 号和哲单 7 号籽粒脱水快,较早进入低含水量阶段,成熟较早。

2003 年 8 月上旬至 9 月中旬测定不同品种灌浆速率,四单 19 号和哲单 7 号百粒干重随时间变化几乎重合,可认为呈线性变化(哲单 7 号 $r^2$ = 0.980 2;四单 19 号 $r^2$ = 0.972 5),而内单 402 和内单 302 百粒干重变化趋势为曲线,内单 302 百粒干重始终低于内单 402,并且远低于哲单 7 号和四单 19 号。四个品种的初始百粒干重相差不大,内单 402 为 0.73 g/百粒;四单 19 号为 0.74 g/百粒;哲单 7 号为 0.64 g/百粒;内单 302 偏低为 0.53 g/百粒。但灌浆中后期百粒干重相差较大,内单 302 明显较小(见图 5-32)。

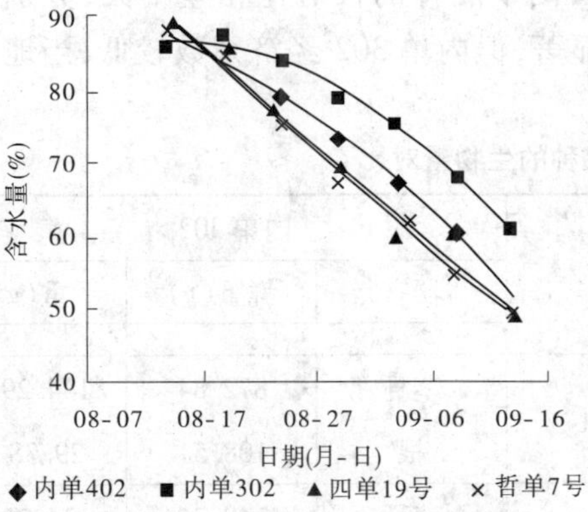

图 5-31　不同玉米品种籽粒含水量变化

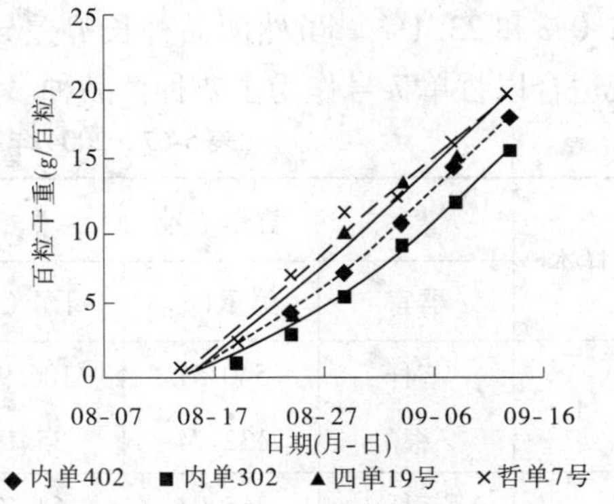

图 5-32　不同玉米品种百粒干重变化

试验期间遭受两次雹灾(2003 年 7 月 16 日和 8 月 16 日),对玉米灌浆干重积累影响较大,但灌浆速率和干物质增重总体趋势和规律是合理的。通过对 4 个品种的灌浆速率、含水量、百粒干重及产量的观测和分析得出,内单 402 和哲单 7 号的生育期较长,内单 302 和四单 19 号的生育期较短。调整种植结构确定主要种植品种要结合当年气候。一般生育期越长籽粒产量越高。虽然本地区热量较丰富,但春秋气温不稳定和春旱常导致播种或出苗延迟,不宜选用生育期过长的品种。玉米抽雄灌浆期当地灾害性天气较频繁,种植生育期长的品种风险较大。就当前技术水平来看,四单 19 号和哲单 7 号较适合种植。如收获期温度较高可适当推迟收获,促进养分向籽粒转移。随着农业技术进步、投入增加和抗灾能力的增强,将更加有利于生育期较长品种发挥气候资源优势。2004 年选择风险较小的哲单 7 号和前一年产量较低的内单 302 进一步对比试验,从表 5-66 可以看出,同一品种 2003 年和 2004 年的产量相差很大,主要是由年际间气象条件不同而造成的。2003 年作物生育期间试验地遭受严重冰雹灾害减产严重,但经方差分析产量差异仍很显著($F$ = 22.44);2004 年气象条件比较适宜,没有严重的灾害,产量差异不太显著($F$ = 3.02)。

表 5-66　2003 年和 2004 年不同玉米品种的产量对比

| 品种 | 2003 年产量(kg/hm$^2$) | | | | | 2004 年产量(kg/hm$^2$) | | | | |
|---|---|---|---|---|---|---|---|---|---|---|
| | Ⅰ | Ⅱ | Ⅲ | 平均 | 增产率(%) | Ⅰ | Ⅱ | Ⅲ | 平均 | 增产率(%) |
| 四单 19 号 | 3 894 | 4 085 | 4 028 | 4 002b | 对照 | | | | | |
| 哲单 7 号 | 4 380 | 4 013 | 4 691 | 4 362a | 9.00 | 6 613 | 7 626 | 7 775 | 7 338a | 11.05 |
| 内单 402 号 | 4 577 | 4 502 | 4 506 | 4 529a | 13.17 | | | | | |
| 内单 302 号 | 3 377 | 3 488 | 3 260 | 3 375c | －15.68 | 6 200 | 6 875 | 6 750 | 6 608a | 对照 |

2004 年 8 月 18 日测定哲单 7 号和内单 302 灌浆中期的叶面积指数分别为 2.89 和 4.04。灌浆中期测定两品种生物量（见表 5-67),两个品种的根冠比相差不大,分别为 22.0% 和 23.1%。虽然两品种长势差异不十分显著,但内单 302 经济系数较低,当地比较适合以哲单 7 号作为主要种植品种。

表 5-67　2004 年不同玉米品种的生物量对比

| 样本 | 哲单 7 号 | | | 样本 | 内单 302 | | |
|---|---|---|---|---|---|---|---|
| | 器官 | 鲜重(g) | 干重(g) | | 器官 | 鲜重(g) | 干重(g) |
| Ⅰ | 茎秆 | 540.51 | 106.99 | Ⅰ | 茎秆 | 872.84 | 144.29 |
| | 根 | 132.74 | 35.19 | | 根 | 108.51 | 29.38 |
| Ⅱ | 茎秆 | 365.91 | 64.67 | Ⅱ | 茎秆 | 748.76 | 124.72 |
| | 根 | 60.89 | 18.13 | | 根 | 92.38 | 26.0 |
| Ⅲ | 茎秆 | 636.58 | 98.92 | Ⅲ | 茎秆 | 624.06 | 102.49 |
| | 根 | 93.31 | 23.96 | | 根 | 76.02 | 22.39 |
| Ⅳ | 茎秆 | 532.8 | 115.12 | Ⅳ | 茎秆 | 790.76 | 140.08 |
| | 根 | 119.01 | 15.99 | | 根 | 135.43 | 37.54 |
| Ⅴ | 茎秆 | 485.94 | 118.63 | Ⅴ | 茎秆 | 831.06 | 121.4 |
| | 根 | 62.11 | 17.73 | | 根 | 117.28 | 31.05 |
| 平均值 | 茎秆 | 512.35 | 100.87 | 平均值 | 茎秆 | 773.5 | 126.60 |
| | 根 | 93.61 | 22.20 | | 根 | 105.92 | 29.27 |
| 根冠比 | | | 22.0%a | 根冠比 | | | 23.1%a |

4. 牧草不同品种的比较

牧草非常适合当地的气候条件,有很大的生产潜力。目前“粮－经”二元结构已不能适合农业发展的需要,而要向"粮－经－饲"三元种植结构调整。有关专家学者已经选择很多不同品种牧草在准格尔旗地区种植。苜蓿是牧草之王,可在当地种植的品种很多。不同牧草间的差异显著($F=3.19$)。长势最好的是禾本科黑麦草和苜蓿王;长势较好的有中苜1号、创新苜蓿和青睐苜蓿;阿尔刚金和保丰苜蓿长势一般;长势较差的是宁夏苜蓿、准格尔苜蓿和敖汉苜蓿。中苜1号和创新苜蓿的产量很高,在当地种植可获得很好的经济效益和社会效益(见表5-6)。此外,高丹草和草玉米2004年试种,干草产量分别达44 775.0 kg/hm$^2$ 和48 100.0 kg/hm$^2$。

5. 油料作物品种的比较

油料作物在当地种植很少,有气候原因也有当地种植习惯的原因。2003年选择一些豆类和向日葵种植,豆类产量见表5-5。经方差分析,黄豆和绿豆品种间差异极显著,$F$值分别为247.26和116.46。所选择品种中东北千斤豆中熟结荚,密植产量高;而当地黄豆早熟结荚但产量较低;当地黑豆晚熟结荚,长势不好产量低;当地绿豆成熟期不一致,产量也低;中绿1号成熟期较一致,产量比当地绿豆高,但由于当地9月底10月初绿豆收获时气温仍较高,豆荚易炸裂,分期采摘劳力投入又过大。2004年种植向日葵产量为1 558.4 kg/hm$^2$,但耗水量较大。

6. 瓜类品种的比较

2003年和2004年选种一些西瓜和南瓜品种,经方差分析,差异极显著,$F$值分别为10.02和692.82。甘栗南瓜成熟较早,但品质较差产量较低;日本南瓜属中晚熟品种,品质好产量高;金沟南瓜是晚熟品种,单瓜重量较大,结瓜数量少,品质较差。西瓜不同品种对环境的要求也不同,金抗早冠龙是早熟品种,品质较好且抗病能力较强;西农8号属中早熟品种,产量高、品质好;美国宇宙王是晚熟品种,需较严格的水肥管理(见表5-4)。2004年种植的日本南瓜和西农8号产量分别达9 550.5 kg/hm$^2$ 和46 086.0 kg/hm$^2$。

**(二)种植结构调整的数学模型**

以生态效益、经济效益和社会效益为种植结构调整的指标,运用单目标线性规划模型,求出适合该地区种植的主要作物种植比例,以利于增加农民收入,建设良好的生态环境,促进准格尔旗农业经济快速发展。

1. 模型的建立

1)决策变量的确定

以准格尔旗6种主要作物的播种面积为决策变量,即 $X_j=X_1$、$X_2$、$X_3$、$X_4$、$X_5$、$X_6$。$X_j$ 依次是谷子、糜子、玉米、马铃薯、油料和饲料作物的面积(hm$^2$)。

2)目标函数的确定

选取3个目标进行种植业结构调整优化:一是使农业生产获得最大经济效益,不同作物产量和净收益见表5-68;二是保证粮食总产量满足该地区人民生活和生产需要,即社会效益;三是合理优化利用现有水分资源,取得良好的生态效益。把获得最大经济效益作为直接目标,把粮食需求和生态效益作为约束条件。

表5-68 准格尔旗旱地不同作物产量及净收益

| 项目 | 谷子 | 黍糜 | 玉米 | 马铃薯 | 油料 | 饲料 |
|---|---|---|---|---|---|---|
| 产量($kg/hm^2$) | 4 957.5 | 4 099.5 | 7 334 | 14 484 | 2 989.5 | 40 640.0 |
| 净收益(元/$hm^2$) | 5 392.5 | 4 032.2 | 4 400.4 | 5 069.4 | 3 661.5 | 4 064.0 |

以净收益最大为目标函数列方程：

$$Y = 5\,392.5X_1 + 4\,032.2X_2 + 4\,400.4X_3 + 5\,069.4X_4 + 3\,661.5X_5 + 4\,064.0X_6 = \mathrm{MAX} \quad (5\text{-}12)$$

3)约束条件的确定

(1)作物播种面积约束。目标规划调整后,6种主要作物的播种总面积应小于或等于可播种面积(当地实行一年一熟,复种指数为0)。2003年末准格尔旗总耕地面积68 555 $hm^2$,但6种作物多年平均播种面积占总耕地面积的80.1%,约束方程为:

$$X_1 + X_2 + X_3 + X_4 + X_5 + X_6 \leqslant 54\,912.6\ \mathrm{hm^2} \quad (5\text{-}13)$$

谷子和黍糜作物都是当地十分重要的粮食作物,虽然目前产量不高,但有很大的增产潜力,两种作物的播种面积不应小于历年平均值,建立约束方程:

$$X_1 \geqslant 4\,030\ \mathrm{hm^2},X_2 \geqslant 13\,684\ \mathrm{hm^2} \quad (5\text{-}14)$$

玉米需水量很大,但近年来准格尔旗降水量年际间波动不大,而且有增加的趋势,因此玉米播种面积不应小于历年平均值,建立玉米播种面积的约束方程:

$$X_3 \geqslant 1\,533\ \mathrm{hm^2} \quad (5\text{-}15)$$

马铃薯是准格尔旗不可缺少的重要作物,播种面积限制条件是不得小于历年最低值,但由于连作障碍增幅不能过大,马铃薯的约束方程为:

$$1\,221\ \mathrm{hm^2} \leqslant X_4 \leqslant 7\,500\ \mathrm{hm^2} \quad (5\text{-}16)$$

油料作物是当地的主要经济作物,既保证了当地人们的食油需求,也为牲畜提供了脂肪含量较高的菜籽饼饲料,其播种面积应大于或等于历年最低值:

$$X_5 \geqslant 2\,360\ \mathrm{hm^2} \quad (5\text{-}17)$$

饲料作物主要有草玉米、高丹草和苜蓿等,其中豆科牧草苜蓿是固氮作物,对水分需求的适应范围较大,即使是旱涝年也不会像其他作物那样绝收。这些作物的营养价值颇高,尤其是"牧草之王"苜蓿。准格尔旗属半农半牧区,但就气候等自然条件来说,由于近年来牲畜数量大幅增加,牧业的比重应大于农业。此外,这些作物特别是牧草还具有保持水土的生态意义,故其播种面积应大于历年平均值:

$$X_6 \geqslant 5\,437.6\ \mathrm{hm^2} \quad (5\text{-}18)$$

(2)粮、油、牧草最低需求约束。据调查统计,中国农村人均粮食消费量20年来基本稳定在250 kg左右,植物油6 kg左右(约80%来自大豆),粗粮少于粮食总量的35%。

$$54\,431\,400\ \mathrm{kg} \leqslant 4\,957.5X_1 + 4\,099.5X_2 + 7\,334X_3 \leqslant 108\,862\,800\ \mathrm{kg} \quad (5\text{-}19)$$

$$7\,334X_3 \leqslant 19\,050\,990\ \mathrm{kg} \quad (5\text{-}20)$$

$$2\,861\,188\ \mathrm{kg} \leqslant 2\,989.5X_5 \leqslant 27\,433\,426\ \mathrm{kg} \quad (5\text{-}21)$$

根据多年统计资料和实地调查,当地主要牲畜为牛、羊、猪、马、骡,依据不同牲畜喂养精、粗饲料量，秸秆资源主要是谷子、黍糜、玉米等，还有牧草，故确定饲料约束方程为：

$$286\ 637\ 200\ \text{kg} \leqslant 2\ 179X_1 + 2\ 705.7X_2 + 10\ 444.7X_3 + 3\ 208.5X_4 + 1\ 974.0X_5 + 40\ 640X_6 \leqslant 573\ 274\ 400\ \text{kg} \quad (5\text{-}22)$$

$$18\ 038\ 800\ \text{kg} \leqslant 7\ 334.0X_3 \leqslant 36\ 077\ 600\ \text{kg} \quad (5\text{-}23)$$

(3)考虑到当地水分条件的限制，推广在关键期集雨补灌，建立约束方程：

$$320.4X_1 + 289.9X_2 + 363.6X_3 + 310.5X_4 + 311.8X_5 + 344.5X_6 \leqslant 20\ 946\ 900\ \text{m}^3 \quad (5\text{-}24)$$

(4)种植业结构调整还受到劳动力条件的限制，根据当地农业人口数量建立约束方程：

$$45X_1 + 45X_2 + 39.5X_3 + 30X_4 + 25.5X_5 + 6X_6 \leqslant 17\ 754\ 120\ \text{工日} \quad (5\text{-}25)$$

2. 模型求解

运用 Microsoft Excel 规划求解软件包进行模拟运算得出优化结果。种植业2004年最大经济效益为21 884.5万元。结构调整后的各种作物播种面积为：$X_1 = 4\ 030\ \text{hm}^2$，$X_2 = 17\ 281.44\ \text{hm}^2$，$X_3 = 2\ 459.6\ \text{hm}^2$，$X_4 = 7\ 500\ \text{hm}^2$，$X_5 = 9\ 176.6\ \text{hm}^2$，$X_6 = 11\ 069.55\ \text{hm}^2$。通过数学模型优化得出粮食作物、油料作物、饲料作物之比为60.7∶17.8∶21.5，2003年粮食作物、油料作物、饲料作物的种植比为70.7∶19.2∶10.1，与2003年相比，粮食作物面积减少10.0%，油料作物面积减少1.4%，饲料作物面积增加11.4%。

3. 结果评价

(1)谷子和黍糜作物是当地的特色作物，均属小杂粮，都是较喜热作物，是当地的主粮。根据当前市场的变化，生活质量的提高和饮食口味的不断改变，对杂粮的需求增大，应抓住机遇增加谷子和黍糜的种植比例，形成具有地方特色的优势，增加农民收入和提高农民的生活质量。如能进行粒选加工和精致的小包装创出名牌，提高附加值和开拓市场的潜力还是很大的。

(2)马铃薯是喜凉耐旱作物，是当地农民的主要蔬菜，也是主要的经济作物。马铃薯单产高，经济效益好。扩大旱地马铃薯种植可大幅度提高种植业的单位面积收入，但种植马铃薯比较费工，且贮存和运输的成本也较高。

(3)玉米有“饲料之王”之称，玉米籽粒是牲畜精饲料的主要来源，秸秆是食草牲畜饲草的来源之一，饲用价值大于大多数其他作物。目前由于草场退化，退耕还林还草不久，还没有开始获益，使粮饲兼用型玉米的市场行情十分走俏。旱地地膜覆盖和坐水播种等先进技术为玉米生长发育提供了保证，降低了玉米种植的气候风险。随着气候变暖，可选取早中熟优良玉米品种种植，尽可能扩大玉米种植面积，这是本地区种植结构调整的主要发展趋势。

(4)油料作物主要是大豆，20世纪80年代初到90年代中期油葵、胡麻、油菜在油料作物中所占比例较大，但近年来由于经济发展和市场变化，退耕还林还草政策的推行，几乎都被其他粮食作物和牧草替代。如国际市场油料价格继续猛涨，喜凉油料作物可在高海拔地区及偏阴坡适当恢复种植，平地和阳坡水肥条件较好的耕地也可适当扩大大豆的种植面积。

(5)饲草作物主要有草玉米、高丹草和苜蓿等，还有草木樨和沙打旺。无论是产量还是营养成分含量或可利用能量,饲草作物都优于其他作物,是当地畜牧业发展所不可或缺的,增加饲料作物种植比例将为发展畜牧业奠定坚实的基础。草木樨、苜蓿、沙打旺为多年生豆科牧草,是优良牧草和绿肥。沙打旺极耐旱耐瘠,可作为退耕还草的先锋植物,但因大量消耗深层水分和养分,对后续作物或牧草生长不利。准格尔旗地区具有良好的热量条件,牧草在本地区可收获种子。

4. 模型的未来预测

种植结构调整的目的是遵循自然规律和市场运行规律,科学合理配置生产要素,调整生产力在不同区域、不同作物和不同品种之间的布局,使之与整个国民经济发展和结构调整相适应。因此,种植结构调整是一个长期和动态的过程,贯穿于种植业发展的整个过程。随着社会经济的发展,在新的自然环境和社会环境下,农业处于不同的发展阶段,种植业结构调整的目标和重点就有所不同。根据对未来人口和耕地面积的预测,及未来人均粮食需求等的约束,对模型参数要不断进行调整,方可求出那时的作物适宜种植比例和种植面积。调整时要留有适当余地,不能只看一时一地的效益。如某种作物在一段时期内的效益很好,不等于扩大种植后的效益就一定很好。因为一旦扩大种植后,就不再是稀罕之物,价格就会下降。如果超过了市场容量,甚至可能根本卖不出去,导致丰产减收的结果。只有始终保持产品的优质特色和较高的产投比,同时又能不断开拓市场,才能取得良好和持久的经济效益。

## 四、结论与创新点

### (一)结论

(1)近年来,准格尔旗平均温度比 20 世纪 60 年代初增加近 1 ℃;全年降水量和生长季降水量及作物灌浆期降水量的年际变率减小、日照时数减少,这些气候因素的变化都对该地区农业产生很大的影响。由于不同作物对气候条件的要求有很大差异,除玉米外大多数作物的光合生产潜力、光温生产潜力和气候生产潜力都在变小,但实际产量和气候生产潜力之间还存在很大差异,仍有很大的增产空间。

(2)通过对 2003 年和 2004 年的田间试验观测数据进行分析,考察作物产量、灌浆速率、叶面积指数、灾害(如冰雹、旱涝)发生过程中和发生后的恢复情况,并考虑当地种植习惯和气候变化,玉米可选择哲单 7 号、谷子选用小香谷比较适合作为主要种植品种,苜蓿以中苜 1 号和创新苜蓿比较好,油料作物中东北千金豆相对优于其他的油料品种。

(3)充分考虑经济效益、社会效益和生态效益,从准格尔旗的实际情况出发,建立适合该地区的结构调整指标,用线性规划方法建立种植业结构调整模型,通过数学模型优化得出粮食作物、油料作物、饲料作物之比为 60. 7∶17. 8∶21. 5,经济收益为 21 884. 5 万元。

(4)集雨补灌有利于作物增产。准格尔旗年均降水量 392. 1 mm,其中日降水 10 mm 以上的过程(中雨以上)保证率 80% 以上的年降水量仅 135 mm,保证率 60% 的降水量为 200 mm。中雨累积雨量达到 300 mm 的保证率只有 30% 。对于大雨过程(日降水量 >25 mm),累积总降水量 200 mm 的只有 15% 的保证率,100 mm 以上的保证率为 60% 。建设集雨工程要根据水窖体积和集雨面材料的集流效率合理确定集雨面的位置和面积,以保证 80% 以上的年份达到满意的集雨效果。

### (二)创新点

以往的种植结构调整都是采用历年作物产量为基础数据进行简单的产量比较分析，运用数学规划方法建立模型，求解得出某地种植最佳结构，或者管理者根据多年经验直接得出不同作物的种植比例。本研究突破以往种植结构调整的做法，通过大量的田间试验，从作物种类和品种出发，通过对作物气候适应性、田间耗水量等多角度全面的比较分析，建立合理的种植结构调整指标体系，选择合理的规划方法进行调整。创新之处主要表现在以下几个方面。

(1)抓住所研究地区的主要限制因子——水分，并以此为主线进行田间试验，比较作物的生态适应性、耗水量及水分利用率；

(2)进行作物种类和品种的对比，包括当地已经种植过的及理论上该地区可以正常生长发育的作物。

(3)根据中雨降水过程分析降水保证率，为集雨面积的确定与集雨水窖分布提供依据。

## 参考文献

[1] 金争平．砒砂岩区水土保持与农牧业发展研究[M]．郑州：黄河水利出版社，2003.

[2] 刘巽浩．对西北旱区农业发展战略的思考[J]．干旱区农业研究，2005，23(1)：1-3.

[3] 程序．黄土高原农业可持续发展方略初探[J]．科技导报，2005，2(23)：52-56.

[4] 吴普特.雨水利用与贫困地区的发展[M]．徐州：中国矿业大学出版社，1998.

[5] 山仑．黄土高原旱地农业的理论与实践[M]．北京：科学出版社，1993.

[6] 段玉，妥德宝，赵沛义，等．干旱梁峁山区补灌条件下玉米合理施肥技术研究[J]．内蒙古农业科技，2003(Z2)：211-212.

[7] 妥德宝，段玉，王砚田，等．不同田间集雨方式在梁峁地区的应用效果研究[J]．四川水利(增刊)，2004(21)：48-50.

[8] 妥德宝，林启美，段玉，等．旱作地区以丘陵为单元点面结合的雨水集蓄利用模式[C]//内蒙古科协2005年年会学术研讨会论文集.呼和浩特：内蒙古科学技术出版社，2004.

[9] 段玉，妥德宝，赵沛义，等．黄土高原北部垄膜沟植田间集雨高效栽培技术研究[J]．华北农学报，2003，18(2)：20-23.

[10] 郑大玮，妥德宝，王砚田．内蒙古阴山北麓旱农区综合治理与增产配套技术[M]．呼和浩特：内蒙古人民出版社，2000：50-57.

[11] 李丽，武丽萍，成绍鑫．腐殖酸磷肥的开发及其作用机理研究进展[J]．磷肥与复肥，1999(3)：58-61.

[12] 李善祥．腐植酸的研究与开发进展[J]．腐植酸，1999(1)：1-5.

[13] 马秀欣，李欣．腐殖酸资源开发前景广阔[J]．中国煤炭，2000，26(10)：34-35.

[14] 马秀欣，赵宏波．我国泥炭、褐煤和风化煤的资源优势及其应用领域[J]．中国煤炭，2004，30(9)：47-49.

[15] 张学才，张德祥．我国的腐殖酸资源及其工农业应用[J]．中国煤炭，2000，26(12)：13-15.

[16] 孙要兴，王书奇．腐植酸在农业上的应用回顾[J]．腐植酸，1999(3)：7-8

[17] 林启美，饶正华，孙炎鑫，等．一株胶质芽孢杆菌RGBc13的解磷解钾作用[J]．华北农学报，2000，15(4)：116-119.

[18] 赵小蓉，林启美，孙炎鑫，等．解磷菌解磷能力测定方法[J]．微生物学通报，2001，28(1)：1-5.

[19] 林启美，王华，赵小蓉，等．一些细菌和真菌的解磷能力及其机理初探[J]．微生物学通报，2001，28(2)：26-30.

[20] 张昕，林启美，赵小蓉．风化煤的微生物转化，Ⅰ菌种筛选及转化能力测定[J]．腐植酸，2002(3)：18-23.

[21] 林启美，张昕，赵小蓉．风化煤的微生物转化，Ⅱ作用机理[J]．腐植酸，2002(4)：15-19.

[22] 林启美，饶正华，孙炎鑫，等．硅酸盐细菌的筛选及其对番茄营养的影响[J]．中国农业科学，2002，35(1)：

59-62.

[23] Lin, et al. Identification and practical application of silicate-dissolving bacteri[J]. Agricultural Sciences in China, 2002, 1(1):81-85.

[24] Lin, et al. Rock phosphate solubilization mechanisms of one fungus and one bacterium[J]. Agricultural Sciences in China, 2002, 9(1): 1023-1028.

[25] 费秀鲁,陈宇飞. 风化煤腐植酸多种改性的机理探讨[J]. 腐植酸,2001(2):22-23.

[26] 郭晓峰. 腐植酸的胶体性质[J]. 腐植酸,1996(1):1-2.

[27] 严平,黄玲. 皖西山区气候及其开发利用[J]. 安徽农业科学, 1994,22(2):111-114.

[28] 杨湘桃. 炎陵县桃源洞国家森林公园气候特征的初步研究[J]. 湖南师范大学自然科学学报,1995,18(1):78-83.

[29] 黎金水. 地形及气候对梧州市荔枝生长的影响[J]. 广西气象,1995,15(4):22-23.

[30] 袁海燕,王连喜,张晓煜. 宁南丘陵荒地小气候特征分析[J]. 宁夏农林科技,2003(6): 62-66.

[31] 康玲玲, 吴卿, 罗中伟,等. 黄土高原水土保持生态环境建设生态效益监测方法探讨[J]. 水土保持通报,2004,24(3):40-44.

[32] 谢云,武吉华. 准格尔旗气候波动与粮食生产变化分析[J]. 北京师范大学学报(自然科学版),1994,30(4):525-528.

[33] 李宽厚. 内蒙古准格尔农业资源及合理开发利用研究[M]. 呼和浩特:内蒙古人民出版社,1998.

[34] 翁笃鸣. 中国辐射气候[M]. 北京:气象出版社,1997.

[35] 欧阳宗继,赵新平. 山区局地气候的小网格研究方法[J]. 农业工程学报,1996,12(3):144-148.

[36] 马振锋. 高原季风强弱对南亚高压活动的影响[J]. 高原气象,2003,22(2):144-146.

[37] 孙建国,赵军,甄计国,等. 基于 DTM 的黄土丘陵沟壑区太阳辐射值计算模型及应用研究[J]. 测绘工程,2003,12(1):28-30.

[38] 武艳萍. 农牧交错带气候资源变异及作物结构调整分析——以武川县为例[D]. 北京:中国农业大学,2004.

[39] 张强,杨贤为,黄朝迎. 近 30 年气候变化对黄土高原地区玉米生产潜力的影响[J]. 中国农业气象,1995,16(6):19-23.

[40] 秦向阳. 区域种植结构调整原理方法及决策支持系统开发应用[D]. 北京:中国农业大学,2002.

[41] 陈印军,杨瑞珍,尹昌斌. 我国东中西部种植业结构与布局现状、问题及对策[J]. 中国农业科技导报,2003,5(3):42-46.

[42] 陈印军. 西部地区农业形势、问题与对策[J]. 中国农业资源与区划,2001,22(3):44-47.

[43] 苏维词. 内蒙古准格尔旗主要耕作土的农业自然生产潜力及限制因子[J]. 干旱地区农业研究,1994,12(2):63-68.

[44] 苏艳华,潘学标,段玉,等. 准格尔旗黄土高原集雨补灌区不同玉米品种灌浆速率分析[J]. 中国农学通报,2005,21(2):288-290.

[45] 张中平,盛绍学,杨格,等. 六安地区农作物种植结构优化模型及其应用[J]. 安徽农业科学,1999,27(1):14-16.

[46] 章毅. 应用系统工程方法研究农业与种植业的数学模型[J]. 农田水利与小水电,1995(2):21-26.

[47] 潘学标. 作物模型原理[M]. 北京:气象出版社,2003.

# 第六章 北方半干旱黄土丘陵区集雨补灌生态畜牧业配套技术

## 第一节 半干旱黄土丘陵区植物资源与畜牧业现状及存在的问题

### 一、植物资源与畜牧业现状

#### (一)植物与生态环境

1. 植被状况

半干旱黄土丘陵区位于我国北部干旱荒漠草原区与中部半湿润落叶阔叶林区的过渡带以及东西部连接带上,地形破碎,沟壑纵横,地表起伏大。坡地水土流失严重,土壤水分亏缺养分含量不高。原始植被为森林与草原(草甸草原与典型草原)相间。由于传统的粗放型游牧业与近代的滥垦撂荒旱作农业,自然植被经受多重人为干扰,形成不同放牧强度、不同开垦撂荒年限和片状耕种的土地利用梯度,发育成不同演替阶段的植被系统。由于超强度的人类活动,加上区域气候的干暖化,森林已基本破坏殆尽,草地退化严重。目前区域植被资源主要由自然植被资源、人工重建植被资源和季节性农业植被资源三部分组成。

内蒙古准格尔旗集雨补灌旱作节水农业示范区的原生植被为丘陵典型草原,坡地草地占草地资源的85%。植物群落以旱生杂类草为主,草质粗糙,饲用价值不高。现状草地植被主要为一年生植物和矮小灌木,多数分布于坡地上(坡度一般在10°以上)。作为全年的主要放牧场,示范区草地生产力低下,植被盖度一般在35%以下,平均单位面积产草量(干草)675 $kg/hm^2$。1998年起通过实施禁牧,天然草地的植被盖度恢复到55%,单位面积产草量(干草)提高到948 $kg/hm^2$。

示范区草地占土地总面积的69.06%,耕地占15.76%,灌木林地占6.1%,植物资源现状饲养能力为0.88万个绵羊单位,实际饲养量为0.52万个绵羊单位,总量虽未超载,但仍存在季节性、局部性过牧超载问题。黄土高原丘陵区沟深坡陡,农牧业生产立地条件差。尽管多年来当地群众坚持基本农田建设,修建水窖、旱井和节水灌溉的水利设施,但由于自然条件和经济条件的限制,建设规模不大,具有补灌条件的基本农田不足10%,大部分仍以靠天吃饭的旱作农业为主。

多年生产实践证明,实施季节性禁牧封育与人工重建草地是提高草地生产力、解决草畜季节性不平衡的有效方法,然而由于资金和劳动力短缺,人工草地建设进展缓慢,仅占林草地总面积的4.4%。

2. 水土保持与生态环境现状

示范区涉及沙圪堵和西营子两镇,总面积75 $km^2$,其中丘陵沟壑占总土地面积的

71.23%。多年平均降水量 397.1 mm,最多年降水量 536.5 mm,最少年降水量 142.5 mm,最大日降水量 96 mm,1 h 最大降水量 44 mm,年平均蒸发量是降水量的 5 倍。春季干旱多大风,风蚀沙化严重。70% ~80% 的降水量集中在 6 ~9 月,强降雨使坡地发生严重的水力侵蚀,该地区是黄土高原水土流失最严重的地区。随着人畜数量的增长,对水资源和土地资源的需求量增加,人畜饮水、农牧业生产及生态用水的短缺问题不断加剧。

示范区属国家重点治理黄河一级支流皇甫川流域的砒砂岩丘陵区,沟壑占总土地面积的 30%。由于夏季降雨集中强度大,每逢暴雨地面冲刷强烈,土壤侵蚀模数高达 10 000 t/($km^2$·a)。示范区以居住分散、传统的农牧复合型生产经济为特征,牧业用地占土地总面积的 70%,植被稀疏,生产力低下。地表水和地下水资源缺乏,地表径流的季节变化与年际变化都很大,人均水资源量 280.5 $m^3$,利用率仅 29%。20 世纪 80 年代以来,在沟道建设了一批小型水库和塘坝,上游提水,下游自流,发展农田和草地节水灌溉;同时利用荒坡、道路作为集雨面,修建旱井和水窖集蓄雨水发展补充灌溉;实施梯田、水平沟、鱼鳞坑等水土保持整地工程,减少了地表径流对土壤的冲刷,改善了植物生长的水土环境,初步解决了人畜饮水问题,提供了部分造林种草生态用水。

实施集雨节水灌溉工程,使部分坡面退耕还林还草地和旱作农田具备了补灌条件,饲草料作物得以实现高产高效。人工植被营建全部实行坐水栽植技术,40% 的面积能做到喷灌或滴灌 1 次。试验表明:坐水栽植的苗木,苗齐苗壮,未坐水栽植的出苗率只有 75%。

**(二)畜牧业生产现状**

由于草地面积较大,示范区在历史上形成了农牧复合生产格局,畜牧业占较大比重。畜种结构以绵羊和山羊为主,饲料来源为天然草地、灌木林地及农作物主副产品。畜牧业与草地游牧业相比,对人工种植的作物依赖性更强。由于区位条件与生产条件差,饲养技术落后,牧业产值仅占农业总产值的 37%,农牧民人均纯收入仅 1 478 元。合理利用草地和充分发挥农作物秸秆资源丰富的优势是发展种草养畜、增加农民收入的有效途径。

虽然人均占有草地达 2.67 多 $hm^2$,但历史形成的粗放型畜牧业仍无明显改观。由于人口增长过快和大量垦殖,缩小了放牧空间,草地超载过牧引起植被退化,加剧了水土流失。

## 二、畜牧业生产存在的问题

占土地总面积 80% 以上的旱坡地不适宜发展高耗水粮食作物与经济作物,适宜种植灌草。以退耕还林还草和水土保持为中心的生态环境建设为示范区发展生态畜牧业创造了条件。发展生态畜牧业必须实行林草建设与作物秸秆资源转化相结合、放牧与舍饲养殖相结合,并注重解决以下存在的问题。

**(一)水资源是限制区域畜牧业生产的关键**

水是维系林草植被建设、农牧业生产和群众生活的最重要资源,尤其在干旱、半干旱地区,更是植物生长和人工植被建设的主要限制性因素。黄土丘陵区因水土流失导致的缺水与农牧业生产及植被营建的矛盾日益突出,加上生产条件和基础设施差,难以抵御各种自然灾害,严重制约畜牧业的发展,畜牧业生产水平低下。百亩草地载畜量仅 8.5 个羊单位,而美国类似地区是 33 个羊单位。

### (二)坡地水土流失严重

示范区坡陡沟深,降雨集中强度大,如2003年7月30日历时6 h 27 min降雨91.8 mm,2004年8月10日历时2 h 28 min降雨104.7 mm。年降雨日数平均73 d,多为无效降水,5 mm以上有效降水日数平均仅21 d,能产流的中雨(10 mm以上)至暴雨多发生在7月和8月。强降雨形成的地表径流冲刷土壤,导致水土和肥料大量流失,地表和地下水资源匮乏。

### (三)林草建植技术落后,抗旱能力差

春旱常使人工草地播种困难,夏旱影响灌草生长和发育。降水大部分被蒸发损失掉,仅靠少量入渗水难以满足牧草的生长需要。1988~1997年10年林草建设中,牧草平均出苗率40%~90%,盖度32%~70%,单位面积产草660~1 890 $kg/hm^2$,丰水年和干旱年造林种草的出苗率、成活率、生长状况和产量的差异都很大。

### (四)坡地集雨蓄水工程滞后

20世纪80年代以来,示范区因地制宜地建设了一批小水库和塘坝,利用荒坡、道路集雨贮存于水窖和旱井中,并在坡地修建梯田、水平沟、鱼鳞坑蓄水保土,取得了一定效果,但数量和规模都不够,主要是初步解决了人畜饮水困难、庭院种植果菜灌溉和大田播种坐水的需要,能用于草地建设的生态用水极少。

### (五)饲草转化率低

畜牧业生产的基础设施很差,棚圈简陋,饲草整喂、饲料单一,冬春饲草料不足,家畜个体生产性能低。畜群结构不合理,种畜母畜少,优质品种缺乏。畜产品加工率低,科技含量不高、市场开拓不够,养殖业经济效益很低。

畜牧业生产的出路在于建设集雨蓄水工程,控制水土流失,恢复坡地植被,探索"集雨-高效种植-饲草转化-高效养殖"的生态畜牧业生产发展模式。

## 第二节　半干旱黄土丘陵区的植被恢复、营建与保护

根据区域地形和水土流失的特点,通过坡面整地和林草覆盖拦截地表径流,涵养水源,绿化荒山,建设舍饲养殖业饲草基地。坡面林草布局采取陡坡挖水平沟、鱼鳞坑整地,坑内栽种柠条、山杏、油松混交林,缓坡面种植紫花苜蓿、沙打旺、冰草等优良牧草,促进天然植被恢复。集雨节水等水利技术、林草建植技术、农艺技术和养殖技术有机结合,走出一条综合利用现有水土资源、保护生态环境的可持续发展道路,取得了显著的经济、生态效益和社会效益。

### 一、植被恢复

历时20多年的皇甫川流域水土保持综合治理的实践证明:植被营建与封育是区域植被恢复的重要措施。不同治理措施之间进行比较,坡面水土保持工程整地样方的植物物种比封育自然恢复样地多2~6种/$m^2$,草群高度高出8~34 cm,植被盖度提高5%~30%,地上生物量增加88%~91.5%。在造林措施中,灌木林对于天然植被恢复的效果好于乔木,物种丰度可达到14~20种/$m^2$,草群高度可达到65~81 cm,植被盖度可达到

30% ~45%，灌丛与天然植被结合可提高盖度。不同种草措施中，紫花苜蓿由于根系分布深广，可与天然草本植物长期混生并常常在群落中居于优种地位，生物量占到天然植物群落的30% ~50%，对提高天然草地植物群落的稳定性和生产力具有较大作用。单一造林、种草及水土保持整地工程对于加快植被恢复进程的效果是很有限的，只有利用不同树种、不同草种结合不同整地工程措施，因地制宜合理配置，才能使各项水土保持措施发挥出综合效益。在林草复合措施中，水土保持工程措施发挥了拦蓄地表径流和固持泥沙的作用，为植物生长创造适宜的小环境。林草可阻滞降水径流，增加土壤入渗，改善土壤理化特性，物种丰度可达到10 ~22 种/$m^2$，草群高度可达到40 ~129 cm，植被盖度可达到40% ~70%，地上生物量可增加412.9 g/$m^2$。

自20世纪80年代开展综合治理以来，水土流失重点治理区的林草面积显著增加，但林草资源仍难以转化为畜牧业商品优势，主要是由生态畜牧业先进适用技术的集成和应用迟滞引起的。

## 二、林草建植技术

林草建植必须在林草品种选择、合理配置和栽植技术科学设计的基础上进行。示范区放牧草地有40% ~60%为稀疏低矮的退化草地，20% ~40%为撂荒地次生演替植被。在植被建设中，应综合运用水土保持工程整地措施与林草建植措施，增加人工植被，尽快促进大范围的天然植被恢复。其主要内容包括：退耕坡地集雨蓄水整地与林草带状配置技术、饲草品种引进筛选技术、牧草播种技术以及集雨补灌技术中对需水量和需水关键期的掌握，在此基础上构建以提高降水利用率为中心的林草建植增产配套技术。

### （一）退耕坡地蓄水保土整地与林草带状营建技术

研究表明：半干旱黄土丘陵区坡面林草地的土壤水分在多数年份处于亏缺状态。根据在裸露坡面所产生的28次降雨过程的测定，径流系数为37.6%，入渗系数为63.4%；而同期有水土保持工程整地措施的坡面径流系数降低到7.7%，入渗系数为92.3%。

坡耕地处于区域地貌较高部位，是暴雨产流的主要场所。实施林草建植必须采取相应的坡面水土保持整地工程，以固土拦蓄，增加土壤水分，促进林草生长。在退耕坡地通常通过布设水平沟和鱼鳞坑控制坡面水土流失，沿等高线挖水平沟及鱼鳞坑带状整地，先整地造林，后带间种草。坑内植苗或直播造林，形成2 ~4 m宽的防护林带；林带间沿等高线条播人工牧草，形成5 ~10 m宽（视坡度而定）的草带。林带还可减少地表风蚀、遮蔽烈日、有效减少土壤水分蒸发。草层可拦蓄径流，增加降雨入渗。

#### 1. 坡地水土保持整地工程

大量试验证明：2 ~4 m宽的防护林带，带间种植牧草可获得较高生长量；4 m以上防护林带则不利于牧草生长。水平沟及鱼鳞坑按防御10年一遇暴雨标准设计。坡面来水量计算公式为：

$$W_{来} = \alpha \cdot H_{24,10\%} \cdot F$$

式中：$\alpha$为径流系数，取43%；$H_{24,10\%}$为示范区10年一遇最大日降水量，取123.5 mm；$F$为坡面面积，$m^2$。

退耕坡地水土保持蓄水整地工程不同坡度整地规格及林草带宽度优化设计见表6-1。

表 6-1　不同坡度整地规格及林草带宽度优化设计

| 坡度(°) | 林带宽(m) | 整地规格 | 草带宽(m) |
|---|---|---|---|
| 6~7.5 | 1.5 | 两行鱼鳞坑,长径 0.5 m,短径 0.4 m,深 0.5 m,表土回填,生土在坑下方筑土埂,两坑左右间距 1 m,上下水平间距 1.5 m,“品”字形排列 | 13 |
| 7.5~10.7 | 2 | 两行鱼鳞坑,长径 0.8 m,短径 0.6 m,深 0.5 m,两坑左右间距 1 m,上下水平间距 2.0 m | 10 |
| 10.7~13.3 | 3.0 | 两行鱼鳞坑,长径 0.8 m,短径 0.8 m,深 0.6 m,两坑左右间距 1 m,上下水平间距 2.5 m | 8.5 |
| 13.3~15.2 | 3.0 | 两行鱼鳞坑,长径 1 m,短径 0.8 m,深 0.6 m,两坑左右间距 1 m,上下水平间距 2.5 m | 6.5 |
| 15.2 以上 | 2 | 一行水平沟整地,沟上口宽 0.6 m,下口宽 0.4 m,沟长 2 m,沟左右间距 0.5 m | 5.6 |

整地造林方法:头一年雨季前水平沟或鱼鳞坑带状整地以拦截坡径流及泥沙,当年秋季或次年春季坑内补栽山杏、枣树或柠条苗,形成行间的混交林带。

2. 坡面整地工程对土壤含水量的影响

影响坡面整地工程土壤含水量的主要因素有:降水量、整地工程、土壤质地、植被盖度、土层厚度、坡度、坡位、坡向等。其中降水量是首要因素,其他因子通过影响降水的坡面分配和土壤水运动而间接影响土壤含水量。

(1)整地工程对土壤含水量垂线变化的影响。由表 6-2、图 6-1 可以看出,水平沟和鱼鳞坑的土壤含水量明显高于草坡,特别是表层和深层。草坡则不但表层易旱,深层土壤贮蓄水分能力也很差。不同整地工程降雨后土壤水分的分布均以 10~30 cm 深度处最高,30~50 cm 深度处最低。

(2)不同整地措施对土壤含水量的影响。通过试验,≥10 mm 的降雨才对坡地 20 cm 深度以下土壤水有所补充,虽然此时在坡耕地上易产生水土流失,但可通过水土保持整地工程实现天然降水的局部叠加,以增加下层土壤含水量和总贮水量。上层土壤水分不足时,下层土壤水可通过毛管作用上移补给。

由于示范区气候干燥,地表覆盖可减少土壤水分无效蒸发。以枯草覆盖效果最好,有效期长且不影响入渗,春季还可降低地温,推迟树木萌发,减缓春季供水短缺的矛盾。

表 6-2　水土保持整地工程在不同降雨强度下对土壤含水量的影响　(%)

| 不同深度(cm) | 整地措施 | 降雨 12.9 mm (7月26日) | 降雨 30.7 mm (7月29日) | 降雨 11.8 mm (8月7日) | 降雨 104.7 mm (8月10日) | 降雨 58.4 mm (8月12~15日连阴雨) | 降雨 66.4 mm (8月20~21日连阴雨) | 降雨 20 mm (7月26日) |
|---|---|---|---|---|---|---|---|---|
| 0~10 | 坡面 | 18.02 | 12.22 | 9.86 | 16.12 | 18.07 | 18.98 | 14.73 |
| | 水平沟 | | 18.35 | 20.02 | 22.75 | 18.96 | 18.2 | 20.45 |
| | 鱼鳞坑 | 20.27 | 17.21 | 26.11 | 21.31 | 23.8 | 16.64 | 17.54 |

续表 6-2

| 不同深度(cm) | 整地措施 | 降雨 12.9 mm (7月26日) | 降雨 30.7 mm (7月29日) | 降雨 11.8 mm (8月7日) | 降雨 104.7 mm (8月10日) | 降雨 58.4 mm (8月12~15日连阴雨) | 降雨 66.4 mm (8月20~21日连阴雨) | 降雨 20 mm (7月26日) |
|---|---|---|---|---|---|---|---|---|
| 10~20 | 坡面 | 12.44 | 13.61 | 11.11 | 16.54 | 19.19 | 19.60 | 17.69 |
| | 水平沟 | | 16.94 | 20.59 | 22.03 | 18.42 | 18.37 | 23.01 |
| | 鱼鳞坑 | 18.68 | 20.92 | 13.12 | 19.73 | 18.84 | 16.04 | 15.47 |
| 20~30 | 坡面 | 7.93 | 11.38 | 10.86 | 14.49 | 19.75 | 24.10 | 18.14 |
| | 水平沟 | | 16.96 | 19.83 | 22.75 | 21.52 | 18.18 | 23.6 |
| | 鱼鳞坑 | 10.56 | 17.78 | 9.27 | 27.83 | 18.29 | 15.98 | 22.38 |
| 30~50 | 坡面 | 7.82 | 9.04 | 8.42 | 10.91 | 18.86 | 19.79 | 17.46 |
| | 水平沟 | | 17.71 | 17.74 | 23.86 | 22.09 | 18.32 | 22.06 |
| | 鱼鳞坑 | 6.80 | 17.34 | 8.64 | 18.57 | 17.08 | 17.61 | 24.14 |

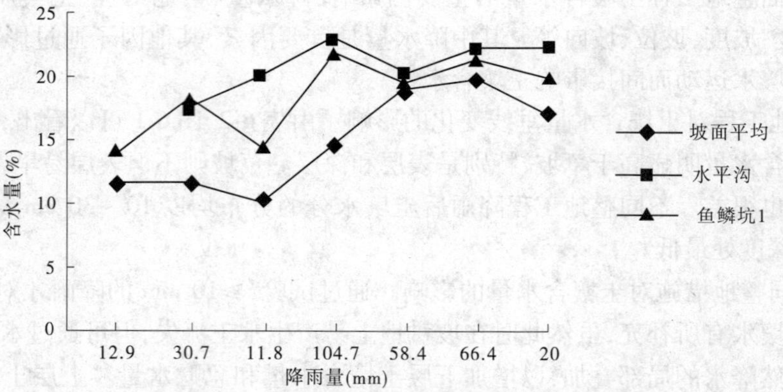


**图 6-1 不同降雨强度下不同整地措施对土壤含水量的影响**

(图中曲线为 0~50 cm 土壤平均含水量曲线)

## (二)牧草建植增产配套技术

1. 饲草品种引进和筛选

该研究完成了引进 10 余种牧草和饲用作物的栽培和生产性能试验,比较了集雨节水补灌与旱作两种不同条件下的出苗、生长和产量,结果表明:在准格尔旗梁峁丘陵区,中苜1号、苜蓿王、创新苜蓿、美国苜蓿和敖汉苜蓿等品种的耐寒性强,生长速度快,生产性状好,比当地品种准格尔苜蓿增产 41.2% ~130%。

本地人工草场尚无适宜的优良禾本科牧草。通过引种试验,老芒麦、无芒雀麦、高羊茅等耐寒性强,生长速度快,生态适应性强,综合性状优良,填补了当地无禾本科牧草栽培的空白。

高丹草是由苏丹草与高粱杂交育成的新型饲草作物,高产优质,在示范区一年可收获两茬以上。集雨补灌 225 $m^3/hm^2$ 后，每公顷产鲜草 109 089 kg，高出当地牧草产量 8.5 倍；青贮玉米集雨补灌 225 $m^3/hm^2$ 后，每公顷产鲜草达 75 000 kg。

2. 牧草种子水浸预措促进成苗技术

常规牧草播种期为雨季前或雨季中抢墒播种。由于牧草种子萌发率低，发芽不整齐和发芽期长，往往当年苗弱，易受春夏干旱与酷热的威胁，播种当年的成活率与产草量都低，干草产量仅 66.8 ~ 237 $kg/hm^2$。采用种子水浸预措处理技术可提早萌芽且出苗整齐度高，并能提高种子萌发速度和苗期抗旱能力。可提前到雨季前播种，苗期过后正值雨季，有利于牧草快速生长提前利用。当年单产比常规播种提高 3.5 ~ 4.5 倍。示范区经多年品种引选，生长及产量表现较为突出的牧草有老芒麦、披碱草、准格尔苜蓿、沙打旺和蒙古冰草等。

1）牧草种子吸水特性研究

牧草种子吸水和抗旱特性试验研究表明：牧草种子一般不存在休眠现象，播种后吸水速率很快，特别是豆科牧草，如准格尔苜蓿水浸 12 h 左右种子吸水就基本达到饱和；禾本科牧草种子吸水速率稍慢，需 30 h 左右达到饱和。但牧草种子的萌发速率普遍较慢，其中豆科牧草种子萌发要比禾本科快一些。

2）不同回干时间牧草种子的发芽率和抗旱特性

对牧草种子进行吸水—脱水处理，即在常温下浸泡直至种子吸涨达到饱和，然后测定不同回干时间的发芽率。吸涨后的牧草种子经一定时间回干后，种子萌发率降幅仅 9% ~ 29%，这表明其具有较强的耐旱性，多数种子回干后仍具有萌发能力，但回干后温度越高萌发率下降越多。

浸水处理种子播后遇连续干旱会降低出苗率，当地农牧民称之为“闪苗”。试验表明：牧草种子经水浸已开始萌动，播后遇及时降雨要比未处理种子出苗早且整齐，出苗率可达 95% 以上。

3）牧草种子浸水处理后的生长强度及生物量

准格尔苜蓿、沙打旺等豆科牧草种子水浸 12 h 左右，老芒麦、冰草等禾本科牧草种子浸泡 30 h 左右，吸水饱和后捞出置阴凉处，风干后播种。播种期为 5 月中旬（遇春旱，墒情不好，可推迟到 6 月初播种），比较其与对照的出苗率及产草量。

（1）牧草种子浸水处理播种第一年地上生物量（见表 6-3）。试验结果：当年浸水处理的牧草种子播后如及时降雨，可促使已萌动种子及时发芽；出苗比对照提早 6 d 且整齐，株高比对照平均高 2 cm，产草量也相应提高。

（2）牧草种子浸水处理生长第二年地上生物量。第二年牧草种子浸水处理的株高明显高于对照，地上生物量增加 25%，单产也相应提高。

由图 6-2 可以看出，第二年地上生物量以单播浸水处理准格尔苜蓿最大，其次为准格尔苜蓿 + 老芒麦混播组和准格尔苜蓿 + 冰草混播组，再次为对照（单播未处理的准格尔苜蓿），最小的是准格尔苜蓿 + 老芒麦 + 沙打旺混播。

表 6-3　不同牧草种子浸水处理播种第一年地上生物量

| 生长年限 | 生物量(干重)($kg/hm^2$) | | | | | | | | | | | |
|---|---|---|---|---|---|---|---|---|---|---|---|---|
| | 对照 | 浸水处理 | | | | | | | | | | |
| | 单播 | 单播 | 混播 | | 混播 | | 混播 | | | 混播 | | |
| | 准格尔苜蓿 | 准格尔苜蓿 | 准格尔苜蓿 | 老芒麦 | 准格尔苜蓿 | 冰草 | 准格尔苜蓿 | 老芒麦 | 沙打旺 | 准格尔苜蓿 | 冰草 | 沙打旺 |
| 1 年 | 1 228.5 | 1 633.5 | 1 020.0 | 304.5 | 1 054.5 | 238.5 | 783.0 | 426.0 | 102.0 | 868.5 | 202.5 | 192.0 |
| 合计 | 1 228.5 | 1 633.5 | 1 324.5 | | 1 293.0 | | 1 311.0 | | | 1 263.0 | | |

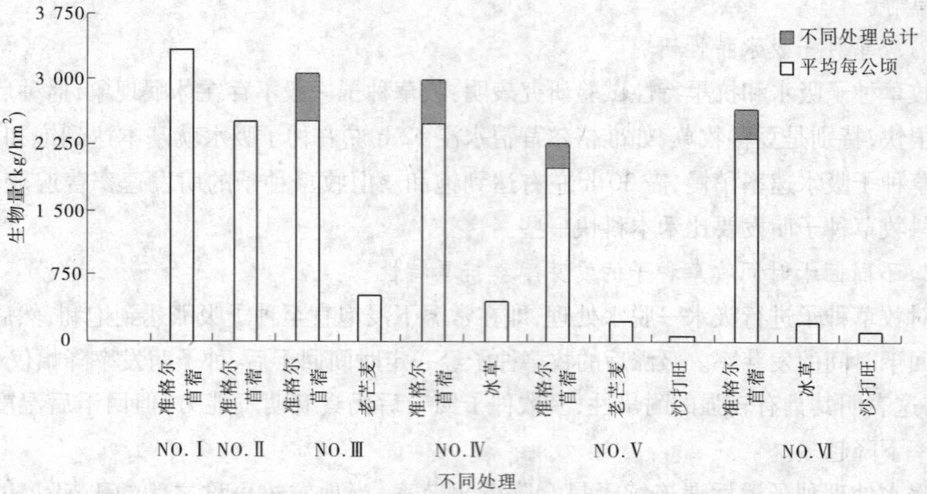


图 6-2　不同牧草种子浸水处理生长第二年的地上生物量

NO. Ⅰ—准格尔苜蓿浸水处理;NO. Ⅱ—对照;NO. Ⅲ—准格尔苜蓿及老芒麦浸水处理后混播;
NO. Ⅳ—准格尔苜蓿及冰草种子浸水处理后混播;NO. Ⅴ—准格尔苜蓿、沙打旺及老芒麦种子浸水处理后混播;
NO. Ⅵ—准格尔苜蓿、沙打旺及冰草种子浸水处理后混播

3. 牧草混播技术

禾本科牧草根系主要集中于 0~25 cm 土层,地上部叶丛多分布在 30 cm 以下;豆科牧草根系多集中于 20~40 cm 土层,地上部叶丛主要集中在 30 cm 以上。禾本科与豆科合理配置可使草地尽快形成较稳定的群落结构和优质高效的干物质生产能力。混播牧草能充分利用光热、水分和养分,有利于土壤团粒结构的形成、改善和增加有机质,而且混播牧草的品质好,营养物质配比适中,适口性和可消化率均高于单播牧草。

牧草配置方案:准格尔苜蓿 + 老芒麦 + 沙打旺,混播比例为 35∶35∶30;准格尔苜蓿 + 披碱草,混播比例为 65∶35。

牧草混播技术:两种牧草混播的播量应为单播的 80% 左右。三种牧草混播,若两种是禾本科,一种是豆科,禾本科播量为单播的 35% ~40%,豆科播量为单播的 80%(单播播量:准格尔苜蓿 7.5~15 $kg/hm^2$,披碱草 22.5~30 $kg/hm^2$,老芒麦 22.5~30 $kg/hm^2$,沙打旺 15~22.5 $kg/hm^2$)。覆土深 2 cm 左右,采取条播。

(1)混播与单播牧草的根系分布。单播牧草的平均根深大于混播,但混播的豆科牧草有主根,根系主要分布在30 cm以下土层;禾本科牧草的根系为须根,主要分布在30 cm以上土层。因此,混播牧草的固结土壤范围及利用土壤养分、水分能力均大于单一牧草,有利于牧草产量和植被盖度的提高(见表6-4)。

表6-4　混播与单播牧草的根系分布与地上部分长度　（单位:cm）

| 方式 | 牧草名称 | 一年生平均 | | | 二年生平均 | | | 三年生平均 | | |
|---|---|---|---|---|---|---|---|---|---|---|
| | | 主根长 | 根粗 | 地上部分长度 | 主根长 | 根粗 | 地上部分长度 | 主根长 | 根粗 | 地上部分长度 |
| 单播 | 准格尔苜蓿 | 33 | 0.30 | 27.8 | 124.6 | 0.3 | 27.9 | 149.8 | 0.46 | 51.3 |
| | 披碱草 | 8.3 | | 10.0 | 30.6 | | 36.7 | 38.2 | | 42.0 |
| 混播 | 披碱草 | 8.0 | | 9.6 | 28.6 | | 34.5 | 33.5 | | 40.2 |
| | 老芒麦 | 8.1 | | 9.7 | 29.2 | | 37.0 | 35.6 | | 42.7 |
| | 准格尔苜蓿 | 17.5 | | 22.8 | 107.5 | 0.25 | 30.6 | 143.2 | 0.39 | 48.6 |

(2)混播与单播牧草盖度及产草量。不同配置、不同生长年限的盖度及产草量实测表明:第一年混播牧草盖度与单播相差不大,第二年混播比单播提高5%,产量提高35%。准格尔苜蓿+沙打旺+老芒麦的配置优于准格尔苜蓿+披碱草(或准格尔苜蓿+老芒麦),见图6-3。

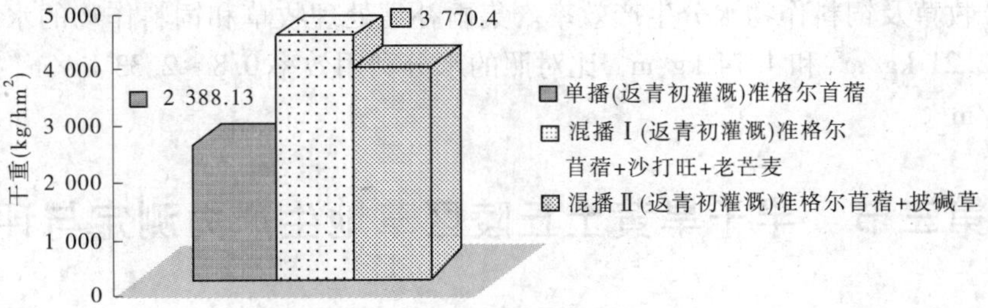


图6-3　单播与混播牧草产量的比较

4. 需水关键期集雨补灌技术

通过建设集雨节水灌溉工程,解决草地建设生态用水要抓住需水关键期。本地区牧草返青期和饲草料作物播种期为4月中下旬至5月,此期温度上升迅猛,干燥多风,及时补灌有利于全苗和增产。

(1)集雨补灌技术。采用全移动式喷灌带,牧草返青期补灌150~225 $m^3/hm^2$,夏旱时补灌225~300 $m^3/hm^2$;饲草料作物坐水种用水45 $m^3/hm^2$,拔节期滴灌带补灌150~225 $m^3/hm^2$,夏旱时补灌225~300 $m^3/hm^2$。

(2)补灌对牧草生长及产量的影响。牧草返青期正值春旱,补灌前0~20 cm土壤含水率为7.5 %,补灌量为219 $m^3/hm^2$,补灌后土壤含水率提高到12.5%,可有效提高牧草返青率。采用类似小雨带的全移动式喷灌带投资仅834.45元/$hm^2$,搬运收藏方便易操作,抗堵塞性能好。本试验选择管径40 mm、壁厚0.2 mm、额定工作压力水头3~5 m、长度100 m、湿润度1.5~4 m、喷洒高度1.1~1.5 m的5孔喷灌带,带间距4 m。

牧草返青期遇到持续春旱，土壤含水量达到萎蔫系数的 6.3% 时，准格尔苜蓿补灌比对照产草量增加 21.6%，盖度提高 5.8%。不同生育期生长高度均与对照有明显差异，能提高牧草的生长速度(见表 6-5)。

**表 6-5　牧草需水关键期补灌与旱作草地产草量与盖度的对比**

| 方法 | 处理 | 品种 | 生长年限 | 盖度(%) | 产草量(干重)($kg/hm^2$) | 增产量($kg/hm^2$) | 增产率(%) | 盖度提高率(%) |
|---|---|---|---|---|---|---|---|---|
| 单播 | 旱作 | 美国苜蓿 | 2 | 51 | 1 978.1 | | | |
| | | 准格尔苜蓿 | 2 | 52 | 1 964.3 | | | |
| | 返青期灌溉 | 美国苜蓿 | 2 | 60 | 3 015.7 | 1 037.6 | 52.5 | 17.6 |
| | | 准格尔苜蓿 | 2 | 55 | 2 388.1 | 423.8 | 21.6 | 5.8 |
| 混播 | 旱作 | 准格尔苜蓿、沙打旺、老芒麦 | 2 | 56 | 2 765.6 | | | |
| | | 准格尔苜蓿、披碱草 | 2 | 53 | 2 548.2 | | | |
| | 返青期灌溉 | 准格尔苜蓿、沙打旺、老芒麦 | 2 | 60 | 4 666.4 | 1 900.8 | 68.7 | 7.1 |

**注：**采用全移动式喷灌带，灌水量为 219 $m^3/hm^2$。

(3)牧草及饲料作物水分生产效率。集雨补灌处理牧草和饲料作物的水分利用效率分别为 2.21 $kg/m^3$ 和 4.74 $kg/m^3$，比对照的水分利用效率 0.8 ~ 2.33 $kg/m^3$ 提高 1.41 ~ 2.41 $kg/m^3$。

## 第三节　半干旱黄土丘陵区草地生产力测定与评价

### 一、草地生产力现状

半干旱黄土丘陵沟壑区天然草地占土地总面积的 70% 以上，原生植被是以本氏针茅、隐子草为建群或优势种的典型草地，草群高度 32 ~ 55 cm，植被盖度 40% ~ 70%，实测代表性天然草地的生产力达 2 524.5 $kg/hm^2$(干物质)。但经过长期农垦和放牧，原生植物现已被百里香、本氏针茅、冷蒿、萎陵菜等退化植物占优势的群系代替，绝大部分草地成为植被稀疏的退化草地、撂荒地和基岩裸露的侵蚀沟，草地生产力很低。20 世纪 90 年代测定的草地平均鲜草产量为 750 $kg/hm^2$，每公顷载畜量仅 0.5 个羊单位，超载过牧严重。退耕坡地人工草地以沙打旺、紫花苜蓿、羊柴、披碱草为主，干物质单产 1 384 ~ 3 680 $kg/hm^2$。

### 二、草地生产力测定与评价

示范区 2002 ~ 2004 年在每年 6 月中旬、8 月底及收获期对代表性人工草地、天然草地和饲草料作物，进行不同利用方式和栽种史的生产力、植被特征(种群结构和重要性)以及生产潜力的调查测定，评估示范区饲草料资源、生产力现状及牲畜承载潜力；调查牲畜数目、种类、饲养方式及相关因素,对示范区产业结构调整、畜牧业生产方式转变和草畜平衡问题进行分析评价,提出促进示范区经济发展、农民增收和生态环境改善的生态畜牧业生产模式,并提出与之相应的配套技术措施和种植结构调整方案。

**(一)草地生产力测定**

草地放牧是最经济的畜牧业生产方式,但为了保护植被,放牧必须适度合理。放牧家畜的营养需要具有长年的相对稳定性,而牧草生长则具有明显的季节性。早春是牧草消耗根部养料进行萌发的时期,放牧啃食和干旱对牧草生长发育的危害很大,春季禁牧是恢复草地生态和实现畜牧业可持续发展的有效措施。

连续3年在6月中旬或月底选择有代表性的地块对人工草地和天然草地的植被分别测定不同利用方式和栽植史的草地生产力,调查草地植被特征(建群种、主要种及重要性),评估草地的生产力。

调查测产方法:随机选取1 $m^2$ 样方齐地刈割,分草种称鲜重,阴干后称干重。

1. 天然草地

示范区天然草地属于典型干旱丘陵草地。植被群落以短花针茅、黑沙蒿、草木樨状黄芪和其他旱生杂草为主。草质粗糙,饲用价值不高,一年生植物和矮小灌木占很大比例。禾本科植物生物量较小,主要有短花针茅、隐子草、白草、狗尾草等,菊科比例较大。土质是细沙土,土壤瘠薄、水土流失严重。近几年通过禁牧,草地植被盖度由30%提高到55%左右。草地生产力存在地形及季节性差异,产草量330.15~1 734.45 kg/$hm^2$,单产由747.90 kg/$hm^2$ 提高到1 355.18 kg/$hm^2$(见表6-6)。

表6-6　2002~2004年示范区天然草地生产力调查

| 年份 | 样地特点 | | | 样方数 | 样方面积($m^2$) | 植物组成 | 主要种类 | 估产(干重)(kg/$hm^2$) |
|---|---|---|---|---|---|---|---|---|
| | 坡向 | 坡度(°) | 土质 | | | | | |
| 2002 | 阳坡 | 5 | 上坡生长柠条沙土地 | 3 | 1 | 黄花蒿及沙生棘豆 | 黄花蒿 | 330.15 |
| | 阳坡 | 15 | 土质一般 | 9 | 1 | 黄花蒿、草木樨状黄芪及隐子草 | 黄花蒿 | 435.6 |
| | 典型阴坡 | 30 | 沙土有小石块 | 3 | 1 | 草木樨状黄芪、针茅及铁秆蒿 | 铁秆蒿 | 1 413.6 |
| | 阴坡 | 20 | 土质较好硬,暗褐 | 3 | 1 | 草木樨状黄芪、苔草及铁秆蒿 | 草木樨状黄芪 | 812.25 |
| | 平均 | | | | | | | 747.90 |
| 2003 | 平地,退化草地 | 0 | 土质较好硬,暗褐 | 3 | 1 | 黄花蒿及阿尔泰狗娃花 | 黄花蒿 | 1 699.95 |
| | 阳坡 | 5 | 沙土土质硬 | 3 | 1 | 阿尔泰狗娃花和针茅 | 阿尔泰狗娃花 | 718.95 |
| | 半阴坡 | 20 | 土质一般 | 3 | 1 | 黄花蒿及阿尔泰狗娃花和杂草 | 黄花蒿 | 788.10 |
| | 典型阴坡 | 30 | 沙土有小石块 | 3 | 1 | 胡枝子及铁秆蒿 | 铁秆蒿 | 1 385.40 |
| | 平均 | | | | | | | 1 148.10 |

续表 6-6

| 年份 | 样地特点 | | | 样方数 | 样方面积($m^2$) | 植物组成 | 主要种类 | 估产(干重)($kg/hm^2$) |
|---|---|---|---|---|---|---|---|---|
| | 坡向 | 坡度(°) | 土质 | | | | | |
| 2004 | 平地,退化草地 | 0 | 土质较好质硬,暗褐色 | 3 | 1 | 黄花蒿及阿尔泰狗娃花 | 黄花蒿 | 1 734.45 |
| | 阳坡 | 5 | 沙土土质硬 | 3 | 1 | 阿尔泰狗娃花和针茅 | 阿尔泰狗娃花 | 807.45 |
| | 半阴坡 | 20 | 土质一般 | 3 | 1 | 黄花蒿及阿尔泰狗娃花和杂草 | 黄花蒿 | 1 295.85 |
| | 典型阴坡 | 30 | 沙土有小石块 | 3 | 1 | 胡枝子及铁杆蒿 | 铁杆蒿 | 1 582.95 |
| | 平均 | | | | | | | 1 355.18 |

2. 人工草地

人工草地因立地条件、品种、种植年限及经营管理不同,产草量 682.5 ~3 517.2 $kg/hm^2$(见表6-7)。以豆科牧草为主,单播准格尔苜蓿居多,混播牧草也占一定比例,以准格尔苜蓿和沙打旺居多。由于草木樨植株较高、生物量大且生长快,可较早利用,准格尔苜蓿与草木樨也有一定的混播面积。草木樨为两年生牧草,单播准格尔苜蓿的使用年限则较长,单位面积产草量也相对混播牧草更高。在产草量上人工草地与天然草地差别不是很大,但人工草地的饲用价值和利用率更高。

表 6-7 2003 ~2004 年示范区人工草地生产力调查 (单位:kg)

| 种植方式 | 生长年限 | 牧草品种 | 常规播种平均每公顷产干草 | 补灌平均每公顷产干草 |
|---|---|---|---|---|
| 单播 | 1 | 准格尔苜蓿 | 682.5 | 1 228.5 |
| | 2 | 准格尔苜蓿 | 1 511.55 | 2 385 |
| | 3 | 准格尔苜蓿 | 2 383.65 | 3 015 |
| | 4 | 准格尔苜蓿 | 2 443.2 | 4 665 |
| | 5 | 准格尔苜蓿 | 3 517.2 | |
| | 6 | 准格尔苜蓿 | 2 086.05 | |
| | 平均 | | 2 104.03 | 2 823.38 |

## (二)草地生产力评价

1. 畜牧业生产现状评价

养殖业是示范区农户收入的主要来源之一,主要是绒山羊和肉毛兼用绵羊,养殖规模不大,户均20 只左右,多的50 只,少的10 只。1998 年实施禁牧以来以圈养舍饲为主。夏秋季刈割天然牧草和人工牧草,冬春季以贮备干草和作物秸秆配合精料喂养。饲料中约40% 来自天然草地,30% 来自人工草地,剩下的 30% 来自作物。但因劳动力不足,饲草料加工设施差,完全舍饲的成本较高,饲草料供给已成为制约畜牧业发展的主要因素。

2. 草地季节性利用分析

受植物生长规律的制约,天然草地饲草产出与牲畜需求存在季节性的供需失衡,特别是冬春季饲草供给不足,草畜矛盾尖锐。春季放牧啃食对草被的破坏极大,是草地水土流失的主要原因。发展方向应是充分利用土地资源,走种草养畜之路,带动向草地的投入,把先进耕作技术引入草业生产和生态建设,提高草地生产效益,减轻天然草地放牧压力,以根本解决天然草地的季节性供需失衡问题。

示范区天然草地生产条件恶劣,第一性生产力比较低。如单纯以牲畜数量与草地生产力衡量似乎已超载过牧,但当前实施圈养舍饲,户均羊数减少,且户均拥有作物秸秆资源量大,按饲草料资源总量计算并不存在过牧现象。现状畜均 0.3 $hm^2$ 人工草场,还有 0.787 $hm^2$天然草场供季节性放牧利用,可基本满足育肥羊的饲草需求。户均 1.333 $hm^2$ 耕地所产秸秆以发展季节性舍饲养羊为主,规划饲草料作物结构和种植面积可以满足户均30 只羊、1 头耕畜和1.5 头猪的饲料需求。示范区在羊单位数量一定的情况下,天然草地饲草可供给量与家畜需草量的季节变化见图6-4,可以看出,从全年总量来看,饲草资源与需求是基本平衡的,刈割饲草富余生长量及利用秸秆贮存到冬季,恰好可以弥补冬春之不足。

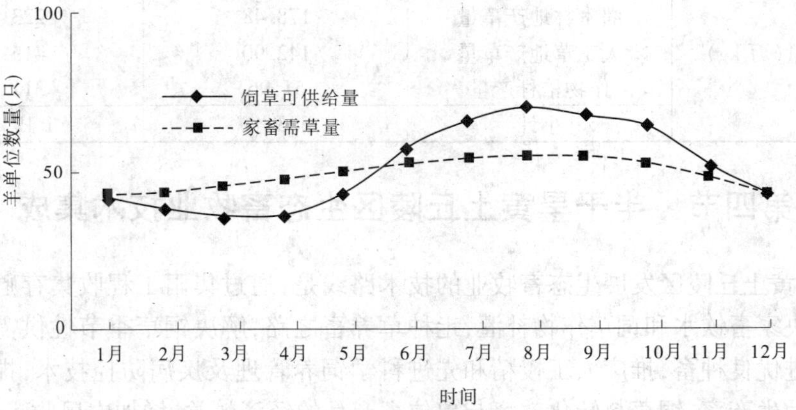


图6-4　示范区天然草地饲草可供给量与家畜需草量的季节变化

对于现有农户家畜数量,冬季贮存饲草料能满足冬春需求。但由于贮藏条件及方式的限制,往往春季缺草时贮藏饲草料已变质不能利用。目前饲草料作物的转化效率较低。如秋季增加出栏率,同时将饲草料作物加工调制后贮藏,能提高饲草料转化效率,冬春饲草料数量应能完全满足舍饲需求。

冬春尤其是春季不宜在天然草地自由放牧,应圈养舍饲。按照畜均天然草地 0.787 $hm^2$ 平均产草 1 350 $kg/hm^2$ 计算,每个羊单位每天需饲草 2 kg,从 6 月初开始放牧计算的 200 d 自由放牧期间内,天然草地的生产量完全能够满足家畜的需求。

3. 畜草平衡分析与评价

示范区处于贫困落后地区,现有农牧结合生产方式,人均年纯收入 1 478 元,主要来自种养业和劳务输出。受自然环境和地形条件制约,全部舍饲的成本较高,饲草料和劳动力不足成为发展畜牧业的主要制约因素。

连续 3 年的草地生产力测定表明:由于天然草地封育改良,单位面积产草量已由 747.9 $kg/hm^2$ 提高到 1 355.25 $kg/hm^2$。实施坡地微地形集雨蓄水整地工程和播种新技术后,单位面积平均产草量由 1 489.5 $kg/hm^2$ 提高到 2 823.45 $kg/hm^2$。集雨补灌牧草单产可达 4 665 $kg/hm^2$。按畜均 0.3 $hm^2$ 人工草场和 0.787 $hm^2$ 天然草场计算,饲草产量完全能满足家畜全年的需要。

饲草料资源载畜能力现状及发展潜力见表 6-8,示范区现状饲草生产能力平均每年 533.41 万 kg,由于饲草料加工调制技术及加工机械普及率低,牧草的饲草利用率仅为 65%,秸秆只为 30%,饲草可食量为 426.73 万 kg。通过集雨补灌措施和种植业结构调整,逐步建立高产稳产饲料地和人工草地;推广人工种草、水肥耦合高效利用技术等,可使人工草地单产提高 80% 以上,作物产量提高 30% 以上。利用农副产品资源和柠条灌木林的枝叶,引进饲草料加工调制机械和技术,可将秸秆和灌木林饲草的转化率提高到 90%。

表 6-8 示范区饲草料资源载畜能力现状及发展潜力

| 项目 | | 现状 | 发展潜力 |
|---|---|---|---|
| 实际饲养量(万个羊单位) | | 0.52 | 1.57 |
| 理论饲养量(万个羊单位) | | 0.73 | 1.64 |
| 饲草资源量(万 kg) | 天然草地产草量 | 160.07 | 245.49 |
| | 灌木林地产草量 | 178.48 | 223.10 |
| | 人工草地产草量 | 142.90 | 415.11 |
| | 作物秸秆产量 | 51.96 | 311.75 |
| | 小计 | 533.41 | 1 195.45 |

## 第四节 半干旱黄土丘陵区生态畜牧业技术集成

半干旱黄土丘陵区发展生态畜牧业的技术路线是:通过集雨工程收集存贮有限的雨水资源,解决家畜饮水和饲草作物补灌,走种草养畜之路,解决饲草季节性供需不平衡问题;通过引进优良种畜,推广人工授精和先进科学饲养管理及疾病防控技术,提高家畜成活率、畜产品生产率、饲草料转化效率与单位畜产品的经济效益,增加农民收入。

集雨生态畜牧业技术主要包括:集雨工程技术、牧草及饲草料作物节水补灌技术、牧草高产种植技术、标准化棚圈舍建设技术、饲草料青贮加工利用技术、良种畜选引及杂交改良技术、杂交肉用畜生产技术等,将这些技术进行集成,使生态养殖技术与集雨节水技术有机结合,构建集雨生态畜牧业生产模式。

示范区饲草资源丰富,但地块破碎、坡度大,适宜发展以养羊为主的畜牧业生产。按照“小群体、大规模”的发展模式,合理利用农业资源,推广饲草料加工调制技术、舍饲养殖技术、人工授精技术等;结合两个基地(人工草地和饲料地)和六个配套(标准化塑料暖圈,活动场地,青贮窖,贮草棚,饲草料加工机械,饮水设施)等基础设施建设,使草地畜牧业逐步实现规模化、标准化、绿色化,成为示范区的支柱产业。

### 一、饲草高效转化技术研究与示范

#### (一)生态畜牧业基础设施建设

生态畜牧业基础设施建设包括标准化圈舍、青贮窖、微贮器及饲草料加工机械建设。建造带有活动场的太阳能半棚式塑料暖圈,使家畜在冬春得以降低维持生理代谢所需的能耗，提高羔羊成活率，一年四季都有相对宽敞通风的活动空间以减少疾病。

1. 作物秸秆加工、贮藏、调制技术应用

利用青贮窖储藏青玉米等饲料(贮量 600 kg/$m^3$)，可缓解春季和夏初家畜对饲草需求与牧草生长的矛盾，一方面可提高饲草料及秸秆的利用率，另一方面可使羊只终年保持较高的繁殖量及生产水平。通过试验研究秸秆加工处理后采食率由 30% 提高到 88.8%，消化率提高 26.6%，最高可达 70%，作物秸杆变废为宝，扩大饲草资源。

2. 标准化舍饲棚圈建设

带有活动场的半棚式塑料暖圈是在常规圈舍的基础上，冬季增加塑料薄膜覆盖保暖，夏季增加活动场以满足家畜生理需要。经试验，每只育肥羔羊最适宜的圈舍占地 1.0 $m^2$，带羔基础母羊每只 1.5 ~ 2 $m^2$；绵羊最适宜的活动场每只 4 $m^2$，山羊活动场每只 6 $m^2$。

**(二)集雨补灌条件下的养殖结构调整**

集雨生态养殖小区按照“小群体、大规模”的模式建设，利于保护和恢复生态，合理利用水草资源。应用前述各项先进技术和基础设施建设，实现畜牧业生产的规模化、标准化和绿色化，使之真正成为本区域的支柱产业。在示范区，通过 20 个集雨生态养殖典型示范户的建设和对养殖结构的试验研究，形成以户为单元的养殖模式，2003 ~ 2005 年养殖结构调整与效益见表 6-9。

表 6-9　示范区以户为单元的养殖结构调整与生产效益

| 项目 | | | 2005 年 | 2004 年 | 2003 年 |
|---|---|---|---|---|---|
| 牲畜结构与生产水平 | 母畜比例 | 肉用羊(%) | 75 | 70 | 65 |
| | | 绒山羊(%) | 65 | 60 | 55 |
| | 良种率 | 肉用羊(%) | 100 | 100 | 95 |
| | | 绒山羊(%) | 90 | 80 | 75 |
| | 出栏率 | 肉用羊(%) | 185 | 150 | 120 |
| | | 绒山羊(%) | 60 | 55 | 50 |
| | 平均个体产量 | 细毛羊产毛量(kg) | 3.5 | 3 | 3 |
| | | 绒山羊产绒量(kg) | 0.66 | 0.66 | 0.65 |
| | | 肉羊 6 月龄出栏活重(kg) | 37 ~ 39 | 35 | 32 |
| 饲草料标准 | 全年舍饲(季节性) | 羊均饲料地($hm^2$) | 0.024 ~ 0.057 | 0.024 ~ 0.057 | 0.024 ~ 0.057 |
| | | 羊均人工草地($hm^2$) | 0.147 ~ 0.38 | 0.147 ~ 0.38 | 0.147 ~ 0.38 |
| | | 羊单位饲料(kg) | 216 ~ 499 | 216 ~ 499 | 216 ~ 499 |
| | | 羊单位饲草(kg) | 767 ~ 1 472 | 767 ~ 1 472 | 767 ~ 1 472 |
| | | 羊单位青贮(kg) | 960 ~ 903 | 960 ~ 903 | 960 ~ 903 |
| 养殖户人均纯收入(元) | | | 2 500 | 2 000 | 1 500 |

注：在饲养水平相同的条件下进行养殖结构调整。

## 二、养殖技术研究与示范

在示范区建设集雨生态养殖示范户的同时,在整个示范区推广集雨生态畜牧业生产技术,2003～2004年陆续完成了2 696只基础良种母畜的调入,通过品种改良使基础母畜发挥了很大效益。

### (一)杂交改良技术

以引进肉羊品种和地方肉羊品种为主构建肉羊合成体系,即以引进肉羊品种无角道赛特或德国美利奴作为父本基因组,以小尾寒羊或当地毛肉兼用绵羊作为母本基因组进行商品杂交,使引进肉羊品种早熟、增重快、产肉多的优势与地方品种羊群体大、适应性强、抗病好、母性好、繁殖高等特点相结合。用于示范区生产羔羊肉,使肉羊形成专业化生产、规模化经营。

由于绒山羊耐粗饲,对草地的破坏力最大。通过人工草地建设,饲草料加工开发技术及舍饲,改变绒山羊的传统生产模式。示范区的现状是:绒山羊良种和改良种比例较低,仅60%;特别是优质绒山羊比例仅25%,个体产绒量低且差异大(0.15～0.8 kg),羊绒综合品质未达到相关标准,有变粗趋势,尤其缺乏优质高产绒山羊品种。我们以优质高产的内蒙古阿尔巴斯白绒山羊种公羊为父本,通过人工授精繁育对养殖户现有低产基础母羊进行改良,改良后代公羔去势后进行1.5～2年的羯羊饲养,生产2次羊绒后育肥出栏。后代母羔生产性状表现优秀的选作后备母羊留作种用,性状一般的育肥出栏。通过应用杂交改良技术,示范区杂种肉羊6月龄出栏效益(见表6-10)明显提高,出栏活重体重由未改良前的32 kg提高到39 kg;绒山羊个体产绒量平均提高0.15 kg,羊绒综合品质达到或接近相关标准,且由粗变细。

**表6-10 示范区杂种肉羊6月龄出栏效益**

| 项　目 | 杂种肉羊月龄 | | |
|---|---|---|---|
| | 0～3月 | 3～5月 | 5～6月 |
| 不同饲养阶段 | 哺乳期 | 生长期 | 育肥期—屠宰 |
| 饲养方式 | 随母羊哺乳,加补饲 | 舍饲或半舍饲 | 半舍饲 |
| 饲草平均日给量(kg) | — | 0.8 | 1.2 |
| 饲料平均日给量(kg) | — | 0.5 | 0.6 |
| 平均日饮水量(kg) | 0.6 | 0.9 | 1.7 |
| 平均日增重(g) | 140 | 130 | 135 |
| 体重(kg) | 18.5 | 34.5 | 39.0 |

注:每年5～10月为青草期,11～翌年4月为枯草期。

### (二)示范户家畜改良的经济效益

通过家畜改良技术的应用,示范户 2004 年养殖业收入比 2003 年增长约 25%(见表 6-11)。

表 6-11　2003 年和 2004 年示范户畜牧业收入调查　　（单位:元）

| 户名 | 年份 | 绒山羊收入 | | | | 绵羊收入 | | | 猪 | 总计 |
|---|---|---|---|---|---|---|---|---|---|---|
| | | 羊绒 | 羊毛 | 羊肉 | 合计 | 羊毛 | 羊肉 | 合计 | | |
| 杨大海 | 2003 | 1 210 | 7 | 840 | 2 057 | | | | | 2 057 |
| | 2004 | 1 320 | 7 | 803 | 2 130 | 33 | | 33 | 3 000 | 5 163 |
| 杨文正 | 2003 | 1 400 | 14 | 1 600 | 3 014 | | | | 2 500 | 5 514 |
| | 2004 | 1 500 | 14 | 2 496 | 4 010 | 90 | | 90 | 2 000 | 6 100 |
| 杨文义 | 2003 | 1 400 | 14 | 1 403 | 2 817 | 50 | | 50 | 1 200 | 4 067 |
| | 2004 | 1 500 | 14 | 2 003 | 3 517 | 150 | | 150 | 1 200 | 4 867 |
| 魏二换 | 2003 | 500 | 30 | 1 400 | 1 930 | 125 | 240 | 365 | 2 000 | 4 295 |
| | 2004 | 1 000 | 10 | 400 | 1 410 | 75 | 384 | 459 | 3 500 | 5 369 |
| 淡三喜 | 2003 | 979 | 4 | 1 500 | 2 483 | | | | 2 400 | 4 883 |
| | 2004 | 1 440 | 5 | 1 400 | 2 845 | | | | 2 530 | 5 375 |
| 杨贵锁 | 2003 | 1 300 | 20 | 800 | 2 120 | | | | 5 000 | 7 120 |
| | 2004 | 1 330 | 20 | 5 600 | 6 950 | | | | 2 140 | 9 090 |
| 杨来福 | 2003 | 1 040 | 7 | 2 280 | 3 327 | 70 | 1 000 | 1 070 | 2 300 | 6 697 |
| | 2004 | 1 652 | 7 | 2 050 | 3 709 | 102 | 2 149 | 2 251 | 1 500 | 7 460 |
| 王林春 | 2003 | 1 320 | 8 | | 1 328 | 180 | | 180 | 3 000 | 4 508 |
| | 2004 | 1 560 | 8 | | 1 568 | 198 | 1 050 | 1 248 | 2 400 | 5 216 |
| 平均 | 2003 | 1 144 | 13 | 1 228 | 2 385 | 53 | 155 | 208 | 2 300 | 4 893 |
| | 2004 | 1 413 | 11 | 1 844 | 3 268 | 81 | 448 | 529 | 2 284 | 6 081 |

### (三)草地散养鸡养殖技术

保护生态环境,发展绿色养殖,越来越被示范区众多农户认识和接受。随着人民生活水平的日益提高,食品安全意识进一步增强,农村散养鸡已成为消费者争相购买的绿色食品。示范区农户居住分散,草地面积大,空气清新,疫病侵入的可能性小,为散养肉、蛋鸡放养提供了理想场所。散养鸡一次性投入不高、见效快,主要以采食野菜、杂草、植物种籽、昆虫为主,配食少量人工混合饲料,产蛋量高,肌肉结实,皮下脂肪适中,蛋、肉鲜嫩,适合市场需求,具有很强的竞争力,散养鸡养殖业是丘陵沟壑山区具有广阔市场前景和较高经济效益的致富产业,适合大力推广。示范区禁牧以后,养殖业结构调整为以生产短、平、快畜产品为主。从 2003 年开始,以示范户为单元进行散养鸡养殖试验。利用牧草生长期(5~11 月)饲养肉鸡,育成期和育肥期以觅食为主,以苜蓿为主的人工草地最佳,每日每只平均补混合精料 0.05 kg(玉米、麸皮及浓缩料)。饲养期 6 个月,体重达 2.5 kg 时出栏,散养蛋鸡育雏到出栏最长2年。根据当地气候条件,每年3~4月开始育雏,全部喂全价配合饲料。饲养4.5~5个月开始产蛋,产蛋1年后育肥出栏,保存率为90%。每只鸡平均可产200枚蛋,蛋重平均55 g,按现价蛋4元/kg,产蛋期1年,扣除买雏鸡费用2.5元/只,投入38.5元,疫病防治费0.8~1.0元/只等,平均每只鸡的纯收入为4.92元,见表6-12。

**表6-12　示范区草地散养鸡示范户养殖收入调查**

| 示范户编号 | 年份 | 规模(只) | 类型 | | 成活情况(只) | | | 投资(元) | | | | 效益预期(元) | |
|---|---|---|---|---|---|---|---|---|---|---|---|---|---|
| | | | 蛋鸡 | 肉鸡 | 各种原因死亡 | 成活数量 | 出栏数 | 合计 | 购雏鸡费 | 饲料费 | 疾病防治费 | 合计 | 平均每只收入 |
| 养鸡户1 | 2003 | 320 | 200 | 120 | 19 | 301 | 289 | 9 744 | 740 | 8 780 | 224 | 2 528.64 | 7.90 |
| | 2004 | 500 | 200 | 300 | 30 | 470 | 451 | 11 760 | 1 100 | 10 400 | 260 | 2 949.12 | 5.90 |
| 养鸡户2 | 2003 | 1 000 | 300 | 700 | 57 | 943 | 881 | 20 440 | 2 150 | 17 850 | 440 | 4 369.25 | 4.37 |
| | 2004 | 1 200 | 500 | 700 | 60 | 1 140 | 1 073 | 28 840 | 2 650 | 25 550 | 640 | 6 058.25 | 5.05 |
| 养鸡户3 | 2003 | 500 | | 500 | 25 | 475 | 466 | 5 483 | 1 000 | 4 383 | 100 | 1 499.5 | 3.00 |
| | 2004 | 500 | | 500 | 15 | 485 | 475 | 5 473 | 1 000 | 4 383 | 90 | 1 656.5 | 3.31 |
| 平均 | | | | | 34 | 636 | 606 | 13 623 | 1 440 | 11 891 | 292 | 3 177 | 4.92 |

## 三、集雨生态畜牧业生产效益分析

### (一)经济效益与资源消耗

饲草料加工技术、生态养殖技术与集雨节水技术的有机结合,形成集雨生态养殖模式,使畜牧业生产人均收入提高60%以上。集雨生态养殖模式的经济效益与资源消耗指标见表6-13。

**表6-13　集雨生态养殖模式经济效益与资源消耗指标**

| 序号 | 项目名称 | 单位产值 | 单位纯收入 | 单位产品资源需要量 | | | | | | | |
|---|---|---|---|---|---|---|---|---|---|---|---|
| | | | | 天然草地($hm^2$) | 耕地资源($hm^2$) | 类型 | | | 水资源综合用量($m^3/a$) | | |
| | | | | | | 饲料地($hm^2$) | 人工草地($hm^2$) | 青饲贮料($hm^2$) | 灌溉用量 | 家畜用量 | 合计 |
| 1 | 肉羊 | 每只基础母羊年产值765元 | 每只基础母羊年纯收入425元 | 0.667 | 0.24 | 0.06 | 0.18 | | 15.3 | 1.3 | 16.6 |
| 2 | 绒山羊 | 每只基础母羊年产值1 121元 | 每只基础母羊年纯收入324元 | 0.667 | 0.037 | 0.024 | | 0.013 | 11.1 | 1.5 | 12.6 |
| 3 | 草地绿色散养鸡 | 14.13元/只 | 9.69元/只 | | 0.19 | 0.153 | 0.033 | | 30 | 0.45 | 30.45 |
| 4 | 肉猪 | 722元/头 | 356元/头 | | 0.04 | 0.04 | | | 12 | 2.7 | 14.7 |

### (二)雨水利用效益

示范区饲草作物通过集雨补灌平均增产25%,饲养能力提高5.8%,畜牧业增产21.2万元。

### (三)生态环境效益

通过集雨补灌、季节性舍饲、品种改良、羔羊快速育肥及基础设施建设等集雨生态畜牧业技术的综合应用,可避免陷入"发展畜牧业→牲畜头数增加→加剧草畜矛盾→破坏生态"的恶性循环,解决了家畜舍饲饲草料供应的问题,加快了畜群周转,减少了无效饲养,实现了以草料产量调节牲畜饲养数量,有利于解决草地超载过牧,以实现真正意义上的畜草平衡。

集雨补灌生态畜牧业生产发展模式提高了降雨利用率,促进了植被恢复及退耕还林还草生态建设,减少了水土流失,使植被增加,生态环境将有显著的改善。拦蓄天然降水效率达75%,保土效率达68%。水土流失减少了70%,改善了土壤墒情,有利于牧草返青和苗木成活。通过天然草地改良、人工种草、造林,增加了坡地植被覆盖率,通过水土保持工程整地措施改造微地形、拦蓄地表径流和泥沙,减少了入黄泥沙。

### (四)社会效益

通过标准化圈舍、饲草料青贮及加工、良种配种站等建设,养殖业基础条件得到有效改善,提高了广大群众的舍饲养殖水平,畜群结构得到调整和优化,极大促进了本地区养殖业发展和农村经济增长,提高了农民生活水平。

## 参考文献

[1] 吴钦孝,杨文治. 黄土高原植被建设与持续发展[M]. 北京:科学出版社,1998.
[2] 陈世璜. 内蒙古草原植物根系类型[M]. 呼和浩特:内蒙古人民出版社,1986.
[3] 孙祥. 干旱区草场经营学[M]. 北京:中国林业出版社,1991.
[4] 康乐. 生态系统的恢复与重建[M]//马世骏. 现代生态学透视. 北京:科学出版社,1990.
[5] 金争平,史培军. 黄河皇甫川流域土壤侵蚀系统模型和治理模式[M]. 北京:海洋出版社,1992.
[6] 金争平. 砒砂岩区水土保持与农牧业发展研究[M]. 郑州:黄河水利出版社,1993.

# 第七章 北方半干旱区庭院雨水高效利用经济模式

## 第一节 黄土丘陵区庭院经济现状

### 一、庭院经济研究概况

#### （一）庭院经济概念的提出

庭院经济概念最早是 1983 年由于光远提出来的，又称“庭院开发利用”和“庭院经营”，其含义是指在农村庭院与距离农民居住地较近的零星土地上，利用农村庭院的 4 大资源（零星废弃土地资源、农副产品资源、独特的环境资源、大量剩余劳动力资源）所进行的，以商品生产为主要目的的庭院园艺、庭院养殖、庭院农副产品加工、农产品贮藏加工保鲜和庭院服务业等的通称。生产场所是特定的，主要在农村的庭院或林盘、院坝、屋场、庭园、山庄以及住宅附近的坪地、废弃地、自留地等非承包农田范围内的土地上。以商品生产为主，农民自己消费为从属部分。依靠外来原料，需要劳动力、场地或房屋较多，对农村生态环境影响严重的企业型加工业不应列入庭院经济的范畴。

#### （二）庭院经济技术类型的研究

20 世纪 80 年代以来，有关庭院经济实用技术的研究取得了很大进展，具有环境、技术、成本、管理、经营适应农村庭院条件，技术及转向灵活等特点。技术贯穿了生物措施、工程措施、技术措施和管理措施，突出了技术的集约性，可获得较高的土地报酬率、劳动生产率、投入产出率和商品率，经济效益、生态效益和社会效益良好。有关技术可分为庭院种植业技术、庭院养殖业技术、庭院加工技术和庭院商业服务业技术等 4 大类。庭院经济的类型按产业类型可划分如下：

- 庭院经济
  - 专业型
    - 种植业型　利用庭院及周围零星耕地，以保护地园艺生产为主
    - 养殖业型　利用庭院及附近养殖畜禽鱼虫和食菌等
    - 加工业型　家庭农副产品加工和手工业
    - 商业型　以庭院为基地的商贸服务业，包括生态民俗旅游业
  - 结合型　以加工业为链条，种养加 3 业结合
  - 综合型　主要劳力长期或间断从事农工商综合经营

按照生态工程技术又可分为立体开发型、循环利用型和设施利用型 3 类。

#### （三）区域性庭院经济及其发展模式研究

庭院经济从 20 世纪 80 年代提出以来，从着重单项技术的研究推广发展到多种技术的集成，吸收了新的理论和新的技术成果，发展迅速。庭院经济融合了可持续发展的理论和生态学理论，由单纯的经济效益为先发展到生态、社会效益和经济效益的综合发展，是

一个大的进步。理论研究和应用更注重区域特色，着手解决地方性的问题，形成具有特色的理论和技术；也应抓住机遇，不失时机地将庭院旅游经济作为庭院经济的一个组成部分，有力地推动庭院经济的发展。

魏强等(2003)以甘肃省中部的定西为例，对干旱半干旱地区的庭院经济发展做了具体的分析研究，提出了具有高效性的雨水集流庭院经济复合经营模式，提出了该模式发展的对策。张培栋等(1998)在试验基础上首次提出的"半干旱地区庭院经济发展新模式"，它是以农户庭院为主要场所，将集水农业、设施农业与沼气、太阳能及其综合利用结合起来的庭院经济模式，立足于解决水和能源合理利用以及生态平衡的问题。任英才等(1999)提出了"四位一体"，即将沼气池、猪舍引进冬暖式日光温室，建成"温室—沼气—猪舍—蔬菜"的种养模式。林泽建(2001)分析了江南丘陵红壤地区庭院经济发展的新特点和庭院经济对农业的可持续效应，提出了庭院经济进一步发展的对策。蔺海明(1994)研究了我国内陆绿洲农业区(主要包括甘肃的河西走廊和新疆的内陆灌溉区)的庭院经济对农村经济发展的作用，并且对其产生的效益做了评价。李铁庆(2001)针对辽北各类庭院生态系统的特点，建立了评价指标体系，并且采用序列综合与专家咨询相结合的评价方法，首次对庭院生态系统进行了综合评价，阐述了各项指标在庭院经济中的地位和作用。

在水土流失严重的山区，由于生态环境的极端恶化，经济发展缓慢，而发展庭院经济可明显地改善生态、提高水土的保持率，为经济发展开辟道路。以辽宁省北宁市为例，近十几年来，北宁市狠抓水土流失的综合治理，并结合本市特点发展庭院经济，共发展庭院经济9 333 $hm^2$(其中葡萄种植面积6 000 $hm^2$)，收到了改善生态环境、优化农业生产结构和以庭院经济拉动全市经济的明显效果(高岚，2002)。

姜永斌(1992)对我国庭院经济的发展模式进行了探讨，分析了庭院经济规模经营走向农业产业化的发展模式和经营方式。陈正法等(1996)和方达福(1997)分析了农区综合型庭院经济模式生态系统的能量流，研究了系统的各种能量输出和输入及其转化问题。李霄汉等(1999)研究了庭院经济发展与市场之间存在的关系，指出市场走向决定着庭院经济的产生、发展和转型；庭院经济的发展壮大，又推动着市场的发育、完善和巩固，这两者存在辩证统一的关系。随着人们生活水平的提高，节假日外出旅游成为热点，所以近郊农村和拥有奇特风景的偏远农村也应运而生地发展了庭院旅游，这也成为庭院经济的一个重要组成部分。周玮等(2002)研究了庭院经济新形式——"农家乐"的兴起原因、特色和类型，为观光农园的发展指明了方向。

庭院经济已经在我国生根发芽，在全国各地从平原到山地、从丘陵到高原、从东部湿润气候到西北干旱半干旱气候，都在根据不同的地形条件、气候自然状况、水资源、土壤资源、植物资源等状况，利用已有的技术条件，充分地发展庭院经济。庭院经济发展过程中存在的突出不足是：认识上不完整，技术水平低下；规模小，经营分散；缺少配套的服务措施，如交通和信息等。

**(四)庭院经济的发展趋势**

1. 由家庭副业"小而全"形态向商品化、专业化发展

这是一般地区庭院经济处于起步阶段的一种发展趋势。在农村的商品经济发展，市场扩大，多种服务组织不断建立、健全的有利条件下，农户庭院开发将会向专业化发展。

一些内外条件优越，发展项目适当的庭院开发户，将会转包或退包土地，扩大专业技术设备和厂房，成为专业经营户。由于各户占有的资源和技术条件不同，有的可能会发展成工副业专业户，有的可能会发展成养殖业专业户，还有的可能会发展成园艺专业户或加工大户、运销大户、科技推广大户等。

2. 由单家独户经营向集中联合一体化经营发展，提高产业化水平

由于庭院经济具有分散、小规模生产的特点，庭院经济在发展过程中，必然产生信息、技术、资金、供销等一系列社会化服务需求。因而，有的会在地区市场经济发展的条件下，产生某种范围、某种形式的联合，如松散的技术联合组织、松散的供销联合组织，而生产仍由各个庭院分散地进行；有的可能形成某项实体经济联合组织，统一技术、统一供销，分散生产加工；还有的可能形成股份合作联合体，统一协作分工，各户分散加工。这样，庭院经济就成为既有专业分工、又有统一协作的新经济联合体。未来的进一步发展，将以市场为导向，以新增专用厂房、技术、设备、仓库为基础，新经济联合体可能成为个体私营企业或集体中小企业。

3. 以庭院开发为基础的外向型或内外销结合型

在现有外贸、商业企业指导发展起来的外向型或内外销结合型庭院经济，将会在社会商品经济的进一步发展中，形成以市、县外贸和商业为龙头、多种服务组织为骨干、庭院开发为基础的联合公司(或股份公司)。这种联合公司将是分散生产、分层核算的联合经济组织，有的形成跨国公司。目前这种形式已在山东省诸城市广泛地发展起来，它们瞄准国际市场，联合千家万户，经营出口农产品。

4. 转化为生态农业的载体和农业可持续发展的生力军

21 世纪，农户庭院将普遍科学利用太阳能热水、煮饭、取暖、从事温室种养、立体式种养等，提高太阳能的利用转化率，节约能源并促进资源再生。庭院养殖畜禽，为大田提供了有机肥料和畜力，促进了有机农业的发展，建立生物资源良性循环链和种养加循环链，吸收剩余劳动力，综合高效利用生产资源，保护农业生态环境。

5. 向村城镇娱乐、文化、休闲型转化，促进农村的精神文明建设

农民解决温饱之后，就要改善居住环境，提高生活质量，向城镇化发展。山东省淄博市后南定村等几个乡镇企业发达、经济收入高的村庄，现已进行了村庄楼房化的改造，原来的庭院在向种花植草、美化环境、陶冶文明情操、提高生态效益和社会效益的方向发展。但即使庭院建设实现了现代化，一些家庭加工编织业或服装业等，也仍可以实行家庭生产。可以预见，旧有庭院经济随着农村生产力的发展和改革的深化，还可能出现新的经营形式。

**(五)国外庭院经济的研究进展**

在国外，特别是近半个世纪以来，世界许多国家把庭院经济作为重要的课题来研究开发。当今时代，不论是发展中国家，还是发达国家都较为重视庭院经济的发展。不发达国家有秘鲁的“农村庭院园田”(household garden)；印度尼西亚的“村落园地”(village garden)和爪哇的“木本庭院”；斯里兰卡的“家庭自用园地”(home garden)；肯尼亚的“农户田园”(household garden)；尼日利亚的“多层次复合式庭院。发达国家有日本的“兼户农业”、“星期天农业”，即只有星期天在庭院或者农场经营的“家庭作业”，其余的时间到城

里做工和服务;美国的“胜利园田”(victory garden)、“庭院园田”(backyard garden);苏联、东欧的“宅旁园地”;西德的“市民农园”(citizen garden)等。

许多国家的农民利用自己房前屋后和居处四周的空间闲隙地，搞种植、养殖，他们有的叫“农户园田”,有的叫“市民菜园”等。秘鲁发展庭院经济,其产值相当于生产者每周工资的10%左右;阿根廷政府实行优惠政策,鼓励兴建“家庭菜园”，以改善失业者和儿童营养不良的状况。在美国,所谓的“生态行动组织”兴起了房前屋后小块地的“生物集约种植法”。世界上已有墨西哥、多米尼加、印度、牙买加等50 多个国家在仿效试验。据统计,苏联全国宅旁园地(约840 万 $hm^2$) 生产了全苏联30%左右的肉、奶、蛋,21%的羊毛,35%的蔬菜。在奥地利、爱尔兰和北欧一些国家,有些农民把农舍的一部分作为旅游服务业经营,以增加收入。国外的学者认为，庭院经济是一种缓解贫困地区人们饥饿的重要手段,是增加农户收入的重要来源,是发展“有机农业”、“生态农业”的重要方式。它起到了向“石油农业”、“能源农业”挑战的作用,是“妇女俱乐部”、“绿文化”的旅游场所,还是社会公益事业的园地。

## 二、黄土丘陵区的集雨庭院经济

### (一)黄土高原庭院经济与技术支撑的研究

黄土高原北部地区属半干旱地区,沟壑纵横,水土流失严重,庭院经济发展研究对恢复生态环境和发展区域经济具有重要的意义。张建新等(1999)对晋西黄土高原残塬沟壑区域庭院经济发展进行了3 年考察,分析了发展庭院经济的资源和经营优势,归纳出适合区域发展的单一型、复合型和生态型3 种庭院经济类型,指出应兼顾社会、经济效益和生态效益,建立循环利用自然资源的生态大农业观念。魏强等(2003)针对黄土高原干旱少雨的气候条件,提出了雨水集流庭院经济复合经营的模式,论述了模式含义、理论依据和意义,介绍了取得的成就和存在问题,为进一步发展提出了建议。张培栋等(1998)提出在半干旱区发展以农户为中心,以集雨农业、设施农业、沼气池和太阳能的综合利用为解决农户用水和生活能源的主要途径,以发展农户房前屋后园地为重点的庭院经济发展模式。邸利等(2002)对黄土高原干旱区的集雨工程、雨水利用技术等的研究,对发展庭院经济起到了积极的促进作用。但上述研究大多停留在理论阐述和经验总结阶段,尚未形成集雨条件下比较完整的区域性庭院经济发展模式与技术体系。

### (二)黄土丘陵区发展集雨庭院经济的研究方法与技术路线

黄土高原是我国主要的生态脆弱和贫困地区之一。由于居住分散、交通不便,发展乡镇企业的条件较差,脱贫致富主要依靠发挥当地自然资源和劳动力资源的优势。地块零散、高低不平、水土流失和干旱缺水,严重制约着农业的发展,但该地区光热条件较好,是多种优质特色瓜果的著名产区,夏季不甚炎热,适合蔬菜生长。本区非耕地面积较大,草地资源丰富,因此发展放牧与舍饲相结合的畜牧业潜力较大,但该地区地表水和地下水资源均极度缺乏,甚至经常发生人畜饮水困难。发展庭院经济,无论是瓜果菜等庭院种植业还是庭院养殖业,水是最关键的制约因素。对于绝大多数丘陵区,雨水是唯一可利用的水资源。因此,发展集雨庭院经济是黄土高原丘陵沟壑区许多农户脱贫致富的一个有效途径。针对示范区的实际,我们开展了北方半干旱黄土丘陵区集雨庭院经济的研究,主要采取了以下方法。

1. 系统分析法

该研究运用系统理论知识去发展庭院经济,把握整体和局部的关系,将庭院人的用水和种植业、畜牧业用水作为一个整体来研究。即使在不同的子系统中,也要注意运用系统的观点,将各项技术综合集成,研究各个要素之间的关系,使它们成为一体,节省资源,提高效率。在黄土高原农牧交错带发展庭院经济,集雨工程的雨水分配利用就要从整体的角度出发,系统分析种植业和畜牧业用水量的关系,以取得最大的经济效益和生态效益。

2. 田间试验与观测

试验是在内蒙古自治区准格尔旗试验区进行研究的。试验的主要内容有:庭院保护地及畜舍小气候特征的观测试验、庭院雨水收集试验和推广、温室大棚作物的肥水耦合试验、养殖的良种畜禽适应性和效益试验、作物节水灌溉试验等。

3. 比较分析法

通过对不同集雨材料所产生的集雨效果进行比较、对品种试验进行对比分析及对不同补灌技术和不同发展模式的效益进行比较等,该研究确定了适合当地实际情况的集雨材料、补灌技术、作物品种等,寻求了提高水分转化效率的途径,为社会、经济发展和生态治理恢复提供对策和途径。

4. 点面结合法

研究出适合整个黄土高原农牧交错带的庭院经济发展模式,但是以具有代表性的准格尔旗试验点作为基地进行分析,所以该研究的任务是总结归纳具有代表性的自然、经济和社会特征,遵循点面结合的方法,系统研究黄土高原农牧交错带的共性内容,为庭院经济生态发展模式提供可靠的理论依据,其技术路线见图 7-1。

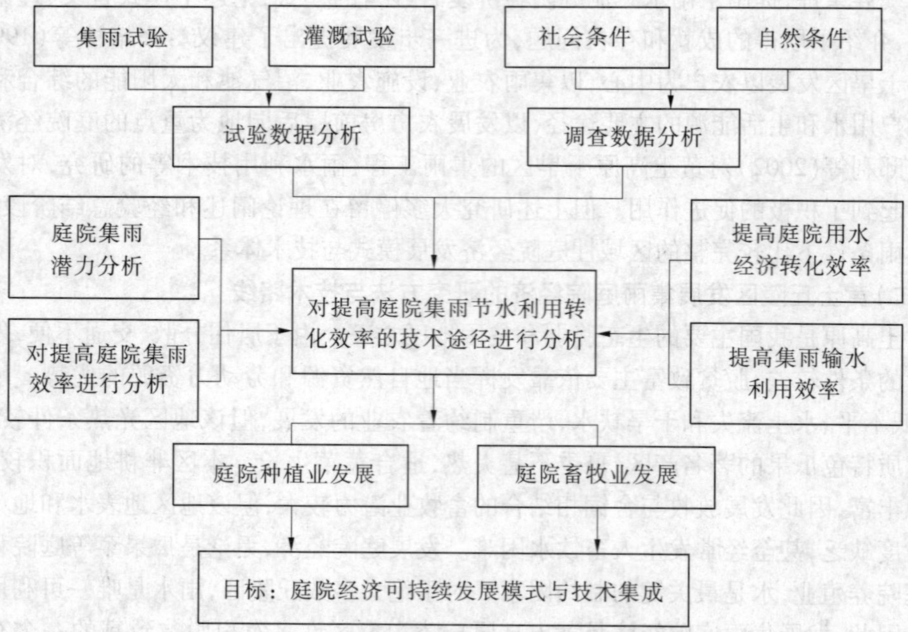


图 7-1 黄土丘陵区发展庭院经济的技术路线图

## 三、示范区庭院经济的现状

示范区的自然条件如第二章所述。关于示范区庭院经济的现状,调查了2002年沙圪堵镇的榆树塔、五字湾,西营子镇的布尔洞梁、布尔洞沟、四道包、石窑沟、大院等村的部分农户。

### (一)庭院经济现状与结构

从表7-1~表7-3可以看出,示范区建设前农户种植业结构以粮食和油料等大田作物为主,庭院种植业的规模很小,瓜菜种植面积只占总面积的4.59%,果树占总面积的4.09%,这主要是受到水分条件的限制。随着农户集雨工程的建设,庭院经济作物的种植规模将会逐步扩大。从庭院养殖业来看,数量最多的是山羊,占到总畜禽数量的45.31%,但山羊对丘陵草地植被的破坏很大,不宜大量养殖,应提倡舍饲和适当增加绵羊的比例。另外,猪、鸡的饲养比例也应适当提高。从经济产值结构来看,庭院种植业和养殖业分别占到当地社会总产值的22.38%和10.1%,畜牧业的比重过低。

表7-1　庭院种植业结构

| 总面积($hm^2$) | 瓜菜(%) | 油料(%) | 果树(%) | 粮食(%) |
|---|---|---|---|---|
| 754.67 | 4.59 | 31.13 | 4.09 | 60.19 |

表7-2　庭院养殖业畜种结构(未按羊单位折算)

| 总计 | 大畜(头) | 山羊(只) | 寒羊(只) | 猪(头) | 鸡(只) |
|---|---|---|---|---|---|
| 8 022 | 366 | 3 635 | 1 558 | 857 | 1 606 |

表7-3　庭院种植业和养殖业的比重

| 社会总产值(万元) | 种植业 | | 养殖业 | |
|---|---|---|---|---|
| | 产值(万元) | 所占比重(%) | 产值(万元) | 所占比重(%) |
| 422.88 | 94.65 | 22.38 | 42.7 | 10.1 |

### (二)庭院集雨工程现状

由于内蒙古实施了"121"集雨工程,在示范区建设之前已有一定的基础,但仍不能满足需要。从表7-4可以看出,集雨是以路面为主,其次是庭院。雨水蓄积方式主要是旱井,比较简陋且耐用性差,今后可适度发展水窖和小塘坝。

表7-4　集雨工程建设现状

| 雨水蓄积方式 | | | | | | 提水方式 | | 集雨面形式(%) | | | |
|---|---|---|---|---|---|---|---|---|---|---|---|
| 旱井 | 水窖 | 合计 | 年蓄水量($m^3$) | 用于人畜(处) | 用于灌溉(处) | 电泵 | 手压泵 | 路面 | 坡面 | 庭院 | 其他 |
| 2 860 | 3 | 2 863 | 85 980 | 1 145 | 1 715 | 261 | 74 | 80.5 | 4 | 14 | 1.5 |

### (三)农村劳动力现状

本区现有60.3%的劳动力外出打工(见表7-5)或在附近县城从事煤矿开发,农业生产缺乏青壮年劳动力,主要以老年人和妇女为主。发展庭院经济就近生产可以缓解劳动力不足的问题,也可以增加农户的收入。

表7-5 劳动力结构

| 农户(户) | 人口(人) | 劳动力(人) | 劳动力/人口(%) | 外出打工比例(%) |
|---|---|---|---|---|
| 619 | 2 337 | 1 399 | 59.86 | 60.3 |

### (四)退耕还林(草)现状

将不适宜种植的土地退耕还林(草),虽然在短期内农民的收入减少,但从长远看有利于社会、经济和生态的可持续发展。示范区已有441.67 $hm^2$ 退耕耕地,退耕比例达到36.92%(见表7-6),以后还会逐渐加大力度。退耕后的牲畜饲养方式已由原来的自由放牧过渡到以舍饲为主,为庭院经济的发展创造了一定条件。

表7-6 退耕耕地比例

| 原有耕地($hm^2$) | | 退耕耕地 | | | 现有耕地($hm^2$) | |
|---|---|---|---|---|---|---|
| 面积 | 人均 | 面积($hm^2$) | 退耕比例(%) | 人均($hm^2$) | 面积 | 人均 |
| 1 196.33 | 0.51 | 441.67 | 36.92 | 0.19 | 754.67 | 0.32 |

综上所述,从示范区的现状实际出发,无论是脱贫致富增加农民收入,还是进行生态综合治理实现可持续发展,都需要把发展庭院经济放在一个十分重要的地位,而集雨是发展庭院经济首要的前提条件。

## 第二节 黄土丘陵区庭院雨水收集潜力与集雨配套工程

### 一、黄土丘陵区庭院可收集雨水资源的估算

#### (一)庭院经济需水量的估算

为充分开发利用雨水资源,解决山区农村饮水安全、粮食安全和生态安全,改善农民生活和生产条件,实现脱贫致富和全面建设小康社会的目标,参照中华人民共和国行业标准《雨水集蓄利用工程技术规范》(SL 267—2001)和内蒙古自治区地方标准《半干旱丘陵山区集雨节水灌溉工程技术规范》,结合试验区实际和国家相关政策,在充分调查研究的基础上,为示范区编制了农户雨水综合利用定额标准(见表7-7)。

**表 7-7　示范区农户雨水综合利用定额标准**

| 建设标准 | | | 低标准 | 中标准 | 高标准 | 备注 |
|---|---|---|---|---|---|---|
| 生活用水定额 | L/(d·人) | | 20 | 30 | 40 | |
| | $m^3$/(人·年) | | 7.3 | 11.0 | 14.6 | |
| 畜禽养殖用水定额 | 大畜 | 人均数量 | 0.25 | 0.38 | 0.5 | 满足人畜饮水安全 |
| | | L/(d·头) | 30 | 30 | 30 | |
| | 羊 | 人均数量 | 4 | 7 | 10 | |
| | | L/(d·只) | 5 | 5 | 5 | |
| | 猪 | 人均数量 | 0.5 | 0.7 | 1.0 | |
| | | L/(d·头) | 15 | 15 | 15 | |
| | 禽 | 人均数量 | 4 | 6 | 8 | |
| | | L/(d·只) | 0.5 | 0.5 | 0.5 | |
| | 年均养殖用水($m^3$) | | 13.4 | 21.9 | 30.8 | |
| 庭院经济作物补灌定额 | 人均面积($hm^2$) | | 0.003 | 0.01 | 0.017 | 设施农业蔬菜瓜类等 |
| | 灌水定额($m^3/hm^2$) | | 180 | 180 | 180 | |
| | 灌水次数 | | 4 | 6 | 8 | |
| | 补灌需水量($m^3$) | | 2.4 | 10.8 | 24.0 | |
| 大田粮食作物补灌定额 | 人均面积($hm^2$) | | 0.033 | 0.067 | 0.1 | 满足粮食安全包括坐水 3 $m^3$ |
| | 灌水定额($m^3/hm^2$) | | 180 | 180 | 180 | |
| | 灌水次数 | | 1 | 2 | 2 | |
| | 补灌需水量($m^3$) | | 9 | 27 | 40.5 | |
| 饲料地补灌定额 | 人均面积($hm^2$) | | 0.033 | 0.067 | 0.1 | 满足养殖需要包括坐水 3 $m^3$ |
| | 灌水定额($m^3/hm^2$) | | 225 | 225 | 225 | |
| | 灌水次数 | | 1 | 1 | 1 | |
| | 补灌需水量($m^3$) | | 7.5 | 15 | 22.5 | |
| 生态建设补灌定额 | 人均数量(株) | | 60 | 90 | 120 | 庭院周围果树育苗圃 |
| | 乔木用水($m^3$/(株·年)) | | 0.06 | 0.06 | 0.06 | |
| | 灌木用水($m^3$/(株·年)) | | 0.03 | 0.03 | 0.03 | |
| | 补灌需水量($m^3$) | | 2.7 | 4.1 | 5.4 | |
| 综合定额($m^3$/(人·年)) | | | 42.3 | 89.8 | 137.8 | |

按用途划分为 5 个方面和 3 种标准，包括人畜饮水、设施农业蔬菜补灌用水、粮食作物补灌用水、饲料地补灌用水和生态建设补灌用水。高、中、低 3 个标准的综合定额为年

人均 42.3、89.8 $m^3$ 和 137.8 $m^3$，可作为目前和未来一段时期集雨工程建设规划的依据。

### (二)典型庭院可收集雨水资源的估算

测算可收集雨水数量是集雨型庭院经济建设的前提。示范区面积 75.8 $km^2$，年降水量约 400 mm。雨水资源总量 3 032 万 $m^3$，人均 12 974 $m^3$。但由于地形与植被的再分配，时空分布极不均匀，一方面绝大部分雨水蒸发和流失；另一方面也提供了利用雨水密集时段和非生产空间集蓄雨水，用于农民生活和生产的关键时空的可能性。

示范区现有路面、屋顶和庭院面积约占总面积的 1%，近两年试验场观测结果：平均集流效率分别为年降水总量的 0.43 和 0.74，考虑到实际集流效率要低于试验场水平，暂定为 0.3 和 0.6。坡面与塬面集雨工程因投资较多暂不考虑，假定路面与屋顶 + 庭院的面积比为 4∶1，则示范区可能集蓄雨水总量为 10.9 万 $m^3$，占示范区雨水总资源量的 0.36%，人均 46.6 $m^3$。如人均生活用水达到 30 L/d，即年用水 11 $m^3$，则可用于庭院生产用水的有 35.6 $m^3$。将来如能修建专门的坡面与塬面集雨面，则可大大增加可集蓄雨水量和改善大田的灌溉条件。

示范区现有耕地 747.87 $hm^2$，根据试验场模拟，径流损失约占 20%。采取等高田、沟垄种植、隔坡梯田等田间集雨措施至少可减少一半损失，即 40 mm 水量。全部耕地约 30 万 $m^3$，大致为路面与庭院集雨潜力的 3 倍，但田面集雨不具备可调控性，利用效率要低于集蓄雨水。庭院雨水主要来自屋顶和庭院内部，也有部分来自附近路面和周围坡地。示范区农户的屋顶面积为 180 ~ 240 $m^2$，庭院面积为 350 ~ 500 $m^2$，周围道路和坡积面是庭院面积的 1 ~ 3 倍，也可集雨用于庭院经济。

以试验站附近的典型庭院为例，屋顶 200 $m^2$，庭院内部 400 $m^2$，附近道路 300 $m^2$，坡面 300 $m^2$，则：

$$Q = \sum_{0}^{i} K_i T S_i \tag{7-1}$$

式中：$K_i$ 为不同集雨面的集雨系数，本例屋顶和庭院都是混凝土结构，根据试验站径流场实测结果，2003 年雨季平均集流效率混凝土为 68.2%，原土夯实为 36.5%，天然土面为 31.7%；$S_i$ 代表不同集雨面的面积；$T$ 为多年平均降水量。由此可计算出该庭院多年平均集雨量为 240.7 $m^3$，历史降水最多年可达 390.1 $m^3$。

由式(7-1)还可推算不同保证率的集雨能力(见表 7-8)。示范区 10 mm 以上中雨 80% 以上保证率的降水总量仅 135 mm，保证率 60% 时则只有 200 mm，达到 300 mm 的保证率仅 30%。大雨过程总降水量 200 mm 只有 15% 的保证率，100 mm 以上的保证率可达 60%。

**表 7-8 典型庭院在不同降水保证率下的可集雨量**

| 降水情况 | 保证率(%) | 降雨量(mm) | 可集雨量($m^3$) | 旱井(30 $m^2$/个) |
|---|---|---|---|---|
| 中雨 | 80 | 135 | 82.86 | 3 |
| | 60 | 200 | 122.76 | 4 |
| | 30 | 300 | 184.14 | 6 |
| 大雨 | 60 | 100 | 61.38 | 2 |
| | 15 | 200 | 122.76 | 4 |

**(三)庭院经济需水量及节水的技术途径**

1. 人均生活用水量及节水对策

典型庭院年生活用水量 $Q_1$ 可用下式计算:

$$Q_1 = K_2md \tag{7-2}$$

式中:$K_2$ 为人均日用水量定额,可分为高、中、低 3 种标准,分别为 40、30、20 L/(d·人);$m$ 为典型庭院居住人口数;$d$ 为一年的天数。可得出 3 种不同需水定额下,典型庭院基本年需水量为 44、33 $m^3$ 和 22 $m^3$。

$$Q_2 = K_3Q_1 \tag{7-3}$$

提高生活用水循环利用率 $K_3$,如餐具洗刷用水可转化为牲畜用水,洗衣用水可直接贮存保留下来作为种植业用水。如能节约 $K_3=20\%$ 的生活用水,则 3 口之家按照不同定额标准分别可增加种养业用水 8.8、6.6 $m^3$ 和 4.4 $m^3$。

用于庭院种养业的剩余可用水量 $Q_3$ 计算

$$Q_3 = (1-K_4) \times Q - Q_1 + Q_2 \tag{7-4}$$

式中:$Q$ 为典型庭院多年平均集雨量;$K_4$ 为贮存过程年损耗系数,可按 10% 估计;$Q_2$ 为循环节水量。按照 2003 年调查典型户多年平均庭院可集雨量 240.7 $m^3$,可得出 3 种不同需水定额下的庭院种养业剩余可用水量分别为 181.4、190.2 $m^3$ 和 199.0 $m^3$,生活用水额越高,可用于生产的集雨量就越少。

2. 庭院养殖业需水量分析及节水对策

示范区 619 户平均每户有大牲畜 0.8 头,羊 8 只,猪 1 头,家禽 3 只。按照表 7-7 定额标准可得到 3 种不同建设标准下的用水量,即在高、中、低 3 种标准下分别为 13.4、21.9 $m^3$ 和 30.8 $m^3$。农户可根据现有旱井数量和集雨量确定合理的养殖规模。

养殖业的节水对策:干热天气应使牲畜在荫凉处避热,可减少蒸发耗水;自由式饮水浪费较多,需加强饮水设备建设管理,定时定量供水;养殖业中的牲畜饮水为生理需水,必须予以保证,主要是防止争抢洒泼浪费;清洁用水为生态需水,如能勤清扫可减少不必要的冲洗次数,以节省总用水量。

3. 庭院种植业需水量的分析

按照庭院经济的生态规划,每户至少需建设一个小拱棚进行蔬菜生产,面积 30 $m^2$,可种植白菜、豆角、茄子等。庭院菜地一般灌溉 2 次,定额 12 $m^3$。有条件的还可建设面积 0.067 $hm^2$ 的大棚,种植西瓜和小香瓜等经济作物,平水年补灌 2 次,水量 9.5 $m^3$;干旱年补灌 3 次,水量 17.5 $m^3$。

根据种植面积和种类可计算出庭院种植业用水:

$$Q = \sum_{0}^{i} K_iS_i \tag{7-5}$$

式中:$K_i$ 为不同作物的灌水定额;$S_i$ 为不同作物的种植面积;$i$ 代表作物种类。由此可计算庭院种植业最大用水量(干旱年)和最小用水量(平水年)分别是 18.1 $m^3$ 和 10.1 $m^3$。

4. 庭院经济用水的优先顺序

庭院经济用水可分为人的生活用水、畜牧养殖业用水和种植业用水 3 个方面,应区分其轻重和主次。确定优先顺序主要应考虑生存周期和经济效益,综合确定的优先顺序为:

人的生活用水—养殖业用水—种植业用水。首先须保证居民正常生活用水。但在干旱严重、集蓄雨水较少的情况下,人的日常用水可按最低标准,即 20 L/(d · 人)计算,尽可能节省出水用于庭院养殖业和种植业。可根据各项生活用水的重要性,进一步确定优先顺序为:饮用水—洗漱用水—洗浴用水—洗衣用水—其他用水。

养殖业用水居第二位,是因为牲畜饲养具有时间迟滞性和惯性不易调整;需水总量远小于种植业,较易满足,而且经济效益也明显高于庭院种植业。根据各项养殖用水的重要性确定优先顺序:畜禽饮用水—清洁用水—环境调节用水。

本地区交通不便,农户庭院种植以自食为主,地位不如前两者重要。加上周期性弱,较易调整,可在雨水不充足的情况下适量发展。但也要争取更多水源发展庭院种植业,以改善生活和增加收入。在城镇附近地区可适应市场需求种植较多的瓜果蔬菜,使其成为农户收入的主要来源。这就需要更大的集雨面和水窖,同时在庭院周围拥有较多园地和大棚等保护地设施。庭院种植业可根据生长周期和经济效益确定优先顺序为:果树—西瓜、香瓜类—蔬菜、南瓜等;对不同时期进行比较,第一是播种保出苗补水,第二是需水临界期适当补水;不同地块之间应优先给经济效益高和蒸发耗水少的大棚补水。

在干旱缺水的情况下,按照优先顺序合理配置集蓄雨水资源,可更好地保证农户的基本生活需水和获得更大的经济效益。

## 第三节　庭院集雨高效利用转化技术

### 一、提高雨水集蓄、利用和经济转化效率的综合模式

庭院经济种植业系统中,雨水集蓄、利用和经济转化效率的数学表达形式为:

$$B = RC_1C_2C_3 \tag{7-6}$$

式中:$B$ 为天然降水最终转化的经济效益;$R$ 为单位面积庭院经济用地的降雨量;$C_1$ 为集雨面的集雨收集效率,取决于集雨工程技术水平与质量;$C_2$ 为作物水分利用效率,取决于耕作栽培等农艺节水技术;$C_3$ 为水分经济转化效率,取决于品种、作物布局等种植结构因素,自然与市场等风险因素的管理水平和农业产业化水平。

集雨补灌旱作节水庭院经济系统的总体效率取决于提高各 $C$ 值的各种单项技术及其高效优化配套技术。以下具体说明提高转化效率各参数的确定和具体的技术途径。典型农户庭院集雨与生产设施的配置见图 7-2。

### 二、提高庭院集雨利用效率的分析

#### (一)庭院集雨效率的参数及其确定

雨水收集效率:

$$C_1 = K_1K_2K_3 \tag{7-7}$$

式中:$K_1$ 为拦截雨水效率,$K_1 = H/R_1$,$H = K_1R_1$,其中 $H$ 为集雨面上的有效拦截水量,$R_1$ 为集雨面上的总降水量。

提高 $K_1$ 的关键是选择适宜的集雨地形和筛选高效的集雨面材料,尽量减少集雨面的

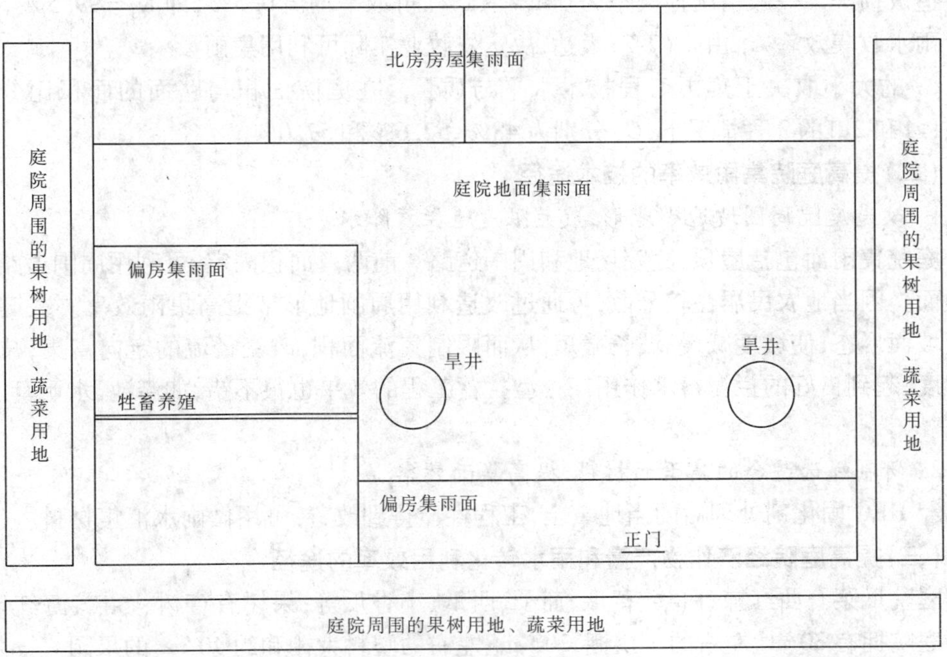


图 7-2　典型农户庭院集雨与生产设施的配置

径流损失与蒸发损失，即 $R_1 - H$。

不同集雨材料有不同的 $K_1$ 值。庭院集雨面主要有混凝土地面和原土夯实路面两种。根据 2003 年和 2004 年试验资料，混凝土 $K_h$ 为 73.8%；原土夯实路面 $K_y$ 为 43.6%。

$$K_1 = (K_h S_h + K_y S_y)/(S_h + S_y) \tag{7-8}$$

当庭院面积和路面面积比例为 1∶2、1∶1 和 2∶1时，$K_1$ 的取值为 53.7%、58.7% 和 63.7%。混凝土庭院面积越大，集雨率越高。

$K_2$ 为拦蓄雨水的有效贮存率：

$$K_2 = S/H, S = K_2 H \tag{7-9}$$

式中：$S$ 为水窖或旱井有效贮存水量；$H$ 意义同上。

提高 $K_2$ 的关键是水窖和旱井合理布局，尽量避免从集雨面到水窖或旱井的渗漏与蒸发等输水损失，即 $H - S$。

水窖和旱井为防止蒸发可采用小口、加盖等方法，渗漏在存贮过程中有很大危害，其与建造材料和使用时间有关。必须在施工中严格控制质量和经常修补。每年渗漏和蒸发损失可按 10% 估计，$K_2 = 90\%$。

$K_3$ 为蓄水有效利用率：

$$K_3 = I/S, I = K_3 S \tag{7-10}$$

式中：$I$ 为人畜饮用或作物灌溉水量；$S$ 意义同上。

提高 $K_3$ 的关键是经济适用的提水工具和推广可减少水窖、旱井到庭院、畜舍或农田渗漏损失，即 $S - I$ 的输水方法。

庭院种植业用水过程中，输水损失量与管道长度和输水量有关。输水过程中的泄漏也会造成损失。一般情况损失率为0.1% ~1%,可取平均值0.5%,即 $K_3$ =99.5%。

雨水收集效率 $C_1$ 由式(7-7)表达,决定农牧业实际可利用集雨量。

$C_1$ 的大小取决于集雨工程技术水平与质量。在庭院面积与路面的面积比分别为1:2、1:1和2:1的3种情况下,$C_1$ 分别为48%、52.6%和57.0%。

**(二)提高庭院集雨效率的技术途径**

1. 改造庭院周围坡地小地形,最大限度地拦蓄降水

庭院集雨面包括屋顶、庭院场地和周围道路。前两者面积固定,可利用周围道路扩大集雨面。因当地农民居住较分散,可通过改造利用周围地形来提高集雨效率。关键在于改变坡面形态,使坡度减缓,坡长截短,从而限制集流面积,改变径流的定向富集,减小径流速度,起到良好的拦泥蓄水作用。小型拦蓄工程的效果也很不错,如涝池、水簸箕、地边埂等。

2. 研制筛选适合的集雨面材料,提高集雨效率

经HEC固化剂处理后的当地黄土,工程性质得到改善,可用做雨水汇集材料。

**(三)提高庭院经济作物产量和雨水转化利用效率的途径**

庭院瓜菜有西红柿、白菜、黄瓜、茄子、西瓜、小香瓜等;果树有杏树、枣树、海红果等。典型庭院拥有30 $m^2$ 左右的小拱棚,300 $m^2$ 左右的塑料大棚和约40 $m^2$ 的果园。

蔬菜主要种植在小拱棚,外部雨水可忽略不计。不同蔬菜可灌溉4~6次,约4 500 $m^3/hm^2$。蔬菜水分利用效率计算应使用鲜重,因蔬菜的营养和食用价值及价格很大程度上取决于新鲜度,一旦失去较多水分也就失去了其使用价值。示范区蔬菜水分利用率平均值为21.8 $kg/m^3$,最高的圆白菜为33.2 $kg/m^3$,最低的辣椒为9.6 $kg/m^3$(见表7-9)。

表7-9 蔬菜水分利用效率分析

| 名称 | 灌溉水量($m^3/hm^2$) | 产量($kg/hm^2$) | 作物水分利用效率($kg/m^3$) |
|---|---|---|---|
| 西红柿 | 4 500 | 97 305 | 21.6 |
| 白菜 | 4 500 | 149 010 | 33.1 |
| 油菜 | 4 500 | 70 005 | 15.6 |
| 黄瓜 | 4 500 | 145 005 | 32.2 |
| 圆白菜 | 4 500 | 149 310 | 33.2 |
| 豆角 | 4 500 | 50 010 | 11.1 |
| 辣椒 | 4 500 | 42 990 | 9.6 |
| 茄子 | 4 500 | 80 010 | 17.8 |
| 平均 | 4 500 | 97 956 | 21.8 |

西瓜不同补灌量处理的灌水利用效率为203.3~939.8 $kg/m^3$,其中覆膜坐水 > 覆膜

坐水+滴灌1次>覆膜坐水+滴灌2次,随着灌水量的增加,灌水利用效率呈下降趋势。西瓜的作物水分利用效率为5.5~24.4 kg/m³,平均15.6 kg/m³(见表7-10)。其中覆膜坐水+滴灌2次>覆膜坐水+滴灌1次>覆膜坐水>不覆膜不灌水(对照)。

表7-10　西瓜水分利用效率分析

| 处理 | 补灌水量 ($m^3/hm^2$) | 利用水量 ($m^3/hm^2$) | 灌水利用效率 ($kg/m^3$) | 作物水分利用效率 ($kg/m^3$) |
|---|---|---|---|---|
| 1 | 0 | 2 479.5 | 0 | 5.5 |
| 2 | 22.5 | 2 502.0 | 939.8 | 13.9 |
| 3 | 142.5 | 2 622.0 | 247.6 | 18.6 |
| 4 | 262.5 | 2 742.0 | 203.3 | 24.4 |
| 平均 | | | | 15.6 |

注:有效降雨量为248 mm;处理1为不覆膜不灌水;处理2为覆膜坐水;处理3为覆膜坐水+滴灌1次;处理4为覆膜坐水+滴灌2次。

果树采用非充分灌溉可将少量水补充关键期,如幼果期(4月下旬到6月上旬)、膨大期(6月中旬到7月中旬)、休眠期(11月到翌年2月)。

自然生长条件下果树基本产量为100 kg/株。如实行补灌,有望达到120~150 kg/株,平均水分利用效率达60.7 kg/株(见表7-11)。

表7-11　庭院果树水分利用效率分析

| 频率年 | 单株灌水定额(L) | 单株灌溉定额(L) | 次数 | 增产量(kg) | 作物水分利用效率(kg/株) |
|---|---|---|---|---|---|
| 平水年 | 70 | 140 | 2 | 10 | 71.5 |
| 偏旱年 | 70 | 210 | 3 | 12 | 57.1 |
| 特旱年 | 70 | 280 | 4 | 15 | 53.5 |
| 平均 | | | | | 60.7 |

### (四)水分利用效率的关键参数确定及提高途径

庭院经济的水分利用效率 $C_2$:

$$C_2 = K_5 \tag{7-11}$$

其中作物水分利用效率 $K_5$:

$$K_5 = W/U, W = K_5 U \tag{7-12}$$

式中:$U$ 为渗入并保持在土壤中的水量;$W$ 为作物生物量单产。

$U$ 只有很少部分转化为干物质,绝大部分通过棵间蒸发和植株蒸腾损失了。不同作物 $K_5$ 差别很大,蔬菜21.8 kg/m³,西瓜15.6 kg/m³,果树60.7 kg/m³。

提高水分利用效率的关键技术:减少输水和灌溉中的蒸发、渗漏损失,努力提高水分利用效率和生物转化效率,使贮蓄雨水转化为可利用的生物量。

缺肥也是水分利用效率较低的直接原因,以肥调水可提高作物的水分利用效率。本地区土壤全氮含量低于0.1%,全磷含量低于0.08%,速效磷含量低于7.7 mg/kg,加之水土流失严重，地力十分贫乏。配方施肥、增加有机肥和磷肥用量，可增强土壤保蓄水分能力，促进作物生长，提高水分利用效率。

地面覆盖塑料薄膜和秸秆具有明显的节水保墒作用。秸秆覆盖可增加土壤有机质、改善土壤结构、降低土壤温度。地膜覆盖能减少蒸发、提高地温、促进早熟，与节水灌溉工程结合能带来显著的经济效益。试验表明：覆盖结合穴灌的水分利用效率比单独覆盖或单独穴灌处理分别高出 7.5%、12.4%。

播后 45 d 叶面喷施 6% 的高岭土溶液可使叶温降低 1 ~ 2.5 ℃，蒸腾降低，产量提高。果树叶面喷施果壮精、果扛乳、果福露等也收到了较好效果。

示范区的黄土深厚疏松，蓄存调节水分的功能很强。深耕可增加降水入渗和土壤蓄水，促进根系下扎。秋翻可更好地蓄存秋冬降水，提高土壤含水量 2% 左右；播前镇压可防止水分逸失。垄沟耕作比常规耕作的水分利用率提高 0.645 ~ 1.02 kg/(mm · $hm^2$)。

庭院经济实施节水灌溉比大田方便且效益更大。黄土高原庭院多在坡梁和塬上，水源匮乏、地形复杂，传统地面灌溉难以实行。应用节水灌溉技术按棵配水，更为经济、增产增收更明显。节水灌溉技术在该地区发展极快，主要有喷灌、滴灌、微灌、小管出流、穴灌等。

## 三、提高庭院经济雨水经济转化利用效率的分析

雨水的经济转化利用效率 $K_v$ 取决于产品单价 $k_1$ 和单位成本 $k_2$：

$$K_v = k_1 - k_2 \tag{7-13}$$

庭院经济不同作物的雨水经济转化效率依次为：蔬菜 > 果树 > 西瓜（见表 7-12）。西瓜的雨水经济转化效率较低是因为当年市场价格较低，而生产成本较高。

**表 7-12　蔬菜、西瓜和果树的单位经济价值计算**　（单位：元/kg）

| 项目 | 蔬菜 | 西瓜 | 果树 |
|---|---|---|---|
| 单位市场平均价格 | 1.1 | 0.8 | 1.0 |
| 单位生产成本平均价格 | 0.36 | 0.38 | 0.50 |
| 雨水经济转化效率 | 0.84 | 0.42 | 0.50 |

### （一）雨水经济转化利用系数的确定

雨水经济转化利用系数 $C_3$ 为：

$$C_3 = K_v \tag{7-14}$$

其中单位产量的经济效益 $K_v$ 为：

$$K_v = B/Y, B = K_vY \tag{7-15}$$

因 $B = Y(P - C)(1 - F_1 - F_2)$，故：

$$K_v = (P - C)(1 - F_1 - F_2) \tag{7-16}$$

以上式中：$Y$ 为作物经济单产；$B$ 为单位面积农产品产出的经济效益；$P$ 为单位农产品的市场单价；$C$ 为单位农产品的生产成本；$F_1$ 和 $F_2$ 分别为气候风险和市场风险，即由于气象灾害减产或市场变化导致农产品不能转化为商品的概率。

由于本地主要灾害是旱灾，所以 $F_1$ 在集雨补灌条件下可忽略不计。对 $F_2$ 而言，应充分考虑市场竞争带来的风险并使之最小化。在这种理想情况下 $K_v = P - C$。

### (二)提高雨水经济转化利用效率的途径

未来农村进一步城镇化和交通改善之后，发展庭院集雨补灌蔬菜、瓜果生产具有很大的潜在经济效益，提高雨水利用的经济转化效率要注意以下几点。

1. 适应市场需求与生态条件，调整优化产业与种植结构

通过调整结构以适应市场需求和生态环境以减少风险，增加农产品的附加值，使有限的集蓄雨水最终转化为尽可能高的经济效益。应发展名特稀优品种，建立无公害蔬菜生产基地，在消费市场中取得良好信誉。由于经济落后和环境恶劣，需要政策、信息和技术支持，特别是保护地栽培技术。示范区由于推广小拱棚和塑料大棚取得了良好的经济效益，小拱棚可增收 104 100 元/$hm^2$，以白菜、黄瓜、茄子等蔬菜为主；塑料大棚主要种植西瓜、香瓜，平均可增收 72 270 元/$hm^2$。

2. 努力降低成本

努力降低包括水、肥、种子和设施的成本。每建设一个 30 $m^2$ 左右的小拱棚平均投入 123 元。应该避免过量施肥，加强技术指导，减轻灾害损失。通过科技和市场信息服务以降低成本，增强竞争力。通过推广优种提高单产和经济系数，通过深加工实现增值提高单价。

3. 利用庭院周围路面坡面扩大集雨面以支持规模扩大的庭院经济

由于示范区地广人稀，有很大的集雨开发潜力，有可能修建更多的集雨设施。但需要大量资金和劳动力投入，随着区域经济的快速发展相信会逐步解决。

## 四、结论和讨论

### (一)结论

(1)大力建设集雨工程是示范区发展庭院经济的前提条件。根据当地降水特征分析计算了不同降水量和保证率下，可集雨水潜力和现有设施及集雨效率下的庭院最大可集雨量为 390.16 $m^3$，旱井数量为 13 个。

(2)计算典型庭院多年平均集雨量为 240.7 $m^3$；人均年生活用水量在高、中、低 3 种水平(40、30 L/(d·人)和 20 L/(d·人))下，基本年需水量分别为 44、33 $m^3$ 和 22 $m^3$；庭院养殖业人均年需水量分别为 13.4、21.9 $m^3$ 和 34.8 $m^3$；庭院种植业年最大用水量(干旱年)和平均用水量(平水年)为 18.1 $m^3$ 和 10.1 $m^3$。根据生存周期和经济效益的限制因素确定用水优先顺序为：人的生活用水—养殖业用水—种植业用水，并分别细化了各类用水的优先顺序。

(3)庭院种植业子系统中，以提高雨水经济转化效率的数学表达形式 $B = RC_1C_2C_3$ 为主线，分析了 $C_1$、$C_2$ 和 $C_3$ 这 3 个参数。当庭院与路面的面积比分别为 1∶2、1∶1和 2∶1时，$C_1$ 分别为 48%、52.6% 和 57.0%。对于蔬菜、西瓜和果树，$C_2$ 的平均值分别是 21.8、15.6、60.7 kg/$m^3$，$C_3$ 分别为 0.84、0.42、0.50 元/kg，分别提出了调整各个参数提高雨水经济转化效率的技术途径。

### （二）讨论

由于示范区自然条件差，实施集雨补灌可增加种植业和养殖业的经济效益，提高农民生活质量。本地区为国家重要能源基地，未来人口将进一步向城镇和工矿迁移。示范区可利用有利地形发展春夏庭院蔬菜瓜果种植，向附近人口集中的沙屹堵镇等提供商品菜。在交通条件进一步改善后，示范区庭院经济还有进一步发展的余地。

本项研究由于时间和水平限制，尽管所提出的数学模型能反映出雨水集蓄利用、转化过程的一般规律，但许多参数还有待准确确定和细化。

## 第四节　内蒙古庭院雨水集蓄利用工程与庭院经济的实例

### 一、基本情况

#### （一）自然条件

工程位于内蒙古准格尔旗沙圪堵镇布尔洞沟村农户杨文正家，地处黄土高原东北部丘陵山区，沟谷面积占30%左右，沟网密度达3～5 km/km$^2$，海拔高度由沟底的1 030 m升高到山顶的1 320 m。天然植被以干草原为主，草场明显退化，植被稀疏，水土流失严重。为半干旱大陆性气候，气候特点如前所述。主要灾害有干旱、暴雨、大风、霜冻、冰雹等。

#### （二）农户情况

农户杨文正全家5口人，劳动力3个，有正房5间（5 m×20 m），南房5间（5 m×20 m），院子15 m×20 m（见图7-3）。养羊33只，养猪5头，大畜1头；有照明用电；建大棚一座（7 m×40 m）；房东有果树0.064 hm$^2$；2004年开始利用庭院集雨工程进行大棚蔬菜和果树的节水灌溉发展庭院经济，取得很好的效果。

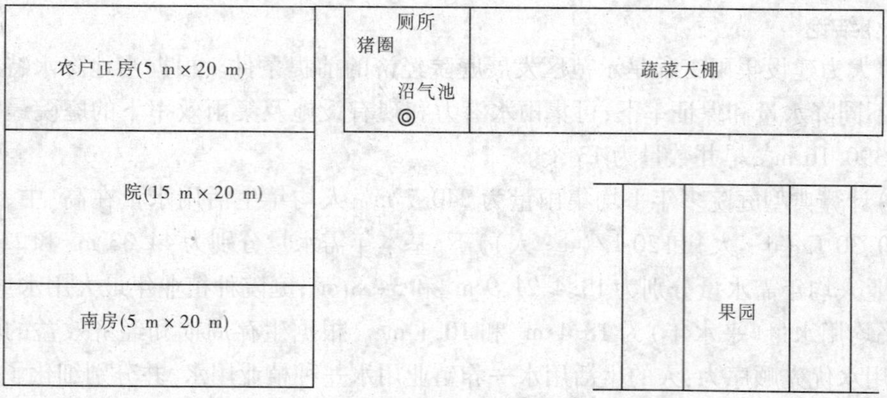


图7-3　农户庭院集雨利用工程布局示意图

#### （三）作物种植情况

大棚为养猪—沼气—厕所—种菜"四位一体"的庭院种养模式，其中种菜面积7 m×30 m，有黄瓜、豆角、西红柿、辣椒等，除自家食用外其余出售。果树0.064 hm$^2$约52棵，种植时间不同，大小不一，有海红果、杏树、123沙果等。

## 二、庭院集雨工程

对于集雨工程系统的优化设计已有不少研究，但很少有学者以农户为单元，对黄土高原北部地区的庭院集雨系统进行专门的研究与设计。

### （一）集雨面

集雨面主要利用房顶、庭院地面硬化和大棚面。

房顶硬化：采用水泥砂浆＋塑料布防渗方式。①铺设前对原屋顶进行预处理，屋顶清理干净，找平，抹平。②铺设厚度0.3 mm的塑料布。③抹大穰泥厚度2～3 cm，要求表面基本压实平整。④用M10水泥砂浆抹面，厚1.5～2.0 cm，表面抹光并洒水养护。

院子硬化：采用现浇混凝土方式，硬化前对院子进行处理，找平压实，混凝土强度C15，厚度4.0 cm，方格为1.5 m×1.5 m，缝隙0.5～1.0 cm，然后用黏土充填。庭院硬化投资7.5元/$m^2$。

集雨面投资主要为水泥、砂石料、塑料布等建筑材料和人工。

### （二）可收集雨量计算

1. 房院可收集水量计算

计算公式：

$$W_p = AE_iR_p/1\ 000 \tag{7-17}$$

正房、南房房顶与院子面积合计$A=500\ m^2$。根据试验资料，庭院硬化后的混凝土集雨面集雨效率$E_i=71\%$；本地区保证率75%的多年平均降水量为300 mm；则庭院全年可集水量为106.5 $m^3$。

2. 大棚可收集水量计算

计算方法同上，大棚集雨面积6 m×40 m；塑料膜集雨效率$E_i=77\%$；则全年可集水量为55.4 $m^3$。

两处合计年平均可收集雨水量为161.9 $m^3$。

### （三）集雨蓄水工程

根据农户所在地的地形、土质，建筑材料和经济条件，集雨蓄水工程选用水泥砂浆抹面防渗的水窖，深8 m，底径5.5 m，口径0.6～1.0 m，蓄水容积40 $m^3$。设计共打水窖3眼，其中院内2眼，大棚南侧1眼。总容积120 $m^3$，集雨蓄水工程容积系数为0.74。

集雨蓄水工程投资主要为水泥、砂石料等建筑材料和人工。

## 三、人畜饮水与补灌系统布设

### （一）水量配置

（1）水量配置原则。农户处于干旱缺水地区，庭院经济用水包括生活用水、畜牧养殖业用水和种植业用水3个方面。应区分3部分的轻重和主次，合理分配集雨水量。确定优先顺序的基本因素是生存周期和经济效益。按照生存周期应是：人＞牲畜＞作物；按照经济效益为：牲畜＞作物；综合评定的优先顺序为：生活用水—养殖业用水—庭院种植业用水—大田作物补灌用水。

（2）生活用水。农户常住人口5人，用水定额为20 L/（d·人），则用水量为36.5 $m^3$。

(3)养殖用水。农户有大畜 1 头,用水定额 20 L/d;养羊 20 只,用水定额 4 L/d。年用水量为 36.5 $m^3$。

(4)种植业灌溉用水。庭院年均可收集雨水量 161.9 $m^3$,集雨工程实际蓄存水量 120 $m^3$。扣除生活用水和养殖业用水 73.0 $m^3$,剩余水量 47.0 $m^3$ 可用于发展大棚和果树补充灌溉。根据试验资料,大棚蔬菜采用膜下滴灌,灌水定额 120 ~ 150 $m^3/hm^2$,年灌水 5 ~ 8 次,灌溉定额 1 080 $m^3/hm^2$。按照大棚实际种菜面积 7 m × 30 m 灌溉用水量为 22.68 $m^3$。果树采用小管出流,灌水 2 ~ 4 次,灌水定额 120 $m^3/hm^2$(每株 140 L),灌溉定额 360 $m^3/hm^2$,0.064 $hm^2$ 果树灌溉用水量 23.0 $m^3$。以上合计补灌总用水量 45.68 $m^3$,农户集蓄水量可以满足需要。

**(二)系统选型**

(1)提水设备。选用单项电潜泵 1 套,3 眼水窖共用,型号为 QDX3 – 20 – 0.55,流量为 3.0 $m^3/h$,扬程 20 m,电机功率为 0.55 kW。

(2)管材设备。输水管选用直径 25 mm 的 PE 黑管,灌溉首部设 1 in 筛网式过滤器一套。大棚滴灌选用单翼迷宫式滴灌带,管径 16 mm,滴孔间距 30 cm,滴孔流量 2.8 L/h。果树小管出流毛管选用直径 10 mm 的 PE 黑管,灌水器微管为 4 mm 微灌,流量为 80 ~ 120 L/h。

**(三)系统设计**

1. 基本参数

设计保证率不低于 75%;田间灌溉水利用率为 95%。

设计耗水强度大棚为 4 mm/d,果树为 3 mm/d。

设计土壤湿润比大棚为 40%,果树为 35%。

灌水湿润层深度温室大棚为 20 ~ 30 cm,果树为 40 ~ 60 cm。

2. 设计灌水定额

灌水定额可按下式计算:

$$M = 10\gamma ZP(W_{max} - W_{min})/(n\rho_w) \tag{7-18}$$

式中:$M$ 为设计灌水定额,mm;$\gamma$ 为土壤容重 $g/cm^3$,本地土壤为 1.4;$Z$ 为计划湿润层深度,cm;$P$ 为湿润比(%);$W_{max}$、$W_{min}$ 分别是适宜土壤含水率的上、下限(占干土重百分比),$W_{max}$ 可取田间持水量的 90%,$W_{min}$ 可取其 60%;$n$ 为灌溉水利用系数;$\rho_w$ 为水的密度,$g/cm^3$。

经计算,大棚蔬菜灌水定额苗期为 12 mm(120 $m^3/hm^2$),中后期 15 mm(150 $m^3/hm^2$)。果树灌水定额为 12 mm(120 $m^3/hm^2$)。

3. 一次灌水延续时间

一次灌水延续时间可按下式计算:

$$T = mS_eS_L/q \tag{7-19}$$

式中:$T$ 为一次灌水延续时间,h;$m$ 为设计灌水定额,mm;$S_e$ 为滴头间距,m;$S_L$ 为毛管间距,m;$q$ 为滴头流量,L/h。

经计算大棚蔬菜灌水一次延续时间为 1.6 h,果树一次延续时间为 1.44 h。

4. 灌溉制度

大棚内种植蔬菜种类较多，面积又很小，无法对每一种蔬菜进行单独灌溉，只能按照综合灌水定额统一作业。果树同样有几个品种，树龄大小不一且面积较小，也只能统一灌水。制定的灌溉制度见表 7-13 和表 7-14。

**表 7-13　小面积大棚一季蔬菜集雨补灌的灌溉制度**

| 灌水时间及生育阶段 | 灌水次数 | 灌水定额（$m^3/hm^2$） | 灌溉定额（$m^3/hm^2$） |
|---|---|---|---|
| 播种期(4 月) | 1 | 120 | 120 |
| 苗期(5 月) | 2 | 120 | 240 |
| 中期(6～7 月) | 3 | 150 | 450 |
| 后期(8～9 月) | 2 | 150、120 | 270 |
| 全生育期 | 8 | 135 | 1 080 |

**表 7-14　小面积果园集雨补灌的灌溉制度**

| 灌水时间及生育阶段 | 灌水次数 | 灌水定额（$m^3/hm^2$） | 灌溉定额（$m^3/hm^2$） |
|---|---|---|---|
| 花芽期(5 月) | 1 | 120 | 120 |
| 幼果期(6 月) | 1 | 120 | 120 |
| 果实膨大期(7～8 月) | 1 | 120 | 120 |
| 全生育期 | 3 | 120 | 360 |

5. 田间布设与管道流量

大棚蔬菜膜下滴灌带按南北向布设，长度 7 m，控制两行蔬菜，带间距 100 cm，共布设 30 条。每条流量 $Q_{毛} = 7 \div 0.3 \times 2.8 = 65.33$（L/h），30 条总流量为 1 960 L/h。

果树小管出流灌溉根据地块分布，按东西向布设输水管道，南北向垂直于输水管布设 4 条毛管，每条长 40 m，设 13 个灌水器。果树每株设一个 4 mm 的灌水器，流量 100 L/h。每条毛管流量为 $Q_{毛} = 13 \times 100 = 1\ 300$（L/h）。4 条毛管分成两组进行灌溉，每组流量为 2 600 L/h。

根据计算灌溉单元的管道流量等，所选型号的单项潜水泵基本能满足要求。

## 四、材料设备投资

农户庭院经济雨水集蓄利用系统为微小型水利工程，各地各户由于自然条件不同，工程类型和规模差异较大，但主要都由集雨面工程、集雨蓄水工程和生活与灌溉用水工程组成。本例农户庭院雨水集蓄利用系统的工程设备材料及投资如表 7-15 所示。

表 7-15　农户庭院雨水集蓄利用系统的工程设备材料及投资

| 序号 | 设备材料名称 | 规格型号 | 单位 | 数量 | 单价(元) | 投资(元) |
|---|---|---|---|---|---|---|
| 一 | 集雨面工程 | 房院硬化 | | | | 3 790 |
| 1 | 水泥砂浆 | C10 | $m^3$ | 3.0 | 170 | 510 |
| 2 | 塑料布 | 0.3 mm 厚 | $m^2$ | 200 | 1.3 | 260 |
| 3 | 混凝土 | C15 | $m^3$ | 12.0 | 150 | 1 800 |
| 4 | 人工 | | 工日 | 24 | 30 | 720 |
| 5 | 其他 | | | | | 500 |
| 二 | 集雨蓄水工程 | 40 $m^3$ ×3 个 | | | | 4 314 |
| 1 | 水泥砂浆 | C12 | $m^2$ | 72×3 | 9 | 1 944 |
| | 土方开挖 | 窖体成型 | $m^3$ | 45×3 | 10 | 1 350 |
| 2 | 人工 | | 工日 | 8×3 | 30 | 720 |
| 3 | 其他 | 沉沙池、井口等 | | 3 | 100 | 300 |
| 三 | 灌溉工程 | | | | | 1 237 |
| 1 | 提水设备电潜泵 | QDX3－20－0.55 | 台套 | 1 | 300 | 300 |
| 2 | 首部筛网过滤器 | 1 in、120 目 | 套 | 1 | 70 | 70 |
| 3 | 输水管道 | PE 黑管 25 mm | m | 120 | 3 | 360 |
| 4 | 单翼迷宫式滴灌带 | 16 mm×0.3 | m | 230 | 0.2 | 46 |
| 5 | 接头、堵头 | 25 mm | 个 | 8 | 5 | 40 |
| 6 | 旁通 | 16 mm | 个 | 32 | 1 | 32 |
| 7 | 球阀 | 25 mm | 个 | 2 | 6 | 12 |
| 8 | 三通 | 25 mm | 个 | 1 | 15 | 15 |
| 9 | 毛管 | 12 mm | m | 170 | 0.8 | 136 |
| | 旁通、堵头 | 12 mm | 个 | 15 | 0.8 | 12 |
| 10 | 灌水器微管 | 4 mm | m | 120 | 0.2 | 24 |
| 11 | 其他 | | | | | 200 |
| | 合计 | | | | | 9 341 |

## 五、效益分析

### (一)人畜饮水效益

由于雨水集蓄利用工程建设及可利用雨水资源量的增加,农户的生活和居住条件得到显著改善,有效促进了作物集雨补灌、舍饲养殖和庭院种植等各业的发展,为脱贫致富创造了有利条件。集雨工程建设前该户人畜饮水困难,要到 2 km 以外的沟里用驴车拉运,包括人工费用在内平均每立方米水的成本为 5 元。集雨工程现在每年可提供人畜饮水 73 $m^3$,可节省费用 365 元。

### (二)养殖业效益

在解决生活用水的基础上,发展养羊 20 多只(阿尔巴斯绒山羊)。据调查,成年绒山羊年产绒 0.65～0.7 kg,育肥羯羊产肉 17 kg。按照户养羊平均 20 只左右的综合群体测算,每只羊年净效益 150 元,每户年净效益为 3 000 元。

### (三)种植业效益

根据2004～2005年农户跟踪调查,本农户7 m×30 m蔬菜大棚年均产菜(一季)2 050 kg,除部分自食外还可外售1 000 kg,每公斤售价平均按1元计算,年收入1 000元。果树0.064 $hm^2$,52棵,采用小管出流补灌后平均年产水果4 680 kg,较以前增产150%,即1 560 kg,按2元/kg计算增加经济效益3 120元。果菜合计庭院种植业共增加效益4 120元。

### (四)投入产出分析

农户雨水集蓄利用工程(包括硬化集雨面500 $m^2$,3眼40 $m^3$水窖,发展0.021 $hm^2$蔬菜大棚和0.064 $hm^2$果树集雨补灌)总投资为9 341元,年增效益(包括人畜饮水、养羊、种植蔬菜和果树)合计7 485元,两年就可收回全部投资。

## 参考文献

[1] 云正明. 农村庭院生态工程[M]. 北京:化学工业出版社,2002:361.
[2] 李家福. 庭院果树[M]. 沈阳:辽宁科学技术出版社,1986:116.
[3] 宋元林,李奎封,刘霞. 庭院小菜园巧安排[M]. 北京:中国农业科技出版社,1993:171.
[4] 王秀峰,李秀美. 庭院蔬菜保护地栽培[M]. 北京:农村读物出版社,1993:168.
[5] 李元慧,张统环. 庭院饲养与种植新法[M]. 北京:中国农业出版社,1996:264.
[6] 朱志方. 庭院樱桃高产栽培新技术[M]. 北京:地质出版社,1996:112.
[7] 孙玉华,蔡德华,闫培生. 庭院食用菌制种技术[M]. 北京:农村读物出版社,1991:201.
[8] 蔡德华. 庭院食用菌栽培技术[M]. 北京:农村读物出版社,1992:333.
[9] 李宪利,辛培刚,潘增光. 庭院果树栽培技术[M]. 北京:农村读物出版社,1993:127.
[10] 修德仁. 庭院葡萄栽培[M]. 北京:中国林业出版社,1987:241.
[11] 郭巍杰. 庭院栽培与养殖[M]. 北京:中国社会出版社,1999:278.
[12] 范双喜. 庭院种菜[M]. 北京:中国农业出版社,1998:278.
[13] 胡信强. 庭院特种水产养殖[M]. 北京:气象出版社,1993:147.
[14] 陈树林,董武子. 庭院经济动物高效养殖新技术大全[M]. 北京:中国农业出版社,2002.
[15] 康树人. 庭院经济技术手册[M]. 北京:中国农业科技出版社,1990.
[16] 秦永兴. 庭院利用技巧[M]. 北京:中国农业科技出版社,1991:396.
[17] 麻时宽,张炳宣. 庭院实用技术[M]. 北京:农业出版社,1990:338.
[18] 魏强,彭鸿嘉,蔡国军,等. 定西雨水集流庭院经济复合经营模式初探[J]. 防护林科技,2003(3):26-29.
[19] 张培栋,赵松岭,潘效仁. 半干旱地区庭院经济发展的新模式——水窖、沼气池与大棚、温室等联体构建[J]. 中国沼气,1998,16(1):35-38.
[20] 任英才,范书芳."四位一体"庭院经济模式的试验与分析[J]. 农村能源,1999(2):19-20.
[21] 林泽建. 江南丘陵红壤地区庭院经济与农业可持续发展[J]. 农业系统科学与综合研究,2001,17(3):223-226.
[22] 蔺海明. 庭院经济在我国内陆绿洲区农业现代化中的作用与效益评价[J]. 农业现代化研究,1994,15(4):208-211.
[23] 李铁庆. 庭院经济综合评价[J]. 辽宁城乡环境科技,2001,21(3):58-60.
[24] 高岚,李欣. 搞好水土保持发展庭院经济[J]. 水利发展研究,2002,2(8):48-49.
[25] 姜永斌. 我国庭院经济的发展模式探讨[J]. 山东农业大学学报(社会科学版),1992(2):19-21.
[26] 陈正法,钱长发,莫继荣,等. 综合型庭院经济模式系统内能量流研究[J]. 农业现代化研究,1996,17(6):357-360.
[27] 方达福. 一个农户庭院经济的效益及其能流分析[J]. 生态学杂志,1997(1):40-44.
[28] 李霄汉,龚维鹏. 从产业结构变化看庭院经济与市场的关系[J]. 中国农业资源与区划,1999,20(1):47-49.

[29] 周玮,栾贵勤. 庭院经济的新发展[J]. 现代情报,2002(6):160-161.
[30] 姜永斌,付庭英. 庭院经济开发研究[J]. 农村合作经济经营管理,1999(7):14-16.
[31] 姜永斌. 论庭院经济发展的趋势[J]. 中国农村经济,1999(5):46-48.
[32] 张建新,岳文斌,丛日晨. 晋西残塬区庭院经济优化模式研究[J]. 中国农学通报,1999,15(6):55-56.
[33] 刘和斌,年永录,何宝林. 黄土高原半干旱区农户宅院径流利用技术研究[J]. 中国水土保持,1996(6):42-44.
[34] 邸利,胡晓红,刘秀杰. 黄土高原小流域水土保持与雨水利用技术措施研究[J]. 甘肃林业科技,2002,27(2):5-9.
[35] 张新燕,蔡焕杰,林性粹. 降雨聚集条件下系统优化模拟模型的设计[J]. 干旱地区农业研究,2000,18(2):91-96.
[36] 张新燕,蔡焕杰,王健. 降雨聚集条件下蓄水工程优化设计研究[J]. 干旱地区农业研究,2002,20(4):84-86.

# 第八章　北方半干旱黄土丘陵区集雨补灌旱作节水农业技术总体模式

## 第一节　集雨补灌旱作节水农业技术总体模式的提出

### 一、集雨补灌是黄土高原北部生态环境建设和旱作农业可持续发展的关键

黄土高原北部是我国主要的生态脆弱与贫困地区之一，存在干旱缺水、水土流失、风蚀沙化、灾害频繁、土地与植被退化等多种严重的生态问题，同时又存在交通与通信闭塞，文化、科技、教育、卫生及基础设施落后等不利的社会经济条件。在这一地区，既要解决当地人民的基本生存条件，逐步脱贫实现小康，又要遏制生态恶化的趋势，控制水土流失，建设我国北方生态屏障。必须兼顾生态环境建设与区域经济发展，采取综合配套措施，实现经济发展与生态治理的双赢。

以往的区域农业发展研究或生态治理工程，或偏重于生产，或偏重于环境整治，如何同步实现生态、经济双赢，是国内外同类科技项目的一个难点，其关键在于抓准突破口。对于存在多种胁迫与资源劣势的生态脆弱和贫困地区，单项技术或工程开发治理的收效甚微。加上农业技术与水利技术都具有明显的区域性，必须从区域自然与社会经济条件的实际出发，首先针对主要的生态障碍因素，在治理开发的关键技术上取得突破，同时要精心优选适用技术并组装配套成为体系。针对示范区的实际，该研究选择通过集雨补灌解决干旱缺水问题。

### 二、半干旱区集雨补灌旱作节水农业总体集成模式的提出

集雨补灌旱作节水农业是一项复杂的系统工程，以往各地的雨水收集利用研究多注重单项技术，缺乏整体研究与集成，集蓄、输送与利用、转化的各环节相互脱节，工程规划和生产布局有一定的盲目性，影响了集雨工程的投资效率和效益的发挥。国内外集雨补灌旱作节水农业研究迄今未见针对具体区域定性与定量相结合的综合模式与技术集成的报道。国外虽然发表了若干有关小流域集雨模式的论文，但都是关于可收集雨量的评估和管理的模式；国内关于集雨节水或雨水高效利用的模式研究，除对可收集雨水评估有一些定量分析外，涉及技术集成的基本上都属概念模式，以框图形式表达，体现不出系统各部分之间的相互联系与数量关系。

示范区研制的技术集成模式充分体现了生态、经济双赢的理念，抓住本地区干旱缺水制约经济发展与生态环境建设这个最大的障碍因素，从不利的自然条件中找到人均雨水资源量大和时空分布不均有可能集蓄的有利条件，以提高雨水集蓄率、水分利用率和利用转化效率为主线，综合运用“3S”技术、系统科学思想与实用农艺、水利工程技术，初步构筑起适合黄土高原北部地区集雨补灌条件下的综合技术集成模式。由于集雨补灌旱作农

业技术集成涉及水利、农艺、气象、生理、生态等多学科多领域的知识与技术,许多环节的技术参数目前尚难测定或尚无研究报道,但根据现有的研究资料和示范区的各项试验结果,构建一个定性与定量相结合的总体模式还是有可能实现的。

### 三、发展集雨补灌旱作节水农业的可行性

在影响示范区农牧业生产的各种自然因素中,威胁最大的是干旱缺水。不论是解决黄土高原北部丘陵地区人民的基本生存条件,发展农牧业生产,还是进行生态环境建设,逐步扭转生态恶化趋势和实现区域社会经济可持续发展,都必须挖掘雨水这个当地唯一可利用的水资源。

黄土高原北部丘陵区降水的时空分布极不均匀,既是造成水土严重流失的主要原因,同时也为雨水的集蓄利用提供了可能。雨季多大雨、暴雨,除一部分被土壤与作物直接入渗或吸收外,还有大量多余水分可供集蓄;大面积的缓坡丘陵地形可被用来修建集雨面或作为天然集雨面利用;较大的地势高差利于自流灌溉,深厚的黄土层还创造了良好的田面就地集蓄条件。

### 四、构建黄土高原北部集雨补灌旱作节水农业技术集成模式的指导思想

黄土高原北部集雨补灌旱作农业技术集成模式的指导思想包括以下几个方面:

(1)突出区域性,扬长避短。

(2)牢牢抓住提高雨水集蓄利用率和利用转化效率这个中心。

(3)以信息流调动物质流和能量流,提高示范区农牧业生态经济系统的物质和能量转化效率。

## 第二节 总体模式的基本框架

集雨补灌旱作节水农业是一项复杂的系统工程,包括收集、蓄存、输送、利用等多个环节,目前各地的雨水收集利用技术研究多注重单项技术研究,如雨水汇集技术、雨水蓄存技术、雨水净化技术、雨水利用技术等,缺乏整体性的研究,集成研究不多,导致许多地方出现收集、蓄存、输送、利用各环节相互脱节的现象。工程规划和生产布局有一定的盲目性,影响了集雨工程投资效率和集雨效益的发挥。针对这种情况,我们在示范区建设中开展了以集雨补灌为中心的旱作增产技术体系研究与组装配套,可用框图表示。

### 一、模式的基本结构与模块构成

模式以雨水集蓄、利用、转化为主线,建立以信息流调节和调动物质能量流的机制。该技术集成模式按照雨水集蓄、利用、转化的时间过程划分为相互衔接的3个主要模块,每个模块又包括数个环节和技术内容。

#### (一)雨水控制转化模块

雨水既是当地最重要的自然资源,也是造成严重水土流失的主要驱动力,即雨水具有利与害的两重性。实现雨水的高效利用首先要解决雨水的趋利避害和变害为利,这就需

要把雨水由天然状态转变为人为可控的存贮状态,这就是雨水的集蓄过程。本阶段雨水的自然形态未变,但具备可控性后也就具有了一定的经济价值。本阶段的中心是提高雨水集蓄效率,技术需求则以信息技术和水利工程技术为主。

首先运用"3S"技术估算示范区可能汇集雨水的潜力,在此基础上科学制定集雨工程规划;其次,要运用最新集雨材料和技术,精心施工,建设集雨、输水、贮蓄工程设施。尽可能将天然降雨集蓄贮存到水窖、水窑、旱井中,把天然水变成可调控的贮蓄水,从而解决旱作农业需水与天然降水的时空错位矛盾。

**(二)雨水生物转化模块**

要使集蓄的雨水尽可能多地转化为动植物的生物量,必须以提高水分利用率和生物转化效率为中心。提高前者需要减少由集蓄贮存水转移到农田和畜舍时的输水渗漏和蒸发损失,但并未改变水的自然形态。提高后者则发生了水由自然形态向生物量形态的转化,需要依靠生物自身的转化能力。本阶段的技术需要包括节水灌溉技术、节水农艺技术与节水生化技术,并需要三者的有机结合。

**(三)雨水经济转化模块**

人类集蓄和利用雨水的根本目的是要获得尽可能大的经济收益,即由雨水的自然形态转化为产品或货币的经济形态,本阶段的中心是提高集雨的经济转化效率,技术需求以系统优化和经济调控技术为主。

通过筛选适应市场需求和生态环境的高产优质品种,调整、优化种植结构和产业结构,通过充分利用副产品和深加工来增加农产品的附加值,使有限的集蓄雨水最终转化为尽可能高的经济效益。

每个模块又包括若干个小的环节,每个转化步骤都包含着若干技术组合,上述技术及其组合都具有鲜明的区域特色。

## 二、总体集成模式框图

以雨水收集、利用、转化为主线,以经济效益和生态效益最大化为目标,构成完整的黄土高原北部地区集雨补灌旱作节水农业技术集成体系,可用框图表示(见图8-1)。针对集雨高效种植型、集雨生态畜牧型和庭院集雨经济型3类示范户,还可分别形成各自的技术集成体系和子模式。

## 三、集成模式的数学表达式

单位水量最终转化成经济效益的效率体现为:

$$B = (K_1K_2K_3UK_4)[K_5K_6K_8 + K_7(1 - K_5)] \tag{8-1}$$

集雨补灌的配套技术最终都体现在如何提高不同环节的转化效率 $K_i(i=1,2,\cdots,8)$ 上,本研究的全部技术集成都将围绕提高转化效率开展研究,6个环节构成一个整体,每项技术都要兼顾前后各个环节。

式(8-1)又可表示为:

$$B = (C_1R_j + R_f)C_2C_3 \tag{8-2}$$

式中:$R_j$ 和 $R_f$ 分别为人工集雨和天然降水。

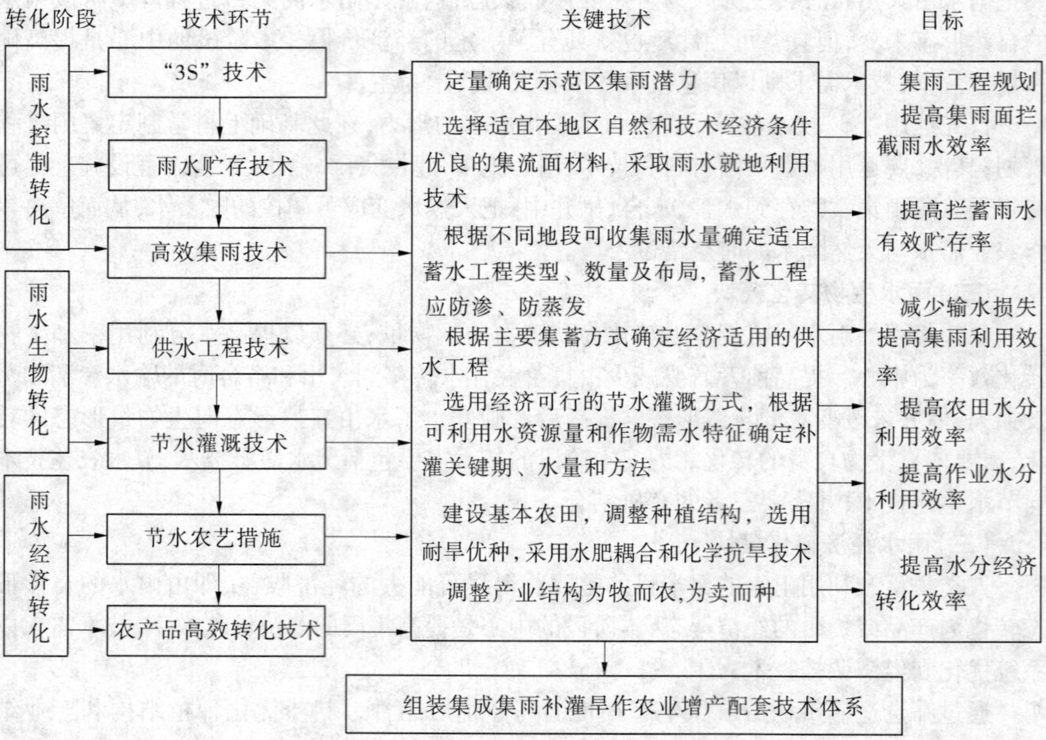


图 8-1 总体集成模式框图

$C_1 = K_1K_2$称为雨水收集效率，它取决于集雨工程的合理布局、技术水平与工程质量。其中 $K_1$ 为拦截雨水效率，$K_2$ 为雨水有效贮存率。

$C_2 = K_3K_4$ 称为雨水的生物转化效率，其中 $K_3$ 为农业水分利用率，$K_4$ 为农业生物水分利用效率。它取决于集雨补灌的节水灌溉技术与农艺节水技术的有机结合。

$C_3 = [K_5K_6K_8 + K_7(1 - K_5)]$称为雨水经济转化效率，其中 $K_5$ 为经济系数，$K_6$ 为单位产量的经济效益，$K_7$ 为单位副产品产量的经济效益，$K_8$ 为深加工增值率。它取决于作物品种、作物布局等种植结构因素，自然、市场等风险管理水平和农业产业化水平。

## 四、集雨水量用于补灌能发挥关键作用

在生产实际中，天然降水与人工集雨二者的作用和水分转化效率是不同的。因此，对于式(8-2)还需做适当的修正。

天然降水 $R_f$ 具有不确定性和难控性，存在供需时空错位，但其数量占到作物耗水的绝大部分，因此充分利用农田天然降水并提高其转化效率具有基础性作用。人工集雨 $R_j$ 的数量虽小但可控性强。如用于关键期并采用先进的节水灌溉技术，可形成高得多的农业水分利用率和灌水边际效应：$K_{3j} \gg K_{3f}$，$K_{4j} \gg K_{4f}$，使单位集雨量发挥比单位天然降水量大得多的利用与转化效率，从而使旱作农业的经济效益获得可观的增长。于是，式(8-2)应改写为：

$$B = (K_1K_2K_{3j}K_{4j}R_j + K_{3f}K_{4f}R_f)[K_5K_6K_8 + K_7(1 - K_5)] \tag{8-3}$$

$B$ 可分解为天然降水转化经济效益和集雨转化经济效益两部分，即 $B = B_1 + B_2$

$$B_1 = (K_{3f}K_{4f}R_f)[K_5K_6K_8 + K_7(1 - K_5)] \tag{8-4}$$

$$B_2 = (K_1K_2K_{3j}K_{4j}R_j)[K_5K_6K_8 + K_7(1 - K_5)] \tag{8-5}$$

如能依靠先进技术使 $K_{3j} \gg K_{3f}$，$K_{4j} \gg K_{4f}$，尽管 $R_f \gg R_j$，仍有可能使 $B_2$ 接近 $B_1$，即充分发挥集雨效益的关键在于提高集蓄雨水的利用效率。

以地膜玉米为例，2003～2004 年田间试验结果：玉米生育期间有效降水量分别是 266 mm 和 320 mm，纯雨养条件下水分利用效率 $K_{4f}$ 两年平均值为 2.02 kg/m$^3$，覆膜坐水播种补灌水量仅 52.5 m$^3$/hm$^2$，却可以使两年平均水分利用效率提高 23.8%，达到 37.5 m$^3$/hm$^2$。单就坐水补灌量的增产效果而言，灌水边际效应 $K_{4j}$ 高达 439.5 m$^3$/hm$^2$，为纯雨养条件下水分利用效率 $K_{4f}$ 的 14.5 倍。由于干旱缺水对作物威胁最大的是影响出苗甚至失收，以坐水种的补灌边际效应最高。如能在作物生长需水关键期再滴灌 1～2 次还能增产，但滴灌的灌水边际效应只比纯雨养条件下的水分利用效率提高 32%～81%。因此，在可用于补灌的集蓄水量非常有限的情况下，应主要用于坐水播种。

谷子补灌试验结果表明：覆膜坐水播种灌水边际效应高达纯雨养条件下的 64 倍，带水条播不覆膜的也可提高 33 倍。关键期滴灌的水分利用边际效应为纯雨养水分利用效率的 3.5 倍。集雨补灌西瓜等经济作物的灌水边际效应可高出数 10 倍。

上述试验结果表明极少量的补灌水可大幅度提高作物的总体水分利用效率。

**（一）拦截雨水效率**

拦截雨水效率 $K_1$ 可用下式计算：

$$K_1 = H/R, H = K_1R_j \tag{8-6}$$

式中：$H$ 为集雨面上有效拦截水量；$R_j$ 为集雨面总降水量；$R - H$ 为集雨面的径流和蒸发损失量。

提高 $K_1$ 的关键技术是选择适宜的集雨地形和筛选高效集雨面材料。

**（二）雨水有效贮存率**

雨水有效贮存率 $K_2$ 可用下式计算：

$$K_2 = I/H, I = K_2H \tag{8-7}$$

式中：$H$ 为集雨面有效拦截水量；$I$ 为用于人畜饮用或作物灌溉的水量；$H - I$ 为从集雨面到水窖或旱井及从水窖或旱井到畜舍或农田的输水损失。

提高 $K_2$ 的关键技术是水窖和旱井的合理布局，防止输水路径与窖井的渗漏与蒸发损失，以及经济适用的提水工具。

**（三）农业水分利用率**

农业水分利用率 $K_3$ 可用下式计算：

$$K_3 = U/(I + R_f), U = K_3(I + R_f) \tag{8-8}$$

式中：$I$ 为输送到农田的水量；$R_f$ 为农田年自然降水量；$U$ 为渗入并保持在土壤中的水量；$I - U$ 为田间径流和蒸发损失。

提高 $K_3$ 的关键技术是平整土地、改良土壤、加厚土层、覆盖和采用滴灌、微喷灌等先进节水灌溉技术。

(四)农业生物水分利用效率

农业生物水分利用效率 $K_4$ 可用下式计算：

$$K_4 = W/U, W = K_4 U \tag{8-9}$$

式中：$U$ 为渗入并保持在土壤中的水量；$W$ 为作物生物学单产。

提高 $K_4$ 的相应技术是调整种植结构，选用耐旱优种；水肥耦合、化学抗旱、覆盖和耕作保墒等。合理确定补灌期、量和方法。通过最大限度抑制棵间土壤蒸发和适当抑制过度的蒸腾，提高作物的水分利用效率。

(五)单位产量的经济效益

单位产量的经济效益 $K_6$ 可用下式计算：

$$K_6 = B/Y,\ B = K_6 Y, Y = K_5 W \tag{8-10}$$

因 $$B = Y \times (P - C)(1 - F_1 - F_2),$$

故 $$K_6 = (P - C)(1 - F_1 - F_2) \tag{8-11}$$

式中：$Y$ 为作物经济单产；$K_5$ 为经济系数；$B$ 为单位面积农产品产出的经济效益；$P$ 为单位农产品的单价；$C$ 为单位农产品的生产成本；$F_1$ 和 $F_2$ 分别为气候风险与市场风险，即由于气象灾害减产或市场变化导致农产品不能转化为商品的概率。

提高 $K_6$ 的途径是：通过调整结构适应市场需求和生态环境以减少风险，通过推广优种提高单产和经济系数，通过深加工实现增值提高单价，通过科技服务和市场信息服务以降低成本，增强竞争力。

(六)深加工和副产品利用

如果能对经济产量进行深加工并对秸秆等非经济产量加以利用，则 $B$ 还能增值：

$$B = K_5 K_6 K_8 W + K_7 (1 - K_5) W \tag{8-12}$$

式中：$(1 - K_5)W$ 为单位面积农田的副产品产出量；$K_7 = (P_f - C_f)(1 - F_1 - F_{2f})$ 为单位副产品的经济效益；$P_f$、$C_f$ 和 $F_{2f}$ 分别为单位副产品的单价、利用成本和市场风险概率，$K_8$ 为深加工增值率。

## 第三节 总体模式的生产应用子模式

在对示范区社会经济与生态环境全面调查的基础上，研究确定典型示范户类型包括集雨高效种植型、集雨生态畜牧型和庭院集雨经济型等3种类型，并分别确定其发展战略和扶持措施。将技术集成模式应用于各类典型示范户，形成不同类型的技术集成子模式。

### 一、集雨高效种植型子模式

(一)适用范围

集雨高效种植型示范户的生产活动主要在基本农田进行，适用于承包基本农田面积较大、土地较平整且连片的农户。应用推广集雨高效种植型子模式应在满足基本口粮与饲料粮的基础上，适当扩大市场有销路的经济作物种植面积。高效的内涵包括补灌水分利用率、农田水分利用效率、土地产出率、劳动生产率、产投比、科技进步贡献率等，以提高水分利用率和利用效率来带动示范户种植的高效益。

示范区选择了5户作为集雨高效种植型示范户,基本情况见表8-1。

### (二)技术集成模式

根据市场需求和气候风险分析调整种植结构,充分利用集雨工程创造的有利条件,推广田面集雨耕作、节水补灌、基本农田建设、水肥耦合、覆盖与耕作保墒、化学抗旱等技术和优良品种,以提高水分利用转化效率为中心,建立市场与生态双重适应的种植结构,大幅度增加农民收入,提高农田生态系统的稳定性。

因种植面积较大,集蓄雨水主要用于抗旱坐水播种以确保出苗。有多余可利用贮水时可在高效经济作物的需水关键期补灌。

表8-1 集雨高效种植型示范户基本情况

| 户名 | 村名 | 人口 | 耕地面积($hm^2$) | 牲畜头数 | 生活水平 | 推广生产模式 |
|---|---|---|---|---|---|---|
| 周荣 | 布尔洞梁 | 5 | 2.60 | 10 | 中等 | 集雨高效种植型 |
| 淡三喜 | 四道包 | 4 | 2.27 | 20 | 中等 | |
| 魏二焕 | 四道包 | 4 | 2.67 | 28 | 中等 | |
| 杨贵锁 | 四道包 | 4 | 2.87 | 22 | 中等 | |
| 田永红 | 四道包 | 4 | 2.33 | 17 | 较差 | |

集雨高效种植型技术集成模式见图8-2。

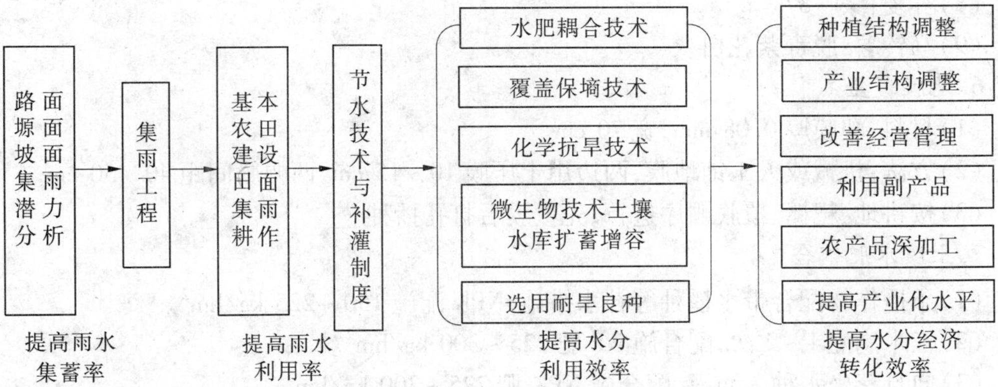


图8-2 集雨高效种植型技术集成模式

### (三)具体技术集成内容

1. 田间集雨耕作

(1)渐进式等高梯田。以1 m高差打一个埂,埂高60 cm,顶宽30 cm,定向耕作3次以上。

(2)平地垄沟间作。沟垄共宽60 cm,垄高20 cm。垄上覆膜点种穴播作物,垄沟种条播作物。

(3)坡地等高沟垄种植。沟宽40~45 cm,垄宽35~40 cm,垄高约20 cm,种植前将底肥撒入沟内并与土拌匀,然后将作物种子播于沟内,每沟种植两行。

2. 雨水收集

(1)使用新型土壤固化剂处理道路和塬面,厚5~6 cm,单价6元/$m^2$,集流效率

70%。

(2)使用塑料薄膜,厚0.2~0.3 mm,单价2元/$m^2$,集流效率85%~90%。

3.雨水存储

根据集雨面的大小修建蓄水30~40 $m^3$ 的旱井、80 $m^3$ 的水窖或蓄水120 $m^3$ 的水窖。

4.节水灌溉

(1)人工坐水种,1次45 $m^3/hm^2$。

(2)带水条播,45~78 $m^3/hm^2$。

(3)膜下滴灌,120~180 $m^3/hm^2$,灌溉1~2次。

(4)全移动式微、喷灌灌溉,225~300 $m^3/hm^2$,灌溉1~2次。

5.选择适宜品种

(1)玉米:内单302、哲单7号、中北410和东陵白。

(2)黍糜:榆糜2号、榆黍1号。

(3)谷子:黄金谷、小香谷。

(4)向日葵:星火1号。

(5)豆类:黑豆、东北千斤豆、中绿1号。

(6)西瓜:西农8号。

(7)南瓜:日本南瓜。

(8)荞麦:蒙-87。

(9)马铃薯:脱毒紫花白。

6.地膜覆盖

(1)材料:塑膜厚0.08 mm,宽70 cm。

(2)方法:机械或人工铺地膜,两边用土压膜10~15 cm,两幅膜间距40~50 cm。

(3)按耕地、耙耱、覆膜顺序进行,先覆膜后打孔播种。

7.土壤水肥耦合

(1)条播作物配合带水播种等补水措施,NPK配施150~225 kg/$hm^2$。

(2)玉米滴灌1~2次,配合施NP肥225~300 kg/$hm^2$。

(3)向日葵坐水种+滴灌,配合施NPK肥225~300 kg/$hm^2$。

(4)苜蓿带水播+微喷,播种时施1次磷酸二铵75~150 kg/$hm^2$。

8.微生物技术和生化制剂

(1)腐殖酸肥基施750 kg/$hm^2$。

(2)抗旱节水化学制剂基施、拌种或叶面喷施。

9.调整种植结构,适当扩大市场有销路的经济作物种植面积

如在确保口粮基本自给的前提下适当压缩粮食作物播种面积,增加油料作物、饲料作物、马铃薯和瓜类的面积。

### (四)集雨高效种植型子模式示范户的经济效益

1.增产效益

集雨高效种植型农户以种植玉米、谷子、马铃薯、糜子、荞麦为主,2002~2004年跟踪监测结果见表8-2~表8-4。

表 8-2　2002 年集雨高效种植型示范户主要种植作物收益(5 户合计)

| 项目 | 玉米 | 谷子 | 马铃薯 | 糜子 | 荞麦 | 合计 |
|---|---|---|---|---|---|---|
| 种植面积($hm^2$) | 2.14 | 2.17 | 2.10 | 3.77 | 1.03 | 11.21 |
| 单产($kg/hm^2$) | 4 677.0 | 2 320.5 | 16 630.5 | 2 395.5 | 1 215.0 | |
| 产量(kg) | 10 008.8 | 5 035.5 | 34 924.1 | 9 031.0 | 1 251.5 | 60 250.9 |
| 单价(元/kg) | 0.96 | 1.00 | 0.32 | 1.06 | 1.00 | |
| 种植收入(元) | 9 608.4 | 5 035.5 | 11 175.7 | 9 572.9 | 1 251.5 | 36 644.0 |

表 8-3　2003 年集雨高效种植型示范户主要种植作物收益(5 户合计)

| 项目 | 玉米 | 谷子 | 马铃薯 | 糜子 | 荞麦 | 合计 |
|---|---|---|---|---|---|---|
| 种植面积($hm^2$) | 3.50 | 2.83 | 2.33 | 3.33 | 1.00 | 12.99 |
| 单产($kg/hm^2$) | 5 477.9 | 2 737.8 | 18 621.0 | 2 755.5 | 1 359.0 | |
| 产量(kg) | 19 172.7 | 7 748.0 | 43 386.9 | 9 175.8 | 1 359.0 | 80 842.4 |
| 单价(元/kg) | 1.04 | 1.04 | 0.40 | 1.10 | 1.00 | |
| 种植收入(元) | 19 939.6 | 8 057.9 | 17 354.8 | 10 093.4 | 1 359.0 | 56 804.7 |

表 8-4　2004 年集雨高效种植型示范户主要种植作物收益(5 户合计)

| 项目 | 玉米 | 谷子 | 马铃薯 | 糜子 | 荞麦 | 合计 |
|---|---|---|---|---|---|---|
| 种植面积($hm^2$) | 4.60 | 2.33 | 2.23 | 3.13 | 0.80 | 13.09 |
| 单产($kg/hm^2$) | 5 365.1 | 1 696.4 | 16 896.3 | 2 544.0 | 1 975.1 | |
| 产量(kg) | 24 679.5 | 3 952.5 | 37 678.7 | 7 962.7 | 1 580.0 | 75 853.4 |
| 单价(元/kg) | 1.00 | 1.50 | 0.40 | 1.40 | 1.20 | |
| 种植收入(元) | 24 679.5 | 5 928.8 | 15 071.5 | 11 147.8 | 1 896.0 | 58 723.6 |

2. 示范户实际收入

表 8-5 和表 8-6 分别给出了 5 个集雨高效种植型示范户 2002～2004 年的毛收入和人均纯收入情况,从中可以看出,随着该研究的逐年开展,对当地农民的示范效果逐步体现,集雨高效种植型子模式示范户农民的收入呈稳定增长态势。项目实施前农民人均纯收入为1 047.7元,项目实施后,2003 年农民人均纯收入增长到 1 627.5 元,2004 年增长到 2 219.2 元,2004 年比 2002 年增长了 111.8%。

表 8-5　集雨高效种植型示范户毛收入　（单位:元）

| 项目 | 周荣 | 淡三喜 | 魏二焕 | 田永红 | 杨贵锁 | 合计 |
|---|---|---|---|---|---|---|
| 2002 年 | 5 488.0 | 12 308.2 | 16 783.6 | 6 440.3 | 24 000.9 | 65 021.0 |
| 2003 年 | 13 508.0 | 23 612.0 | 21 268.0 | 17 288.0 | 32 080.0 | 107 756.0 |
| 2004 年 | 10 754.0 | 15 150.0 | 22 436.2 | 17 098.5 | 43 516.6 | 108 955.3 |
| 净增长值 1 | 8 020.0 | 11 303.8 | 4 484.4 | 10 847.7 | 8 079.1 | 42 735.0 |
| 净增长率 1(%) | 146.1 | 91.8 | 26.7 | 168.4 | 33.7 | 65.7 |
| 净增长值 2 | 5 266.0 | 2 841.8 | 5 652.6 | 10 658.2 | 19 515.7 | 43 934.3 |
| 净增长率 2(%) | 96.0 | 23.1 | 33.7 | 165.5 | 81.3 | 67.6 |

注:净增长值(率)1 为 2003 年毛收入较 2002 年的增长值(率);净增长值(率)2 为 2004 年毛收入较 2002 年的增长值(率)。以下意义同此。

表 8-6　集雨高效种植型示范农户人均纯收入　（单位:元）

| 年份 | 周荣 | 淡三喜 | 魏二焕 | 田永红 | 杨贵锁 | 平均 | 增长率(%) |
|---|---|---|---|---|---|---|---|
| 2002 | 703.3 | 1 289.5 | 1 005.8 | 972.6 | 1 267.5 | 1 047.7 | |
| 2003 | 1 285.5 | 1 962.3 | 1 674.3 | 1 466.8 | 1 748.5 | 1 627.5 | 55.3 |
| 2004 | 1 474.6 | 2 022.0 | 2 394.3 | 2 064.8 | 3 140.4 | 2 219.2 | 36.4 |

## 二、集雨生态畜牧型子模式

### (一)适用范围

当地畜牧型农户是指承包退耕地和山场面积较大、承包基本农田面积较小、以畜牧业生产和退耕还林还草植被营建的补助为主要收入来源的农户。本研究选择了 3 户农户作为集雨生态畜牧型示范户,其基本情况见表 8-7。

表 8-7　集雨生态畜牧型示范户基本情况

| 户名 | 村名 | 人口 | 耕地面积($hm^2$) | 人工草地面积($hm^2$) | 牲畜头数 | 生活水平 | 生产推广模式 |
|---|---|---|---|---|---|---|---|
| 杨文正 | 布尔洞沟 | 5 | 3.00 | 1.00 | 53 | 较好 | 集雨生态畜牧型 |
| 杨文义 | 布尔洞沟 | 7 | 2.00 | 1.40 | 70 | 较好 | |
| 杨大海 | 布尔洞沟 | 3 | 1.73 | 1.33 | 49 | 较差 | |

### (二)技术集成模式

根据市场需求和本地区饲料粮、饲料作物、可利用副产品和饲草资源量,确定合理的畜牧结构和载畜量;合理确定应退耕的低产田,促进退耕地与荒坡地的植被恢复及可持续的打草强度;推广优良畜种和先进饲养技术,提高饲料转化效率与单位畜产品的经济效益,力求经济效益与生态效益的双赢。

集雨生态畜牧型技术集成模式见图 8-3。

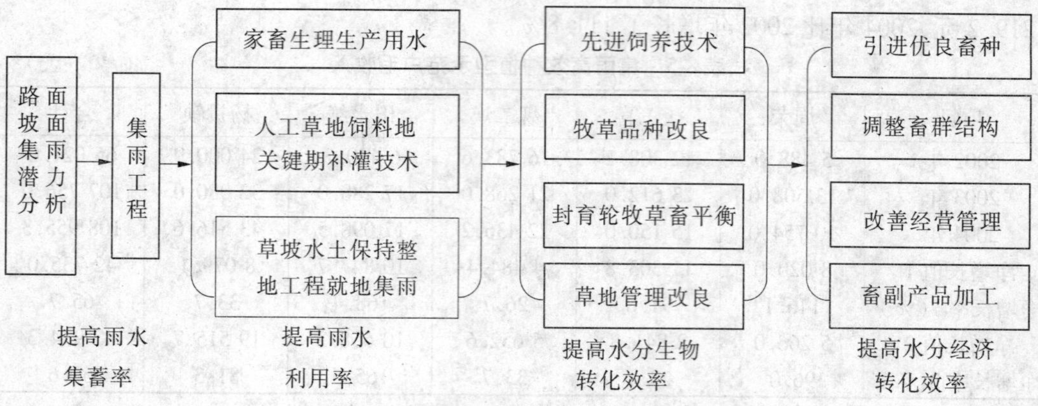


图 8-3　集雨生态畜牧型技术集成模式

## (三)技术集成的具体内容

1. 雨水集蓄工程

(1)利用道路、屋顶、庭院及塬面、坡面汇集雨水。

(2)由旱井、水窖、水窑存贮。

2. 坡地水土保持整地建植工程

(1)按照水土保持技术进行鱼鳞坑、水平沟整地。

(2)在鱼鳞坑及水平沟内栽植林木,形成坡地带状防护林。

3. 牧草品种选择

(1)在梁峁丘陵区种植中苜1号、苜蓿王、创新苜蓿、美国苜蓿和敖汉苜蓿品种。

(2)在人工草场种植老芒麦、无芒雀麦和高羊茅。

4. 饲草料生产

(1)牧草播种前进行水处理浸泡,豆科牧草种子用水浸泡12 h,禾本科牧草种子用水浸泡30 h,有利于发芽和出苗。

(2)牧草种子冬播:在入冬前把牧草播入地里,第二年春季利用好的墒情发芽出苗。

(3)秋季雨水较多时播种,有利于牧草种子萌发和生长。

(4)牧草混播:①苜蓿与老芒麦和沙打旺混播;②苜蓿与披碱草混播;③苜蓿与冰草混播;④豆科与禾本科混播。

5. 饲草料补灌

(1)节水补灌设施:全移动式喷灌带。

(2)补灌期及灌水量:春旱时,在牧草返青期补灌,补灌量150 ~ 225 $m^3/hm^2$;夏旱时,在牧草拔节期灌溉,补灌量225 ~ 300 $m^3/hm^2$。

6. 饲草料加工

(1)饲草料加工机械:青贮切割机,多功能饲草料粉碎机。

(2)青贮窖修建和草料青贮技术:每立方米可贮青贮料600 ~ 700 kg。

7. 牲畜品种改良

(1)引进德美及无角德赛特优良肉羊,与当地绵羊杂交,生产杂交育肥羔羊,提高产羔率、生长速度、产肉性能和育肥羔羊出栏率,减少无效饲养。

(2)引进阿尔巴斯绒山羊,改良本地绒山羊,提高绒的产量品质。

8. 基础设施建设

建设带有活动场的半棚式塑料羊圈,每只绵羊需要1 ~ 1.5 $m^2$的圈舍,4 $m^2$的活动场所;每只山羊需要1 ~ 1.5 $m^2$的圈舍,6 $m^2$的活动场所。建设面积33 $m^2$的暖棚猪圈,砖木结构。

## (四)经济效益

1. 养殖效益分析

表8-8给出了该区域家畜养殖效益和成本,其中毛收入项和饲草料成本项以当地平均状况计算,再扣除用水成本。可以看出,根据抽样测算养羊的平均净效益为115.9 ~ 125.9元/只;养猪的净效益为587.6元/头;养鸡的净效益为6.5元/只。

表 8-8　区域家畜养殖成本效益核算

| 家畜 | 毛收入 | 饲草料成本 | 用水成本 | 纯收入 |
|---|---|---|---|---|
| 舍饲绵羊(元/只) | 230.0 | 110.0 | 4.1 | 115.9 |
| 舍饲绒山羊(元/只) | 250.0 | 120.0 | 4.1 | 125.9 |
| 圈养猪(元/头) | 1 200.0 | 600.0 | 12.4 | 587.6 |
| 散养鸡(头/只) | 15.0 | 8.0 | 0.5 | 6.5 |

2. 示范户的实际收入

表 8-9 和表 8-10 是集雨生态畜牧型示范户 2002～2004 年的实际收入情况，可见项目实施后，集雨生态畜牧型农户的人均纯收入有明显的提高。2002 年集雨生态畜牧型典型农户人均纯收入为 1 380.9 元，2003 年增加到 2 315.0 元，增长了 67.6%；2004 年集雨生态畜牧型农民人均纯收入出现了大幅度增长，从 2003 年的 2 315.0 元增长到 4 174.5 元，增长了 80.3%。

表 8-9　集雨生态畜牧型典型示范户毛收入　　(单位：元)

| 项目 | 杨文义 | 杨文正 | 杨大海 | 合计 |
|---|---|---|---|---|
| 2002 年 | 47 721.7 | 17 734.5 | 20 366.4 | 85 822.6 |
| 2003 年 | 49 978.0 | 23 593.0 | 28 787.0 | 102 358.0 |
| 2004 年 | 50 799.9 | 64 008.0 | 33 370.0 | 148 177.9 |
| 净增长值 1 | 2 256.3 | 5 858.5 | 8 420.6 | 16 535.4 |
| 净增长率 1(%) | 4.7 | 33.0 | 41.3 | 19.3 |
| 净增长值 2 | 3 078.2 | 46 273.5 | 13 003.6 | 62 355.3 |
| 净增长率 2(%) | 6.5 | 260.9 | 63.8 | 72.7 |

表 8-10　集雨生态畜牧型示范户人均纯收入　　(单位：元)

| 年份 | 杨文义 | 杨文正 | 杨大海 | 平均 | 增长率(%) |
|---|---|---|---|---|---|
| 2002 | 1 313.4 | 1 674.9 | 1 154.5 | 1 380.9 | |
| 2003 | 2 396.7 | 2 506.0 | 2 042.3 | 2 315.0 | 67.6 |
| 2004 | 4 187.4 | 4 540.8 | 3 795.3 | 4 174.5 | 80.3 |

## 三、庭院集雨经济型子模式

### (一) 适用范围

黄土高原北部地区平地很少，农户分散居住，庭院几乎全部用于集雨，庭院经济并非指院内种养。该模式适用于居住分散、承包耕地并不多但庭院面积较大且周边有条件较好的小片土地可用于蔬菜和瓜果生产的农户。

## (二)技术集成模式

庭院集雨经济型生产模式主要包括:①硬化屋顶和庭院,并在庭院内建设两眼 30 ~ 40 $m^2$ 的旱井,高效收集和高效利用雨水。②建设 210 ~ 350 $m^2$ 的塑料大棚或 35 $m^2$ 的塑膜小拱棚 1 座,种植香瓜或蔬菜,采用简易或先进节水灌溉方法进行灌溉。③在庭院附近建设 30 ~ 60 $m^2$ 的砖木结构标准羊圈 1 座,养绒山羊 30 ~ 50 只。④在庭院附近建设沼气池、猪圈、厕所和温室(大棚)"四位一体"的农村能源工程 1 处。

根据庭院可利用集雨地形,在屋顶和庭院修筑不透水集雨面和在庭院内修建水窖,有条件的可修建人畜饮用与灌溉用两个水窖。根据可利用水量、市场需求和庭院附近土地条件和饲料资源,确定蔬菜、果树、花卉等庭院种植与畜禽养殖的结构与规模。推广高效种养使用技术,努力提高降水、土地与饲料的利用和转化效率。

庭院集雨经济型技术集成模式见图 8-4。

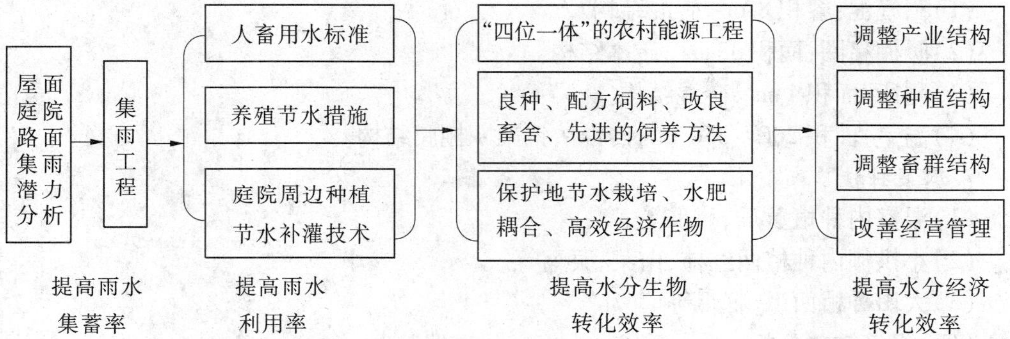


图 8-4　庭院集雨经济型技术集成模式

## (三)技术集成的具体内容

1. 雨水收集

(1)屋顶集雨:防渗材料为厚度 0.3 mm 的聚乙烯塑料膜;水泥砂浆强度为 M10(水泥、砂子比例为 1∶4.44;厚度为 1.5 cm;用量为 0.015 $m^3/m^2$;单价为 7.5 元/$m^2$)。

(2)庭院集雨:防渗材料为混凝土(水泥、砂子、石子比例为 1∶2.63∶4.49;厚度为 4 cm;用量为 0.04 $m^3/m^2$;单价为 7.6 元/$m^2$)。

2. 雨水存贮

根据集雨面大小修建蓄水 30 ~ 40 $m^3$ 的旱井、蓄水 80 $m^3$ 的水窖或蓄水 120 $m^3$ 的水窖。

3. 节水灌溉

(1)人工坐水种,1 次 45 $m^3/hm^2$。

(2)膜下滴灌,120 ~ 180 $m^3/hm^2$,灌溉 2 ~ 3 次。

(3)全移动式微、喷灌灌溉,225 ~ 300 $m^3/hm^2$,灌溉 1 ~ 2 次。

4. 选择适宜品种

(1)胡麻:晋亚 7 号。

(2)豆类:黑豆、东北千斤豆、中绿 1 号。

(3)葱:山西分葱。

(4)甜瓜:绿麻瓜。

(5)西瓜:西农8号。

(6)菜豆:8030、青岛架豆、美国供豆。

(7)大白菜:太原二青。

(8)菠菜:刺籽菠菜。

(9)茄果类:中蔬4号番茄、呼茄1号茄子、农大40青椒、津研4号黄瓜。

(10)甘蓝:中甘11号、庆丰、内培3号。

5. 地膜覆盖

(1)材料:塑膜厚0.08 mm,宽70 cm。

(2)方法:机械或人工铺地膜,两边用土压膜10~15 cm,两幅膜间距40~50 cm。

(3)按耕地、耙耱、覆膜顺序进行,先覆膜后打孔播种。

6. 农村"四位一体"的能源工程

(1)沼气池:容积8 $m^3$,砖混结构。

(2)暖棚猪圈:面积33 $m^2$,砖木结构。

(3)厕所:面积1 $m^2$,砖混结构。

(4)温室:面积200~350 $m^2$,砖混+钢架+棚膜结构。

7. 瓜菜种植

(1)温室内种植黄瓜、甜瓜等。

(2)小拱棚内种植西红柿、白菜、菜豆等。

(3)大田种植西瓜、籽瓜等。

**(四)经济效益分析**

1. 增产效益

庭院集雨经济型示范户主要以种植油料、豆类、葱、甜瓜、西瓜为主,课题组在2002年、2003年和2004年对其进行了跟踪监测,结果见表8-11~表8-13。

**表8-11 2002年庭院集雨经济型示范户主要种植作物收益(两户合计)**

| 项目 | 胡麻 | 大豆 | 葱 | 甜瓜 | 西瓜 | 合计 |
|---|---|---|---|---|---|---|
| 种植面积($hm^2$) | 0.20 | 1.67 | 0.21 | 0.19 | 0.59 | 2.86 |
| 单产($kg/hm^2$) | 1 350.0 | 1 218.0 | 14 016.0 | 9 991.5 | 24 109.5 | |
| 产量(kg) | 270.0 | 2 034.1 | 2 943.4 | 1 898.4 | 14 224.6 | 21 370.5 |
| 单价(元/kg) | 2.70 | 2.60 | 0.70 | 1.00 | 0.18 | |
| 庭院种植收入(元) | 729.0 | 5 288.6 | 2 060.4 | 1 898.4 | 2 560.4 | 12 536.8 |

**表8-12 2003年庭院集雨经济型示范户主要种植作物收益(两户合计)**

| 项目 | 胡麻 | 大豆 | 葱 | 甜瓜 | 西瓜 | 合计 |
|---|---|---|---|---|---|---|
| 种植面积($hm^2$) | 0.77 | 1.57 | 0.29 | 0.51 | 0.49 | 3.63 |
| 单产($kg/hm^2$) | 1 201.4 | 1 318.2 | 13 430.3 | 11 940.8 | 24 935.0 | |
| 产量(kg) | 925.1 | 2 074.0 | 3 850.0 | 6 050.0 | 12 135.0 | 25 034.1 |
| 单价(元/kg) | 2.70 | 3.20 | 0.80 | 1.20 | 0.20 | |
| 庭院种植收入(元) | 2 497.8 | 6 636.8 | 3 080.0 | 7 260.0 | 2 427.0 | 21 901.6 |

**表 8-13　2004 年庭院集雨经济型示范户主要种植作物效益(两户合计)**

| 项目 | 胡麻 | 大豆 | 葱 | 籽瓜 | 甜瓜 | 西瓜 | 合计 |
|---|---|---|---|---|---|---|---|
| 种植面积($hm^2$) | 0.50 | 1.73 | 0.28 | 0.97 | 0.47 | 0.67 | 4.62 |
| 单产($kg/hm^2$) | 488.6 | 1 061.6 | 14 642.9 | 920.7 | 9 000.0 | 15 806.3 | |
| 产量(kg) | 244.3 | 1 836.5 | 4 100.0 | 893.1 | 4 230.0 | 10 590.2 | 21 894.1 |
| 单价(元/kg) | 2.70 | 3.00 | 1.00 | 4.00 | 2.00 | 0.40 | |
| 庭院种植收入(元) | 659.6 | 5 509.4 | 4 100.0 | 3 572.3 | 8 460.0 | 4 236.1 | 26 537.4 |

2. 示范户的实际收入

表 8-14 和表 8-15 分别给出了庭院集雨经济型示范户 2002 ~ 2004 年的毛收入和人均纯收入情况,可以看出:项目实施后,庭院集雨经济型农民人均纯收入有明显的提高。2002 年农民人均纯收入为 1 728.3 元,2003 年农民人均纯收入有明显的提高,增加到 2 445.1 元,增长了 41.5%;2004 年农民人均纯收入达到 4 106.9 元,比 2003 年增长了 68.0%。该研究为庭院集雨经济型农户带来了可观的经济效益,实现了农民人均纯收入的快速增长。

**表 8-14　庭院集雨经济型示范户毛收入**　(单位:元)

| 项目 | 杨来福 | 王荣 | 合计 |
|---|---|---|---|
| 2002 年 | 17 755.3 | 24 130.7 | 41 886.0 |
| 2003 年 | 21 321.6 | 36 826.0 | 58 147.6 |
| 2004 年 | 25 316.6 | 60 660.0 | 85 976.6 |
| 净增长值 1 | 3 566.3 | 12 695.3 | 16 261.6 |
| 净增长率 1(%) | 20.1 | 52.6 | 38.8 |
| 净增长值 2 | 7 561.3 | 36 529.3 | 44 090.6 |
| 净增长率 2(%) | 42.6 | 151.4 | 105.3 |

**表 8-15　庭院集雨经济型农民人均纯收入**　(单位:元)

| 年份 | 杨来福 | 王荣 | 平均 | 增长率(%) |
|---|---|---|---|---|
| 2002 | 1 846.6 | 1 609.9 | 1 728.3 | |
| 2003 | 2 530.9 | 2 359.2 | 2 445.1 | 41.5 |
| 2004 | 3 721.2 | 4 492.6 | 4 106.9 | 68.0 |

3 种类型的生产模式与相关技术内容见图 8-5 ~ 图 8-7。

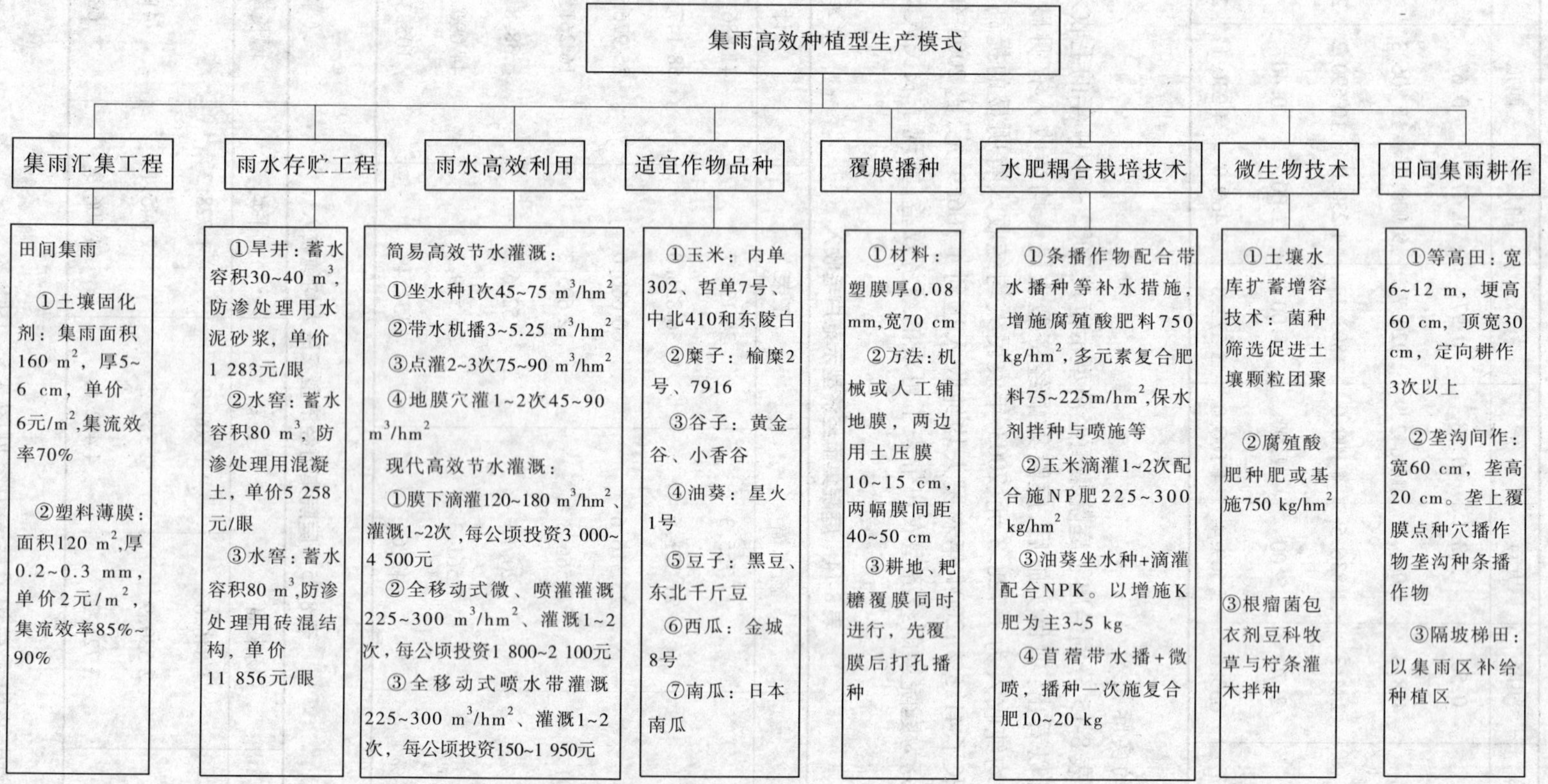


图 8-5　集雨高效种植型生产模式与相关技术

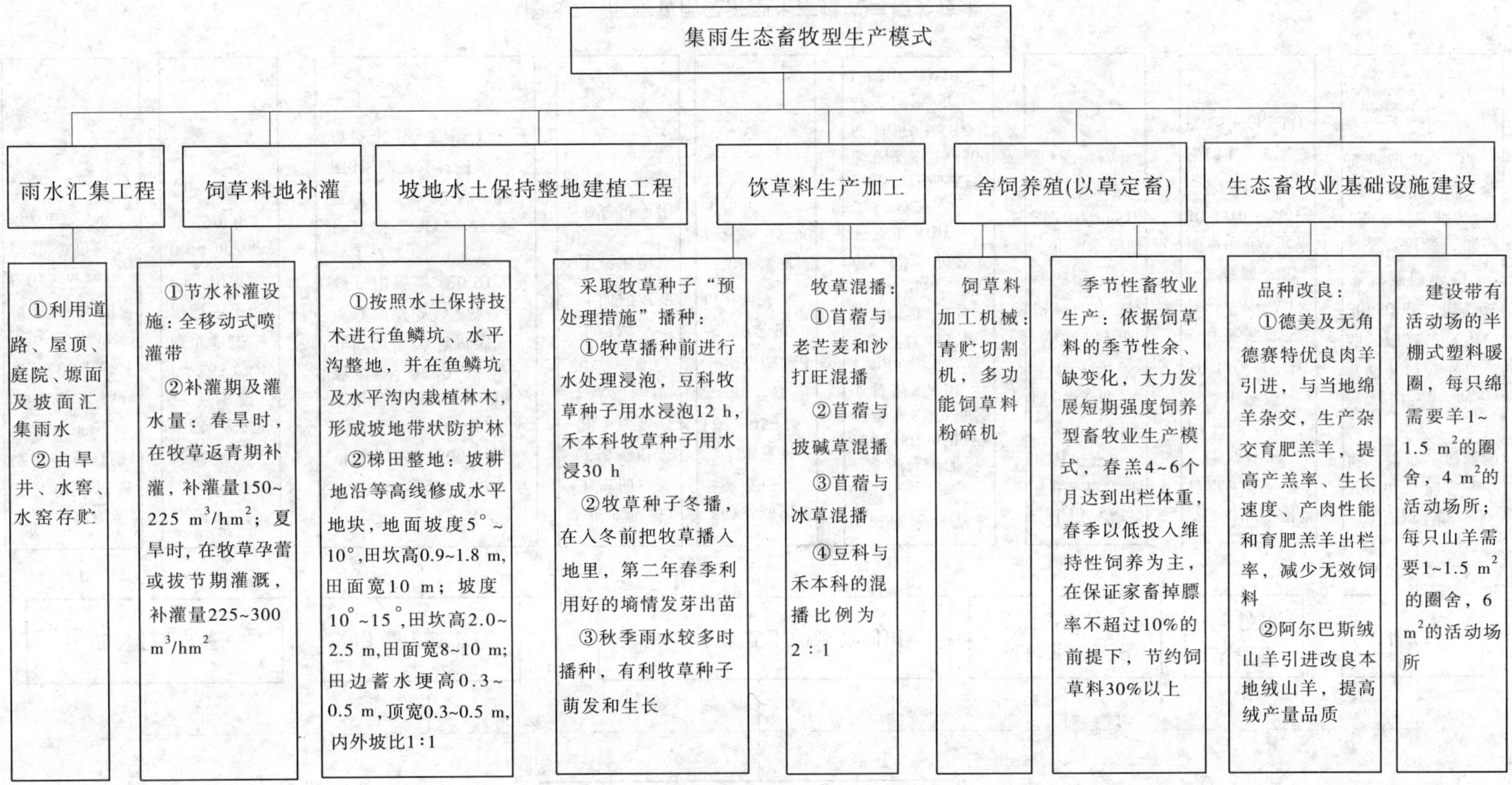


图 8-6　集雨生态畜牧型生产模式与相关技术

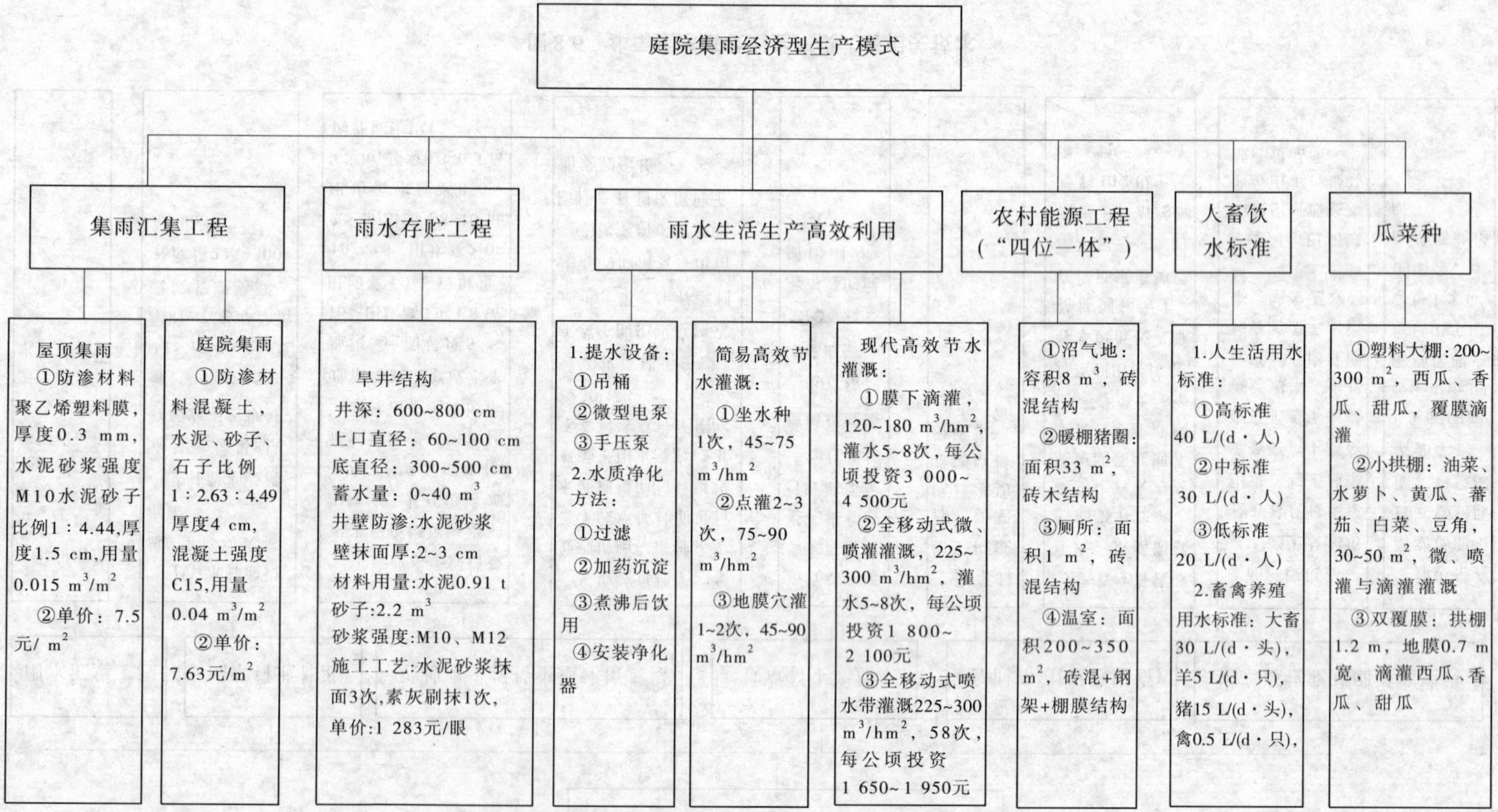


图 8-7　庭院集雨经济型生产模式与相关技术

## 四、3 种类型子模式示范户经济效益的比较与综合评价

从图 8-8 可以看出，项目实施后 3 种类型子模式示范户人均纯收入都有大幅度提高，其中增长最快的是集雨生态畜牧型生产模式。

2002 年农民人均纯收入最高的是庭院集雨经济型，为 1 728.3 元；集雨生态畜牧型次之，为1 380.9 元；集雨高效种植型最低，为 1 047.7 元。

随着项目的实施，2003 年集雨生态畜牧型模式的农民人均纯收入增长最快，增长率为 67.6%，农民人均纯收入增长到 2 315.0 元；庭院集雨经济型的农民人均纯收入为 2 445.1 元，增长率为 41.5%；集雨高效种植型的农民人均纯收入增长到 1 627.5 元，增长了 55.3%。

2004 年集雨生态畜牧型和庭院集雨经济型的农民人均纯收入均增长较快，但以集雨生态畜牧型增长最快，增长率 80.3% 且势头强劲。庭院集雨经济型的农民人均纯收入增长也较快，增长率 68.0%，农民人均纯收入达到 4 106.9 元。这两种模式符合当地的农牧业生产条件和社会经济状况，具有投资潜力，应继续延伸。对于集雨高效种植型模式而言，该模式尽管提高了农民人均纯收入，但效果不如前两种模式明显，这与该地区地形起伏大、地块较小且零散、不利于机械耕种、种植业经营规模小和劳动生产率较低有关。

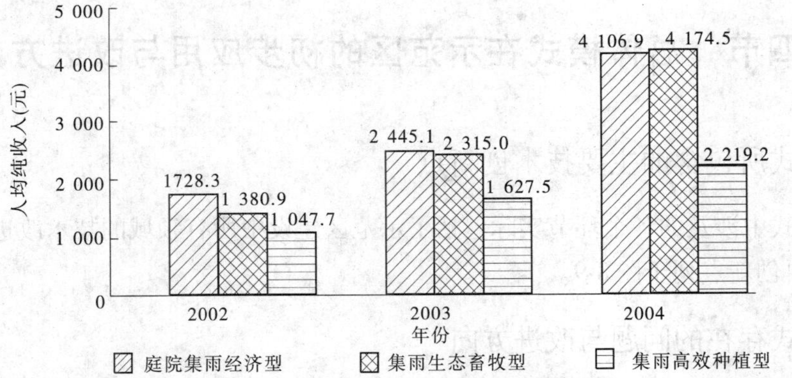


图 8-8　3 种类型子模式示范户人均纯收入变化

## 五、确定推广的综合技术模式

在对示范区社会经济与生态环境全面调查的基础上，确定应推广的综合技术模式示范户类型包括集雨高效种植型、集雨生态畜牧型和庭院集雨经济型 3 类，并分别确定了其发展战略和扶持措施。

### (一)集雨高效种植型示范户模式

将根据对市场需求和气候风险的分析调整种植结构，充分利用集雨工程创造的有利条件，推广节水补灌、建设基本农田、水肥耦合、覆盖与耕作保墒、化学抗旱等技术和优良

品种，以提高产量、提高水分利用率和转化效率为中心，建立市场与生态双重适应的种植结构，大幅度增加农民收入，提高农田生态系统的稳定性。

**（二）集雨生态畜牧型示范户模式**

将根据市场需求和本地区饲料粮、饲料作物、可利用副产品和饲草资源量，确定合理的畜牧结构和载畜量；合理确定应退耕的低产田，促进退耕地与荒坡地的植被恢复及可持续的打草强度；推广优良畜种和先进的饲养技术，提高饲料转化效率与单位畜产品的经济效益，力求经济效益与生态效益的双赢。

**（三）庭院集雨经济型示范户模式**

硬化屋顶和庭院，并在庭院内建设两眼 30～40 $m^2$ 旱井，高效收集和高效利用雨水。建设 210～350 $m^2$ 塑料大棚或 35 $m^2$ 塑膜小拱棚 1 座，种植香瓜或蔬菜，采用简易或先进节水灌溉方法进行灌溉。在庭院附近建设 30～60 $m^2$ 砖木结构的标准羊圈 1 座，养绒山羊 30～50 只。在庭院附近建设沼气池、猪圈、厕所和温室（大棚）“四位一体”的农村能源工程 1 处。

根据庭院可利用集雨地形，在屋顶和庭院修筑不透水集雨面和在庭院内修建水窖，有条件的可修建人畜饮用与灌溉用两个水窖。根据可利用水量、市场需求和庭院附近土地条件和饲料资源，确定蔬菜、果树、花卉等庭院种植与畜禽养殖的结构与规模。推广高效种养使用技术，努力提高降水、土地与饲料的利用和转化效率。

## 第四节　总体模式在示范区的初步应用与改进方向

### 一、模式所包含的主要技术创新点

总体模式中涉及的各个环节实际包括了示范区建设中所有领域的技术改进与理论创新，现将主要创新点列于图 8-9。

### 二、模式存在的问题与改进方向

上述模式的科学原理与运行机制尚待深入研究和提炼，大多数参数具有明显的区域性，需要针对不同区域通过更多试验才能准确确定。今后拟进一步研制具有普适性的软件，并针对不同地区、产业和作物收集，通过试验确定各类参数值，分别建立更加具有可操作性和实用性的软件。现有的总体模式还是半定量的，3 种农户的生产推广模式主要是定性的子模式。未来在进一步深入开展各项试验研究和广泛收集国内外相关研究成果与文献资料的基础上，应建立更加完整和适用性更广的总体模式及各类子模式，可用于估算不同参数条件下的集雨潜力、作物生产潜力和增收潜力，为制订区域集雨工程规划和农牧业发展规划提供技术依据。

区域资源生态调研

↓

以提高雨水收集利用转化效率为主线<br>构建综合模式与组装配套技术集成

↓

| 模块 | 目标 | 主要技术 | 主要技术创新点 |
|---|---|---|---|
| 雨水形态转化 | 提高集蓄效率与利用率 | 信息技术<br>集雨工程 | 1.“3S”技术估算示范区集雨潜力及分布，制定工程规划<br>2.有机硅固化剂等高效集雨面新材料的应用<br>3.修建塬面集雨补灌系统<br>4.沟垄、渐进式等高田、隔坡梯田等田面集雨耕作技术<br>5.制定农户雨水综合利用定额标准与水质标准 |
| 雨水生物转化 | 提高集雨利用效率 | 节水灌溉<br>节水农艺 | 1.制定主要作物补灌制度，明确适宜的补灌期和补灌量<br>2.区域旱作节水综合配套技术：抗旱节水品种筛选方法配套、水肥耦合技术、土壤水库扩蓄增容、化学抗旱<br>3.区域保护性耕作技术 |
| 雨水经济转化 | 提高经济转化效率 | 系统优化<br>经济调控 | 1.筛选适应市场和生态环境的高效优质品种，如小南瓜、小香谷、玉米及苜蓿等<br>2.调整优化产业结构，为牧而农<br>3.区域蔬菜瓜类保护地集雨补灌栽培技术 |

↓

组装集成集雨补灌旱作节水农业技术体系及模式

↓

高效种植型子模式 | 生态畜牧型子模式 | 庭院经济型子模式

↓

示范区集雨农业发展规划与社会经济持续发展

**图 8-9 总体模式中各模块的主要创新点**

## 参考文献

[1] C C Mbajiorgu. Watershed Resources Management (WRM) model Ⅰ. Model description[J]. Computers and Electronics in Agriculture, 1995(13):195-216.

[2] M D B Young, J W Gowing, G C L Wyseure, et al. Parched-Thirst: development and validation of a process-based model of rain harvesting[J]. Agricultural Water Management, 2002, 2(55): 121-140.

[3] Gupta G N. Rain-water management for tree planting in the Indian Desert[J]. Journal of Arid Environments, 1995, 31(2): 219-235.

[4] I Sanchez-Cohen, V L Lopes, DC. Slack, et al. Water balance model for small-scale water harvesting systems[J]. Journal of Irrigation and Drainage Engineering, 1997, 123(2): 123-128.

[5] D Mires. Development of inland aquaculture in arid climates: water utilization strategies applied in Israel[J]. Fishes

Management and Ecology, 2000,7: 189-195.
[6] 李怀有,赵安成,白文瑗,等. 高塬沟壑区集雨节灌发展模式与对策[J]. 节水灌溉,2001(3):24-25.
[7] 李英能. 黄土高原区农业高效用水创新组合方案[J]. 中国农村水利水电,1999(1):12-14.
[8] 康国玺. 黄土高原半干旱区雨水高效利用模式[J]. 中国农村水利水电,2004(12):72-73.
[9] 李凤民,徐进章. 黄土高原半干旱地区集水型生态农业分析[J]. 中国生态农业学报,2002,10(1):105-107.
[10] 孙惠民,程满金,郑大玮,等. 北方半干旱集雨补灌旱作区节水农业发展模式[J]. 应用生态学报,2005,16(6):1072-1076.

# 第九章　集雨补灌示范区的建设与管理

## 第一节　示范区建设的组织管理

一、示范区项目领导小组

为确保国家“863”农业节水重大专项的集雨补灌示范区专题按照任务合同书顺利实施,成立了由内蒙古自治区科技厅、自治区水利厅、自治区水利科学研究院、准格尔旗人民政府、中国农业大学和国家节水灌溉杨凌工程技术研究中心、内蒙古农业科学研究院有关领导共同组成的项目领导小组。

领导小组的职责是:负责项目组织领导和重大问题的研究决定,协调各参加单位之间的工作,督促各方面的配套经费落实,检查示范区、辐射区建设工作进度、计划执行情况和项目经费开支情况,保证项目正常有序进行。

项目领导小组组成人员如下:

组　长:孙惠民(内蒙古自治区科技厅副厅长)

副组长:于长剑(内蒙古自治区水利厅副厅长)

副组长:柴建华(内蒙古自治区水利厅助理巡视员)

成　员:文　奇(内蒙古自治区科技厅农社处处长)

闫树国(内蒙古自治区科技厅农社处助理调研员)

郭少宏(内蒙古自治区水利厅科教处处长)

康　跃(内蒙古自治区水利厅农牧处处长)

奇·达楞太(准格尔旗人民政府副旗长)

程满金(内蒙古自治区水利科学研究院副院长)

吴普特(国家节水灌溉杨凌工程技术研究中心主任、西北农林科技大学副校长)

龚元石(中国农业大学科技处处长)

安玉麟(内蒙古自治区农业科学研究院副院长)

吴仲科(准格尔旗水利局局长)

领导小组下设办公室,负责日常管理事务,成员如下:

主　任:闫树国(兼)

副主任:郭少宏(兼)

程满金(兼)

成　员:马兰忠(内蒙古自治区水利科学研究院总工程师)

郑大玮(中国农业大学资源与环境学院教授)

冯　浩(国家节水灌溉杨凌工程技术研究中心主任助理)

邬来广(准格尔旗水利局副局长)

## 二、成立示范区建设领导小组

准格尔旗人民政府为认真搞好示范区建设,保证项目的按时完成,同时成立了由旗委、旗人民政府、旗直各有关局(办)和示范区两个镇领导共同组成的示范区建设领导小组。具体负责地方配套经费的落实,组织、协调示范区和辐射区的规划设计、工程建设的实施及工程检查验收,负责示范区和辐射区的技术推广应用工作,配合技术依托单位开展有关试验研究典型示范户监测和示范区技术指导等工作,为技术依托单位提供工作和生活方面的条件。

国家“十五”节水农业重大科技专项“北方半干旱集雨补灌旱作区节水农业综合技术体系集成与示范”项目准格尔旗示范区建设领导小组名单如下

组　长:贺　隽(准格尔旗旗委书记)

副组长:郝建忠(准格尔旗旗委副书记)

奇·达楞太(准格尔旗人民政府副旗长)(负责日常事务工作)

成　员:陈文俊(准格尔旗发展计划局局长)

周贵荣(准格尔旗财政局局长)

马东升(准格尔旗科技局局长)

吴仲科(准格尔旗水利局局长)

张万峰(准格尔旗水土保持局局长)

李建平(准格尔旗林业局局长)

吕　炬(准格尔旗扶贫办主任)

王万印(准格尔旗农牧局局长)

赵　波(准格尔旗农机局局长)

甄德雨(准格尔旗沙圪堵镇党委书记)

吕建军(准格尔旗西营子镇党委书记)

领导小组下设办公室,办公室地点设在旗水利局。

办公室主任:吴仲科(兼)

副　主　任:邬来广(准格尔旗水利局副局长)

侯林(准格尔旗农牧局副局长)

工 作 人 员:张瑞军、邬福师、韩占泉、杜广兵、刘双全、袁虎、李建国、乔世民、张敏、郝荣在、刘建峰

在旗领导班子换届后于2004 年3 月16 日召开了示范区建设领导小组扩大会议,全面部署了2004 年的工作,进一步落实了旗镇参加示范区建设的领导干部与技术人员及配套经费。

## 第二节　示范区建设运行管理机制

### 一、示范区建设运行管理机制的主要工作

示范区建设运行管理机制方面主要抓了8个方面的工作:①建立健全了示范区建设组织机构,明确了任务分工;②制订了示范区建设的原则;③示范区建设与当地经济建设和6大重点工程相结合;④制定出台了示范区建设优惠政策;⑤重点抓住典型示范户的技术推广工作;⑥突出抓好庭院集雨面工程建设与环境改善;⑦示范区水窖、旱井产权证发放;⑧国家、自治区科研、高校科技人员与旗直相关部门技术人员密切配合。

### 二、明确各单位的任务和分工

项目领导小组下设由内蒙古水利科学研究院、杨凌节水中心、中国农业大学、内蒙古农业科学研究院组成的科研组和由准格尔旗旗委、旗人民政府组建的示范区建设领导小组,并在此基础上明确了各单位的任务和分工。

示范区建设组织机构框架图(见图9-1)如下:

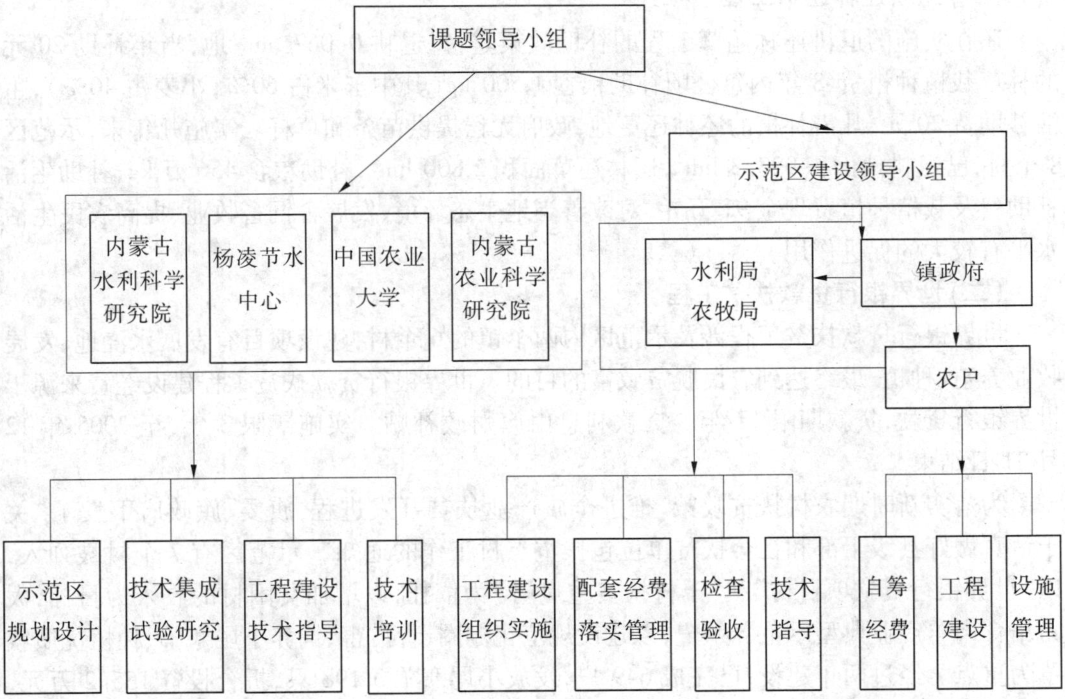


图9-1　示范区建设组织机构框架图

### 三、示范区建设的基本原则

(1)因地制宜、分类指导、科学规划、分步实施,实现模式化和规范化。

(2)农民投资为主,国家补助为辅。

(3)谁投资、谁负责、谁管理、谁受益。明确产权,户建、户用、户管、户益。农户投资建设为主的工程,包括国家投资部分,可作为农民的私有财产,允许管理、使用、拍卖、转让、出租、继承,同时由旗人民政府依法颁发给产权证。

(4)微、小型工程为主,多种技术集成配套,改善农民生活与生产条件。

(5)典型示范与推广普及相结合。

(6)加快农业结构调整,重点发展菜、果、瓜、小杂粮、药和舍饲养殖等高产优质绿色高效产业及绿色产品,以提高效益增加农民收入为目标。

(7)采取工程节水和农业节水措施,提高雨水的利用效率。

(8)配合退耕还林还草工程实施,改善生态环境。

## 四、示范区建设与当地经济建设紧密结合

示范区建设与准格尔旗农牧业可持续发展思路相一致,与国家实施西部大开发的战略紧密结合,并与当地正在实施的退耕还林还草工程、世界银行贷款扶贫工程、人畜饮水解困工程、淤地坝工程、千村扶贫工程和农村能源工程相结合,与生态建设和农民脱贫致富相结合,争取到更多的示范区资金投入,为示范区建设提供了保证。

### (一)退耕还林还草工程

还在实施的退耕还林还草工程的补助政策是:每退耕 0.067 $hm^2$ 地,当年补助 20 元的林草栽植种植费,8 年内每公顷补助粮食 1 500 kg(其中玉米占 60%,小麦占 40%),生活补助费 20 元,凡需补植的还林还草地,政府无偿提供苗条和草籽。实施几年来,示范区 8 个村,已退耕地面积 933.3 $hm^2$,还林还草面积 2 800 $hm^2$,补助粮食 456 万 kg,补助生活补助费及栽植种植费现金 91 万元,对改善当地生态环境、发展舍饲畜牧业、提高农民生活水平有较大的促进作用。

### (二)世界银行贷款扶贫工程

世界银行贷款扶贫工程涉及示范区内两个镇的 6 个村,建设项目有发展水浇地,发展牧业养殖、种植,最终达到农民脱贫致富的目的。世界银行贷款扶贫工程建设经费来源于世界银行贷款,贷款期限 17 年。贷款利息由旗财政补贴。实施年限 3 年,至 2005 年 12 月 31 日结束。

为落实新时期农村扶贫政策,推进全旗产业扶贫开发进程,旗委、旗政府下发了"关于认真做好县级干部和社会扶贫单位包扶重点村工作的通知",示范区有 7 个村被列入,以"世界银行贷款项目村"和"千村扶贫重点村"为依托,以增加贫困村的收入为目标,大力培育肉羊产业典型示范养殖户,以建设规范化棚圈、青贮窖、饲养小尾寒羊、种植优质牧草为重点。经过两年建设,已完成 649 户,发放小尾寒羊 3 198 只,折合投资 155.2 万元,户均 4 只,户均投资 2 390.37 元;建成棚圈 57 处,青贮窖 57 处。为实施禁牧、发展舍饲畜牧业提供了保证。

### (三)千村扶贫工程

千村扶贫工程涉及示范区内两个镇的 2 个村,实施年限 3 年,总投资 30 万元,其中国家投资 10 万元,建设项目与世界银行贷款扶贫工程类似。

### (四)人畜饮水解困工程

配合示范区建设,为解决干旱山区农村人畜饮水困难的问题,在示范区的布尔洞梁、张家圪堵、四道包3个村建设了3处人畜饮水工程。工程总投资36万元,其中国家投资23万元,地方群众自筹13万元,解决了3个村680人、2 000多头(只)牲畜的饮水困难问题。2004年通过“863”项目支助,乡、村和受益群众自筹,共投资2.3万元,延伸了张家圪堵人畜饮水工程的供水管道,新增了1个村的供水范围,现有16户农民吃上了甘甜的自来水。

### (五)农村能源工程

农村能源工程(农村沼气国债项目)建设项目有沼气池、暖棚猪圈、厕所、温室(大棚)。投资原则是:国家投资1 800元,用于沼气池建设,购沼气管道、灶具等;农民投资4 200元,自备砂石料,用于厕所、温室、暖棚(自筹40%)等建设;地方政府投资1 000元,用于猪圈建设;“863”项目投资5 000元,用于温室建设,占温室(塑料大棚)投资的60%。涉及示范区19个示范户,人口80人,国家投资11.91万元,农户自筹12.1万元,“863”项目补助6万元。

该项目通称“四位一体”(沼气池、暖棚猪圈、厕所、温室四种建筑物建在一起),即集养殖、种植、能源、环境保护于一体的工程。暖棚提高了猪舍的温度,在北方寒冷的冬季,猪可以正常生长,猪粪、人粪尿和秸秆同时供给沼气池产生气原料,沼气可以做饭、点灯,既节省能源,又增加了肥料的沤制过程,同时可供给温室种植作底肥,温室可种植反季节蔬菜,既解决了干旱山区农民吃菜难的问题,又可向周边集镇出售。这是提高农民生活水平、增加农民收入、节省能源、改善生态环境的一种有效手段。

### (六)舍饲养殖小区建设

为保护生态环境,配合退耕还林还草、水保植被建设工程,旗人民政府在全旗范围内实施禁牧,发展舍饲畜牧业。具体鼓励政策有:①无偿提供优质牧草籽种。②标准畜棚建设每处补助1 000元。③青贮窖建设10 $m^3$/眼补助100元。同时把示范区的布尔洞沟村确定为养殖小区,包括世界银行贷款扶贫工程、退耕还林还草工程、农村能源工程都要向该区倾斜。现已建成标准羊舍220处,青贮窖220眼,容积10 $m^3$/眼,总投资85.8万元,其中地方政府投资55万元,群众自筹30.8万元,使舍饲生态养畜迈开了新的一步。

## 五、制定出台示范区建设的优惠政策

针对示范区环境恶劣、农业生产条件差、种植与养殖技术落后、农民人均收入低、生活困难、仍处于贫困状态的实际,按照国家对雨水集蓄利用工程建设以“农民投劳投资为主,国家补助为辅”和“谁投资、谁建设、谁管理、谁受益”的原则,为调动农民参与示范区建设的积极性,加快示范区建设速度,提高示范区建设标准和科技贡献率,实现雨水高效汇集、存贮与利用、农民增产增收与人均纯收入翻一番的目标,经项目领导小组研究,特制定示范区雨水集蓄利用工程建设的优惠政策。

(1)旱井水窖建设。按蓄水容积计算,由地方政府直接补助水泥,标准25 kg/$m^3$,折合人民币8~10元/$m^3$,同时由水行政主管部门颁发产权证书。

(2)庭院集雨面建设。国家投资采取直接补助水泥的办法,其他工程由农户投劳投工解决。

(3)提水设备。农民自筹占所需经费的1/2,国家和地方补助占1/2。

(4)灌溉设施。所有田间节水灌溉材料设备,国家全部投资,补助3 000～4 500元/$hm^2$。

(5)农业先进技术推广。包括适应性优良品种、农药、肥料、地膜、苗木、水肥耦合等增产增收产品,采取免费供给或部分有偿提供的方式。

(6)舍饲畜牧业建设。利用世界银行扶贫贷款引进优良种畜5只/户,政府财政补贴青贮、微贮设备10元/$m^3$,标准棚圈建设,土木结构10元/$m^2$,砖木结构20元/$m^2$。

(7)退耕还林还草生态建设。主要包括灌木林网、油松、经济林、人工草地植被建设,地方政府无偿为农户提供种苗、优良草种。

(8)农机具。铡草机、带水播种机、覆膜机等小型农机具,采取国家、地方、农户3方各1/3的筹资方法解决。

(9)税费政策。在执行全旗免征农牧业税的同时,免征农产品交易税、农用车养路费、管理费等。兴办农产品加工龙头企业,政府积极协调支农贷款,并给予1个百分点的贷款利息补贴。

(10)科技服务。政府涉农部门工作要以农民快速发展、增产增收为主线,各单位抽调懂业务、会管理的科技人员,长驻示范区,深入农户、田间、地头实地手把手地为农民服务。鼓励科技人员留薪离岗兴办涉农企业或其他有偿服务。

## 六、重点抓好典型示范户的技术推广工作

在对示范区200多个农户调研摸底调查的基础上,找出了制约当地农民发展的症结,针对存在的问题,对症下药,发挥优势,重点突破。存在的问题:一是农民科技意识低下;二是产品观念不强,自给自足,满足于现状;三是牲畜的良种改良较少;四是几乎没有机械化生产工具。优势:一是退耕还林还草面积大(人均退耕0.173 $hm^2$),人工草地多(人均0.667 $hm^2$ 以上);二是养羊多(人均3只以上);三是水窖旱井多(人均2眼以上);四是耕地多(人均0.267 $hm^2$)。

综合上述优缺点,通过认真分析研究得出:发展示范区农牧业,应在生态畜牧、高效种植、庭院经济3种类型方面取得突破。

根据农户自身特点和本人意愿,2003年重点培养了35个不同类型的示范户。从技术指导、种畜引进、良种籽种、地膜、水窖旱井建设、棚圈建设、人工草地种植、农业机械等方面侧重扶持,在典型示范户的快速发展和带动周边农户参与示范区建设等方面,都收到明显效果。

庭院集雨经济型典型示范户杨来福,2003年农作物播种面积2 $hm^2$,其中经济作物播种面积比2002年增加0.2 $hm^2$。种植业纯收入达到11 554元,比2002年增加2 775元,增幅31.6%。养殖业纯收入4 450元,比2002年增加1 550元,增幅53.4%。人均纯收入2 530.9元,比2002年增加684.3元,增幅37.1%。2004年农作物播种面积2.667 $hm^2$(租地0.667 $hm^2$),其中经济作物播种面积达到1.633 $hm^2$,比2003年增加0.567 $hm^2$。种植业纯收入达到16 895元,较2003年增加5 341元,增幅46.2%。养殖业纯收入达到5 040元,比2003年增加590元,增幅13.3%。人均纯收入达到3 721.2元,比2003年增

加 1 190.3 元,增幅 47.0%。

集雨生态畜牧型养殖示范户杨大海,2003 年农作物种植面积 1.333 $hm^2$,农业纯收入 7 113 元,较 2002 年增加 1 420 元,增幅 24.9%,养殖业纯收入 2 940 元。人均纯收入 2 042.3元,较 2002 年增加 887.8 元,增幅 76.9%。2004 年种植农作物面积 1.533 $hm^2$,农业纯收入6 856元。养羊 45 只,养猪 4 口,养殖业纯收入3 980元,较 2003 年增加 1 040 元,增幅 35.4%,人均纯收入 3 795.3 元,较 2003 年增加 1 753.0 元,增幅 85.8%。

集雨高效种植型典型示范户杨贵锁,2003 年种植农作物面积 1.333 $hm^2$,其中覆膜灌溉玉米 0.067 $hm^2$,覆膜玉米 0.133 $hm^2$。农业纯收入 6 688 元,较 2002 年增加 2 351 元,增幅 54%。养殖业纯收入 6 510 元,较 2002 年增加 1 210.7 元,增幅 22.8%。2004 年种植农作物面积 2.037 $hm^2$(租地 0.667 $hm^2$),其中覆膜灌溉玉米 0.133 $hm^2$,覆膜玉米 0.267 $hm^2$,覆膜西瓜 0.1 $hm^2$。农业纯收入 9 133 元,较 2003 年增加 2 445 元,增幅 36.6%,养羊 24 只,养猪 4 只,养殖业纯收入4 800 元。人均纯收入 3 140.4 元,较 2003 年增长1 391.9 元,增幅 79.6%。3 种不同类型的典型示范,起到了很好的示范带头作用。

通过在示范区所在镇村召开会议,举办实用技术培训班,反复向农民讲解示范区建设的目的、意义,并组织农民现场参观学习了典型示范户的种植、养殖业成果,亲眼见到集雨工程带来的效果之后,提高了农民对集雨工程的认识。典型引路加大投入引导,极大地调动了农民建设集雨工程的积极性。4 年来示范区掀起打旱井建水窖、庭院硬化、小拱棚建设、种植良种、羊舍与青贮窖建设的高潮,典型示范户由 2003 年的 35 户猛增到 619 户。

## 七、突出抓好庭院集雨面工程建设与环境改善

示范区农户全部是土质屋顶、院面,防渗漏与集雨效果较差,院里院外布满鸡窝、羊圈、猪圈,每逢下雨,道路泥泞,污水横流,居住环境、卫生条件也较差。针对这一落后局面,在示范区开展了庭院集雨建设工程。屋顶集雨面铺防渗棚膜,上部覆盖 2 cm 厚的水泥砂浆,院内集雨面铺 4 cm 厚的混凝土,院里、院外打旱井建水窖,贮存庭院集流面收集的雨水,同时将两种集雨面收集的雨水分别流入不同用途的水窖、旱井中。屋顶集雨面收集的雨水供人饮用,院内集雨面收集的雨水供牲畜饮用、洗衣服或用做灌溉用水。既解决了人畜饮水困难,又改善了居住环境,同时为小拱棚种植、周边农作物和生态种植提供了水源。一举多得,深受农民群众的欢迎。

庭院集雨建设由“863”项目提供水泥,农民自筹砂石料、棚膜,投工投劳搞建设,院里院外建旱井水窖。地方政府提供水泥,农民自筹砂子、砖和技工工资,投劳挖土方。采取这一办法,既调动了农民投劳投资建设集雨工程的积极性,又加快了工程建设的进度。目前已完成 619 个农户庭院集雨面工程建设,硬化庭院面积 9.12 万 $m^2$,院内院外建成旱井水窖 980 眼,项目资金和政府投放水泥 1 748 t,吸引农民投工投劳投资 178.4 万元。发展庭院菜地 619 处,解决 2 660 人 3 450 头(只)牲畜的饮用水困难,收效非常明显。

## 八、示范区水窖旱井产权证发放

为了明晰产权,使农民自建为主的水利工程得到保护,经旗人民政府研究决定,同意给示范区农民建设的水窖、旱井首发产权证。产权证一户一册,标明旱井、水窖建设型式、

数量、位置、容积等，让农民吃上了“定心丸”，增强了农民对集雨工程建设的信心。

### 九、国家、省科研、高校科技人员与旗县各部门技术人员密切配合

为保证项目的顺利实施，充分地发挥科研单位、高校和地方部门各自的优势，明确了各自的分工。内蒙古水利科学研究院、中国农业大学、国家杨凌节水中心和内蒙古农业科学研究院的科技人员主要负责示范区规划设计、技术集成、试验研究、工程建设的技术指导和技术培训工作，地方业务部门和乡镇技术人员主要负责集雨工程建设的组织实施、工程质量检查验收与3种不同集雨类型模式的技术指导工作。他们互相配合与支持，形成了一个完整的示范区建设技术服务体系，为示范区农户增产增收提供了科技支撑与保障。

## 第三节 微小型水利工程的管理体制与运行模式

### 一、微小型水利工程的管理体制与运行模式

微小型水利工程建设与管理主要包括：旱井、水窖建设与管理；田间集雨工程建设与管理；低水高调节水灌溉工程建设与管理；人畜饮水解困工程建设与管理；田间灌溉工程管理与集雨工程水质管理。根据工程类型与用途不同，制订出相应的运行管理模式。

#### （一）旱井、水窖建设与管理

利用田间地畔、道路、荒坡、房顶庭院、场面作为集雨面，并在其附近建设旱井、水窖、水窑等蓄水工程，这些工程的优点是：工程量小、占地少、好管理。工程建设前要根据当地降雨、地形、土质、计划灌溉种类、面积、需水量、节水灌溉设备等进行规划、选点布设和蓄水工程形式选择。工程建设时要严格按照中华人民共和国行业标准《雨水集蓄利用工程技术规范》和内蒙古自治区地方标准《半干旱丘陵山区集雨节水灌溉工程技术规范》执行，把好质量关。旗水利局配合工程技术人员负责现场技术指导、质量控制和竣工验收。受益农民负责组织施工、投劳投工、地方建材筹集。地方政府负责水泥，按蓄水容积25 $kg/m^3$ 直接补给农民。政府吸引了农民更多的养殖业投入，自2002年以来，已建旱井水窖725眼，集雨面11.6万 $m^2$，增加集蓄雨水2.9万 $m^3$，发展节水灌溉面积96.667 $hm^2$。

水窖旱井涉及示范区每个农户，运行管理遵循农户“自建、自管、自用、自益”的原则，管理责任落实到户。国家补助的材料和设备，作为农户的私有财产，允许管理使用，允许拍卖、转让、出租、继承，同时旗水行政主管部门依法颁发产权证。

#### （二）田间集雨工程建设与管理

黄土高原地区，利用田间高地或平台（俗称塬），集中建设集雨和蓄水工程，兼有发展大田作物与经济作物集雨补灌面积和解决附近农户人畜饮水两种功能。在塬的周边田间布置灌溉管理设备和人畜饮水供水管道，采取提水或利用地形高差进行自压灌溉和饮用。田间集雨工程一般涉及5～10户农民，需要协调农户，确定投入与利益分配的比例，做到自愿建设、公平分配、相互受益。

工程建设前，根据当地降雨、集雨面的建设材料、计划灌溉作物种类、面积、人口、牲畜

等，计算出需水量、集雨面面积、蓄水工程容积和数量。集雨面按建筑材料划分为：混凝土、土壤固化剂、有机硅、塑料布、原土夯石5种形式，造价、寿命、集雨效率各有不同，根据需要和财力进行选择。蓄水工程有混凝土水窖和砖石砌水窖两种，混凝土水窖蓄水容积为60～100 $m^3$，砖石砌水窖蓄水量为100～400 $m^3$。工程建设时，严格按照中华人民共和国行业标准《雨水集蓄利用工程技术规范》和内蒙古自治区地方标准《半干旱丘陵山区集雨节水灌溉工程技术规范》执行，把好质量关。

水窑、水窖政府按蓄水容积16元/$m^3$补助现款；混凝土集雨面按18 $kg/m^2$补助水泥；土壤固化剂集雨面按15 $kg/m^2$补助水泥，并提供所需固化剂；有机硅、塑料布集雨面政府补助所需的有机硅、塑料布。

旗水利局负责工程的技术指导、质量控制和竣工验收。农户负责组织施工、投工投劳和筹集地方建材。

这种形式解决了占地与用水量分配的矛盾，联户建设自筹能力强、劳动力充足，工程建设速度快。田间集雨工程一般是农户建设，需要推荐1名管理人员。按照建设期间群众承担的投工、投物、投资的比例，分摊用水量或蓄水工程。灌溉支管道、入户自来水龙头都要设置闸阀和水表，以便计量和关闭出水口。采取民主投票、推荐管理人员的办法，用户集体推荐1名自己信得过、公道正直、懂技术、会管理的人员，最后取得票最多者作为管理人员，负责分配用水量、计量收费、分摊运行维修费用。集雨工程落实到户的，旗水行政主管部门颁发产权证。

### （三）低水高调节水灌溉工程建设与管理

以小塘坝、大口井、截伏流为水源建设的低水高调节水灌溉工程，利用高于耕地的高位蓄水池蓄水，通过自压进行灌溉和提供人畜饮水，是解决山区农作物灌溉和人畜饮水的有效办法，对于耕地及农户相对集中、水源相对有保证的地区，建设低水高调工程效益十分显著。

工程建设前，首先根据当地水文、气象、地质、人口、牲畜、作物和种植面积及比例计算出需水量及工程建设规模，然后参照小型生态水利建设常规做法施工。作物灌溉时可利用高位蓄水池自压进入灌溉系统，也可通过压力管道相接进入灌溉系统，高位蓄水池要分灌溉池和人畜饮水池，人畜饮水池、蓄水池要密封保温。

工程建设费用由“863”项目投资1/3，受益群众承担2/3。水利局负责工程技术指导、质量控制和竣工验收。受益群众负责组织施工、投劳投工和地方建材备料。

低水高调工程一般涉及1～2个自然村，30～50个农户。需要推荐1～2名管理人员。按照“谁投资、谁建设、谁管理、谁受益”的原则，投资者民主投票推荐公道正直、懂技术、会管理的管理人员。实行“单独核算、自主经营、自负盈亏、保本微利”的管理办法，用水量分配方案及水价由群众集体确定，除运行成本外，每立方米水提取0.1～0.5元的管理费，用于企业人员的工资、维修折旧和更换新设备费用等。账务要公开透明、日清月结，收支两条线，按季向群众公示，随时接受任意一名投资和受益群众的监督和质询。

管理人员的职责：

（1）按预定水量分配方案分配水量。

（2）按时计量收费，公正公开。

(3)账务清楚,按季公示,接受群众监督。

(4)按操作规程操作机泵,确保安全。

(5)定期养护机泵,维修工程。

(6)保证工程正常运行。

**(四)人畜饮水解困工程建设与管理**

人畜饮水解困工程是国家为解决山区农民人畜饮水困难的一项重点项目,在我国实施已有9年。为配合"863"项目的实施,准格尔旗特意重点在示范区安排了布尔洞梁、张家圪堵、四道包3个村的人畜饮水工程。建设投资使用国债资金,占总投资的60%~70%,主要用于主体工程的建设;群众自筹占30%~40%,主要用于自来水管网的配套。工程建设与管理完全按照国家《农村人畜饮水工程实施管理办法》执行,重点包括以下几条。

(1)审批程序,按照旗上报计划,总投资在20万~50万元的由盟市人饮办审批,总投资在50万元以上的由自治区人饮办审批。

(2)资金管理实行"三专一封闭",即"专人、专账、专户,封闭运行"。

(3)参照基本建设程序,实行"统一规划设计、统一施工安装、统一组织管理、统一组织材料设备供应、统一组织验收"。单项工程总投资超过100万元的工程要实行四项制度,即"项目法人制、招标投标制、委托监理制、工程质量终身制"。

(4)国家投资占总投资50%以上的工程,国家拥有产权,旗县水行政主管部门代表国家按国管工程进行管理;群众投资占总投资50%以上的工程,移交地方按照集体工程进行集体管理。无论哪种管理形式,都要遵循"单独核算、自主经营、自负盈亏、保本微利"的原则。

上述3处人畜饮水工程都按照《农村人畜饮水工程实施管理办法》进行管理,运行正常,为示范区建设注入了新的活力。

**(五)田间灌溉工程管理**

水窖、旱井田间灌溉工程重点是提水设备,灌溉管理及喷、滴灌设备,按照"谁投资、谁受益、谁所有、谁管理使用"的原则落实到户,由专人管理,同时按照产品使用说明书及常规做法使用,并及时保养、维修。

集体、联户(田间集雨灌溉工程、低水高调工程)管理的田间灌溉工程指定专人进行管理,已经落实到地块的滴灌、喷灌设备由地块主人管理,可移动式的设备,用时搬出,用后取回室内存放。无论谁管理,都要做到按照产品使用说明书使用,并及时保养、维修,以使下次正常使用,延长产品的使用寿命。

**(六)其他管理**

水质管理见第三章第二节,农户雨水综合利用定额标准见第七章第二节。

## 第四节　科技推广工作

### 一、示范区推广工作

4年来,示范区农户由35户扩大到619户,科技示范推广工作主要围绕确定的集雨高效种植型、集雨生态畜牧型、庭院集雨经济型3种综合性生产技术模式进行,并采取典型示范与大面积示范推广相结合的方法。

以引导和示范的形式无偿发放作物和牧草良种23 675 kg,地膜3 260 kg。购置小型机具29台,其中带水播种机3台,机械覆膜机2台,畜力覆膜机10台,点播机11台,铡草机3台。购置各种节水补灌设备共700多台套,其中水泵及首部320台套,田间滴灌管网280套(每套控制0.533 $hm^2$),微、喷灌带40套(每套控制0.533 $hm^2$),大棚滴灌70套(每套控制0.033 $hm^2$),蔬菜微喷14套(每套控制0.033 $hm^2$)。各项技术推广面积已落实680 $hm^2$,完成了建设示范区666.7万 $hm^2$ 的任务。

2004年3月18～20日项目组在示范区为乡村干部和农民举办了为期3 d的实用技术培训班,内容包括示范区建设的意义和规划、集雨工程技术、集雨节水补灌技术、生态畜牧业技术、保护性耕作技术、优良品种引进和种植结构调整、旱作节水栽培技术等,编写了19项实用技术培训教材和11项技术模式图,共发放各种适用技术科普读物3 000多本,累计培训乡村干部和农民350多人。计划在年底或2005年初再进行一次培训。

## 二、辐射区推广工作

随着示范区各项技术的推广应用,吸引和带动了广大辐射区域的农民积极行动起来,投身于集雨工程的建设。旗人民政府抓住这一有利时机,组织乡镇、村干部到示范区实地参观学习,使农民充分认识了实施集雨工程的作用和目的。在旗人民政府的组织动员和示范区实例的推动下,全旗12个干旱山区乡镇,全面兴起了建设集雨工程的高潮。经过4年时间,辐射区的12个乡镇,新建旱井、水窖48 600眼,发展集雨节水灌溉面积0.753万 $hm^2$。年增产粮食903.2万kg,年收益1 083.84万元(见表9-1),为准格尔旗的农牧业经济发展和农民脱贫致富奠定了基础。

**表9-1　辐射区集雨工程效益统计**

| 乡镇名称 | 水窖旱井(眼) | 节水灌溉面积(万 $hm^2$) | 年增产粮食(万kg) | 年效益(万元) |
|---|---|---|---|---|
| 马栅镇 | 6 700 | 0.097 | 116.0 | 139.20 |
| 魏家峁镇 | 6 100 | 0.092 | 110.4 | 132.48 |
| 哈岱高勒乡 | 5 100 | 0.076 | 91.2 | 109.44 |
| 窑沟乡 | 5 200 | 0.084 | 100.8 | 120.96 |
| 东孔兑镇 | 800 | 0.017 | 20.8 | 24.96 |
| 长滩乡 | 3 000 | 0.050 | 60.0 | 72.00 |
| 海子塔镇 | 2 400 | 0.041 | 48.8 | 58.56 |
| 沙圪堵镇 | 6 500 | 0.101 | 121.6 | 145.92 |
| 纳林镇 | 2 700 | 0.043 | 52.0 | 62.40 |
| 西营子镇 | 5 800 | 0.087 | 104.0 | 124.80 |
| 暖水镇 | 2 800 | 0.041 | 49.6 | 59.52 |
| 羊市塔镇 | 1 500 | 0.023 | 28.0 | 33.60 |
| 合计 | 48 600 | 0.753 | 903.2 | 1 083.84 |

# 第十章 集雨补灌节水农业效益的评价

## 第一节 示范推广的主要内容

### 一、示范区农业生产的现状与问题

#### (一)示范区农业生产自然条件的评价

准格尔旗北方集雨补灌旱作区节水农业综合集成与示范项目区位于内蒙古中南部的干旱缺水丘陵山区沙圪堵镇和西营子镇交界地带。山高沟深,植被稀疏,沟谷面积占30%,沟网密度3 000~5 000 m/km$^2$,海拔高度由沟底的1 030 m升高到丘顶的1 320 m。该区为半干旱大陆性气候,冬季漫长寒冷,夏季炎热短促,春秋季气温变化剧烈,日温差大且多风,全年日照充足,蒸发量大。无霜期平均145 d。多年平均降水量397.1 mm,集中于夏秋季。主要气象灾害有干旱、暴雨、大风、霜冻、冰雹等。该区属黄土高原边缘地带,大面积土壤为黄绵土,还有少量黑垆土。其中黄绵土的腐殖层仅20 cm,有机质含量为0.5%,pH值为8.5~8.8。黑垆土的土层较厚,保水保肥耕性好,有机质含量明显高于黄绵土和栗钙土。夏秋季降水大部分以径流一泻而光,河源短、比降大、水流急,缺少拦蓄和调节工程,每逢暴雨坡面冲刷强烈,引起水土流失。地下水因水文地质条件限制贮量匮乏。唯一可利用的水资源是天然降水。

#### (二)农牧业生产情况

项目区包括沙圪堵和西营子两个镇,7个村,619户,2 337人。2002年示范区人均纯收入1 478元。现有耕地754.67 hm$^2$,人均0.323 hm$^2$;退耕地441.67 hm$^2$,人均0.189 hm$^2$;人工草场1 475.93 hm$^2$,人均0.631 hm$^2$;天然草场2 597.73 hm$^2$,人均1.113 hm$^2$。主要作物有糜子、谷子、玉米、马铃薯和豆类,人工草场主要有苜蓿、草木樨,退耕地和天然草场以禾本科杂草为主。

粮豆类作物占总播种面积的64.2%,经济作物占总播种面积的35.8%。各种作物播种面积比例分别为:糜谷31.6%,玉米20.4%,马铃薯8.4%,瓜类4.6%,油料21.2%。每公顷产量分别为2 295、4 815、14 782.5、26 820、1 222.5 kg,生产水平不高。林果业有苹果、梨、海红果、红枣、杏、123沙果等,面积不小但品质差、产量低。畜牧业以养羊为主,户均8只,多为本地品种。

#### (三)种植业生产存在的问题

(1)干旱缺水是限制当地农业生产发展的主要因素。

(2)种植结构简单,以糜谷等粮食作物为主,产量低、效益差。

(3)耕作技术落后,基本是毛驴、老犁加人力。新机械、新技术很少推广或没有。主要为当地品种,老化且退化混杂,特别是糜、谷、黍、豆类和马铃薯。

(4)良种、农药、化肥、地膜及农机具投入很少。肥料投入主要依靠农家肥，每公顷化肥用量平均仅为3 kg左右，不能满足作物的养分需求。

## 二、推广应用的主要技术措施

在研究筛选适应本地区先进和实用技术的基础上，示范区重点推广了以下技术措施并组装配套形成适合黄土高原北部地区的集雨补灌旱作节水农业技术体系。

### (一)雨水高效收集与存贮技术

在雨水高效集流方面重点抓了庭院、道路、集雨平台的硬化处理，特别是庭院集雨面硬化技术的推广，不仅极大提高了集雨效率，同时也改善了农户的生活条件，受到广大农民的欢迎，并得到积极配合。雨水存贮技术方面主要推广了适于当地的旱井、水窖、水窑以及水泥砂浆抹面防渗技术、沉沙池维修改进技术等。

### (二)集雨补灌集成技术

通过试验研究与总结，推广应用了4种农作物集雨补灌模式。

(1)大田玉米等宽行穴播作物补灌模式：小型电潜泵提水—大田坐水种和膜下滴灌—生育期补灌2~3次，补水量225~405 $m^3/hm^2$。

(2)大田糜谷前期和牧草等密植作物补灌模式：小型电潜泵提水—带水条播和微喷灌带—补灌1~2次，补水量225~405 $m^3/hm^2$。

(3)温室及大棚蔬菜等经济作物补灌模式：小型电潜泵提水—坐水种和膜下滴灌(或地下滴灌或微喷)—补灌4~6次，补水量480~720 $m^3/hm^2$。

(4)小拱棚或小片菜地等经济作物补灌模式：手压泵提水—软管输水进地—坐水种和膜下(或膜上)灌水—补灌4~6次，补水量480~720 $m^3/hm^2$。

提水设备主要推广单项小型电潜泵、手压泵、虹吸式自压提水等。

采用简易高效节水灌溉技术(坐水种、点灌、地膜穴灌、膜下沟灌、注射灌、简易渗灌等)和先进高效节水灌溉技术(滴灌、微喷灌、小管出流灌及抗旱移动式喷灌等)，在作物需水关键期，进行有限水量补充灌溉。

### (三)旱作农业配套技术

引进筛选耐旱优质高产作物和牧草品种并进行良种良法的配套；试验研究和推广了渐进式等高田、隔坡梯田、沟垄种植等田面集水保墒耕作技术；推广水肥耦合配方施肥高效栽培技术；试验研制土壤水库扩蓄增容的微生物技术与菌肥，并初步推广；推广了化学制剂抗旱技术。推广主要作物的抗旱节水高产品种和带水带肥拌药抗旱播种复合技术，进行农业种植结构的调整。

### (四)集雨生态畜牧养殖配套技术

根据市场需求和本地区饲料、饲草资源，确定合理的畜牧结构和载畜量；合理确定应退耕低产田，促进退耕地与荒坡地的植被恢复并确定可持续的打草强度；推广优良畜种和先进饲养技术，提高饲料转化效率与单位畜产品的经济效益。

## 三、重点推广的3种集雨节水农业生产模式

2002年国家“十五”重大科技专项“北方半干旱集雨补灌旱作区节水农业综合技术体

系集成与示范"项目在示范区实施以来,根据地区特点,重点推广实施了庭院集雨经济型、集雨高效种植型、集雨生态畜牧型3种生产技术集成模式,并以农户为单元,以典型示范户带动整个示范区,称"863"进农户,促进了示范区集雨节水农业的发展。

**(一)集雨高效种植型生产模式**

对象:以种植粮食、经济作物为主的广大农户。

目标:粮食单产和人均农业纯收入比当地平均提高30%以上,建立适应市场和生态条件的合理种植结构。

主要推广技术:种植结构调整技术;耐旱优良作物品种技术;集雨补灌灌水技术;水肥耦合技术;化学抗旱技术等。

**(二)庭院集雨经济型生产模式**

对象:庭院面积较大及庭院经济发展好的农户。

目标:利用屋顶和庭院不透水地面集雨,合理利用庭院及周边空间,生产蔬菜、瓜类和果树等,户均纯收入增加30%以上,建立资源节约和高效利用的庭院生态经济系统,促进干旱缺水贫困地区的农民逐步建立现代的生活方式。

主要推广技术:高效集雨补灌技术;经济作物生产技术;设施农业(温室、大棚)技术;适应市场需求和效益的优选品种;人畜饮水雨水净化技术等。

**(三)集雨生态畜牧型生产模式**

对象:种植饲料作物和牧草多,以舍饲养殖为主的畜牧养殖农户。

目标:户均农牧业纯收入增加30%,高出当地人均收入水平。确立畜牧业在区域大农业生产中的主导地位,促进区域经济和生态环境的可持续发展。

主要推广技术:保护性耕作技术;退耕地引进适宜的牧草品种,饲料饲草资源开发利用技术;青贮、氨化等秸秆综合利用技术;舍饲养殖技术等。

## 第二节 示范区效益分析与评价

### 一、雨水资源集蓄的经济效益

示范区由于集雨工程数量的不断增加,使收集的雨水资源量逐年增加。2002年可收集雨水容量85 980 $m^3$,2005年可收集的雨水容量增加到210 000 $m^3$,增加124 020 $m^3$,增长144.1%(见表10-1)。按照当地水价(村民买水5元/$m^3$),仅多集蓄雨水一项带来的年直接经济效益达62万元。此外,由于可利用雨水资源的增加,有效促进了农作物集雨补灌、人畜饮水、舍饲养殖、庭院经济等各业的发展,为示范区农村经济的可持续发展创造了有利条件。

### 二、典型户经济效益分析

2002年实施以来,示范区在组装集雨补灌旱作节水农业的综合技术集成的同时,还研究提出适合当地自然条件和社会经济条件的3种农户生产模式,通过3年的努力,典型示范户的经济效益、生态效益及社会效益都有了不同程度的提高。在推广过程中,项目组对典型示范户的经济、生态、社会情况进行逐年跟踪调查，获得了连续的数据和大量的第一手资料，为经济效益评价提供了可靠依据。调查部分典型示范户的基本情况见表10-2。

表10-1　示范区雨水资源集蓄的经济效益分析

| 项目 | 项目实施前（2002年） | 项目实施后 | | | 增加数 | 增加（%） |
|---|---|---|---|---|---|---|
| | | 2003年 | 2004年 | 2005年 | | |
| 水窖旱井塘坝等集雨工程数 | 2 863 | 3 579 | 4 117 | 4 654 | 1 791 | 62.6 |
| 人均（处） | 1.2 | 1.5 | 1.8 | 2 | 0.8 | 62.6 |
| 年集蓄雨水（万 $m^3$） | 8.6 | 16.1 | 18.6 | 21.0 | 12.4 | 144.1 |
| 人均（$m^3$） | 36.8 | 69.1 | 79.5 | 89.8 | 53.0 | 144.1 |
| 每公顷平均（$m^3$） | 114.0 | 214.5 | 246.0 | 279 | 165.0 | 144.7 |
| 硬化集雨面（$m^2$） | 1 200 | 10 600 | 2 100 | 58 600 | 57 400 | 4 783.3 |

表10-2　部分典型示范户基本情况

| 户名 | 村名 | 人口（人） | 耕地面积（$hm^2$） | 补灌面积（$hm^2$） | 牲畜头数（头） | 当地生活水平 | 推广生产模式 |
|---|---|---|---|---|---|---|---|
| 周荣 | 布尔洞梁 | 5 | 29 | 3 | 10 | 中等 | 集雨高效种植型 |
| 淡三喜 | 四道包 | 4 | 24 | 3.5 | 20 | 中等 | |
| 魏二焕 | 四道包 | 4 | 30 | 3 | 28 | 中等 | |
| 杨贵锁 | 四道包 | 4 | 33 | 2 | 22 | 中等 | |
| 田永红 | 四道包 | 4 | 25 | 2 | 17 | 较差 | |
| 杨来福 | 贾明梁 | 4 | 40 | 1.5 | 53 | 较好 | 庭院集雨经济型 |
| 王荣 | 贾明梁 | 3 | 30 | 1.5 | 70 | 较好 | |
| 杨文正 | 布尔洞沟 | 5 | 45 | 3 | 40 | 较好 | 集雨生态畜牧型 |
| 杨文义 | 布尔洞沟 | 7 | 30 | 3 | 42 | 较好 | |
| 杨大海 | 布尔洞沟 | 3 | 26 | 3 | 49 | 较差 | |

## （一）集雨高效种植型典型示范户效益分析

1. 经济效益分析

$$增产效益 = 项目实施后产量或产值 - 项目实施前产量或产值 \tag{10-1}$$

1）种植业经济效益

集雨高效种植型主要以玉米、谷类、马铃薯、糜子、荞麦为主，项目实施前和项目实施后进行了2002年、2003年和2004年的跟踪监测，分别对各种作物的投入和产出进行了分析，见表10-3～表10-6。

**表 10-3　2002 年集雨高效种植型典型示范户种植效益(5 户合计)**

| 项目 | 玉 米 | 谷类 | 马铃薯 | 糜子 | 荞麦 | 合计 |
|---|---|---|---|---|---|---|
| 种植面积($hm^2$) | 2.14 | 2.17 | 2.10 | 3.77 | 1.03 | 11.21 |
| 单产($kg/hm^2$) | 4 677.0 | 2 320.5 | 16 630.5 | 2 395.5 | 1 215.0 | |
| 产量(kg) | 10 008.8 | 5 035.5 | 34 924.1 | 9 031.0 | 1 251.5 | 60 250.9 |
| 单价(元/kg) | 0.96 | 1.00 | 0.32 | 1.06 | 1.00 | |
| 种植收入(元) | 9 608.4 | 5 035.5 | 11 175.7 | 9 572.9 | 1 251.5 | 36 644.0 |

**表 10-4　2003 年集雨高效种植型典型示范户种植效益(5 户合计)**

| 项目 | 玉 米 | 谷类 | 马铃薯 | 糜子 | 荞麦 | 合计 |
|---|---|---|---|---|---|---|
| 种植面积($hm^2$) | 3.50 | 2.83 | 2.33 | 3.33 | 1.00 | 12.99 |
| 单产($kg/hm^2$) | 5 477.9 | 2 737.8 | 18 621.0 | 2 755.5 | 1 359.0 | |
| 产量(kg) | 19 172.7 | 7 748.0 | 43 386.9 | 9 175.8 | 1 359.0 | 80 842.4 |
| 单价(元/kg) | 1.04 | 1.04 | 0.40 | 1.10 | 1.00 | |
| 种植收入(元) | 19 939.6 | 8 057.9 | 17 354.8 | 10 093.4 | 1 359.0 | 56 804.7 |

**表 10-5　2004 年集雨高效种植型典型示范户种植效益(5 户合计)**

| 项目 | 玉 米 | 谷类 | 马铃薯 | 糜子 | 荞麦 | 合计 |
|---|---|---|---|---|---|---|
| 种植面积($hm^2$) | 4.60 | 2.33 | 2.23 | 3.13 | 0.80 | 13.09 |
| 单产($kg/hm^2$) | 5 365.1 | 1 696.4 | 16 896.3 | 2 544.0 | 1 975.1 | |
| 产量(kg) | 24 679.5 | 3 952.5 | 37 678.7 | 7 962.7 | 1 580.0 | 75 853.4 |
| 单价(元/kg) | 1.00 | 1.50 | 0.40 | 1.40 | 1.20 | |
| 种植收入(元) | 24 679.5 | 5 928.8 | 15 071.5 | 11 147.8 | 1 896.0 | 58 723.6 |

**表 10-6　集雨高效种植型典型示范户毛收入统计**　　(单位:元)

| 项目 | 周荣 | 淡三喜 | 魏二焕 | 田永红 | 杨贵锁 | 合计 |
|---|---|---|---|---|---|---|
| 2002 年 | 5 488 | 12 308.2 | 16 783.6 | 6 440.3 | 24 000.9 | 65 021.0 |
| 2003 年 | 13 508 | 23 612 | 21 268 | 17 288 | 32 080 | 107 756.0 |
| 2004 年 | 10 754 | 15 150 | 22 436.2 | 17 098.5 | 43 516.6 | 108 955.3 |
| 净增长值 1 | 8 020 | 11 303.8 | 4 484.4 | 10 847.7 | 8 079.1 | 42 735.0 |
| 净增长率 1(%) | 146.1 | 91.8 | 26.7 | 168.4 | 33.7 | 65.7 |
| 净增长值 2 | 5 266 | 2 841.8 | 5 652.6 | 10 658.2 | 19 515.7 | 43 934.3 |
| 净增长率 2(%) | 96.0 | 23.1 | 33.7 | 165.5 | 81.3 | 67.6 |

2）人均纯收入

从表10-7可以看出，实施前集雨高效种植型示范户农民人均纯收入为1 047.7元，实施后呈稳定增长态势，从2003年的1 627.5元增长到2004年的2 219.2元，增长36.4%。

表10-7　集雨高效种植型典型示范户人均纯收入

| 年份 | 集雨高效种植型示范户 | |
|---|---|---|
| | 人均纯收入（元） | 增长率（%） |
| 2002 | 1 047.7 | |
| 2003 | 1 627.5 | 55.3 |
| 2004 | 2 219.2 | 36.4 |

3）主要经济指标分析

通过利润表、财务现金流量表和国民经济效益费用流量表计算的集雨高效种植型生产模式主要经济盈利能力指标如下。

静态指标：投资利润率16.18%

投资回收期6.18年

动态指标：财务内部收益率11%

财务净现值1 064.69元

动态投资回收期5.71年

经济内部收益率13%

经济净现值23 888.40元

从上述经济指标可以看出，集雨高效种植型示范户的投资利润率为16.18%，财务内部收益率最低为11%，动态投资回收期为5.71年，财务净现值为1 064.69元。从整个国民经济角度分析，集雨高效种植型示范户经济内部收益率为13%，经济净现值为23 888.40元。

2. 社会效益分析

1）生活质量和生活水平不断提高

恩格尔系数是指食品的消费支出在生活消费支出中所占的比重，恩格尔系数越低说明生活水平越高。从表10-8可以看出，实施前的2002年，种植型示范户恩格尔系数为59.44%，实施后的2003年和2004年分别为55.84%和53.73%，两年里恩格尔系数逐年递减，共下降5.71%。这表明农民生活质量和生活水平都有不同程度的提高。

表10-8　2002～2004年集雨高效种植型恩格尔系数的变化

| 年份 | 2002 | 2003 | 2004 |
|---|---|---|---|
| 恩格尔系数（%） | 59.44 | 55.84 | 53.73 |

2）生产力效果

从表10-9可以看出，2002年示范户有效劳动力共10人，年均总产值65 721元。劳动力人均6 572.1元。2003年和2004年的年均有效劳动力人数不变,两年平均年均总产值为95 558.5元。农业劳动生产率增量为2 983.75元/人,增长45.4%。这说明示范区项目的实施显著提高了劳动生产率。

表10-9 2002~2004年集雨高效种植型生产力的提高效果

| 项目 | 2002年 | 2003年 | 2004年 |
|---|---|---|---|
| 有效劳动力(人) | 10 | 10 | 10 |
| 年均总产值(元) | 65 721 | 84 430 | 106 687 |

3)科技进步贡献率

集雨高效种植型示范户的科技水平不断提高,表10-10列出了实施前后示范区科技进步率和科技进步作用的变化。实施前科技进步率仅2.442%,实施后达到16.5%。科技进步贡献率由31.35%提高到45.32%,提高了约14个百分点。

表10-10 集雨高效种植型科技进步贡献率的测算结果 (%)

| 时段 | 收入增长率 | 物耗增长率 | 劳动力增长率 | 播种面积增长率 | 科技进步率 | 科技进步贡献率 |
|---|---|---|---|---|---|---|
| 2000~2002年 | 7.79 | 8.96 | 0 | 8.82 | 2.442 | 31.35 |
| 2002~2004年 | 36.41 | 33.36 | 0 | 16.15 | 16.5 | 45.32 |

## (二)庭院集雨经济型典型示范户效益分析

1.经济效益分析

对于庭院集雨经济型生产模式,示范区注重庭院节水设施的投入,通过修建屋顶和院落集雨平台以及水窖、旱井等集雨设施,解决人畜饮水和灌溉用水,提高了劳动生产率。此外还为每户修建小拱棚一座,使示范区农民可以吃到新鲜蔬菜并略有盈余,提高了生活质量。根据实地调研数据,利用经济分析软件对庭院集雨经济型生产模式的主要经济指标分析如下。

1)增产效益

用式(10-1)计算增产效益。庭院集雨经济型以种植油料、豆类、红葱、小瓜、西瓜为主,实施前后进行了3年跟踪监测,分别对各种作物的投入产出进行分析,见表10-11~表10-14。

表10-11 2002年庭院集雨经济型典型示范户效益

| 项目 | 油料 | 豆类 | 红葱 | 小瓜 | 西瓜 | 合计 |
|---|---|---|---|---|---|---|
| 种植面积($hm^2$) | 0.20 | 1.67 | 0.21 | 0.19 | 0.59 | 2.86 |
| 单产($kg/hm^2$) | 1 350 | 1 218 | 14 016 | 9 991.5 | 24 109.5 | |
| 产量(kg) | 270.0 | 2 034.1 | 2 943.4 | 1 898.4 | 14 224.6 | 21 370.5 |
| 单价(元/kg) | 2.70 | 2.60 | 0.70 | 1.00 | 0.18 | |
| 庭院种植收入(元) | 729.0 | 5 288.6 | 2 060.4 | 1 898.4 | 2 560.4 | 12 536.8 |

表 10-12　2003 年庭院集雨经济型典型示范户效益

| 项目 | 油料 | 豆类 | 红葱 | 小瓜 | 西瓜 | 合计 |
|---|---|---|---|---|---|---|
| 种植面积($hm^2$) | 0.77 | 1.57 | 0.29 | 0.51 | 0.49 | 3.63 |
| 单产($kg/hm^2$) | 1 201.4 | 1 318.2 | 13 430.3 | 11 940.8 | 24 935.0 | |
| 产量(kg) | 925.1 | 2 074.0 | 3 850 | 6 050 | 12 135 | 25 034.1 |
| 单价(元/kg) | 2.7 | 3.2 | 0.8 | 1.2 | 0.2 | |
| 庭院种植收入(元) | 2 497.8 | 6 636.8 | 3 080 | 7 260 | 2 427 | 21 901.6 |

表 10-13　2004 年庭院集雨经济型典型示范户效益

| 项目 | 油料 | 豆类 | 红葱 | 籽瓜 | 小瓜 | 西瓜 | 合计 |
|---|---|---|---|---|---|---|---|
| 种植面积($hm^2$) | 0.50 | 1.73 | 0.28 | 0.97 | 0.47 | 0.67 | 4.62 |
| 单产($kg/hm^2$) | 488.6 | 1 061.6 | 14 642.9 | 920.7 | 9 000.0 | 15 806.3 | |
| 产量(kg) | 244.3 | 1 836.5 | 4 100 | 893.1 | 4 230 | 10 590.2 | 21 894.1 |
| 单价(元/kg) | 2.7 | 3 | 1 | 4 | 2 | 0.4 | |
| 庭院种植收入(元) | 659.6 | 5 509.4 | 4 100 | 3 572.3 | 8 460 | 4 236.1 | 26 537.4 |

表 10-14　庭院集雨经济型典型示范户毛收入对比　（单元:元）

| 项目 | 杨来福 | 王荣 | 合计 |
|---|---|---|---|
| 2002 年 | 17 755.3 | 24 130.7 | 41 886.0 |
| 2003 年 | 21 321.6 | 36 826 | 58 147.6 |
| 2004 年 | 25 316.6 | 60 660 | 85 976.6 |
| 净增加值 1 | 3 566.3 | 12 695.3 | 16 261.6 |
| 净增加率 1(%) | 20.09 | 52.61 | 38.82 |
| 净增加值 2 | 7 561.3 | 36 529.3 | 44 090.6 |
| 净增加率 2(%) | 42.6 | 151.4 | 105.3 |

2)人均纯收入

从表 10-15 可以看出,实施后庭院集雨经济型农户人均纯收入明显提高。2002 年为 1 728.3 元, 2003 年增加到 2 445.1 元,增长 41.5%;2004 年达到 4 106.9 元,比 2003 年增长 68.0%。

表 10-15　庭院集雨经济型农民人均纯收入的增长情况

| 项目 | 2002 年 | 2003 年 | 2004 年 |
|---|---|---|---|
| 人均纯收入(元) | 1 728.3 | 2 445.1 | 4 106.9 |
| 增长率(%) | | 41.5 | 68.0 |

3)主要经济指标分析

通过利润表、财务现金流量表及国民经济效益费用流量表计算的庭院集雨经济型生产模式主要经济盈利能力指标如下。

静态指标:投资利润率 21.66%

投资回收期 4.62 年

动态指标:财务内部收益率 14%

财务净现值 5 931.99 元

动态投资回收期 6.53 年

经济内部收益率 12%

经济净现值 86 208.84 元

从庭院集雨经济型的经济指标可以看出,投资利润率较高,财务内部收益率和经济内部收益率均高于社会折现率,表明实施效果较好。

2. 社会效益分析

1)生活质量和生活水平不断提高

从表 10-16 可以看出,实施前恩格尔系数为 53.58%,实施后的 2003 年和 2004 年恩格尔系数分别为 51.21% 和 48.52%,两年共下降了 5.06 个百分点,说明农民消费结构发生了变化,生活质量和生活水平都有不同程度的提高。

表 10-16　2002～2004 年庭院集雨经济型恩格尔系数的变化

| 年份 | 2002 | 2003 | 2004 |
| --- | --- | --- | --- |
| 恩格尔系数(%) | 53.58 | 51.21 | 48.52 |

2)生产力效果

从表 10-17 可以看出,2002 年调查户有效劳动力共 5 人,年均总产值 42 786 元。2003 年、2004 年有效劳动力人数不变,年均总产值平均为 74 224.5 元。农业劳动生产率增量为 6 287.7 元/人。

表 10-17　2002～2004 年庭院经济型生产力的提高效果

| 项目 | 2002 | 2003 | 2004 |
| --- | --- | --- | --- |
| 有效劳动力(人) | 5 | 5 | 5 |
| 年均总产值(元) | 42 786 | 64 825 | 83 624 |

3)科技进步贡献率

庭院集雨经济型的科技水平在不断提高。表 10-18 列出了实施前后示范区科技进步率和科技进步作用。实施前科技进步率仅 4.808%,实施后达到 22.605%,提高了 17.8 个百分点。科技进步贡献率由 21.94% 提高到 45.88%,提高了近 24 个百分点。

**(三)集雨生态畜牧型典型示范户效益分析**

1. 经济效益分析

对于集雨生态畜牧型生产模式,示范区注重建设“四位一体”的生产设施,包括棚圈、沼气池、温室、集雨平台、水窖、旱井等。通过引进优良种畜和建设温室及沼气池,实现了能源的循环利用,保护了生态环境,实现了农民人均纯收入的增长。根据实地调研数据,利用经济分析软件,对集雨生态畜牧型生产模式主要经济指标分析如下。

表 10-18 庭院经济型科技进步贡献率的测算结果 (%)

| 时段 | 收入增长率 | 物耗增长率 | 劳动力增长率 | 播种面积增长率 | 科技进步率 | 科技进步贡献率 |
|---|---|---|---|---|---|---|
| 2000~2002 年 | 21.89 | 20.84 | 0 | 15.26 | 4.808 | 21.94 |
| 2002~2004 年 | 49.27 | 17.49 | 0 | 44.8 | 22.605 | 45.88 |

1)养殖效益分析

养殖效益=项目实施后农户养殖产值-项目实施前农户养殖产值 (10-2)

肉羊:以肉用品种无角道赛特、德国美利奴为种公羊,与地方优良品种小尾寒羊(为能繁母羊)杂交,生产杂种育肥羔羊。羔羊出生3月龄断乳进入生长和育肥期,6月龄体重达到36 kg以上出栏,平均屠宰率46%,胴体重16~17 kg,小尾寒羊一年产1.5~2胎,每胎平均产2~3个羔。

绒山羊:以阿尔巴斯绒山羊为父本,当地绒山羊为母本进行杂交改良。羯羊饲养2.5年产17 kg肉;产3茬绒,每茬平均产0.65 kg绒;每只绒山羊基础母羊年生产1胎,每胎平均产1.1只羔羊,受胎率达95%,成活率达98%;性状表现一般的母羔和去势公羔进入育肥,年产育肥羯羊和淘汰母羊6只,年纯收入为1 200元。

养羊年平均净效益为110~150元/只。

养猪:以育肥肉猪为主专业户饲养6~8个月龄,体重100~110 kg出栏,屠宰率72%~74%。平均养猪净效益为400~500元/头。

散养鸡:利用"五荒草地",一般农户初养以500~1 000只为宜。主要食用野菜、杂草、植物种籽、昆虫等,平均净效益为5~6元/只。

2)农户人均纯收入

集雨生态畜牧型典型示范户毛收入对比见表10-19。从表10-20可以看出,2002年集雨生态畜牧型典型农户人均纯收入为1 380.9元。示范区对集雨生态畜牧型的投入主要集中在2003年。由于畜牧业生产具有延续性,当年投入往往在以后几年才出现效益。2004年集雨生态畜牧型农民人均纯收入大幅增长,从2003年的2 315.0元增加到4 174.5元,增长80.3%。

3)主要经济指标分析

根据利润表、财务现金流量表及国民经济效益费用流量表计算的集雨生态畜牧型生产模式主要经济盈利能力指标如下。

静态指标:投资利润率16%

投资回收期6.25年

动态指标:财务内部收益率17%

财务净现值 30 988.51 元

动态投资回收期 5.41 年

经济内部收益率 16%

经济净现值 80 816.80 元

**表 10-19　集雨生态畜牧型典型示范户毛收入对比**　　（单位:元）

| 项目 | 杨文义 | 杨文正 | 杨大海 | 合计 |
|---|---|---|---|---|
| 2002 年 | 47 721.7 | 17 734.5 | 20 366.4 | 85 822.6 |
| 2003 年 | 49 978 | 23 593 | 28 787 | 102 358.0 |
| 2004 年 | 50 799.9 | 64 008 | 33 370 | 148 177.9 |
| 净增加值 1 | 2 256.3 | 5 858.5 | 8 420.6 | 16 535.4 |
| 净增加率 1(%) | 4.73 | 33.03 | 41.35 | 19.27 |
| 净增加值 2 | 3 078.2 | 46 273.5 | 13 003.6 | 62 355.3 |
| 净增加率 2(%) | 6.45 | 260.92 | 63.85 | 72.66 |

**表 10-20　集雨生态畜牧型农民人均纯收入**

| 项目 | 2002 年 | 2003 年 | 2004 年 |
|---|---|---|---|
| 人均纯收入(元) | 1 380.9 | 2 315.0 | 4 174.5 |
| 增长率(%) | — | 67.6 | 80.3 |

从上述经济指标可以看出，集雨生态畜牧型财务内部收益率最高为 17%，动态投资回收期最短为 5.41 年，财务净现值最高为 30 988.51 元。从整个国民经济的角度分析，集雨生态畜牧型的经济内部收益率最高为 16%，经济净现值最大为 80 816.80 元，这说明集雨生态畜牧型对于整个国民经济的贡献较高。

示范区发展集雨生态畜牧型生产方式具有重要的现实意义。一方面，畜牧业的产业链长、利润空间大，能够实现农民人均纯收入的持续增长，推动示范区经济的发展；另一方面，集雨生态畜牧型生产方式在发展畜牧业的同时保护了生态环境，解决了长期以来存在的生态和经济的矛盾。

2. 生态效益分析

示范区通过实施退耕还林还草工程和发展集雨生态畜牧型生产模式，使当地生态环境得到了改善。生态建设主要有扩大种草种树面积、建设灌木林网、油松、经济林、人工草地植被建设等，特别是提出集雨补灌生态型发展模式对于当地生态建设是一个有力的促进。实施 3 年中累计退耕 933.33 $hm^2$，还林 1 866.67 $hm^2$，解决人（3 715 人）畜（5 140 头）饮水的问题。随着示范区的建成和辐射区技术的推广运用，农田水分利用率显著提高，水土流失有所减少，植被覆盖率增加，生态环境显著改善。

示范区生态畜牧业生产还为种植业提供了大量的有机肥，减少了化肥施用量，一方面减轻了土地的盐碱化；另一方面提高了农产品的安全性。

示范区为集雨生态畜牧型农户修建了“四位一体”的棚圈设施，利用暖棚圈养牲畜，一方面减少了牲畜对天然草场的啃食；另一方面通过科学饲养和管理提高了牲畜的生产性能和出栏率。通过修建沼气池将人畜粪便收集起来产生沼气，解决了农村燃料的问题。

发展集雨生态畜牧型生产模式还优化了农业的产业结构，延长了产业链，实现了资源的高效循环利用，有助于促进农村经济的可持续发展。

3. 社会效益分析

1）生活质量和生活水平的提高

从表10-21可以看出，项目实施前的2002年集雨生态畜牧型典型户恩格尔系数为56.44%；项目实施后的2003年和2004年恩格尔系数分别为52.56%和47.05%，两年共下降了9.39个百分点。

**表10-21　2002～2004年集雨生态畜牧型典型户恩格尔系数的变化**

| 年份 | 2002 | 2003 | 2004 |
|---|---|---|---|
| 恩格尔系数(%) | 56.44 | 52.56 | 47.05 |

2）生产力效果

从表10-22可以看出，项目实施前的2002年有效劳动力共6人，年均总产值85 123元。项目实施后2004年的年均有效劳动力人数不变，年均总产值为147 085元，农业劳动生产率增量为10 327元/人。

**表10-22　2002～2004年集雨生态畜牧型典型户生产力的提高效果**

| 项目 | 年份 | | |
|---|---|---|---|
| | 2002 | 2003 | 2004 |
| 有效劳动力(人) | 6 | 6 | 6 |
| 年均总产值(元) | 85 123 | 92 323 | 147 085 |

3）科技进步贡献率

表10-23列出了项目实施前后示范区科技进步率和科技进步作用。项目实施前科技进步率仅9.791%，项目实施后达10.122%。科技进步贡献率由25.48%成倍提高到55.31%，这说明依靠科技搞好生态畜牧业是今后的必然趋势。

**表10-23　集雨生态畜牧型科技进步贡献率的测算结果**　(%)

| 时段 | 收入增长率 | 物耗增长率 | 劳动力增长率 | 播种面积增长率 | 科技进步率 | 科技进步贡献率 |
|---|---|---|---|---|---|---|
| 2000～2002年 | 38.42 | 26.82 | 0 | 50.73 | 9.791 | 25.48 |
| 2002～2004年 | 18.30 | 49.61 | 0 | 4.4 | 10.122 | 55.31 |

**(四)3类典型示范户效益评价和比较**

1. 农民人均纯收入

从图10-1和表10-24可以看出，项目实施后3种模式的农民人均纯收入都有大幅度增加,其中增长最快的是集雨生态畜牧型生产模式。

2002 年农民人均纯收入最高的是庭院集雨经济型,为 1 728. 3 元;集雨生态畜牧型次之,为1 380. 9 元;集雨高效种植型最低,为 1 047. 7 元。

随着示范区项目的实施,2003 年集雨生态畜牧型模式农民人均纯收入增长 67. 6%,农民人均纯收入达到 2 315. 0 元;庭院集雨经济型农民人均纯收入为 2 445. 1 元,增长 41. 5%;集雨高效种植型农民人均纯收入为 1 627. 5 元,增长 55. 3%。

2004 年集雨生态畜牧型和庭院集雨经济型农民人均纯收入均增长较快,以前者最快,增长78. 9%,势头强劲。庭院集雨经济型农民人均纯收入增长68%,达到4 106. 9 元,这两种模式均符合当地的生产条件和社会经济条件,具有投资潜力。集雨高效种植型模式尽管也提高了农民人均纯收入,但效果不如前两种模式明显。

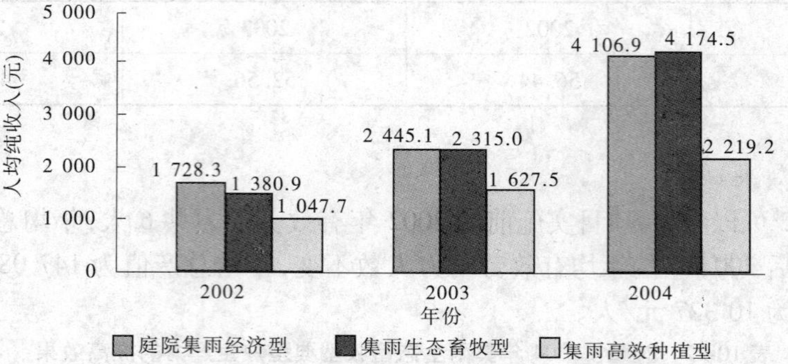


**图 10-1　典型示范户农民人均纯收入的变化**

**表 10-24　典型示范户农民人均纯收入对比**

| 年份 | 庭院集雨经济型 | | 集雨生态畜牧型 | | 集雨高效种植型 | |
|---|---|---|---|---|---|---|
| | 人均纯收入(元) | 增长(%) | 人均纯收入(元) | 增长(%) | 人均纯收入(元) | 增长(%) |
| 2002 | 1 728. 3 | | 1 380. 9 | | 1 047. 7 | |
| 2003 | 2 445. 1 | 41. 5 | 2 315. 0 | 67. 6 | 1 627. 5 | 55. 3 |
| 2004 | 4 106. 9 | 68. 0 | 4 174. 5 | 80. 3 | 2 219. 2 | 36. 4 |

2. 主要经济指标分析

根据实地调研数据,运用经济分析软件,示范区静态和动态财务和经济指标测算结果见表 10-25。可以看出,集雨生态畜牧型生产模式的财务内部收益率和经济内部收益率最高,且动态投资回收期最短,经济效益最好,庭院集雨经济型次之,集雨高效种植型最低。

## 三、示范区增产效益评价

### (一)粮食作物增产效益

1. 示范区集雨补灌推广面积及产量

示范区以 2002 年的 2 个镇、7 个村调查为基数,加权平均得到各种农作物的单产与面积。2003 ~ 2005 年实施后种植结构得到调整,集雨补灌面积不断扩大,由 2002 年的

95.13 $hm^2$发展到2005年的680 $hm^2$。推广先进的集雨补灌技术及农业综合配套技术，产量产值均有较大幅度的提高。

表10-25 3种类型典型示范户经济指标对比

| 经济指标 | 庭院集雨经济型 | 集雨生态畜牧型 | 集雨高效种植型 |
|---|---|---|---|
| 投资利润率(%) | 21.66 | 16 | 16.18 |
| 投资回收期(年) | 4.62 | 6.25 | 6.18 |
| 动态投资回收期(年) | 6.53 | 5.41 | 5.71 |
| 财务内部收益率(%) | 14 | 17 | 11 |
| 财务净现值(元) | 5 931.99 | 30 988.51 | 1 064.69 |
| 经济内部收益率(%) | 12 | 16 | 13 |
| 经济净现值(元) | 86 208.84 | 80 816.80 | 23 888.40 |

经调查与测产，玉米单产由4 815 kg/$hm^2$提高到7 650 kg/$hm^2$，增加58.8%；糜谷单产由2 295 kg/$hm^2$提高到3 060 kg/$hm^2$，增加33.3%；马铃薯单产由14 790 kg/$hm^2$提高到30 450 kg/$hm^2$，增加105.9%；其他粮食作物单产由2 220 kg/$hm^2$提高到3 000 kg/$hm^2$，增加35.1%(见表10-26)。

表10-26 2004年示范区集雨补灌面积及粮食作物产量

| 项目 | | 沙圪堵 | | | 西营子 | | | | | | 总计 |
|---|---|---|---|---|---|---|---|---|---|---|---|
| | | 榆树塔 | 五字湾 | 小计 | 布敦梁 | 布敦沟 | 四道包 | 石窑沟 | 大院 | 小计 | |
| 粮食作物 | 总面积($hm^2$) | 33.40 | 44.93 | 78.33 | 93.00 | 74.80 | 113.60 | 59.13 | 26.80 | 367.33 | 445.67 |
| | 总产量(万kg) | 25.27 | 35.28 | 60.6 | 76.96 | 61.17 | 94.12 | 39.76 | 22.2 | 294.2 | 354.7 |
| | 玉米面积($hm^2$) | 20.87 | 23.07 | 43.93 | 46.07 | 42.47 | 56.20 | 31.33 | 13.33 | 189.40 | 233.33 |
| | 单产(kg/$hm^2$) | 7 770 | 7 710 | 7 740 | 7 560 | 7 500 | 7 680 | 7 620 | 7 650 | 7 560 | 7 650 |
| | 糜谷面积($hm^2$) | 9.00 | 15.27 | 24.27 | 31.60 | 21.73 | 38.53 | 21.47 | 9.07 | 122.40 | 146.67 |
| | 单产(kg/$hm^2$) | 3 030 | 2 970 | 3 000 | 2 985 | 3 090 | 3 120 | 3 090 | 3 150 | 3 120 | 3 060 |
| | 马铃薯面积($hm^2$) | 2.00 | 4.00 | 6.00 | 10.00 | 6.87 | 12.27 | 2.67 | 2.87 | 34.67 | 40.67 |
| | 单产(kg/$hm^2$) | 30 495 | 30 405 | 30 450 | 30 420 | 30 525 | 30 465 | 30 450 | 30 510 | 30 450 | 30 450 |
| | 其他粮食面积($hm^2$) | 1.53 | 2.60 | 4.13 | 5.33 | 3.73 | 6.60 | 3.67 | 1.53 | 20.87 | 25.00 |
| | 单产(kg/$hm^2$) | 3 060 | 3 030 | 3 045 | 2 955 | 2 925 | 3 150 | 3 165 | 2 895 | 2 955 | 3 000 |

2. 示范区的增产效益

示范区粮食作物集雨节水灌溉面积和集雨农业耕作配套技术推广面积达到445.67 $hm^2$，种植业年产值达到290.8万元，扣除生产成本89.975万元，直接经济效益为200.825万元，较2002年平均单产提高137.6 kg，增加41%。种植业年净效益由72.98万元增加到200.825万元，提高了127.845万元，增长175.20%(见表10-27)。

**表 10-27　2004 年示范区粮食作物种植经济效益分析**

| 项目 | | 面积（$hm^2$） | 单产（$kg/hm^2$） | 总产（万 kg） | 单价（元/kg） | 产值（万元） | 生产成本 | | 效益（万元） |
|---|---|---|---|---|---|---|---|---|---|
| | | | | | | | 单位成本（元） | 总成本（万元） | |
| 粮食作物 | 玉米 | 233.33 | 7 650 | 178.5 | 1.0 | 178.5 | 150 | 52.5 | 126.0 |
| | 糜谷 | 146.67 | 3 060 | 44.88 | 1.2 | 53.8 | 110 | 24.2 | 29.6 |
| | 马铃薯 | 40.67 | 30 450 | 123.83 | 0.4 | 49.5 | 150 | 9.15 | 40.35 |
| | 其他粮食 | 25.00 | 3 000 | 7.5 | 1.2 | 9.0 | 110 | 4.125 | 4.875 |
| 合计 | | 445.67 | | 354.71 | | 290.8 | | 89.975 | 200.825 |

## (二)经济作物增产效益

### 1. 示范区经济作物的推广面积

根据实地调查和测产，2004 年经济作物集雨节水农业科技推广面积和产量见表 10-28。

2003 ~2005 年项目实施前后，粮食作物、经济作物、饲草种植比例由 22∶12∶66 调整为 14∶11∶75。经济作物主要是瓜类、豆类(油料)、蔬菜等。加权平均可得出各种作物的单产。

**表 10-28　2004 年经济作物集雨节水农业科技推广面积和产量**

| 项目 | | 沙圪堵 | | | 西营子 | | | | | | 总计 |
|---|---|---|---|---|---|---|---|---|---|---|---|
| | | 榆树塔 | 五字湾 | 小计 | 布敦梁 | 布敦沟 | 四道包 | 石窑沟 | 大院 | 小计 | |
| 经济作物 | 总面积（$hm^2$） | 28.67 | 34.00 | 62.67 | 41.80 | 32.93 | 43.20 | 37.00 | 16.73 | 171.67 | 234.33 |
| | 瓜类面积（$hm^2$） | 15.33 | 12.00 | 27.33 | 9.33 | 8.00 | 10.00 | 6.67 | 5.33 | 39.33 | 66.67 |
| | 单产（$kg/hm^2$） | 45 750 | 45 300 | 45 525 | 44 820 | 44 940 | 45 360 | 45 120 | 45 270 | 44 970 | 45 000 |
| | 豆类面积（$hm^2$） | 10.67 | 18.67 | 29.33 | 27.33 | 18.67 | 28.00 | 20.00 | 10.00 | 104.00 | 133.33 |
| | 单产（$kg/hm^2$） | 1 545 | 1 575 | 1 560 | 1 395 | 1 455 | 1 590 | 1 530 | 1 485 | 1 455 | 1 500 |
| | 蔬菜面积（$hm^2$） | 0.53 | 0.67 | 1.20 | 0.67 | 0.27 | 0.40 | 0.27 | 0.13 | 1.47 | 2.67 |
| | 单产（$kg/hm^2$） | 31 500 | 28 650 | 30 075 | 29 910 | 29 955 | 30 105 | 29 805 | 29 895 | 29 940 | 30 000 |
| | 其他作物面积（$hm^2$） | 2.13 | 2.67 | 4.80 | 4.73 | 6.00 | 4.80 | 10.07 | 1.27 | 26.87 | 31.67 |
| | 单产（$kg/hm^2$） | 1 275 | 1 215 | 1 260 | 1 185 | 1 170 | 1 200 | 1 185 | 1 140 | 1 170 | 1 200 |

### 2. 增产效益

示范区经济作物集雨节水灌溉面积和集雨农业耕作配套技术推广面积达到 234.33 $hm^2$。瓜类单产由 30 000 $kg/hm^2$ 提高到 45 000 $kg/hm^2$，增加 50%；豆类单产由 1 050 $kg/hm^2$ 提高到 1 500 $kg/hm^2$，增加 42.9%。经济作物平均单产提高了 515 $kg/hm^2$，增加 43%。调查统计经济作物年产值达到 110.84 万元，扣除生产成本 45.75 万元，直接经济效益为65.09万元,较2002年有较大提高。经济作物年净效益由40.62万元增加到65.09万元,提高了24.47万元,增长了60.24%(见表10-29)。

**表10-29　示范区经济作物种植效益分析**

| 项目 | | 面积($hm^2$) | 单产($kg/hm^2$) | 总产(万kg) | 单价(元/kg) | 产值(万元) | 生产成本 | | 效益(万元) |
|---|---|---|---|---|---|---|---|---|---|
| | | | | | | | 单位成本(元) | 总成本(万元) | |
| 经济作物 | 瓜类 | 66.66 | 45 000 | 300.0 | 0.2 | 60.0 | 200 | 20.0 | 40.0 |
| | 豆类 | 133.33 | 1 500 | 20.0 | 1.8 | 36.0 | 100 | 20.0 | 16.0 |
| | 蔬菜 | 2.67 | 30 000 | 8.0 | 1.0 | 8.0 | 250 | 1.0 | 7.0 |
| | 其他经济作物 | 31.67 | 1 200 | 3.8 | 1.8 | 6.84 | 100 | 4.75 | 2.09 |
| 合计 | | 234.33 | | 331.8 | | 110.84 | | 45.75 | 65.09 |

## (三)集雨生态畜牧养殖的经济效益

1.集雨生态畜牧养殖的发展

示范区典型调查,平均每个农户耕地面积1.2 $hm^2$,人工草地2.4 $hm^2$,五荒地4.2 $hm^2$,林地2.4 $hm^2$,合计10.2 $hm^2$。正常年可产饲草约2万kg,可养羊27只。然而示范区项目实施前户均养羊只有8只。养殖户现有生产经营方式存在的问题是缺乏饲草料加工调制机械,饲草利用率低(牧草65%,秸秆30%),舍饲科技含量低、劳动力相对不足、基础设施条件差。通过示范区建设,增加了畜牧养殖的可供水量,改善了基础条件。人工种草技术及耕地水肥耦合技术的实施,可使原有草地和耕地单位面积产草量提高,平均单产人工草地提高50%以上,作物提高20%以上。还通过饲草料加工调制机械和技术的引进,提高了饲草利用率(达到90%),可进一步扩大舍饲养畜量。根据调查统计,目前示范区生态畜牧养殖发展情况见表10-30。

**表10-30　示范区生态畜牧养殖发展情况**

| 镇名 | 村名 | 2002年 | | | 2005年 | | | 增长量 | | |
|---|---|---|---|---|---|---|---|---|---|---|
| | | 羊(只) | 猪(头) | 鸡(只) | 羊(只) | 猪(头) | 鸡(只) | 羊(只) | 猪(头) | 鸡(只) |
| 沙圪堵 | 榆树塔 | 213 | 38 | 102 | 726 | 114 | 1 102 | 513 | 76 | 1 000 |
| | 五字湾 | 411 | 74 | 234 | 1 368 | 300 | 1 234 | 957 | 226 | 1 000 |
| | 小计 | 624 | 112 | 336 | 2 094 | 414 | 2 336 | 1 470 | 302 | 2 000 |
| 西营子 | 布尔洞梁 | 1 016 | 160 | 421 | 3 082 | 321 | 2 421 | 2 066 | 161 | 2 000 |
| | 布尔洞沟 | 1 634 | 163 | 325 | 3 145 | 327 | 2 325 | 1 511 | 164 | 2 000 |
| | 四道包 | 705 | 160 | 200 | 3 455 | 342 | 1 200 | 2 750 | 182 | 1 000 |
| | 石窑沟 | 770 | 150 | 188 | 2 363 | 285 | 1 688 | 1 593 | 135 | 1 500 |
| | 大院 | 444 | 112 | 136 | 1 597 | 168 | 1 636 | 1 153 | 56 | 1 500 |
| | 小计 | 4 569 | 745 | 1 270 | 13 642 | 1 443 | 9 270 | 9 073 | 698 | 8 000 |
| 合计 | | 5 193 | 857 | 1 606 | 15 736 | 1 857 | 11 606 | 10 543 | 1 000 | 10 000 |

2. 集雨生态畜牧养殖的经济效益

解决舍饲养殖用水为扩大畜牧养殖业创造了条件，加上积极推广集雨生态建设、饲草料种植与加工调制、舍饲建设、品种改良等配套技术，集雨生态畜牧养殖业得到迅速发展。退耕坡地通过实施牧草建植配套技术，可有效解决区域生态建设工程中存在的牧草品种单一、成活率保存率低、生长缓慢、效益不高等问题。生态畜牧业技术与集雨节水技术的有机结合，在防治水土流失和土壤水蚀风蚀方面有新突破。示范区舍饲养羊由 2002 年的 5 193 只增长到目前的 15 736 只，养猪 1 857 头，散养鸡 11 606 只。养殖业年产值为 561. 89 万元，扣除生产成本 288. 98 万元，直接经济效益为 272. 91 万元(见表 10-31)。从 2002 年 90. 2 万元的养殖业效益提高到目前的 272. 91 万元，净增 182. 71 万元，增加了 202. 6%。

表 10-31　示范区舍饲养殖效益分析

| 项目 | 规模 | 单价(元/只) | 产值(万元) | 生产成本 | | 效益(万元) |
|---|---|---|---|---|---|---|
| | | | | 单位成本(元) | 总成本(万元) | |
| 舍饲养羊(只) | 15 736 | 228 | 358. 78 | 118 | 185. 68 | 173. 1 |
| 圈养猪(头) | 1 857 | 1 000 | 185. 7 | 500 | 92. 85 | 92. 85 |
| 散养鸡(只) | 11 606 | 15 | 17. 41 | 9 | 10. 45 | 6. 96 |
| 合计 | | | 561. 89 | | 288. 98 | 272. 91 |

## 四、示范区建设的生态效益评价

示范区处于黄土高原北部砒砂岩地区，土地支离破碎、沟壑纵横、水土流失严重，生态环境脆弱。项目实施以来非常重视集雨在生态建设中的应用，把发展集雨补灌旱作节水农业与退耕还林还草结合起来，通过天然草地改良、人工种草、造林等促进植被的恢复。当植被覆盖率达 60% 以上时，拦蓄降水和防风固沙效应开始变得明显，可增加土壤墒情，促进林草成活，保护土壤不受雨水的直接击溅。水土保持工程整地措施也改变了微地形，减少了水土流失和入黄泥沙。示范区的林草覆盖率已从 2002 年的 56. 2% 增加到 2005 年的 67. 1%，增加了 10. 9 个百分点(见表 10-32)。经测算，人工种牧草保土效益达 68%，减少水分流失的蓄水效益达 75%。水土流失面积指数也由项目实施前的 30. 8% 下降到 23. 2%，水土流失面积指数减少了 7. 6 个百分点(见表 10-33)。

表 10-32　示范区林草覆盖率的变化

| 项目 | 项目实施前(2002 年) | 项目实施后(2005 年) | 增加 |
|---|---|---|---|
| 林地面积($hm^2$) | 1 487. 33 | 2 103. 73 | 616. 4 |
| 草地面积($hm^2$) | 2 774. 8 | 2 984. 27 | 209. 47 |
| 人工草地($hm^2$) | 1 475. 93 | 1 685. 40 | 209. 47 |
| 天然草地($hm^2$) | 1 298. 87 | 1 298. 87 | 0 |
| 土地总面积($hm^2$) | 7 578. 8 | 7 578. 8 | 0 |
| 林草覆盖率(%) | 56. 2 | 67. 1 | 10. 9 |

表 10-33　示范区水土流失面积指数的变化

| 项目 | 项目实施前（2002 年） | 项目实施后（2005 年） | 减少 |
|---|---|---|---|
| 水土流失面积($hm^2$) | 2 335.77 | 1 761.2 | 574.57 |
| 土地总面积($hm^2$) | 7 578.8 | 7 578.8 | 0 |
| 水土流失面积指数(%) | 30.8 | 23.2 | 7.6 |

## 五、示范区建设的社会效益评价

集雨补灌节水农业示范区的建设和实施对当地社会经济环境也产生了很大影响。对示范区项目进行社会效益分析，是农业项目决策科学化的需要，是农业资源合理开发利用和农业生态环境保护的需要，是农村经济与宏观经济和社会协调发展的需要。本章将采用以下几个指标对项目的社会效益进行评价分析。

### （一）定量分析

1. 生活质量和生活水平

表 10-34 分析了示范区典型示范户恩格尔系数的变化情况，示范区实施前的 2002 年为 54.17%，2003 年为 50.81%，2004 年降低到 48.79%，呈逐年递减趋势，这说明示范区农民消费结构发生了变化，生活质量和生活水平都有不同程度的提高。

表 10-34　典型示范户恩格尔系数变化

| 年份 | 2002 | 2003 | 2004 |
|---|---|---|---|
| 恩格尔系数(%) | 54.17 | 50.81 | 48.79 |

2. 生产力效果

农业劳动生产率低是我国多年来城乡收入差别大的根本原因。分析生产力提高的效果可用来说明由于示范区项目实施所带来的农业劳动生产率的提高。

项目实施前 2002 年（10 个不同类型示范户）有效劳动力共 21 人，年均产值 193 629.7 元，劳动生产率为 9 220.5 元/人。项目实施后 2003 年、2004 年的年均有效劳动力人数不变，两年平均产值为 267 227.4 元，劳动生产率为 12 725.1 元/人，较 2002 年增加 3 504.6 元/人，提高了 38%（见表 10-35）。

表 10-35　典型示范户生产力提高的效果

| 年份 | 2002 | 2003 | 2004 |
|---|---|---|---|
| 有效劳动力(人) | 21 | 21 | 21 |
| 年均总产值(元) | 193 629.7 | 197 058.1 | 337 396.7 |

### （二）定性分析

（1）农民生活水平不断提高。经示范区 10 个典型示范户的抽样调查，2002 年 10 户净收入为116 087. 25 元,2003 年比 2002 年增加 44 068. 83 元,年增长率为 37. 96%;2004 年 10 户净收入为 194 785. 72 元,比 2003 年增加 64 629. 64 元,年增长率为 49. 66%。随着农户收入的增加,恩格尔系数随之下降,农民消费结构发生变化,生活质量和生活水平不断提高。

(2)农村环境卫生面貌发生变化,农民生活质量有所提高。示范区积极推广庭院、道路硬化,不仅提高了集雨效率,增加了雨水资源利用率,而且改善了集雨水水质和生活环境。硬化后屋顶收集的雨水水质好,主要用于人饮;院内与道路收集的雨水主要用于畜饮、灌溉、发展庭院经济。每个农户建一座 35 $m^2$ 塑料小拱棚的庭院菜地,种植各种时令蔬菜,使农户能够吃到新鲜多样的蔬菜;个别农户利用所收集的雨水搞建设“四位一体”农村能源工程(8 $m^3$ 沼气池、33 $m^2$ 暖棚猪圈、1 $m^2$ 厕所和 200 ~ 350 $m^2$ 温室大棚),生活环境和生活质量都得到了有效改善。

(3)农牧业结构得到初步调整,收入明显增加。按照“为养而种,为卖而种,为加工转化而种”的思路进行产业结构调整。粮食作物、经济作物、饲草种植比例结构由原来的 22∶12∶66调整为 14∶11∶75,示范区以舍饲养殖为重点,使种植业的效益在舍饲养殖上得到体现,扩大高产饲料粮和牧草种植,并适当种植瓜类、油料等经济作物,提高了农民收入。示范区人均收入由 2002 年的 1 478 元提高到 2005 年的 3 600 元。

(4)示范区整体科技水平不断提高。根据典型示范户调查数据分析计算,项目实施前科技进步率仅 8. 255%,项目实施后达到 14. 282%,提高了 6 个百分点,这充分显示出示范区项目的实施提高了当地科技水平。科技进步贡献率由 28. 9% 提高到 42. 4%,提高了 13. 5 个百分点,这表明集雨补灌技术的集成为示范区农业增产增收和农民脱贫致富提供了科技支撑。

## 第三节 辐射区的推广效益及成果应用前景

### 一、在准格尔旗辐射区的应用推广效益

准格尔旗集雨补灌节水农业示范区技术推广辐射区位于准格尔旗中南部丘陵山区的 12 个乡镇,与示范区的自然条件基本类似。主要推广技术为集雨建设工程与配套技术,重点推广集雨高效种植型、集雨生态畜牧型、庭院集雨经济型等 3 种实用农户推广模式。

随着示范区各项技术成果的推广应用,吸引和带动辐射区广大农民积极行动起来,投身于集雨工程建设。旗政府抓住这一有利时机,组织乡镇和村干部到示范区实地参观学习,使农民充分认识了实施集雨工程的作用和目的。在旗人民政府的组织动员和示范区实例的推动下,全旗 12 个干旱山区乡镇全面兴起了建设集雨工程的高潮。经过 4 年时间,新建旱井、水窖等集雨工程 48 600 处,发展集雨节水灌溉面积 0. 753 万 $hm^2$。经调查统计,平均每公顷增产粮食 1 200 kg,增产幅度为 28. 2%,年总增产粮食 903. 2 万 kg,年增产收益 1 083. 84 万元(见表 10-36),为全旗的农牧业经济发展和农民脱贫致富奠定了基础。

表 10-36　辐射区集雨补灌技术推广效益统计

| 乡镇名称 | 水窖旱井（处） | 节水灌溉面积（万 $hm^2$） | 年增产粮食（万 kg） | 年增产效益（万元） |
|---|---|---|---|---|
| 马栅镇 | 6 700 | 0.097 | 116.0 | 139.2 |
| 魏家峁镇 | 6 100 | 0.092 | 110.4 | 132.48 |
| 哈岱高勒乡 | 5 100 | 0.076 | 91.2 | 109.44 |
| 窑沟乡 | 5 200 | 0.084 | 100.8 | 120.96 |
| 东孔兑镇 | 800 | 0.017 | 20.8 | 24.96 |
| 长滩乡 | 3 000 | 0.050 | 60.0 | 72.0 |
| 海子塔镇 | 2 400 | 0.041 | 48.8 | 58.56 |
| 沙圪堵镇 | 6 500 | 0.101 | 121.6 | 145.92 |
| 纳林镇 | 2 700 | 0.043 | 52.0 | 62.4 |
| 西营子镇 | 5 800 | 0.087 | 104.0 | 124.8 |
| 暖水镇 | 2 800 | 0.041 | 49.6 | 59.52 |
| 羊市塔镇 | 1 500 | 0.023 | 28.0 | 33.6 |
| 合计 | 48 600 | 0.753 | 903.2 | 1 083.84 |

## 二、在内蒙古中西部地区的应用推广情况

2004 年国家实施集雨节水灌溉工程，水利部投资 1 000 万元在内蒙古鄂托克旗、鄂托克前旗、和林格尔县、固阳县、赤峰松山区、敖汉旗、克什克腾旗、化德县等 8 个旗（县）推广，示范区研究总结的技术集成体系为这些地区发展集雨节水灌溉工程及集雨节水农业在集雨工程设计和施工、水窖旱井图纸绘制、集雨补灌技术以及集雨节水农业综合技术模式等方面都提供了技术支撑，并进行了人员培训。

目前已累计推广 1.23 万 $hm^2$，年增产粮食 1 104 万 kg，增产效益 1 324.8 万元。同时解决了 4 800 人和 2.4 万头（只）牲畜的饮水困难，效益十分显著。

## 三、成果应用推广前景

长期以来，如何处理好农村经济发展与生态环境保护之间的矛盾，始终是黄土高原北部地区经济社会发展的首要问题。本项目是在生态环境遭到严重破坏的背景下实施的，以实用技术应用为突破口，以技术组装、配套和集成为支撑，不仅提高了示范区的科技含量，而且优化了生产要素配置，提高了资源利用效率，取得了较为显著的生态、经济效益和社会效益。

本项研究主要针对我国北方旱作缺水农业区，通过提高降水利用率和利用效率，促进区域农业生产发展而设置的，其成果对于北方旱作农业区的综合发展具有重要意义。我国适于采用雨水集蓄节水补灌的华北、西北、西南地区的干旱缺水山丘区总面积约 200 万

$km^2$，人口2.6亿人，旱作耕地面积0.18亿$hm^2$，涉及13个省、市、区，700多个县(市、旗)，大体上相当于我国国土面积的1/5。这些地区的农业生产力水平十分低下，有一半的县(市、旗)属于国家级贫困县。仅内蒙古自治区干旱缺水山丘区的面积就达60万$km^2$，人口1 220万人，耕地面积437.33万$hm^2$，其中旱作耕地面积350万$hm^2$。本项研究和示范工程所提出的成果将对内蒙古自治区以及全国类似地区的农业发展、农村产业结构调整、农民脱贫致富及西部地区生态环境恢复和保护具有战略意义，可以为这些地区提供集雨补灌节水农业综合技术及可持续发展模式，实现人口、资源、经济、环境的可持续发展，成果应用具有十分广阔的前景。